ハードウェア・セレクション

各種電池の基礎知識から，電池応用回路，
充放電マネージメント・システム，活用資料集まで

電池応用ハンドブック

トランジスタ技術編集部 編

CQ出版社

目　次

イントロダクション　電池の発展と新技術のトレンド　江田 信夫 ── 9
　電池の歴史と現状 ……………………………………………………… 9
　電池の種類 ……………………………………………………………… 11
　電池性能を代表するエネルギ密度 …………………………………… 11
　電池性能を決めるもの ………………………………………………… 13
　電池特性のトレードオフは弁当に似ている ………………………… 15
　電池の将来展望 ………………………………………………………… 16
　コラム　ニッケル系乾電池 …………………………………………… 18

第1部　各種電池の基礎知識

電気的特性を改善して進化し続ける乾電池の定番
第1-1章　マンガン乾電池とアルカリ乾電池　江田 信夫 ── 19
　マンガン乾電池 ………………………………………………………… 20
　アルカリ乾電池 ………………………………………………………… 23
　ニッケル系乾電池 ……………………………………………………… 25
　乾電池の充電について ………………………………………………… 26
　コラム　乾電池の容量表示が困難な理由 …………………………… 28

日本で開花した高エネルギ密度の民生用1次電池
第1-2章　リチウム電池　江田 信夫/勝山 春海/蜂谷 隆 ── 29
　リチウム電池とは ……………………………………………………… 29
　円筒形リチウム電池 …………………………………………………… 31
　コイン形リチウム電池 ………………………………………………… 36
　ピン形リチウム電池(BR系) …………………………………………… 39
　単3形1.5Vリチウム電池 ……………………………………………… 40
　コラム　産業用メータ類に使用されている電池 …………………… 41
　コラム　セパレータのない電池？ …………………………………… 46

第1-3章　ニッケル乾電池　前田 睦宏 ——— 47
デジカメなどの大電流負荷に適した新しい電池

- 開発の経緯 …… 47
- 主な特徴 …… 48
- 電池の構成と反応 …… 48
- 放電特性と実測結果 …… 49
- 使用上の留意点 …… 50

第1-4章　ボタン形電池　江田 信夫 ——— 52
空気亜鉛電池，アルカリ・ボタン電池，酸化銀電池など

- アルカリ・ボタン電池(LR系) …… 53
- 酸化銀電池(SR系) …… 56
- 空気亜鉛電池(PR系) …… 59

第1-5章　リチウム・イオン蓄電池　雨堤 徹 ——— 62
ノート・パソコンや携帯電話などに広く使われる

- 開発の略史 …… 63
- リチウム・イオン蓄電池の特徴 …… 63
- リチウム・イオン蓄電池の動作原理と構造 …… 64
- リチウム・イオン蓄電池の種類 …… 65
- リチウム・イオン蓄電池の電気的特性 …… 66
- 設計上の注意など …… 69
- 使用上の注意 …… 70
- 今後の動向 …… 71

Appendix　おはなし「リチウム・イオン蓄電池の素顔」　江田 信夫 ——— 72
- コラム　三題噺「ナポレオン」と「ボルタ」と「電池」 …… 74

第1-6章　ニッケル水素蓄電池　鈴木 信太郎 ——— 75
ニカド電池互換で高容量＆高エネルギ密度

- 主な特徴 …… 75
- 電池の構成と反応 …… 76
- 電池構造 …… 77
- 電池特性 …… 77
- サイクル寿命特性と保存特性 …… 79
- 充電方法 …… 79

第1-7章 ニッケル・カドミウム蓄電池　有附 守 ── 82
ヘビー・デューティ使用に応える2次電池

- ニカド蓄電池の生い立ちと原理・構造 …… 82
- ニカド蓄電池の特性 …… 83
- ニカド蓄電池の特徴 …… 85
- コラム　ニカド蓄電池のリサイクル …… 85
- ニカド蓄電池の種類 …… 86
- ニカド蓄電池の取り扱い上の注意 …… 90
- ニカド蓄電池の今後の展開 …… 90
- コラム　過放電による転極の発生 …… 91

第1-8章 メモリ・バックアップ用蓄電池　森田 誠二/江田 信夫 ── 92
メモリICのデータを保持する充電可能な電池

- 二酸化マンガン・リチウム蓄電池 …… 92
- バナジウム・リチウム蓄電池(VL系) …… 97
- ニオブ・リチウム蓄電池(NBL系) …… 98
- チタン・リチウム・イオン蓄電池(MT系) …… 98
- コイン形リチウム・イオン蓄電池(CGL系) …… 98

第1-9章 小型シール鉛蓄電池　江田 信夫 ── 100
無停電電源や電動工具に使われる低価格で長寿命の電池

- 小型シール鉛蓄電池とは …… 100
- 電池の構造や特性 …… 101
- 放電特性と充電方法など …… 105
- 寿命と交換の必要性 …… 107
- コラム　小型シール鉛蓄電池の各種充電方式 …… 108

第1-10章 燃料電池　江田 信夫 ── 111
化学エネルギを電気エネルギに変換するクリーンな発電機

Appendix　電池室の望ましい設計と漏液対策　江田 信夫 ── 113

第2部　充電回路と電池マネージメント・システム

第2-1章 おはなし「2次電池の充放電入門」　星 聡 ── 121
2次電池と正しく付き合うための基礎知識

- 2次電池の基本的な性質 …… 121
- 2次電池のデータシートを見てみる …… 123
- 電池パックの構造と取り扱い方 …… 124

放電のはなし ……………………………………………………………… 126
　　　コラム　過充電はこんなに危険！ …………………………………… 129
　　　充電のはなし ……………………………………………………………… 130
　　　過充電するとどうなるか？ …………………………………………… 132

第2-2章　高エネルギ密度の2次電池を使いこなすための　リチウム・イオン充電回路の実用知識　中道 龍二 ── 135
　　　充放電回路から見たリチウム・イオン蓄電池 ……………………… 135
　　　基本はCVCC充電回路 ………………………………………………… 136
　　　CVCC電源と組み合わせるパルス充電回路 ………………………… 144

第2-3章　電池の充放電制御にかかせない残量測定IC　スマート・バッテリと2次電池のバッテリ・ゲージ　星 聡 ── 148
　　　スマート・バッテリの登場 …………………………………………… 148
　　　スマート・バッテリ・システムの構成 ……………………………… 149
　　　SMバスについて ………………………………………………………… 149
　　　SMバスの物理構造 ……………………………………………………… 150
　　　SMバスにおけるコミュニケーション ……………………………… 150
　　　2次電池の残量予測手法 ………………………………………………… 154
　　　ニッケル水素蓄電池用のスマート・バッテリ ……………………… 157
　　　リチウム・イオン蓄電池用スマート・バッテリ …………………… 158
　　　残された課題 ……………………………………………………………… 161
　　　コラム　電池を飲み込んだ電池屋の子供…知ってたらあわてずにすむ「中毒110番」…… 161

第2-4章　高エネルギ密度電池の保護と残量管理のテクニック！　リチウム・イオン電池パックの実用知識　中道 龍二 ── 162
　　　リチウム・イオン電池パックの内部回路 …………………………… 162
　　　残量管理 …………………………………………………………………… 164
　　　電池パックの通信インターフェース ………………………………… 168
　　　スマート・バッテリ・システム ……………………………………… 171

第2-5章　専用IC M62253FPを使った　リチウム・イオン蓄電池用充電器の試作　柏本 浩二 ── 179
　　　リチウム・イオン蓄電池とは ………………………………………… 180
　　　リチウム・イオン蓄電池パックの構成 ……………………………… 182
　　　保護回路の機能 ………………………………………………………… 182
　　　M62253FPの動作 ………………………………………………………… 183
　　　リチウム・イオン蓄電池用充電器の試作 …………………………… 188

コラム　電池と科学する心 ·· 189

第2-6章　リチウム蓄電池の保護用IC　菊地 直樹 ── 190
高エネルギ密度の電池を安全に大切に使う

2次電池保護の概要 ·· 190
保護回路用IC ··· 190
製品展開 ·· 194

第2-7章　ニッケル水素充電回路の実用知識　小澤 秀清 ── 196
ニカド電池互換の高エネルギ蓄電池を100％充放電するための

満充電を検出する基本テクニック ·· 196
ニッケル水素/ニカド充電回路の動作 ·· 197
実験で見るニッケル水素電池の充放電特性 ·································· 200

第2-8章　ニカド/ニッケル水素充電回路の設計　木村 好男/小澤 秀清 ── 203
急速充電回路からスイッチング型の高効率充電回路まで

2直セルを2時間で充電する急速充電回路 ··································· 203
スイッチング方式で高効率のDC-DCコンバータによる充電回路 ········· 210

第2-9章　充電スタンド用CVCC電源回路の試作　高橋 資人/高木 円 ── 214
PWM制御のスイッチング・レギュレータ・コントローラNJM2340による

コラム　電池の日とバッテリの日 ·· 218

第3部　電池動作のための回路

第3-1章　電池動作用電源レギュレータICの概要と使いかた
スイッチング&シリーズ・レギュレータ
南部 英明/矢野 公一/高井 正巳 ── 219

リチウム・イオン蓄電池1セル用の昇降圧スイッチング・レギュレータUCC3954の応用 ····· 219
高効率PWM方式降圧DC-DCコンバータR1223Nシリーズ ················· 224
低電圧で動作するCMOS低ドロップ型リニア・レギュレータIC ·········· 228

第3-2章　バッテリ駆動DC-DCコンバータICのいろいろ　小澤 秀清 ── 235
電池のエネルギを根こそぎ抜き出す最新電源ICの研究

バッテリ駆動DC-DCコンバータの一般知識 ································· 235
出力5V/100mA，効率90％以上の昇圧型DC-DC ··························· 237
チャージ・ポンプ方式の昇降圧型DC-DC ··································· 240
SEPIC方式の昇降圧型DC-DC ·· 243

第3-3章 バッテリ駆動ロジック回路の低電力設計

CMOS ロジック IC の選択方法から応用回路まで！

石川 俊正 ──── **245**

- 低電力ロジック回路の設計術 …………………………………… 246
- 動作の低電圧限界を知ろう！ …………………………………… 250
- 諸特性を知って CMOS ロジックを選ぶ ……………………… 252
- 多電源回路を攻略！ レベル変換 IC の活用 ………………… 254
- 理解を深める二つの低電力ロジック回路例 ………………… 257

第3-4章 OPアンプのバッテリ駆動法

消費電流/ダイナミック・レンジ/スイッチング特性のトレードオフを徹底検証

石井 博昭 ──── **259**

- 広い入出力ダイナミック・レンジを得るために ……………… 259
- 消費電流と帯域幅の関係 ………………………………………… 262
- スイッチング速度と電源電圧の関係 …………………………… 264
- 計測用差動アンプの入力電圧範囲の確保 ……………………… 265

第3-5章 バッテリ駆動 A-D 変換回路の設計

限られた電源電圧で最高の性能を引き出す！

中村 黄三 ──── **269**

- V_{CC} = 1.8～3.6V，入力レンジ $5V_{PP}$ の ADC 回路を設計する ……… 269
- 試作した ADC 基板の評価方法 ………………………………… 273
- ADC 基板の直線性と問題点 …………………………………… 274
- 直線性の改善とノイズ対策 ……………………………………… 275
- AC 特性の評価 …………………………………………………… 280
- さらなる高精度化へのアプローチ ……………………………… 282

第3-6章 ニカド/ニッケル水素電池用急速チャージャの製作

従来型-ΔV 検出方式の問題点を克服し，1セル独立充電を実現した

木下 隆 ──── **284**

- きっかけはメルトダウン ………………………………………… 284
- 二つのアイデア …………………………………………………… 286
- 回路構成 …………………………………………………………… 288
- 3種類の動作モード ……………………………………………… 290
- 製作上のポイント ………………………………………………… 290
- ソフトウェア ……………………………………………………… 292
- 006P 型電池の充電回路 ………………………………………… 294
- 後日談── ブレークスルー方式について …………………… 294
- コラム　自作した絶縁型レベル変換アダプタ ………………… 296

第3-7章　コンパクトな急速放電器の製作

ニカド電池やニッケル水素電池のメモリ効果や不活性状態を除去する

小山 裕史 ———— 297

- 急速放電器を製作した背景 …………………………………… 298
- 回路の説明 …………………………………………………… 298
- 急速放電器の特性 …………………………………………… 301
- 使用部品について …………………………………………… 303
- 基板のパターン図と部品マウント図 ………………………… 303
- 通電前の点検事項と試運転など ……………………………… 304
- 試作品の紹介 ………………………………………………… 304

第3-8章　充電式アルカリ乾電池の評価実験

1.5V，1400～1600mAh で繰り返し使える

染谷 克明/村田 晴夫/天早 隆志 ———— 306

- 充電式アルカリ乾電池の特徴 ………………………………… 306
- 充電式アルカリ乾電池の放電特性の測定 …………………… 308
- 充電式アルカリ乾電池の充電特性の測定 …………………… 311

第4部　電池活用資料集

- 4-1　マンガン乾電池とアルカリ乾電池 ……………………… 315
- 4-2　リチウム電池 ……………………………………………… 317
- 4-3　リチウム蓄電池 …………………………………………… 321
- 4-4　ボタン形電池（アルカリ，酸化銀，空気）……………… 325
- 4-5　ニッケル水素蓄電池 ……………………………………… 331
- 4-6　ニッケル・カドミウム蓄電池 …………………………… 334
- 4-7　小型シール鉛蓄電池 ……………………………………… 338
- 4-8　電池の名称や選択の目安 ………………………………… 344
- 4-9　小型電池のメーカ一覧 …………………………………… 345

電池用語集 ———————————————————— 348
索引 ——————————————————————— 356

◆ イントロダクション

世界をリードするモバイル時代のキー・コンポーネンツ
電池の発展と新技術のトレンド

江田 信夫
Nobuo Eda

■ はじめに

　私たちは毎日の暮らしの中でノートPCや携帯電話，MDプレーヤなどを何気なく便利に使っています．これらのエレクトロニクス製品には「モバイル」とか「コードレス」「ポータブル」といった修飾語が使われていますが，このことはこれらの機器が「電池」で動作することを意味しています．
　今日，数多くの電池がいろいろな場所で，さまざまな形をとって社会や生活に深くかかわっており，電池は情報化時代には不可欠のものです．乾電池のほか，多くの種類の電池があります．
　本章では，まず電池を総括的に説明します．次章以降では代表的な電池を取り上げて，その原理や特徴を簡潔に述べます．このほか機器や用途に適した電池を選択する際や回路設計を行う際に便利なように，加工した図表を使って解説します．
　電池には使い切りで充電のできない1次電池と，充電して繰り返し使うことのできる2次電池があり，後者を「蓄電池」と呼んでいます．

電池の歴史と現状

■ 歴史的な電池

　身近に感じる電池ですが，約2000年の歴史があります．「電池の起源」といわれるものは1930年代にバグダッド近郊の遺跡から発掘されています．これは高さ約15cmの素焼きの壺と銅製の筒，鉄の棒からなり，壺の開口部に銅筒（正極）と鉄棒（負極）を挿入し，アスファルト状のものを使って開口部で固定していたようです．構造は，今日の乾電池によく似ています．
　一方，科学史上では1800年のボルタの電池が「電池の始まり」とされています．わが国では1885年に屋井先蔵が乾電池を発明しています．その後の年月の中で電池がさまざまに発展を遂げ，多くの系に分化してきました．

〈写真1〉(6) 各種電池と応用製品群

■ 4種類の新しい電池が日本で量産された

　近年のトピックスは，4種類の新電池がすべて日本で量産されたことです．1991年のニッケル水素蓄電池，翌'92年のリチウム・イオン蓄電池，'99年の（リチウム）ポリマ電池，そして2002年のニッケル乾電池です．従来，新電池系の開発速度は10年に一つでしたが，技術革新の速度がとても速くなっていることを表しています．これらの電池がすべて高エネルギ密度の2次電池であることは重要な意味をもっており，機器側の性能状況が強く反映されています．

■ 世界をリードする日本の電池技術とそのトレンド

　電池は，日本が世界をリードしている技術分野の一つです．エレクトロニクス製品の電源として活躍してきた，その時々の電池の推移と将来方向を体積エネルギ密度および重量エネルギ密度とともに図1に示します．

　また，図2は電池生産額の推移です．2003年の電池の総生産は，数量が約62億個，金額は約7,000億円です．特筆すべき点は，リチウム・イオン蓄電池の急激な伸長にともない，1次電池対2次電池の金額構成比が過去30年間にわたり，ほぼ1：2だったのが'96年からは1：3以上にまで達しています．リチウム・イオン蓄電池の価値の大きさがわかります．

　電池産業は，'93年以降2桁近い成長率を示してきましたが，'98年頃からやや飽和傾向にあります．その中でリチウム・イオン蓄電池とアルカリ乾電池に成長が認められますが，'91年の量産以来，急速に伸びてきたニッケル水素蓄電池は成長の踊り場にあります．

　'95年に国内生産を中止した水銀電池を除いて，ほかの電池は比較的安定に推移しています．成長し

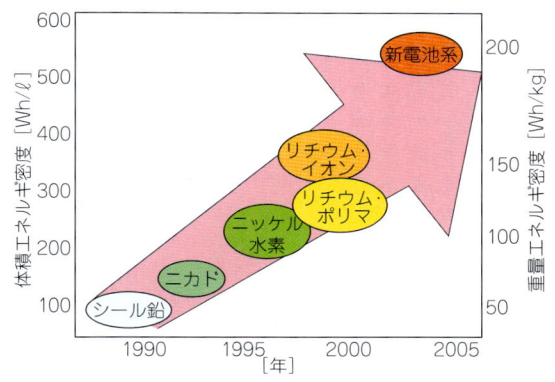

〈図1〉(5) 小型2次電池の高エネルギ密度化の推移

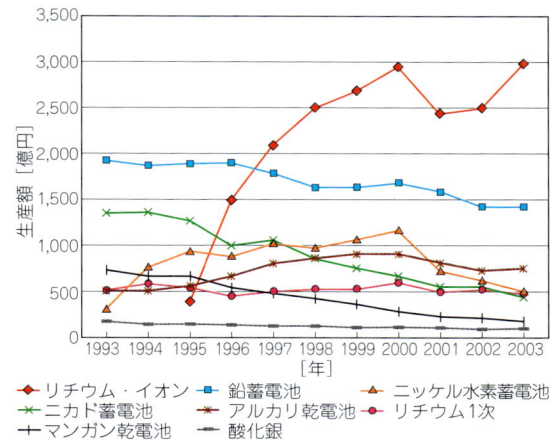

〈図2〉電池生産額の推移(出典:経済産業省機械統計)

ている電池に共通の項目は高性能と高エネルギ密度であり,これは変わらぬ電池の技術トレンドです.

電池の種類

■ 電池の分類

電池は図3のように,一般に「電池」といわれている化学電池と,太陽電池で代表される物理電池とに大別されます.

化学電池は使い切りの「1次電池」と,充電により繰り返して使用できる「2次電池」(蓄電池とか充電池ともいう),そして発電機と呼んだほうがふさわしい「燃料電池」に分類されます.

■ 1次電池と2次電池

1次電池や2次電池は,様式や構成材料により中分類され,さらに個別の電池へと分かれます.多くの種類の電池があることは,それぞれがほかの系にはない特徴をもっていることを示し,その独自の特徴を活かして,住み分けています.

1次電池は入手が容易で,世界中でサイズが同一で同質の特性が得られ,充電しなくてもすぐ使える点が特徴です.一方,2次電池は(一部を除いて)サイズに規格がなく,寸法はさまざまですが,大電流用途に優れ,経済性にも優れている点から機器に搭載される比率が非常に高くなっています.

電池性能を代表するエネルギ密度

電池性能を表す指標には多くのものがありますが,もっとも重要なのはエネルギ密度(Wh/ℓ,Wh/kg)です.これはエネルギの充填度を示す「ものさし」であり,電池の基本的機能が「エネルギの缶詰め」であることの数量的な表現です.

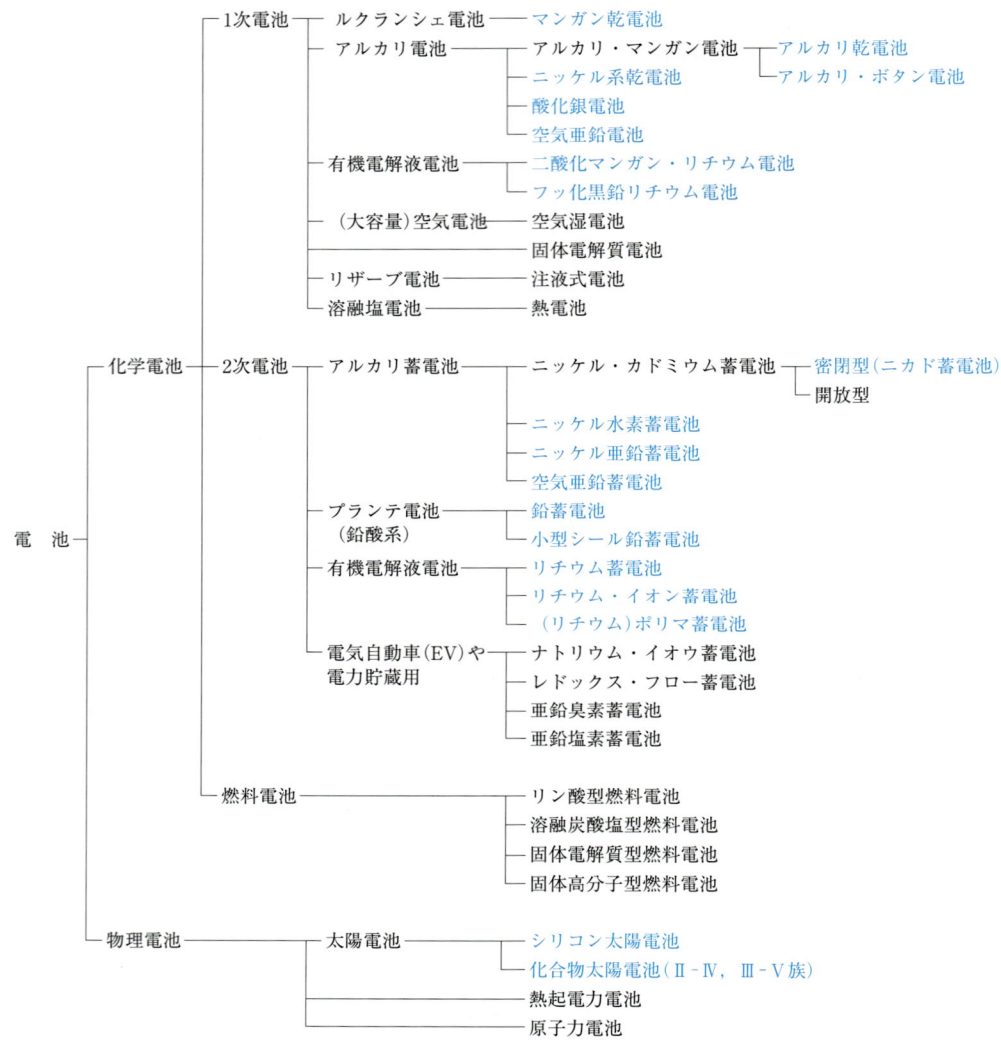

〈図3〉電池の分類系統図（青字は民生用）

　容積面での制約を受けることの多いコードレス機器では"Wh/ℓ"で表される「体積エネルギ密度」がより重要視されます．ちなみに電気自動車(EV)では設計段階で容積は決まっているので，重量を軽くする観点から"Wh/kg"で表される「重量エネルギ密度」が優先されます．

　主な電池のエネルギ密度を**図4**に示します．図で右上にあるものほど小型軽量化が可能なことを意味します．1次電池に比べ2次電池は充電・再使用するために構造面で工夫が必要となり，そのぶん容量が少なくなるので単位Whで表すエネルギ量（電圧［V］×容量［Ah］）も小さくなります．

　しかし，携帯電話やノート・サイズのPCなどが日常的に使われてくるにつれ，長時間動作が要望されました．このような状況のなかで，電池は経済性から2次電池となり，次に小型化が要求されてくると高エネルギ密度の電池での対応が必要となりました．こうして高容量型蓄電池は，ニカド蓄電池から

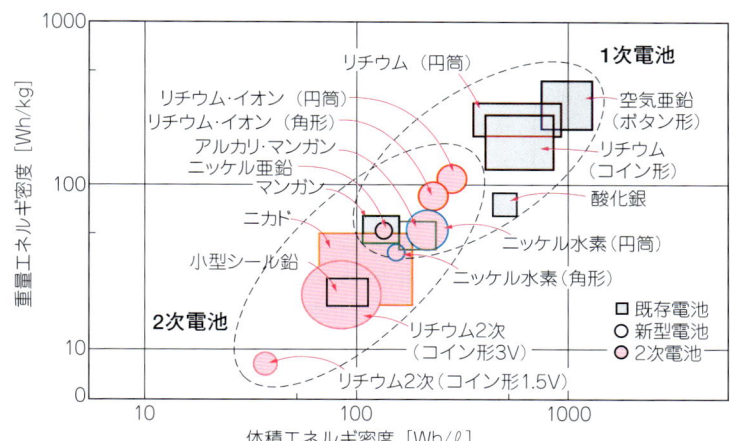

〈図4〉主な電池のエネルギ密度

ニッケル水素蓄電池となり，続いて高電圧のリチウム・イオン蓄電池が開発されてきたわけです．その結果，2次電池のエネルギ密度は大きく改善され，1次電池の領域に相当重なるようになりました．

電池性能を決めるもの

　電池は，正極と負極，電解液，セパレータという基本要素から構成されています．その性能は，材料自身の特性と電極構成や構造，材質の点から成り立っています．

　電池は正極（酸化剤）と負極（還元剤）の間で起こる化学反応を電気として外部に取り出すものであり，正極と負極が決まれば，電圧や容量，エネルギ密度は反応式に基づいて理論的に計算できます．実際の電池のエネルギ密度は，缶やセパレータなど発電に関与しない部品があるため，技術的に成熟した1次電池でも理論値の約30～40%，2次電池では約20～30%です．

■ 電圧

　正極と負極の材料により原理的に定まり，正極の電位から負極の電位を差し引いたものが，電池の電圧（起電力）です．水系の電解液では水の分解電圧の制約を受けるため，鉛蓄電池の2Vが最大の電圧です．リチウムのように水と反応する材料では，有機溶媒の電解液を使うため，分解電圧の幅が広がり，4Vを越える電圧を実現しています．

■ 電流

　電流の大きさは電池材料自身の特性や電極構成，電池構造に依存しています．電流の定義は単位時間あたりの物質の移動量であり，この量の大小には以下の過程の抵抗が関与しています．
- ❶ 電極や端子などの電気抵抗による抵抗損失
- ❷ 電極表面で反応物質が電子を授受する際の抵抗
- ❸ 電解液中の反応物質が電極に接近し，❷の電子の受け渡しの後，電極の沖合いに移動する際の抵抗

電流を取り出すと一般に電圧は低下します．これを「分極」といいます．その理由は上記❶〜❸のいずれかが障害となるためです．低温環境下で性能が低下したり，電池を休ませると性能が回復するのは，いずれも上記の抵抗が増加したり解消するためです．

単3形サイズ相当の各種電池の放電電流−エネルギ特性を図5に示します．電池から取り出せる電流とエネルギ量の関係がわかります．

1次電池と2次電池とは期待される機能や目的が違いますが，2次電池は相対的に大きな電流が取り出せ，しかも取り出せるエネルギ量はさほど変化しません．各電池の相対的な位置関係を把握しておくと便利です．電流を電極面積で除した「電流密度」もよく使用されます．

■ 容量

容量は電気容量とも呼ばれ，充放電により反応した電極材料(活物質)の量を表したものです．一般には放電容量を示しますが，2次電池では状況により充電容量を取り上げることもあります．

1次電池のマンガン乾電池やアルカリ乾電池では容量は表示されていませんが，ほかの電池では標準的な放電条件での容量がmAhやAhで表示されています．

2次電池のニカド蓄電池やニッケル水素蓄電池，リチウム・イオン蓄電池では5時間率(5時間で所定の電圧まで放電すること)での，シール鉛蓄電池では20時間率での容量が定格容量として表示されています．例えば，ニカド蓄電池で容量"600mAh"とあれば，原則的には電流600mAでは1時間放電できる計算になります．

なお，2次電池では"$0.2C$"とか「$2C mA$での放電」という表現がよく見受けられます．これは放電電流の大きさを示し，"C"(Capacity)は容量の数字を表すので，

$0.2C = 120mA (0.2 \times 600)$

$2C = 1200mA (2 \times 600)$

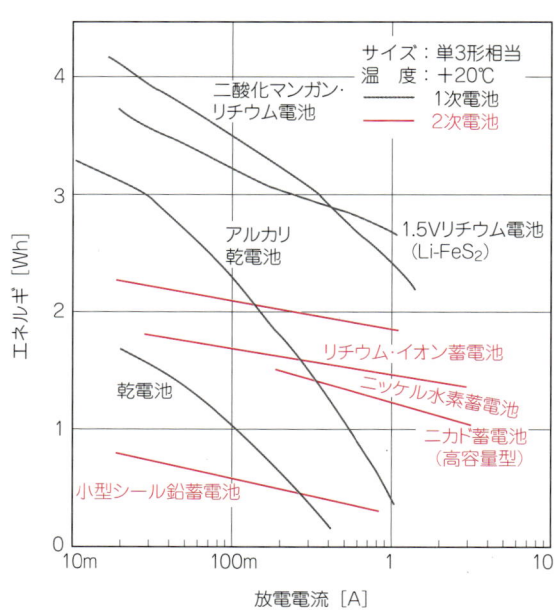

〈図5〉小型電池の放電電流−エネルギ特性

となり，時間率でいえばそれぞれ5時間($1 \div 0.2$)なり，0.5時間($1 \div 2$)で放電を終えることを意味します．ただし，2001年以降は，"C"の代わりに"I_t"を使うことになりました．

■ 保存性（自己放電，容量回復性）

電池は化学反応を利用しているため，自発的な反応は避けられず，しかも高温ほど反応は進行します．その程度は材料の特性，つまり電池系によって異なり，例えばリチウム1次電池は，容量劣化が年率1%程度と低く優れています．これは負極のリチウムが電解液と反応して表面が非常に薄い皮膜で覆われ，保護効果によりその後の反応が抑制されるためです．

2次電池の保存性には，自己放電と容量回復性の2種類があります．前者は電池構成材料の最適化や充電条件などによりかなり改善が進んでいます．後者は充電や放電状態にある電池を特定条件下で保存した後で充放電を行ったとき，初期容量に比べ容量がどの程度まで戻るかというものです．

最近はこの特性が重要視されています．ニカド蓄電池やニッケル水素蓄電池では，材料の処理などによって相当改善されています．リチウム・イオン蓄電池は，とくに充電状態にあるときは電圧が高く，かつ有機電解液を使用しているため，副反応や電池材料の変質などが起こりやすく，容量回復性は現在のところ完全とはいえません．この副反応抑制や機構解明に向けた研究開発が精力的に行われています．

■ サイクル寿命

2次電池だけの項目であり，電流の大きさや充放電深度など使用条件によって大きく変化します．どの電池系も，大電流で大容量を取り出し続けると寿命は低下する傾向にあり，充電方法や条件によっても大きく変わります．これは電極材料における化学変化の速さと量に起因しているので避けようがありませんが，緩和する方法がいろいろと工夫されています．

リチウム2次電池では，充電電圧を上げると電極表面で副反応が起こりやすくなるため，寿命低下が速くなります．

サイクル寿命の一種に「カレンダ寿命」があります．これは搭載される機器の仕様で，電池を充放電したときの寿命をいい，実際的です．

■ 高率放電（大電流放電）特性

材料と電池構造に依存します．材料特性面から大電流放電には不向きとされていたリチウム電池も薄膜セパレータを使って正負極間の距離を短くし，加えて大面積で薄型の電極を採用することにより大電流用途にも適合できるようになりました．

大電流特性に優れたアルカリ系蓄電池でも，15分間の急速充電が行われる電動工具用や，電気自動車用では，電極全面から電流をとることでオーム損による電圧降下を小さくするなど構造面で工夫しています．

電池特性のトレードオフは弁当に似ている

電池にはこのほかいくつもの特性がありますが，最適の特性値を一度に盛り込むことはできません．それはまるで「弁当の中身の配分の問題」に似ており，図6に示すように相互に密接に関連しています．用途に合わせて，その電池系で必要な特性をバランスさせることが大切です．

〈表1〉
1次電池の種類と特徴

種類	記号	構成			公称電圧 [V]	特徴
		正極	電解液	負極		
マンガン乾電池	—	MnO_2	$ZnCl_2 + NH_4Cl$	Zn	1.5	汎用性
アルカリ乾電池	L	MnO_2	KOH	Zn	1.5	高負荷放電性
酸化銀電池	S	Ag_2O	KOH, NaOH	Zn	1.55	電圧平坦性
アルカリ・ボタン電池	L	MnO_2	KOH, NaOH	Zn	1.5	安価
空気亜鉛電池	P	O_2	KOH	Zn	1.4	高容量
リチウム電池	B	CF_x	有機電解液	Li	3	貯蔵性
	C	MnO_2	有機電解液	Li	3	大電流特性
	E	$SOCl_2$	有機電解液	Li	3.6	高電圧，貯蔵性
	F	FeS_2	有機電解液	Li	1.5	大電流特性，乾電池互換性

〈表2〉2次電池の種類と特徴

種類	記号	構成			公称電圧 [V]	特徴
		正極	電解液	負極		
シール鉛蓄電池	—	PbO_2	H_2SO_4	Pb	2	安価
ニカド蓄電池	K	NiOOH	KOH	Cd	1.2	高負荷放電性，強靭性
ニッケル水素蓄電池	—	NiOOH	KOH	MH(H)	1.2	高容量，ニカド電池互換性
リチウム・イオン蓄電池	—	$LiCoO_2$	有機電解液	C(Li)	3.6	高電圧，高エネルギ密度
リチウム・ポリマ蓄電池	—	$LiCoO_2$	固形化有機電解液	C(Li)	3.7	薄型，軽量電池
充電式コイン形リチウム蓄電池	—	V_2O_5	有機電解液	LiAl合金	3	3.4 Vの充電電圧，10年の実績
	—	Li_xMnO_y	有機電解液	LiAl合金	3	3 V以下の充電が可能
	—	Nb_2O_5	有機電解液	LiAl合金	2	低電圧(1.8〜2.5 V)充電が可能
	—	Li_xMnO_y	有機電解液	LiTi酸化物	1.5	深放電のサイクルに強い
	—	$LiCoO_2$	有機電解液	C(Li)	3.7	大電流に強い，高容量

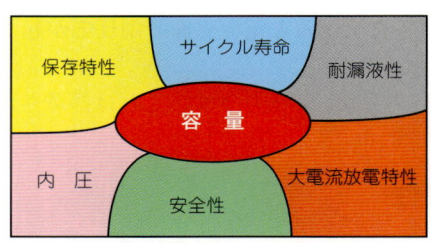

〈図6〉電池特性のトレードオフの一例

　最後に主な1次電池および2次電池の種類と構成や特徴を**表1**と**表2**にそれぞれ示します．また，電池系とその主な適合用途を**表3**に示します．

電池の将来展望

　情報化が一段と進展していく中で，「モバイル」機器を支える電池はさらに小型薄型で軽量化が要望されていくと思われます．特性面では多機能化に応えるべく，高性能で高エネルギ密度しかも高い信頼性と安全性を具備することが求められます．展開の中でベース電池となるのは，やはりリチウム・イオン蓄電池でしょう．多少の課題はあるものの，多面的で精力的な研究がこの電池を一段と魅力的なものに仕上げていくと確信します．

〈表3〉各種電池の用途

用途		リチウム・イオン	ニッケル水素	ニカド	シール鉛	リチウム 円筒	リチウム コイン1次	リチウム コイン2次	リチウム ピン	ボタン 空気	ボタン アルカリ	ボタン 酸化銀	乾電池 アルカリ	乾電池 マンガン
携帯電話	主電源	◎	◎	◎										
	メモリ・バックアップ							◎						
	基地局システム・バックアップ				◎									
ノート・パソコン	主電源	◎	◎											
	メモリ・バックアップ							◎						
	無停電電源装置(UPS)				◎	○								
コンピュータ・システム	システム・バックアップ				◎									
電動工具,ガーデン・ツール,電動自転車		◎	◎	◎										
映像音響機器	主電源	◎	◎	◎									◎	○
	メモリ・バックアップ,クロック						◎	◎						◎
非常灯,誘導灯			◎	◎										
玩具	ラジコン			◎										
	電子ゲーム,おもちゃ						◎		○		◎		◎	◎
計測器(メモリ・バックアップ)				◎	◎		○	○						
医療関連				○	◎ 介護	◎ 体温						◎ 補聴		
自動車関連			◎ HEV		◎ PEV	◎								
時計							◎ 腕	◎ 腕				◎ 腕		◎ 置
メータ(水道,ガス)						◎								
カメラ	銀塩		◎			◎								◎
	ストロボ					◎							◎	
	ディジタル・カメラ	◎	◎			◎							○	
小物家電(シェーバ,電動歯ブラシ)			◎	◎										

注▶(1)◎:最適,○:適合
　　(2)介護:介護機器,体温:体温計,補聴:補聴器,HEV:ハイブリッドEV,PEV:ピュアEV,腕:腕時計,置:置き時計

　一方で,さらに高いエネルギ密度を備えたモバイル機器の次世代電源として直接メタノール型燃料電池(DMFC)などのマイクロ燃料電池が日米欧で開発中であり,その早期実現が待たれます.

◆参考・引用＊文献◆

(1) 江田信夫;電池のいろいろ,電池活用ハンドブック,pp.6〜10,1992,CQ出版㈱.
(2) 江田信夫;各種電池の特徴と選択ガイド,トランジスタ技術1995年7月号,pp.256〜266,CQ出版㈱.
(3) 電池総合カタログ,2002年版,松下電池工業㈱.

■ ニッケル系乾電池

2002年に日本の電池メーカ2社から新しく発売され，2004年にブレークし始めた新型の乾電池です．ディジタル・カメラなどハイ・パワーの電子機器に使用すると，アルカリ乾電池よりもパワフルで長もちします．

従来のアルカリ乾電池と大きく違うのは正極材料です．松下電池工業の「オキシライド乾電池」ではオキシ水酸化ニッケル（NiOOH）と二酸化マンガン（MnO_2）の混合物を採用しており「ニッケルマンガン電池」と呼ばれます．また，東芝電池の"GigaEnergy"はオキシ水酸化ニッケル（NiOOH）を主に使用したもので「ニッケル乾電池」と呼ばれています．

これによって「アルカリマンガン電池」より高い電圧と優れた放電特性を実現しています．

オキシライド乾電池の放電反応を次に示します．

〈正極〉
$NiOOH + H_2O + e^- \rightarrow Ni(OH)_2 + OH^-$
$MnO_2 + H2O + e^- \rightarrow MnOOH + OH^-$

〈負極〉
$Zn + 2\,OH^- \rightarrow ZnO + H_2O + 2\,e^-$

〈全反応〉
$Zn + NiOOH + MnO_2 \rightarrow$
$\quad ZnO + Ni(OH)_2 + MnOOH$

正極の反応から，両材料とも水素（H）が反応することがわかります．オキシ水酸化ニッケル（NiOOH）は，ニカド電池やニッケル水素電池を充電する際に電池内で生成される物質で，層状構造をしており，大電流を取り出しやすい材料です．

公称電圧は1.5 Vにしてますが，放電電圧は1.7 Vから始まります．これはNiOOHの特徴です．

この新電池は材料革新，正極の調合・製造，高注液法の三つを新しく開発して実現にこぎつけました．　　　　　　　　　　　〈江田　信夫〉

---

(4) 岡田和夫；電池のサイエンス，森北出版㈱，1997．
(5) 逢坂哲彌；目が離せない高密度小形二次電池，エレクトロニクス1996年7月号，p.18，オーム社．
(6) *松下電池工業㈱　会社案内，1998年11月．

★本章はトランジスタ技術1999年12月号の記事を加筆・再編集したものです．〈編集部〉

第1部 各種電池の基礎知識

◆ **第1-1章**

電気的特性を改善して進化し続ける乾電池の定番

マンガン乾電池とアルカリ乾電池

江田 信夫
Nobuo Eda

■ はじめに

　なじみの深いマンガン乾電池は，正極に二酸化マンガン，負極に亜鉛，電解液に塩化亜鉛や塩化アンモニウムの中性水溶液を使っています．

　一方のアルカリ乾電池は正，負極とも材料はマンガン乾電池と同じですが，水酸化カリウムのアルカリ性電解液を使用しており，大容量でしかも大電流での放電特性に優れています．このため電子機器の小型高性能化と多機能化につれて使用頻度が高まり，生産量はマンガン乾電池よりも多くなっています．

　これら2種類の乾電池（**写真1-1-1**）は外観形状やサイズは同じですが，JISなどの公的規格により外形や細部寸法，端子形状が細かく規定されています．ほぼ共通した用途に使用できますが，特性はそれぞれ異なっており，これを把握して適切に使い分けるほうが効果的で経済的です．いずれの電池も水銀使用量はゼロです．

〈写真1-1-1〉マンガン乾電池とアルカリ乾電池

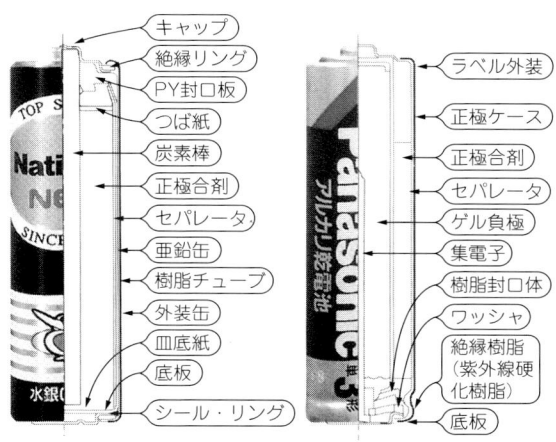

（a）マンガン乾電池　　（b）アルカリ乾電池
〈図1-1-1〉[(2)] マンガン乾電池とアルカリ乾電池の構造

両者の構造を**図1-1-1**に示します．主な相違点は，正極と負極の位置が互いに逆である点と負極形状が違う点です．負極形状は，マンガン乾電池が亜鉛板を缶状に成型しケースを兼ねているのに対し，アルカリ乾電池では電解液とともにゲル状にした粉末亜鉛を使っています．

マンガン乾電池

先進国では大電流での連続放電に優れた塩化亜鉛タイプの電解液を採用していますが，世界的に見れば塩化アンモニウム・タイプのほうが多いと思われます．塩化亜鉛タイプのマンガン乾電池の放電反応式を示します．

$$4 Zn + 8 MnO_2 + ZnCl_2 + 8 H_2O \rightarrow ZnCl_2 \cdot 4 Zn(OH)_2 + MnOOH$$

この反応式を見ると面白いことに気づきます．つまり，放電するにつれて電解液中の水が消費されていくことです．実際の電池でも，塩化亜鉛タイプの耐漏液性は塩化アンモニウム・タイプに比べて優れています．

代表的なマンガン乾電池の定格と特性を**表1-1-1**に示します．

電池は歴史的にも完成度が高く，高性能化によるコスト・パフォーマンスの向上を常に目指しています．とくに容量アップには，電解液保持能力に優れたアセチレン・ブラック導電材を開発して採用することで二酸化マンガンの増量を実現しました．構造面でも電池内容積の増加を目標に，単1形と単2形

〈表1-1-1〉[(3)] マンガン乾電池の定格と特性

形状の通称	JIS形式	公称電圧 [V]	平均持続時間				寸法	
			試験条件		放電終止電圧 [V]	持続時間初度	直径 [mm]	高さ [mm]
			負荷抵抗 [Ω]	1日当たりの放電時間				
単1形	R20PU	1.5	2.2	4分間×8回	0.9	440分	34.2	61.5
			2.2	1時間	0.8	8.4時間		
			3.9	1時間	0.9	17.5時間		
			10	4時間	0.9	49時間		
単2形	R14PU	1.5	3.9	4分間×8回	0.9	410分	26.2	50.0
			3.9	1時間	0.8	6.6時間		
			6.8	1時間	0.9	12.5時間		
			20	4時間	0.9	42時間		
単3形	R6PU	1.5	1.8	15/60秒間連続	0.9	90サイクル	14.5	50.5
			3.9	1時間	0.8	1.2時間		
			10	1時間	0.9	4.8時間		
			43	4時間	0.9	32時間		
単4形	R03	1.5	3.6	15/60秒間連続	0.9	120サイクル	10.5	44.5
			5.1	4分間×8回	0.9	45分		
			10	1時間	0.9	1.4時間		
			75	4時間	0.9	20時間		
単5形	R1	1.5	5.1	5分間	0.9	30分	12.0	30.2
			300	12時間	0.9	76時間		
積層形(006P)	6F22Y	9.0	180	30分間	4.8	340分	長さ26.5 幅17.5	48.5
			270	1時間	5.4	7.0時間		
			620	2時間	5.4	24時間		

ではレーザ溶接方式外装缶を採用し,単4形では新しいガスケットの開発により外装方式を変更して,いずれも亜鉛缶の外径を拡大したことにより容量増加を達成しました.

■ マンガン乾電池の放電特性

各サイズのマンガン乾電池の放電特性,すなわち20℃のときに定電流および定抵抗負荷で連続放電を行った際の持続時間の関係を**図1-1-2**と**図1-1-3**に示します.この電池は取り出せる電気容量が,負荷の大小によって大きく異なる傾向があります.結論からいえば,マンガン乾電池は大電流よりも小電

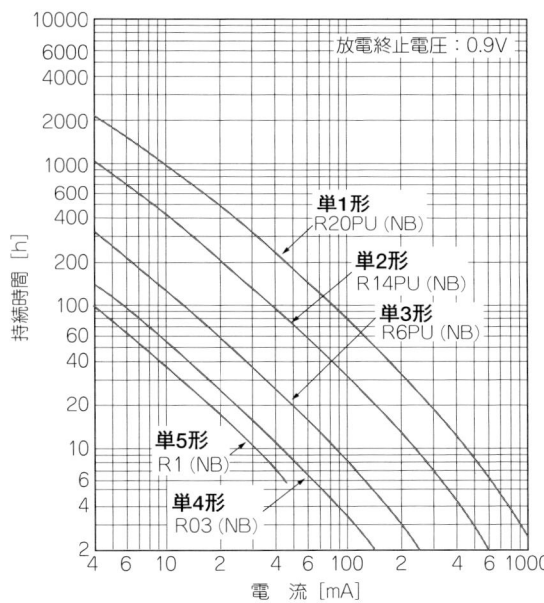

〈図1-1-2〉[3] マンガン乾電池の定電流連続放電特性 (+20℃)

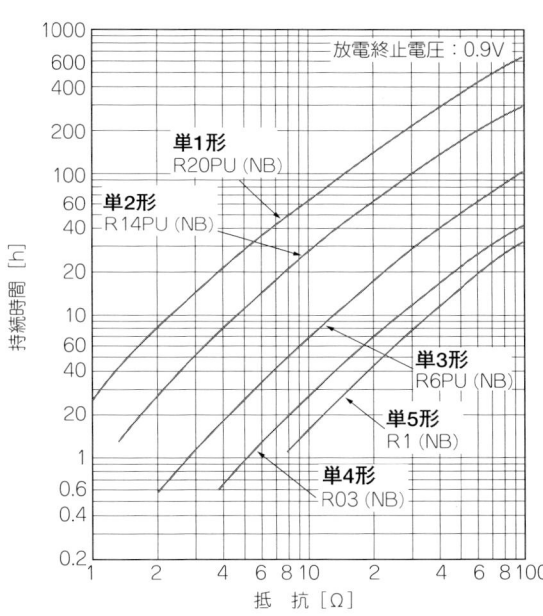

〈図1-1-3〉[3] マンガン乾電池の定抵抗連続放電特性 (+20℃)

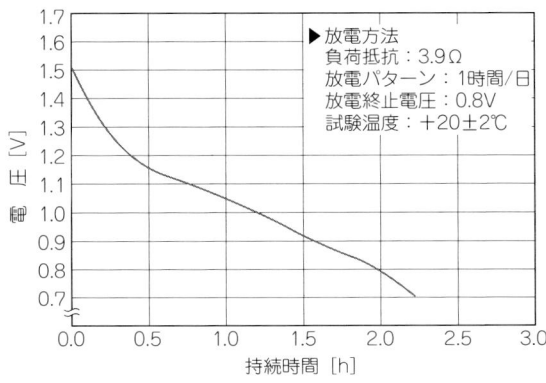

〈図1-1-4〉[3] 単3形マンガン乾電池の標準放電カーブ(3.9Ω間欠放電)

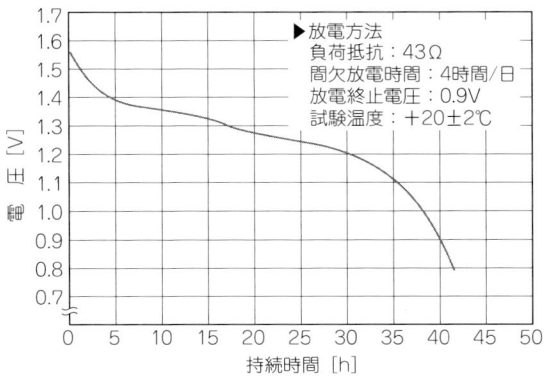

〈図1-1-5〉[3] 単3形マンガン乾電池の標準放電カーブ(43Ω間欠放電)

流向きで，連続放電よりも間欠放電のほうが向いており，ラジオやリモコン，時計，灯火器具などに適しています．

使用頻度の多い単3形電池の標準放電カーブを**図1-1-4**と**図1-1-5**に示します．

塩化亜鉛タイプは，放電につれてセパレータの外側に放電生成物の$ZnCl_2 \cdot 4Zn(OH)_2$が堆積します．通常，この生成物は時間とともに逸散するのですが，大電流で連続放電すると，拡散よりも堆積する割合が多くなります．結局，この堆積物が障害となって放電反応を阻害し，大電流になるほど不具合度が増して容量が小さくなります．

塩化アンモニウム・タイプも正極表面に阻害性の高い生成物が堆積し，同様の現象を引き起こします．一方，アルカリ乾電池では正極が反応性に富むために阻害が起こりにくく，連続放電に有利です．

■ 連続放電時の放電容量の求め方

● 定電流放電の場合

図1-1-2には電池サイズごとに，放電電流と放電終止電圧までの持続時間が示されているので，特定の電流値を選べば時間が読み取れます．あとは次式にしたがって放電容量Cを計算するだけです．

$$C = It \tag{1-1-1}$$

ただしC：放電容量［mAh］，I：電流［mA］，t：時間［hour］

● 定抵抗放電の場合

通常のカタログには電圧値が載っていないため，不正確な放電容量値しか得られません．そこで計算の要領を示します．まず放電容量の定義を**図1-1-6**に示します．放電容量$C = It$であり，図から時間t［h］はわかるので，電圧V［V］÷抵抗値R［kΩ］により電流値I［mA］を求めればよいわけです．**図1-1-7**のような平均電圧法でも精度的には十分です．間欠放電の場合も計算の要領は同じです．

■ 放電電圧が平坦でない理由

マンガン乾電池やアルカリ乾電池では，放電電圧がS字を描いてなだらかに低下していきます．この理由は放電機構と数式から説明されています．

定性的には，二酸化マンガンの結晶構造を破壊することなしに，結晶中の酸素で囲まれた「反応席」に向かって水素イオン（H^+）が放電に伴って侵入していく機構と，結晶内部での3価の放電済みマンガン・イオンと4価の未放電イオンの濃度比の式が提案されています．

二酸化マンガン・リチウム電池でも，同様にLi^+イオンが入っていき，放電電圧はS字です．

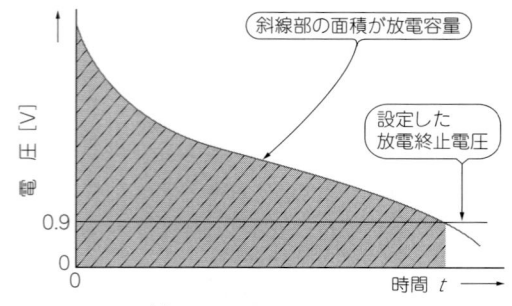

〈図1-1-6〉[(1)] 連続放電時の電池容量を求める

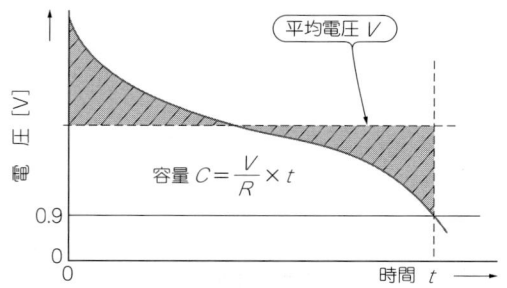

〈図1-1-7〉[(1)] 平均放電電圧法による容量の求め方

一方，放電生成物がまったく別のものになる酸化銀電池や水銀電池では，放電電圧はまったく平坦です．

アルカリ乾電池

マンガン乾電池に代わるものとして，'90年代半ばから使用量が増加しているアルカリ乾電池は，内部抵抗が小さく大電流での連続放電特性だけでなく，コスト・パフォーマンスにも優れています．電子機器製品の大出力化を反映して，技術動向も大電流での放電特性（ハイレート特性）の改善に向かっています．

■ 構造と放電反応

電池構造は図1-1-1を参照してください．外側に正極，内側に負極を配置した「インサイド・アウト（ひっくり返し）構造」をとっています．正極は電解二酸化マンガンと黒鉛からなり，ゲル状電解液に亜鉛粉末を分散させたゲル負極，そして不織布製のセパレータから構成されています．

アルカリ乾電池の放電反応式を以下に示します．

$$Zn + 2MnO_2 + H_2O \rightarrow ZnO + 2MnOOH$$

放電電圧は1.5 Vからなだらかに傾斜していきます．代表的なサイズである単3形の標準放電特性を図1-1-8と図1-1-9に示します．

■ 定格と放電特性

この電池の定格と特性を表1-1-2に示します．各サイズのアルカリ乾電池の放電特性，すなわち温度20℃のときに定電流および定抵抗負荷で連続放電を行った際の持続時間の関係を図1-1-10と図1-1-11にそれぞれ示します．

簡単にマンガン乾電池との特性を対比してみましょう．図1-1-4，図1-1-5，図1-1-8，図1-1-9を見てください．サイズと放電条件は同一です．負荷が43Ωの場合は持続時間の比が2.5倍（90 h/40 h）であ

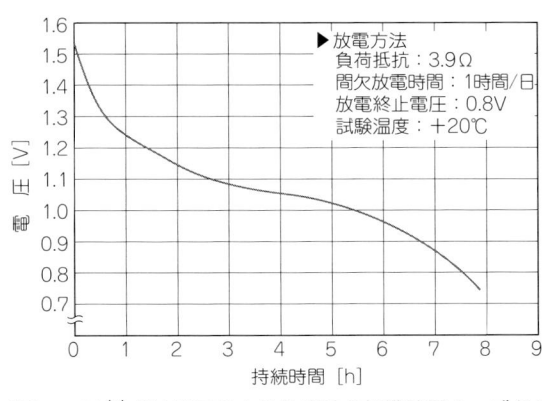

〈図1-1-8〉[3] 単3形アルカリ乾電池の標準放電カーブ（3.9Ω間欠放電）

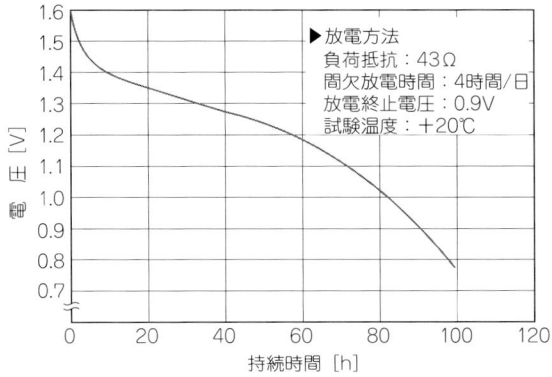

〈図1-1-9〉[3] 単3形アルカリ乾電池の標準放電カーブ（43Ω間欠放電）

〈表1-1-2〉(3) アルカリ乾電池の定格と特性

形状の通称	JIS形式	公称電圧 [V]	試験条件 負荷抵抗 [Ω]	試験条件 1日当たりの放電時間	放電終止電圧 [V]	持続時間 初度	寸法 直径 [mm]	寸法 高さ [mm]
単1形	LR20	1.5	2.2	4分間×8回	0.9	786分	34.2	61.5
			2.2	1時間	0.8	15時間		
			3.9	1時間	0.9	25時間		
			10	4時間	0.9	80時間		
単2形	LR14	1.5	3.9	4分間×8回	0.9	750分	26.2	50.0
			3.9	1時間	0.8	12時間		
			6.8	1時間	0.9	23時間		
			20	4時間	0.9	75時間		
単3形	LR6	1.5	1.8	15/60秒間連続	0.9	320サイクル	14.5	50.5
			3.9	1時間	0.8	4.0時間		
			10	1時間	0.9	11時間		
			43	4時間	0.9	60時間		
単4形	LR03	1.5	3.6	15/60秒間連続	0.9	350サイクル	10.5	44.5
			5.1	4分間×8回	0.9	130分		
			10	1時間	0.9	5.0時間		
			75	4時間	0.9	44時間		
単5形	LR1	1.5	5.1	5分間	0.9	94分	12.0	30.2
			300	12時間	0.9	130時間		
積層形(006P)	6LR61	9.0	180	30分間	4.8	576分	長さ 26.5 幅 17.5	48.5
			270	1時間	5.4	—		
			620	2時間	5.4	33時間		

ったのに対し，3.9Ωでは3.75倍（7.5 h/2 h）と大きくなり，アルカリ乾電池は大電流での適性に優れています．間欠放電も同様の傾向です．それぞれの定電流および定抵抗連続放電特性でも比較できます．

■ 最近の特性改善項目

❶ **電気抵抗の低減**　電導性は確保しながら黒鉛の六角網面に垂直な方向の厚みを低減した新黒鉛材を開発し，一方で黒鉛の微粒子化により電極での導電ネットワークを改善して性能と容量を向上しました．
❷ **負極の改善**　電解液濃度の適正化により亜鉛の反応性を高める一方，腐食が起こりにくい亜鉛合金を開発しました．また，弾力性に富むゲル化材を採用して落下などの衝撃に強い負極を開発しました．
❸ **正極の改善**　二酸化マンガンの微粒子化により反応性を向上させ，大電流での放電性能を改良しました．
❹ **新セパレータと添加材の採用**　セパレータの緻密化と薄型化により，内部抵抗を低減するとともに，反応生成物の形状が丸くなって，貫通による内部短絡を抑制する添加剤を開発し採用しました．
❺ **セパレータ構造の改善**　新しい構成方式により底折り紙部をなくすとともに，正極端子部の形状を変更して内容積を増加させ，容量がアップしました．

　これらの技術を採用したことによる放電特性改良の推移を**図1-1-12**に示します．

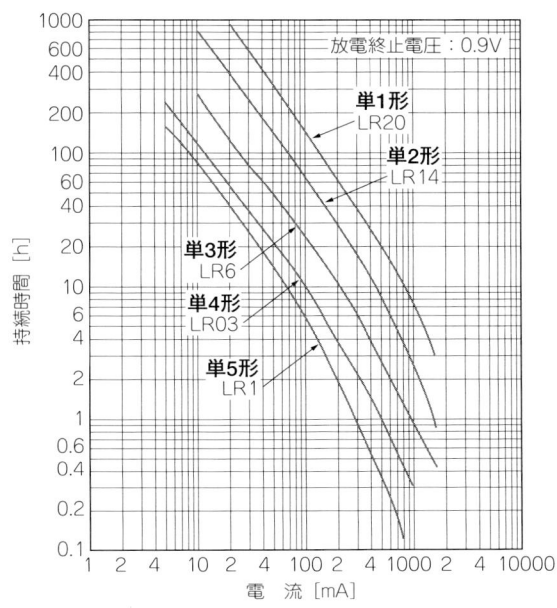
〈図1-1-10〉(3) アルカリ乾電池の定電流放電特性（+20℃）

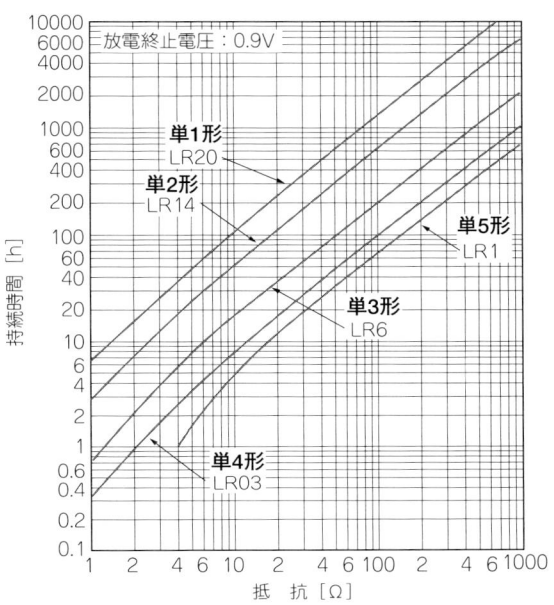
〈図1-1-11〉(3) アルカリ乾電池の定抵抗連続放電特性（+20℃）

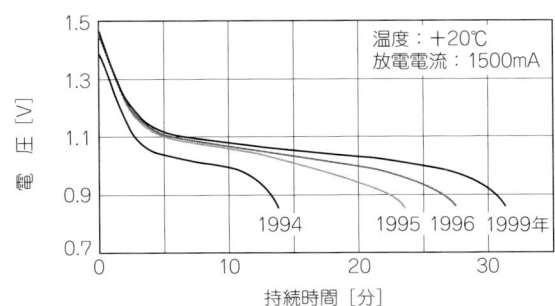
〈図1-1-12〉単3形アルカリ乾電池の放電特性改良の推移

ニッケル系乾電池

　社会のIT化に伴ってモバイル機器の進出が著しく，とりわけディジタル・カメラが急速に普及しています．これに対応して，現行のアルカリ乾電池に比べ大電流での放電性能に優れたまったく新しい1次電池が2002年に発売されました．「ニッケル・マンガン乾電池」と「ニッケル乾電池」がそれです．いずれもアルカリ乾電池と構造や負極，電解液が同じで，正極にはオキシ水酸化ニッケルを使っています．オキシ水酸化ニッケルは，アルカリ蓄電池を充電した際に生成される材料ですが，1次電池用に新たに開発して使っています．

■ ニッケル・マンガン乾電池

これは，正極にオキシ水酸化ニッケルと二酸化マンガンを最適に配合し，アルカリ乾電池並みの保存特性を実現するために新しい添加剤を加えています．アルカリ乾電池と同じ1.5 Vですが，デジカメでの撮影枚数が3倍程度に増大しました．

● 特徴
- ディジタル・カメラでの撮影枚数が大幅アップ
- 現行アルカリ乾電池の保存特性を確保

● 用途
- ディジタル・カメラ

乾電池の充電について

マンガン乾電池で代表される1次電池は，使いきりの電池であって，充電ができるようには設計されていません．充電すると漏液や破損，破裂などのトラブルを引き起こす恐れがあります．

ときどき電池や電気関係の雑誌などで「乾電池の充電…」と題した記事が見かけられるので，電池の専門家の立場から説明します．

■ きわめて特定の条件のもとでは，わずかな効果はあるが…

結論から先にいえば，マンガン乾電池の放電に伴う化学反応は，電池内部での亜鉛負極および二酸化マンガンの不可逆な，つまり元に戻らない反応なので，放電しきった後で充電しても電気容量が回復しないことは事実です．

まず，負極の亜鉛材料は充放電での形状維持能力が低い，すなわち充放電を行うと形が変形してしまう性質であること，一方正極の二酸化マンガンはある程度放電すると結晶構造が変化してしまうことに起因しています．もう少し説明を加えますと，マンガン乾電池の「■放電電圧が平坦でない理由」(p.22)の項で一部ふれたように，ある水準まで放電すると二酸化マンガンの1次元トンネル中の「席」に蓄えられた多数の水素イオンが引き起こす力によって，結晶構造が耐えきれなくなり変質するためです．

しかし，次に述べる特定の条件のもとでは，効果があるといわれています．つまり，容量の5～10％を使ったら非常に小さい電流でゆっくり充電し，また少し使っては同じように充電する場合です．この条件下では充電しないで使うよりは多少長く使えるといわれています．

ただし，充電電流や充電電圧または充電時間を精密に制御するための手間や装置，得られる効果を考えると，とても「得する」とは思えません．そのほか充電操作には，後述する潜在的な危険があります．

■ マンガン乾電池の充電に伴う危険のメカニズム

少し専門的になりますが，マンガン乾電池が充電された場合，ある特定の電圧（約1.23～2V）を越えると，電池内では次の反応が起こり，ガスが発生します．

▶負極

$$Zn^{2+} + 2e^- \rightarrow Zn \quad \cdots\cdots\cdots\cdots\cdots\cdots\cdots\cdots\cdots\cdots\cdots\cdots\cdots\cdots\cdots\cdots\cdots\cdots\cdots\cdots\cdots\cdots\cdots ①$$

（標準水素電極に対して −0.76 V）

$$2\,H^+ + 2\,e^- \rightarrow H_2 \quad \cdots\cdots\cdots\cdots\cdots\cdots\cdots\cdots\cdots\cdots\cdots\cdots ②$$
　　　（電解液のpHにより変化するが約 − 0.3 V）
▶ 正極
$$H_2O \rightarrow \frac{1}{2}O_2 + H_2 + 2\,e^- \quad \cdots\cdots\cdots\cdots\cdots\cdots\cdots\cdots\cdots ③$$
　　　（電解液のpHにより変化するが約 + 0.9 V）
$$2\,Cl^- \rightarrow Cl_2 + 2\,e^- \quad \cdots\cdots\cdots\cdots\cdots\cdots\cdots\cdots\cdots\cdots\cdots ④$$
　　　（標準水素電極に対して + 1.36 V）

　つまり，理論的には充電電圧が約2.1 V（＝④−①）に達すると，約1.2 V（＝③−②）を越えた場合の水の電気分解反応による水素と酸素ガスの発生だけでなく，上記の式①～④の全部の反応が起きる可能性があります．ガスの発生速度は充電電流が大きくなるほど激しくなり危険です．しかも，ガス発生量は時間に比例して増加します．

　充電を続けると式④のように毒性のある塩素ガスが発生し，電池が一時的に「塩素電池」となるために電池電圧が高く測定されます．この現象により「電池が回復し元に戻った」と錯覚されるようです．しかし，これは最初に意図したものとはまったく違った，しかも危険なことが内部で起こっているのです．

　いずれにしても，極めて危険であることは間違いないので，乾電池の充電はしないほうが無難です．なお，未使用電池の充電は，直ちに塩素ガス発生反応が始まるのでいっそう危険です．

■ アルカリ乾電池の充電はさらに危険

　この電池にはアルカリ性の水酸化カリウム水溶液が使用されており，ガス発生が引き金となって電池が破裂し，電解液が飛散して目に入ると失明する危険性が大です．

　衣服や皮膚についた場合でも相応の損傷を受けますので，充電はもちろんのこと，電池にも表示してあるように分解などもしないほうが賢明です．

　なお，CDプレーヤなどのように多数の電池で動作する機器に，使用した電池と新しい電池を混用したり，異種の電池を混用した場合も，「弱い」ほうの電池が強制的に放電されて転極し，最終的に電気分解によるガス発生につながる危険性があるので注意してください．

　このほか数個の電池を使う場合に電池が誤って逆方向に装填されて（逆接続）使用された場合も，同様にガス発生の危険性があります．しかし最近では逆接続されたら放電ができないように，電池の負極端子の構造を工夫したものが増えています．

　このほか乾電池には注意や警告事項が表示されているのでご一読ください．何かと参考になります．

◀ 参考・引用＊文献 ▶
(1)＊江田信夫；マンガン乾電池／アルカリ乾電池，電池活用ハンドブック，pp.12～17，CQ出版㈱，1997年．
(2)＊松下電池工業㈱；2002年電池総合カタログ．
(3)＊松下電池工業㈱；2002年アルカリ乾電池，マンガン乾電池テクニカルハンドブック．

★本章はトランジスタ技術1999年12月号の記事を加筆・再編集したものです．〈編集部〉

■乾電池の容量表示が困難な理由

リチウム電池やニカド電池などには容量が明記されていますが，乾電池には表示されていません．

日本ではマンガン乾電池は1885年に屋井先蔵が発明し，松下電池では1931年に自社生産を開始しています．すでに松下電池でも73年，「屋井乾電池」からは119年の長きにわたります．

したがって，その理由なり，経緯についてはよくはわかりませんが，あちこちに聞き回ったところによると，たぶん次のような事情によると言えるでしょう．

マンガン乾電池の「出現」以降は，それまで電池というものがなかったために，乾電池はさまざまな用途にさまざまな条件の下で使われたと考えられます．

乾電池は図1-1-A，図1-1-Bでもわかるように，使用条件により容量が大きく変わります．このため社会のあらゆる所で広く使われるようになった時点で，一度は規格を決めようという動きがあったと推測されます．しかし，このような状況にあっては標準というものが決めがたく，容量を一義的に示すことができなかったものと思われます．

このほか，現在でもマンガン乾電池はJIS，IECやANSI（米国規格協会）それぞれで各電池サイズごとに，負荷抵抗，放電方法（連続，間欠）や放電終了電圧などについて数多くの放電試験条件と持続すべき時間（つまり容量）が決められています．

そのためどの値を標準容量として良いか，一義的には決められないものと思われます．

一方，アルカリ乾電池は限界領域を除いては，使い方による容量の差は大きくありませんが，用途面およびサイズ上でアルカリ乾電池とマンガン乾電池はほぼ同じであるために，マンガン乾電池に準じたものと思われます．ただし，この問題についてはIECでも取り上げられようとしています．

どうしても容量を知りたい場合には，電池メーカの技術部に用途と使用条件をいえば，それに近い容量を教えてくれます．

〈江田 信夫〉

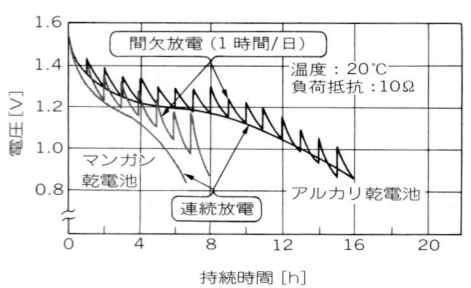

〈図1-1-A〉単3形乾電池の連続放電と間欠放電特性

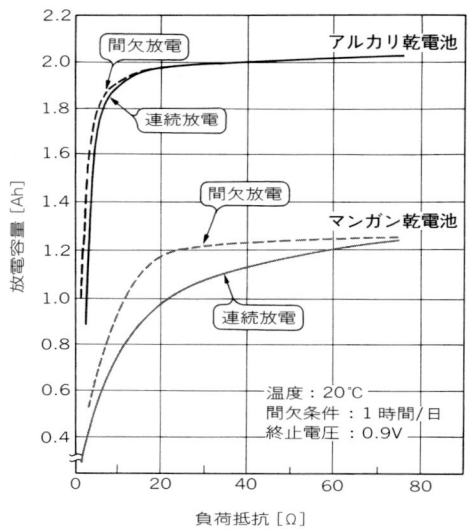

〈図1-1-B〉単3形乾電池の負荷抵抗と放電特性

第1-2章

日本で開花した高エネルギ密度の民生用1次電池

リチウム電池

江田 信夫/勝山 春海
Nobuo Eda/Harumi Katsuyama

リチウム電池とは

● 開発の歴史

　1960年代に米国のNASAが，宇宙開発用にエネルギ密度の大きな電源を必要としたことから，この電池の研究開発がスタートしました．その後，米国で実用化され，軍用特殊無線機や宇宙開発に使用されました．

　一方，これらの情報をもとに，ほかの研究機関や企業がリチウム電池の研究開発に着手したことが契機となって，民生用の電池が生み出されました．1973年には世界に先駆けてフッ化黒鉛リチウム電池が松下電器によって量産されました．当初は単2形の円筒形電池が気象観測ゾンデのテレメトリ用電源などに使われました．1976年に夜釣り用の電気ウキ（ピン形），翌'77年にはディジタル・ウォッチ（コイン形）に使用されて一般化しました．さらに'82年にはコダック社のディスク・カメラに円筒形電池（2/3A）が大量に採用され，その性能が認められました．その後，このサイズは全自動カメラに大量に採用され，現在に至ります．

　円筒形電池はカメラやガス/水道メータ，メモリ・バックアップなどに，コイン形電池は腕時計や自動車の電装品，メモリ・バックアップなどに広く使用されています．最近では1.5〜3.4Vで充電できるコイン形の2次電池も開発され，おもにメモリ・バックアップや電池交換不要型の腕時計に使われています．

● 高エネルギ密度

　リチウム電池は高エネルギ密度の電池です．この値を大きくするには，イントロダクションで述べたように電圧を高くするという選択肢があります．電圧（起電力）は正極電位と負極電位の差なので，負極電位が低いほど高い電圧になります．リチウムは現在の材料の中で最も低い電位をもつ金属で，リチウムを使えば3V近い電圧が得られ，水溶液系の電池に比べて電圧は2倍程度大きくなります．

● BR系/CR系のリチウム電池は日本で誕生

　リチウムは原子番号3で原子量は6.94，融点が186℃の銀白色の柔らかい，延展性に富んだ金属です．比重も0.53と金属の中では最小です．自然界には金属としては存在せず，おもにカン水やリチア雲母，

リチア輝石の形で産出されます．これを精製して得たリチウム金属は反応性が高いため，従来の水溶液系電解液では使えません．そこで，反応性の低い有機溶媒と電気を運ぶ役目のリチウム塩からなる有機電解液を採用することにより，初めて安定した電池システムが確立されました．リチウム金属を負極に使ったことから，この電池系をリチウム電池と総称しています．

日本では'71年に安定な正極材料としてフッ化黒鉛が見い出され，電池(BR系)の可能性が世界に向けて発表されました．続いて二酸化マンガン系(CR系)もわが国で開発され，日本がこの分野をリードできる状況になりました．

表1-2-1に商品化された各種リチウム電池の種類と特徴を示します．

● **リチウム電池の種類**

表のようにリチウム電池には正極活物質の違いにより多くの種類があり，電圧も1.5～3.6Vの広い範囲にわたっています．この電圧の違いは放電反応で正極が受け取る電子の収納場所(席)が高い位置にあるか，低い位置にあるかに起因しています．学問的には正極材料の構成元素と結晶構造に由来した分子軌道のエネルギ準位に依存しています．

有機電解液は，水溶液系よりも比イオン伝導度が2桁ほど低く，Li+イオンの拡散が制約を受けるために大電流用途には本来不向きですが，電池構造や構成面での工夫により高出力用途にも対応できるようになりました．電解液が液体でいる温度範囲も水溶液より広いため，電池の使用温度範囲が広く取れ，貯蔵性や耐漏液性などの信頼性も向上しました．

リチウム電池の一般的な特徴は下記です．

〈表1-2-1〉商品化された各種リチウム電池の種類と特徴

	名称	種別記号	正極材料	負極材料	公称電圧[V]	電池形状			保存性	放電特性			
						円筒形	コイン形	その他		重負荷	軽負荷	低温特性	高温特性
1次電池	フッ化黒鉛リチウム	BR	CF_x	Li	3	●			◎	○	◎	○	◎
							●		◎		◎	○	○
								●(ピン形)	○		○		
	二酸化マンガン・リチウム	CR	MnO_2	Li	3	●			○	◎	○	◎	○
							●		○		○		
	塩化チオニル・リチウム	ER	$SOCl_2$	Li	3.6	●			◎	○	◎	○	◎
							●		◎		◎		
	二酸化硫黄リチウム	—	SO_2	Li	3	●			○	◎	○	◎	○
							●		○		○		
	硫化鉄リチウム	FR	FeS_2	Li	1.5		●		○		◎		
	酸化銅リチウム	LC	CuO	Li	—	●			○		○		
		GR					●		○		○		
2次電池	リチウム・イオン	—	$LiCoO_2$	CLi_x	3.6	●			○	◎	○	◎	○
								●(角形)	○	◎	○	◎	○
	バナジウム・リチウム	VL	V_2O_5	LiAl	3		●		○		○		
	マンガン・リチウム	ML	Li_xMnO_y	LiAl			●		○		○		
	ニオブ・リチウム	NBL	Nb_2O_5	LiAl	2		●		○		○		
	チタン・リチウム	MT	Li_xMnO_y	Li_xTiO_y	1.5		●		○		○		
	ポリアニリン・リチウム	AL	ポリアニリン	LiAl	3		●		○		○		

注▶ ●：あり，◎：非常に優れている，○：優れている

- 高電圧
- 小型軽量
- 広い使用温度範囲
- 高エネルギ密度
- 高信頼性(貯蔵性,耐漏液性)

〈江田 信夫〉

円筒形リチウム電池

　世界に先駆けて量産に成功し,現在も主流となっているフッ化黒鉛リチウム電池(BR系)と二酸化マンガン・リチウム電池(CR系)について説明します.
　円筒形の電池は双方とも正,負の電極を捲回して構成したスパイラル構造を取っています.しかし,正極材料の電気化学的特性の違いや有機溶媒との互換性,つまり「相性」により使用する電解液材料に違いがあることから,密封化を図る封口板に多少の構造的差があります.
　これまでに商品化された円筒形リチウム1次電池の定格と特性を**表1-2-2**に示します.

■ フッ化黒鉛リチウム電池(BR系)

● 安全性と信頼性に優れた電池

　この電池は正極にフッ化黒鉛,負極に金属リチウム(箔),電解液には沸点の高い有機溶媒を使っています.コダック社が'72年にディスク・カメラを世界規模で販売するに際し,事前に世界中の電池をあらゆる点からテストしました.特性はもとより安全性の点で高く評価されて,この電池が最終的に採用されました.それほど安全性には定評があります.
　BR系(**写真1-2-1**)は当初,カメラ用に開発されましたが,長期保存性に優れ,信頼性と安全性も高い点から,現在では10年間無保守のガス自動遮断メータ(マイコン・ガス・メータ)をはじめ,各種メータの電源として数多く使用されています.
　この電池は,現在まで25年以上の生産実績と10年以上にわたる長期間使用など豊富な使用実績をもっています.電池の構造を**図1-2-1**に示します.

● 放電反応と特徴

　BR系電池の放電反応を次式に示します.

$$CF_x + xLi \rightarrow xLiF + C$$

　フッ化黒鉛は化学的,熱的にきわめて安定な灰白色の粉末です.電池は2.8 Vの放電電圧をもち,電圧平坦性に優れています.上記の反応式からわかるように,放電生成物が導電性に富む炭素であるため,

〈表1-2-2〉[(1)] **商品化された主な円筒形リチウム1次電池の定格と特性**

正極	電圧 [V]	容量 [mAh]	サイズ [mm]	エネルギ 密度[Wh/ℓ]	電流(連続) [mA]	温度範囲 [℃]	自己放電 [%/年]	主な用途
フッ化黒鉛	3	1200	$\frac{2}{3}$A	440	~250	-40~+85	0.5	メモリ・バックアップ
二酸化マンガン	3	1300	$\frac{2}{3}$A	530	~250	-40~+70	0.5	カメラ
塩化チオニル	3.6	2000	AA	860	~10	-55~+85	0.5	メモリ・バックアップ
二酸化イオウ	3	1100	AA	400	~500	-55~+55	0.5	軍用通信機
オキシリン酸銅	2.5	2300	AA	750	~35	-40~+55	1	熱量計
酸化銅	1.5	3300	AA	750	~50	-40~+55	0.5	熱量計
二硫化鉄	1.5	2300	AA	430	~1200	-10~+60	1	カメラ
硫化銅	2.0	1800	51×32×5	510	~25	-20~	2	心臓ペース・メーカ
ヨウ素	3	2000	31×27×8	830	~0.2	-40~+125	0.5	心臓ペース・メーカ

第1-2章　リチウム電池

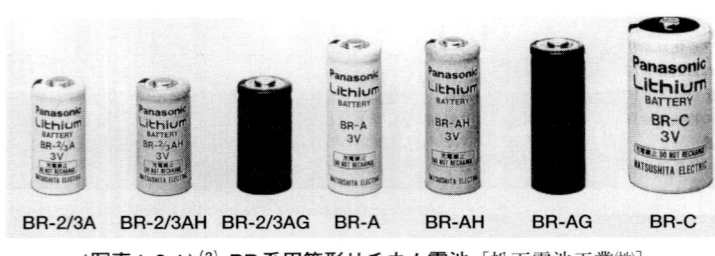

〈写真1-2-1〉(3) BR系円筒形リチウム電池 ［松下電池工業㈱］

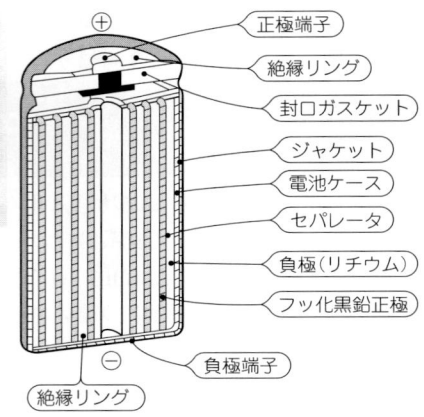

〈図1-2-1〉(3) BR系円筒形リチウム電池の構造

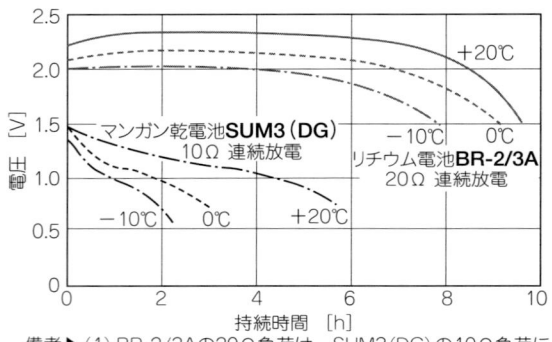

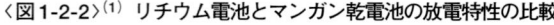

備考▶(1) BR-2/3Aの20Ω負荷は，SUM3(DG)の10Ω負荷に相当する．
(2) BR-2/3Aの体積はSUM3(DG)に比べて10％小さい．

〈図1-2-2〉(1) リチウム電池とマンガン乾電池の放電特性の比較

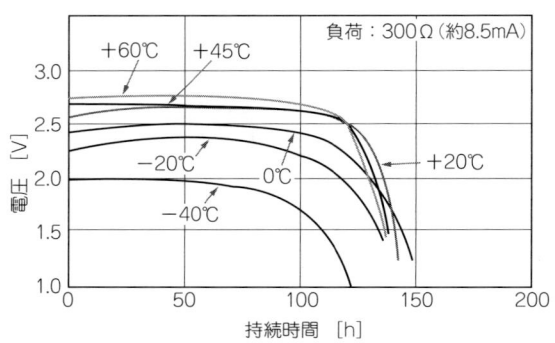

〈図1-2-3〉(3) リチウム電池BR2/3Aの温度特性

放電中のインピーダンスは寿命末期まで低く安定し，電圧が平坦です．フッ化黒鉛は活物質の中でも分子量が小さく，電位も高いので重量エネルギ密度が優れています．

ちなみに重量エネルギ密度が理論的にもっとも大きいのは，周期律表で第2段目の左端にあるLiと右端部にあるF（フッ素）から構成される電池です．フッ化黒鉛はフッ素ガスを炭素に固定化したものともいえます．

● **電気的特性**

フッ化黒鉛リチウム電池（BR-2/3A）とマンガン乾電池（SUM3）の放電特性比較を**図1-2-2**に示します．試験はほぼ同じ体積の電池で行っています．＋20℃で約5倍，－10℃では約10倍の大きなエネルギ量が得られます．BR-2/3Aの温度特性を**図1-2-3**に示します．

放電電流による動作電圧特性を**図1-2-4**に，貯蔵特性を**図1-2-5**にそれぞれ示します．

BR系の円筒形電池の定格と特性を**表1-2-3**に，放電電流に応じた容量特性を**図1-2-6**に示します．

● **特徴**

● 3Vの高電圧　● 高エネルギ密度(小型・軽量)　● 高信頼性(貯蔵性：自己劣化率0.5%/年，耐漏液性)
● 広い使用温度範囲(－40～＋85℃)　● 高い安全性

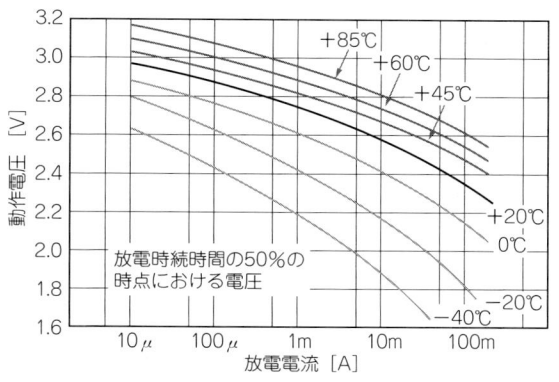

〈図1-2-4〉(3) リチウム電池BR-2/3Aの放電電流と動作電圧

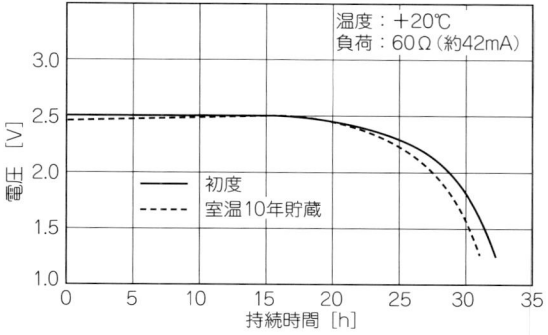

〈図1-2-5〉(1) リチウム電池BR-2/3Aの貯蔵特性

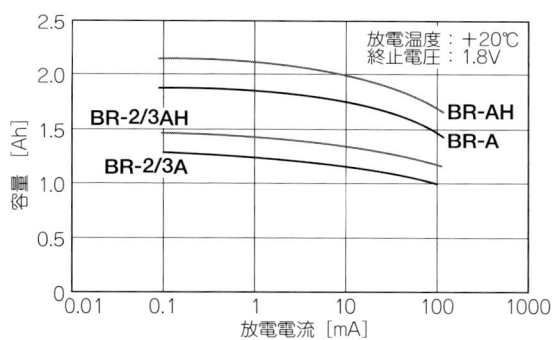

〈図1-2-6〉(3) BR系円筒形リチウム電池の放電電流と容量

〈表1-2-3〉(2) BR系円筒形リチウム電池の定格と特性

型 名	電気的特性 [20℃]			寸法 [mm]		質量 [g]	JIS	IEC
	公称電圧 [V]	公称容量 [mAh]*	連続標準負荷 [mA]	直径	高さ			
BR-2/3A	3	1200	2.5	17.0	33.5	13.5	—	—
BR-2/3AH	3	1350	2.5	17.0	33.5	13.5	—	—
BR-2/3AG	3	1450	2.5	17.0	33.5	13.5	—	—
BR-A	3	1800	2.5	17.0	45.5	18.0	—	—
BR-AH	3	2000	2.5	17.0	45.5	18.0	—	—
BR-AG	3	2200	2.5	17.0	45.5	18.0	—	—
BR-C	3	5000	5.0	26.0	50.5	42.0	—	—

*▶+20℃, 標準放電電流での放電容量(終止電圧2.0 V)

■ 二酸化マンガン・リチウム電池(CR系)

● 大電流放電に優れた電池

　CR系(**写真1-2-2**)の正極には，大電流放電仕様の処理が加えられた後，加熱脱水処理を施した二酸化マンガンが使われています．この電池も**図1-2-7**のようにスパイラル構造です．この電池は外部短絡時の安全性を確保するため，保護素子(PTC)が内蔵されています．さらに電池の内圧が上昇しても安

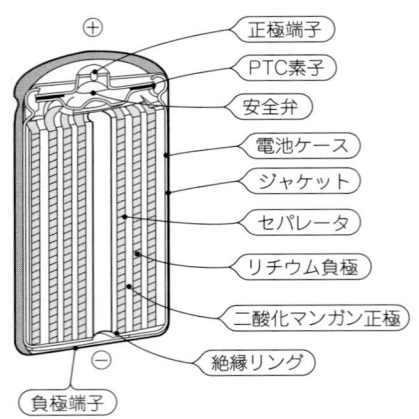

〈図1-2-7〉(3) CR系円筒形リチウム電池の構造

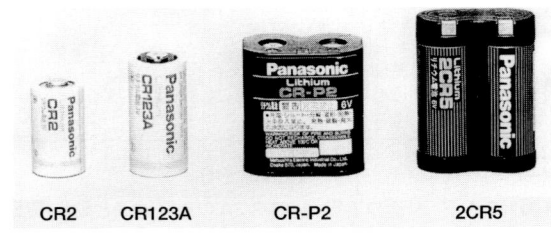

〈写真1-2-2〉(3) CR系円筒形リチウム電池［松下電池工業㈱］

全に内圧を逃がす防爆封口構造を採用するなど，誤使用に対しても複数の安全対策を設けています．

● 放電反応と特徴

　CR系電池の放電反応を次式に示します．

$$Mn^{IV}O_2 + Li \rightarrow Mn^{III}O_2 \cdot Li$$

　正極材料である二酸化マンガンは，一般には乾電池に使用されている電解二酸化マンガンを＋300～＋400℃で加熱し，脱水して使います．最近では大電流放電特性を改善する処理を施したものも使用されています．

　上記の放電反応式は一見不思議に思えますが，これは二酸化マンガンが市販のコンクリート・ブロックを横にしたような結晶構造をしていることに関連しています．わかりやすくいうと，電池を放電するとLiイオンが，あたかもブロック中の穴に入っていくように，二酸化マンガン結晶中の1次元のトンネルに入って所定の場所(席)にとどまることを意味しています．

　CR系の電池は放電電圧の平坦性ではBR系に劣りますが，大電流パルス放電でのパルス電圧が高くとれるので，とくに小型軽量や待機時間を短くすることが要求されるカメラやストロボ・ライトなどに適しています．

　この電池には1セル・タイプと簡単に交換ができる2セル入りのパック・タイプがあり，市販もしています．

　これらの電池の定格と特性を表1-2-4に，他社相当品の互換表を表1-2-5にそれぞれ示します．

　単セル(CR123A)のパルス放電特性を図1-2-8に，高温貯蔵特性を図1-2-9に示します．パック電池のパルス放電特性と大電流パルス放電特性を図1-2-10と図1-2-11にそれぞれ示します．

　これらの電池はカメラ用電源としても既に3億個以上が国内外で使用され，その優れた特性は世界に認められています．

● 特徴
- 高電圧(単セル3V，パック電池6V)
- 小型軽量　　● 高エネルギ密度
- 優れた貯蔵性(自己放電率：＋20℃で年率約1％)

円筒形リチウム電池　35

〈表1-2-4〉[2] CR系円筒形リチウム電池の定格と特性［松下電池工業㈱］

型名	電気的特性 [20℃]			寸法 [mm]		質量 [g]	JIS	IEC
	公称電圧 [V]	公称容量 [mAh]	連続標準負荷 [mA]	直径（幅）	高さ			
CR2	3	750[(1)]	20	15.6	27.0	11.0	—	—
CR123A		1400[(1)]		17.0	34.5	17.0	—	CR17345
2CR5	6	1400[(2)]		34.0	45.0	38.0	—	2CR5
CR-P2		1400[(2)]		35.0	36.0	37.0	—	CR-P2

注▶ (1) +20℃，標準放電電流での放電容量（終止電圧2.0 V）
　　(2) +20℃，標準放電電流での放電容量（終止電圧4.0 V）

〈表1-2-5〉[3] CR系円筒形リチウム電池の他社製品互換表

	メーカ	松下電池 Panasonic	コダック Kodak	エナジャイザー Energizer	デュラセル Duracell	レオバック Rayovac	ファルタ Varta
型名		CR2	KCR2	EL1CR2	DLCR2	CR2R	CR2
		CR123A	K123LA	EL123AP	DL123A	CR123R	CR123A
		2CR5	KL2CR5	EL2CR5	DL245	2CR5R	2CR5
		CR-P2	K223LA	EL223AP	DL223A	CR-P2R	CR-P2

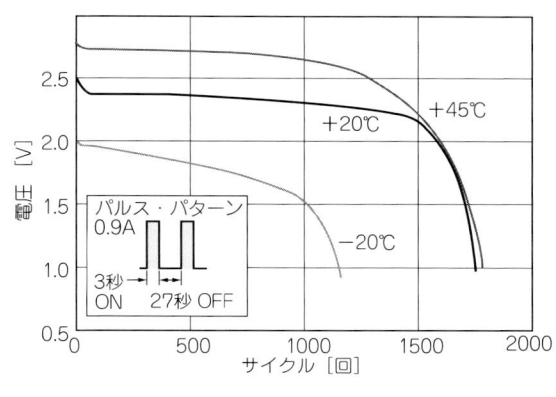

〈図1-2-8〉[3] 円筒形リチウム電池CR123Aのパルス放電特性

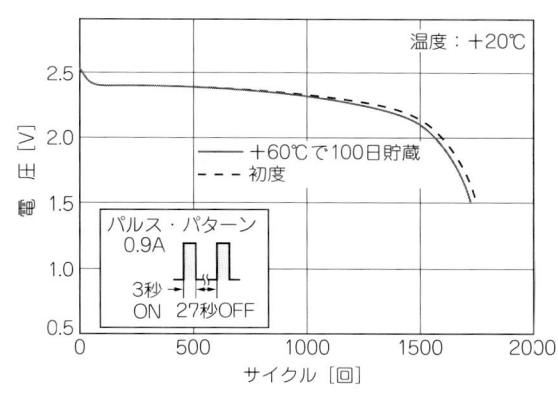

〈図1-2-9〉[3] 円筒形リチウム電池CR123Aの高温貯蔵特性

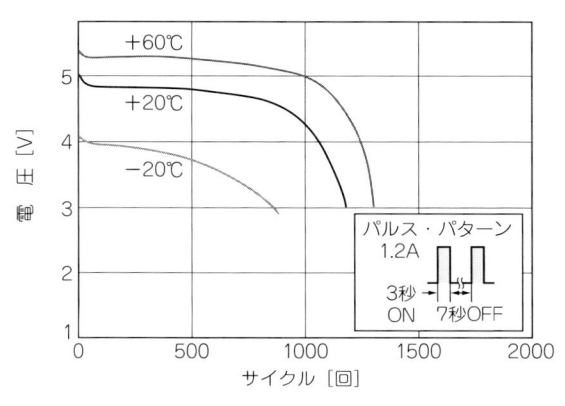

〈図1-2-10〉[3] CR系円筒形リチウム電池2CR5，CR-P2のパルス放電温度特性

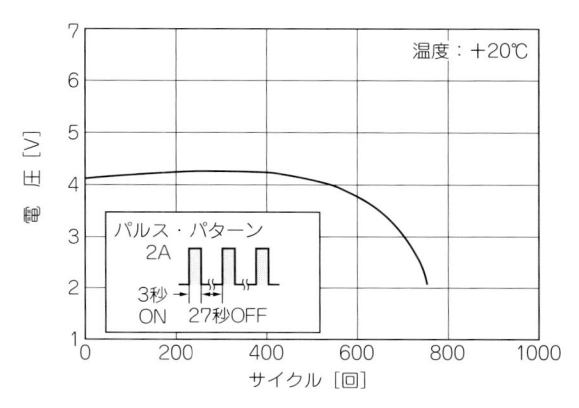

〈図1-2-11〉[3] CR系円筒形リチウム電池2CR5，CR-P2の大電流パルス放電特性

- 大電流パルス放電特性に優れる
- 広い動作温度範囲(−40〜+70℃)
- 安全性を考えた設計

〈江田 信夫〉

コイン形リチウム電池

● 構造と特性

この電池は形状がコインに似ているため，こう呼ばれます．小型の電池が要望された際に，リチウム電池は水溶液型の電池に比べ，原理的に電流を取り出しにくいので，面積を広くとることで解決を図るべく直径方向に大きくなりました．製品の例を**写真1-2-3**に示します．

基本的な原理や構成は円筒形とほとんど変わらないので，説明は省きます．コイン形電池の構造を**図1-2-12**に示します．**表1-2-6**は，これまでに商品化されたコイン形やペーパー形の1次電池の定格と特性です．

● 用途

CR系，BR系とも電器店やコンビニエンス・ストアなど身近なところで販売されています．入手が容易で，しかも取り扱いやすさと安全性に優れる点から，電子手帳や電子体温計などの小型機器に広く使われています．BR系は円筒形と同じく，とくに長期保存性や+85℃までの高温環境特性に優れているので，最近ではメモリ・バックアップ用途が多くなっています．

最近の新製品では，自動車の電装部品など，しばしば+100℃を越える過酷な高温環境に耐える電池の要望があります．これに応えて，耐熱性の構成部品や高沸点電解液の採用により，+125℃の厳しい高温環境にも耐えるBR系コイン電池が開発されており，FA機器にもよく適合します．このほか薄型化技術の蓄積により，薄さ0.4mmのCR系コイン電池を開発しました．重量は1gを切っており，カード機器に好適です．

BR系およびCR系コイン形電池のサイズと型名の早見表を**表1-2-7**に示します．型名の数字4桁のうち上2桁が直径[mm]を，下2桁は高さ(厚み)[mm]を10倍した数字です．

また，耐高温BR系コイン形電池を加えた定格と特性を**表1-2-8**に示します．

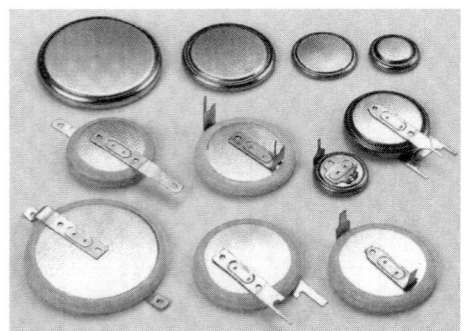

〈写真1-2-3〉[2] コイン形リチウム電池［松下電池工業㈱］

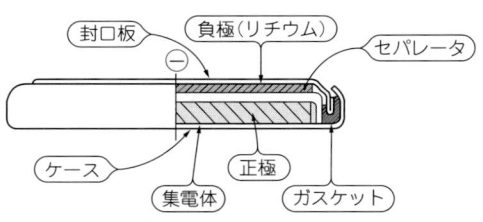

〈図1-2-12〉[1] コイン形リチウム電池の構造

コイン形リチウム電池

〈表1-2-6〉[1] 商品化されたコイン形やペーパー形のリチウム1次電池の定格と特性

●コイン形

正極	電圧 [V]	容量 [mAh]	サイズ [mm]	エネルギ密度 [Wh/ℓ]	電流(連続) [mA]	温度範囲 [℃]	自己放電 [%/年]	主な用途
フッ化黒鉛	3	190	φ20.0×3.2	540	～2	－40～＋80	0.5	メモリ・バックアップ
二酸化マンガン	3	210	φ20.0×3.2	590	～3	－30～＋70	0.5	電子手帳
酸化銅	1.5	60	φ9.5×2.7	455	～0.1	－10～＋60	0.5	電卓
酸化ビスマス	1.5	60	φ9.5×2.7	500	～0.2	－10～＋60	1	腕時計
ビスマス酸鉛	1.5	190	φ11.6×5.4	520	～0.2	－10～＋55	2	腕時計
二硫化鉄	1.5	180	φ11.6×5.4	500	～0.2	－10～＋60	1	腕時計
硫化鉄	1.5	98	φ11.6×3.0	448	～0.2	－10～＋55	1	腕時計

●ペーパー形

正極	電圧 [V]	容量 [mAh]	サイズ [mm]	エネルギ密度 [Wh/ℓ]	電流(連続) [mA]	温度範囲 [℃]	自己放電 [%/年]	主な用途
二酸化マンガン	3	45	29.3×22.3×0.5	450	～0.1	－10～＋60	0.5	ICカード

〈表1-2-7〉コイン形リチウム電池の大きさと型名の早見表

高さ＼径	30	24.5	23	20	16	12.5	10
7.7		CR2477					
5.4			CR2354				
3.2	BR3032 CR3032			BR2032 CR2032	BR1632 CR1632		
3.0			BR2330 CR2330				
2.5			BR2325	CR2025		BR1225	CR1025
2.0			BR2320 CR2320	BR2020	CR1620	BR1220 CR1220	
1.6				BR2016 CR2016	BR1616 CR1616	BR1216 CR1216	
1.2		CR2412		CR2012	CR1612	CR1212	

● **メモリ・バックアップ寿命**

メモリのバックアップに使う場合の持続年数の計算式を参考のため次式に示します．

$$t_c = \frac{C}{I \times 24時間 \times 365日}$$

ただし，t_c：持続時間［年］，C：電池容量［mAh］，I：消費電流［mA］

● **特徴**
- 3Vの高電圧　●小型軽量　●高エネルギ密度
- 優れた貯蔵性(自己放電率：20℃で年率約1％)　●優れた耐漏液性
- 広い動作温度範囲(－40～＋85℃)，耐高温型は－40～＋150℃　●優れた大電流放電特性(CR系)

〈江田 信夫〉

〈表1-2-8〉(2) コイン形リチウム電池の定格と特性

●BR系

型名	電気的特性 [20℃]			寸法 [mm]		質量 [g]	JIS	IEC
	公称電圧 [V]	公称容量 [mAh]*	連続標準負荷 [mA]	直径	高さ			
BR1216	3	25	0.03	12.5	1.60	0.6	—	—
BR1220		35			2.00	0.7	—	—
BR1225		48			2.50	0.8	—	BR1225
BR1616		48		16.0	1.60	1.0	—	—
BR1632		120			3.20	1.5	—	—
BR2016		75		20.0	1.60	1.5	—	BR2016
BR2020		100			2.00	2.0	—	BR2020
BR2032		190			3.20	2.5	—	—
BR2320		110		23.0	2.00	2.5	—	BR2320
BR2325		165			2.50	3.2	—	BR2325
BR2330		255			3.00	3.2	—	—
BR3032		500		30.0	3.20	5.5	—	BR3032

●耐高温BR系

型名	電気的特性 [20℃]			寸法 [mm]		質量 [g]	JIS	IEC
	公称電圧 [V]	公称容量 [mAh]*	連続標準負荷 [mA]	直径	高さ			
BR1225A	3	48	0.03	12.5	2.5	0.8	—	—
BR1632A		120		16.0	3.2	1.5	—	—
BR2330A		255		23.0	3.0	3.2	—	—
BR2450A▲		600		24.5	5.0	5.9	—	—
BR2477A		1000		24.5	7.7	8.0	—	—
BR2777A		1000		27.5	7.7	8.0	—	—

●CR系

型名	電気的特性 [20℃]			寸法 [mm]		質量 [g]	JIS	IEC
	公称電圧 [V]	公称容量 [mAh]*	連続標準負荷 [mA]	直径	高さ			
CR1025	3	30	0.1	10.0	2.50	0.7	CR1025	CR1025
CR1216		25		12.5	1.60	0.7	CR1216	CR1216
CR1220		35			2.00	1.2	CR1220	CR1220
CR1612		40		16.0	1.20	0.8	—	—
CR1616		55			1.60	1.2	CR1616	CR1616
CR1620		75			2.00	1.3	—	CR1620
CR1632		125			3.20	1.8	—	—
CR2004▲		12	0.03	20.0	0.4	0.6	—	—
CR2005▲		18			0.5	0.7	—	—
CR2012		55	0.1		1.20	1.4	CR2012	CR2012
CR2016		90			1.60	1.6	CR2016	CR2016
CR2025		165			2.50	2.5	CR2025	CR2025
CR2032		220			3.20	3.1	CR2032	CR2032
CR2320		130	0.2	23.0	2.00	3.0	CR2320	CR2320
CR2330		265			3.00	4.0	CR2330	CR2330
CR2354		560			5.40	5.9	—	CR2354
CR2404▲		18	0.03	24.5	0.4	0.8	—	—
CR2405▲		28			0.5	1.1	—	—
CR2412		100			1.20	2.0	—	—
CR2450		620	0.2		5.0	6.3	CR2450	CR2450
CR2477		1000			7.70	10.5	—	—
CR3032		500		30.0	3.20	7.1	—	CR3032

注▶ ＊：＋20℃，標準放電電流での放電容量（終止電圧2.0 V），▲：開発中

ピン形リチウム電池(BR系)

● **スリムで軽量**

ピン形電池(写真1-2-4)は世界で初めて民生用として登場したリチウム電池であり,発光ダイオード(LED)式電気ウキ用に好評を博し,長年使用されています.

● **構造と特性**

構造を図1-2-13に示します.正極にはフッ化黒鉛(BR)を使い,3Vの高電圧のため1セルでLEDの点灯が可能です.アルミニウム製の細長の電池ケースを採用したスリムな形状です.定格と特性を表

〈写真1-2-4〉[3] ピン形リチウム電池 [松下電池工業㈱]

〈図1-2-13〉[3] ピン形リチウム電池の構造

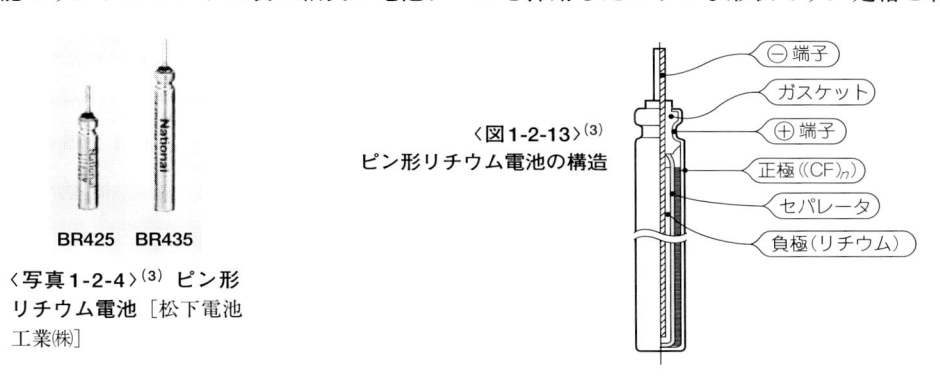

〈表1-2-9〉[3] BR系ピン形リチウム電池の定格と特性

型名	電気的特性 [20℃]			寸法 [mm]		質量 [g]	JIS	IEC
	公称電圧 [V]	公称容量 [mAh]*	連続標準負荷 [mA]	直径	長さ			
BR425	3	25	0.5	4.2	25.9	0.55	—	—
BR435		50	1	4.2	35.9	0.85	—	—

*▶+20℃,標準放電電流での放電容量(終止電圧2.0V)

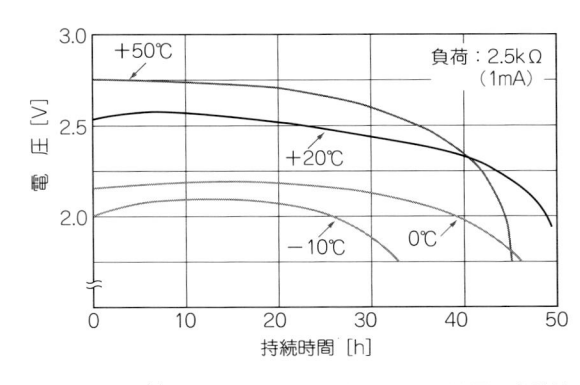

〈図1-2-14〉[3] ピン形リチウム電池BR435の放電温度特性

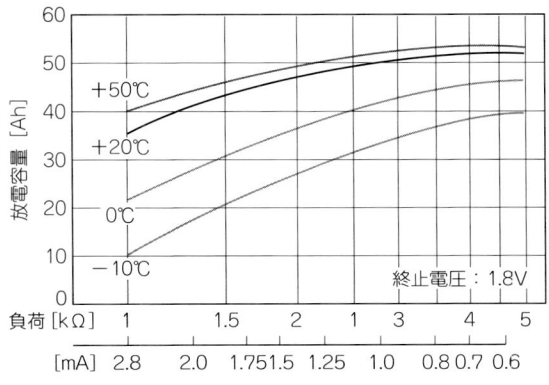

〈図1-2-15〉[3] ピン形リチウム電池BR435の放電負荷と電気容量

1-2-9に示します．型名のアルファベットの次の数字は直径［mm］を，数字の下2桁は長さ［mm］をそれぞれ表します．

　BR435タイプの放電温度特性および放電負荷と電気容量の関係をそれぞれ図1-2-14と図1-2-15に示します．電気ウキや竿先ライト，玩具などに使用されています．

〈江田　信夫〉

単3形1.5Vリチウム電池

　1.5Vリチウム1次電池は，米国Eveready社（現Energizer Holdings, Inc.）が1989年に，世界で初めて開発・製造した汎用電池で，米国市場ではL91の名称で知られています．同社は本電池の世界唯一の供給元です．国内市場へは，単3リチウム電池FR6（写真1-2-5）として現在市販されています．

　単3リチウム電池FR6は，下記のような特徴をもち，携帯型機器に最適です．
- アルカリ乾電池を上回る大電流放電性能をもつ
- 単3形電池と同寸法で同電圧（公称電圧）の互換性
- 大電流放電で長寿命
- 15年間室温保存で約90％容量を保持する長期保存性
- 単3形アルカリ乾電池の約2/3の重量
- −20℃の低温で大電流機器を駆動できる耐寒性

　同社の改良により，現在の単3形リチウム電池FR6は発売当初製品に比べ放電容量で約1.7倍になり，内部抵抗の低減化が進み，ますます使いやすい電池へと変身しています．

■ 概要

　単3形1.5VリチウムFR6（以下，単3リチウム電池）の仕様を表1-2-10に示します．海外ではEnergizer L91です．

　1.5V系リチウム電池は，正極材には硫化鉄（FeS_2）を採用し，開路電圧が約1.7V，平均動作電圧が約1.6Vとなる電池として開発されました．化学反応式を下記に示します．

$$FeS_2 + 2Li \rightarrow Li_2S + FeS(Li_xFeS_2)$$
$$E_O = \Delta F_f/nF = -1.878\ V$$

〈写真1-2-5〉1.5Vリチウム電池（単3形FR6および単4形FR03）［シック・ジャパン㈱エナジャイザー電池事業部］

〈表1-2-10〉単3形1.5VリチウムFR6および単4形1.5VリチウムFR03の主な仕様

項　目	FR6（単3形）	FR03（単4形）
重量，内容積	14.5 g, 8 cm³	7.6 g, 3.8 cm³
公称電圧	1.5 V	1.5 V
開路電圧	1.7 V	1.7 V
放電容量	2900 mAh （200 mA放電，終止1.0 V）	1250 mAh （100 mA放電，終止1.0 V）
保存温度	−40〜＋60℃	−40〜＋60℃
動作温度	−40〜＋60℃	−40〜＋60℃
最大放電電流	連続2.0 A パルス3.0 A（最大2秒）	連続1.5 A パルス2.0 A（最大2秒）
リチウム含量	0.98 g	約0.5 g

■産業用メータ類に使用されている電池

この用途で使われるのは，ほとんどが次の三つの電池系です．

❶ **BR系**(フッ化黒鉛リチウム電池)
　メーカは松下電池工業．

❷ **CR系**(二酸化マンガン・リチウム電池)
　メーカは松下電池工業，三洋電機，ソニー，東芝電池/東芝，東洋高砂乾電池/三菱電機，日立マクセル，FDKなど．

❸ **ER系**(塩化チオニル・リチウム電池)
　メーカは東芝電池，日立マクセルおよびTadiran社(イスラエル)など．

　日本では地震の際のガス遮断に使われるマイコン・ガス・メータ市場が大きく，その電源に多数使用されています．これまではBR系電池が，これからはCR系電池がおもに使用されるようです．

　ER系電池はシーケンサに多く使われているようです．使用環境の温度が不明のことが多いので，とくに高温に強いER電池が採用されるようです．

〈江田 信夫〉

ただし，E_O：起電力［V］，ΔF_f：反応系の自由エネルギから生成系の自由エネルギを差し引いた自由エネルギの変化量［kJ］，F：ファラデー定数［C/mol］

● 電池の構造

図1-2-16に断面図を示します．硫化鉄正極活物質，リチウム合金負極活物質および非塩素酸系リチ

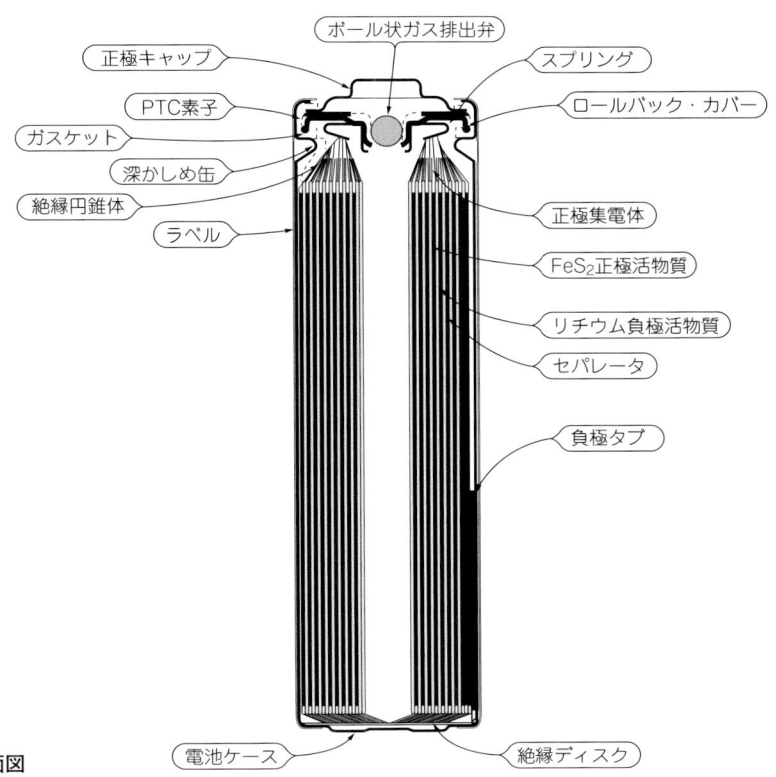

〈図1-2-16〉単3形リチウム電池の断面図

ウム塩を溶解した混合有機溶媒の電解液を基本構成に，両極板をスパイラル構造に巻き込み，正負両極の対向面積を拡大し，内部抵抗を低減して，大電流放電を可能とする電池構造です．

● 安全機構

電池温度の上昇は環境温度と放電時の発熱の2要因があります．放電発熱は電流強度に比例します．高温発熱電池の安全確保には2種類の安全機構で対策されています．

▶ PTC素子

大電流放電が続き，電池温度が$+85〜+95$℃になると，抵抗値が増大する抵抗素子を内蔵しています．放電電流を抑制し，電池温度が下がれば素子抵抗は初期値に戻り，電池は再び正常放電できます．

▶ ガス排出弁

電池温度が$+120〜+130$℃になると動作し，内部圧力を排出します．電池自身の破裂を防止します．排出弁が動作した後に，電池は放電可能な状態に復帰しません．

■ 電池性能

● 保存性能

リチウム金属は，水と接触すると水素の気体を発生する高反応性物質ですが，有機溶媒性電解液はリチウム金属表面に安定皮膜を形成し，リチウム金属を安定保存します．これが自己放電を抑制し，単3形リチウム電池の長期保存性の根拠となります．さらに従来電池に見られるガス発生もないので，単3形リチウム電池は耐漏液性も格段に優れています．

これらの要因で，単3形リチウム電池は室温や高温（$+60$℃）でも保存でき，図1-2-17のように室温環境下では15年経過しても90％の放電容量を保持します．

● 環境温度依存性

電池の低温時の性能劣化は，電池反応の不活性化と，電解液中の電子伝導率の低下に基づきます．水性電解液のマンガン/アルカリ乾電池はこの影響を顕著に受けますが，リチウム・イオン性電解質を含む有機溶媒電解液のリチウム電池では低温下でも大電流放電できます．-20℃の低温下でも図1-2-18のように室温時の75％放電容量を保持します．

■ 放電特性

● 定電流連続放電

従来の1.5V単3形乾電池（マンガン/アルカリ）と比較すると，動作電圧が高く，放電カーブがなだら

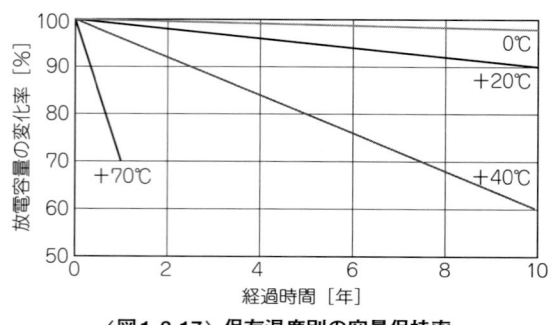

〈図1-2-17〉保存温度別の容量保持率

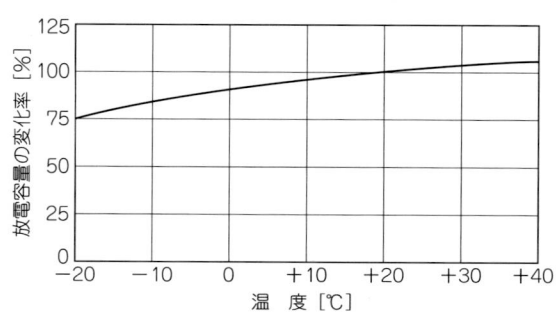

〈図1-2-18〉放電容量の温度依存性

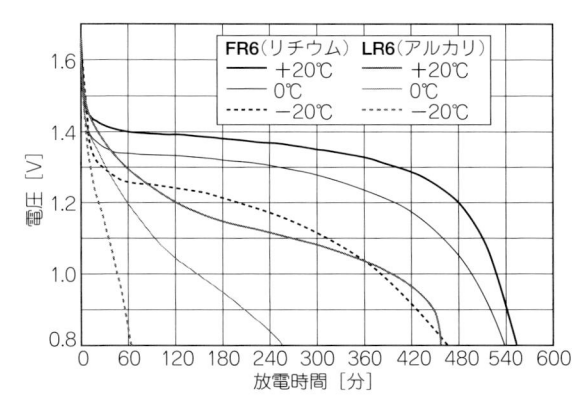

〈図1-2-19〉単3形リチウム電池FR6と単3形アルカリ電池LR6の放電特性（250 mA定電流連続放電）

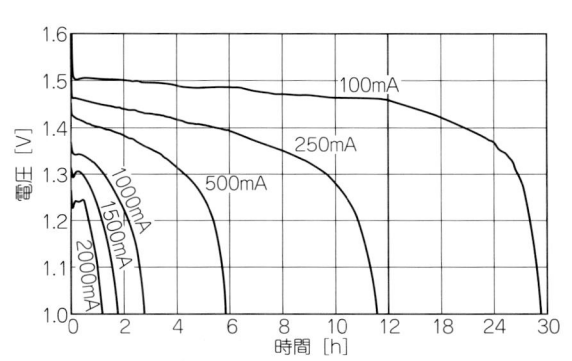

〈図1-2-20〉単3形リチウム電池FR6の定電流連続放電特性（室温）

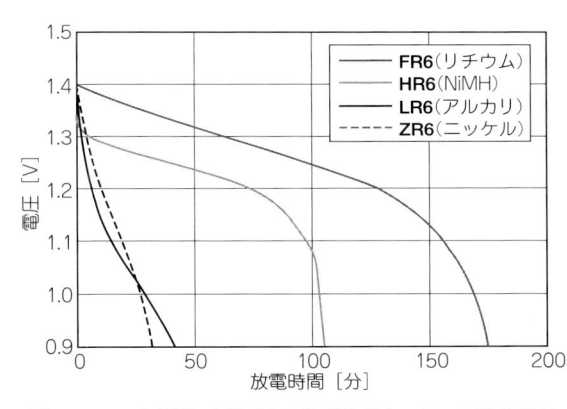

〈図1-2-21〉各種単3形電池の放電特性（1000 mA連続放電，室温）

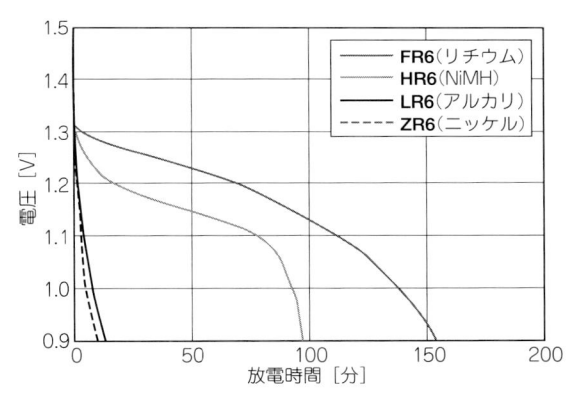

〈図1-2-22〉各種単3形電池の放電特性（1000 mA連続放電，0℃）

かであり，低温度でも放電容量が維持されます．**図1-2-19**に単3リチウム電池と単3形アルカリ電池の比較を，**図1-2-20**に単3形リチウム電池の+20℃における定電流連続放電カーブを示します．

● **各種単3形電池との比較**

図1-2-21と**図1-2-22**は，単3形のアルカリ，ニッケル水素（HR6），ニッケル・マンガン電池（ZR6）およびリチウム電池（FR6）を室温と0℃で1000 mA定電流連続放電した結果です．単3形リチウム電池は室温，低温とも大電流放電容量に優れています．

低温・大電流放電特性をアルカリ乾電池と比較しました．**表1-2-11**は単3形リチウム電池（FR6）と単3形アルカリ乾電池（LR6）との定電流放電容量比較（終止電圧1.0 V），また**表1-2-12**は電力容量の比較です．

ハイテク機器，たとえばディジタル・カメラでは終止電圧を電池1個あたり1.0 V以上に設定することも多く，この場合は単3形リチウム電池がさらに有利となります．

〈表1-2-11〉単3形リチウム電池FR6と単3形アルカリ乾電池LR6の各放電電流における放電時間の比較

周囲温度	各放電電流における放電時間［分］									
	100 mA		500 mA		1000 mA		1500 mA		2000 mA	
	FR6	LR6	FR6	LR6	FR6	LR6	FR6	LR6	FR6	LR6
−20℃	1599	205	218	8	86	0.8	54	0	22	0
0℃	1720	700	302	40	130	7.6	71	2	44	0
+20℃	1764	1240	336	141	156	30	90	12	59	9

注▶単位は分，終止電圧は1.0V，定電流放電

〈表1-2-12〉単3形リチウム電池FR6と単3形アルカリ乾電池LR6の電力容量の比較

項目	単位	放電電力									
		100 mW		250 mW		500 mW		1000 mW		1500 mW	
		FR6	LR6	FR6	LR6	FR6	LR6	FR6	LR6	FR6	LR6
放電時間	分	2649	1617	1012	500	479	158	217	42	126	21
放電電力容量	mWh	4415	2695	4217	2083	3992	1317	3617	700	3150	525
FR6/LR6の電力容量比	−	1.6		2.0		3.0		5.2		6.0	

注▶環境温度：20℃，終止電圧：1.0V，定電力放電

〈表1-2-13〉ディジタル・スチル・カメラの撮影枚数の比較

機種名	アルカリ[*1]	ニッケル水素	単3形リチウム
A社コンパクト・デジタル・カメラ	約250枚	約420枚	約660枚
A社コンパクト・デジタル・カメラ	約330枚	約520枚	約890枚

試験条件▶電池寿命の測定方法を定めたCIPA（カメラ映像機器工業会）規格による．環境温度23±2℃，撮影ごとにズーム，2回に1回の割合でのフラッシュ撮影，画像モード14M［4320×3240］．
注▶＊1：銘柄によって撮影枚数は異なる．

■ 実際の機器での使用結果

　消費電流の多い機器の例として，ディジタル・スチル・カメラの撮影枚数をアルカリ乾電池と比較した結果を**表1-2-13**に示します．
　また写真用の3V系リチウム電池である二酸化マンガン・リチウム電池と単3形リチウム電池2直列や単3形アルカリ乾電池2直列のパルス放電性能を比較するため，900mAおよび1.2Aパルス放電によるテスト結果を**図1-2-23**に示します．同様な評価結果として文献(5)～(7)などがあります．

■ 使用上の留意点

● 電池容器
　圧力放出弁に影響を与えるような密閉容器や封じ込め型の容器は避けます．圧力放出弁は，万一電池が高温（+120～+130℃）になった場合に，電池内部の圧力を放出します．
● 充電
　この電池は1次電池であり，充電できません．

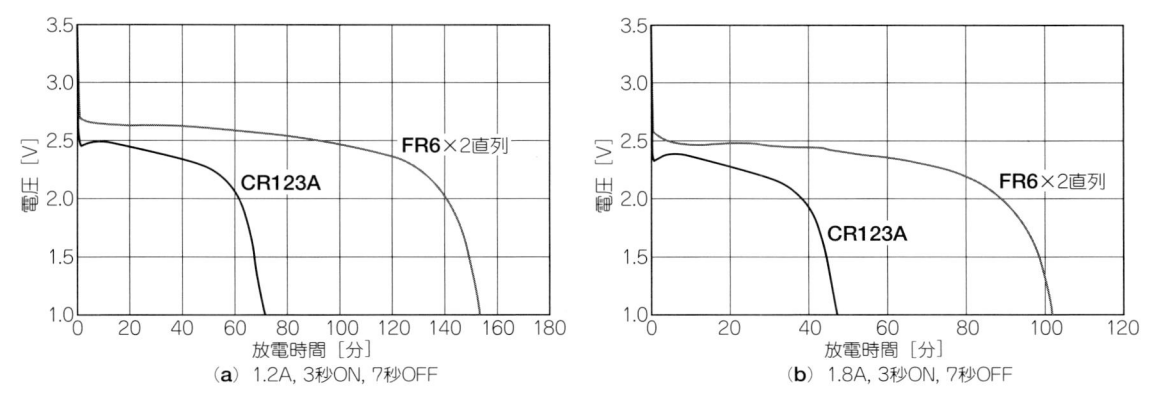

〈図1-2-23〉各種電池の間欠サイクル放電特性
(a) 1.2A, 3秒ON, 7秒OFF
(b) 1.8A, 3秒ON, 7秒OFF

● **接続端子**

アルカリ乾電池と同じ圧力型端子が使えます．はんだ接合は推奨できません．溶接型接続はニッケルめっきした正負極端子にアルカリ乾電池の溶接に使用されるキャパシタ放電溶接機で接続できます．

● **安全な取り扱いのために**

この電池はリチウム，有機溶媒などの可燃性物質を内蔵しているので，使い方を間違えると発火，発熱，液もれ，破裂の原因となるので次のことを守ってください．

(1) 充電，ショート，分解，変形，加熱，火中投入などをしないこと．
(2) ＋，－を逆に入れないこと．
(3) 新しい電池と使用した電池または種類の違う電池との混用はしないこと．
(4) 電池に直接はんだ付けしないこと．
(5) 電池を廃棄するときはテープなどで絶縁すること．ほかの金属や電池と混じると発火や破裂の原因となります．
(6) 直射日光，高温，高湿の場所を避けて保管すること．

● **廃棄方法**

一般の消費者は，一般不燃物として廃棄できますが，自治体に電池廃棄規則がある場合は，その規則にしたがいます．リチウム電池は高エネルギであり，事故防止のため，＋/－端子をセロハン・テープなどで絶縁して廃棄することを推奨します．

■ **まとめ**

単3形1.5Vリチウム電池FR6/L91と単4形FR03/L92は，ハイテク携帯機器・大電流使用機器の用途に合致した電池として，多くのアウトドア志向の方々，各種業務担当者に愛用され続けて来ました．最近ではLED懐中電灯にも愛用されています．大電流機器のディジタル・カメラ用に開発された単3形ニッケル水素電池，ニッケル乾電池やニッケル・マンガン電池に対しても，高容量/低温特性/長期保存性などの諸性能で同等以上の性能が確保されています．

さらにデバイス機器の高性能仕様化に伴って，ますます超軽量で高性能かつ高信頼1次電池として幅広い分野で一層役立てると確信しています．

〈**勝山　春海/蜂谷　隆**〉

■セパレータのない電池？

　セパレータの主な役目は言葉通り，正負極間の隔離ですよね．ではセパレータのない電池ってあるのでしょうか？

　実はあるんですよ．ではどうなっているのでしょうか．これから謎解きをします．

　セパレータのない電池には，塩化チオニル・リチウム電池とヨウ素リチウム電池の二つがあり，いずれも1次電池です．前者はおもにメモリ・バックアップ，後者は心臓ペース・メーカの電源に使われています．

　塩化チオニル・リチウム電池の構成は，正極材が液体の塩化チオニル（$SOCl_2$）で，負極は金属リチウムです．イオン伝導性をもたせるため塩化チオニルには$LiAlCl_4$塩を溶解させています．

　ヨウ素リチウム電池では，正極材がヨウ素（I_2），負極は金属リチウムです．ヨウ素はそのままでは取り扱いなどが不自由なため，ポリマ材料と錯体化合物を形成させて導電性と流動性をもたせてあります．

　いずれも金属製ケースの中に負極を収納した後，セパレータを入れることなく*，流動性の正極材料を直接注入します．基本的にこれで完成です．セパレータがないうえに，直接正極材料を投入するわけですから当然ショートします．さあ大変！

　でもご安心ください．双方の正極材とも金属リチウムと接触すると，前者では塩化リチウム（LiCl），後者ではヨウ化リチウム（LiI）の膜が負極表面に即座に形成されます．これらの膜は電子絶縁性ですから，以降の短絡は防止します．膜にピンホールができても，その部分では短絡していますから，再びキッチリと膜を形成します（自己修復性）．なお，これらの膜はイオン伝導性があり，放電に不可欠なLiイオンは膜中を通過することができます．つまり，これらの膜がセパレータでもあるのです．この膜は高温下や長期間の保存では当然厚くなり，抵抗は上がりますが，用途が微少電流ですむものですから問題がないのです．

　＊：実際には，保液と保護のためガラス・マットが入っています．

〈江田　信夫〉

◆ 参考・引用*文献 ◆

(1) *江田信夫；リチウム電池，電池活用ハンドブック，pp.18～31，CQ出版㈱，1992．
(2) *松下電池工業㈱；2002年電池総合カタログ．
(3) *松下電池工業㈱；2001年リチウム電池テクニカルハンドブック．
(4) Energizer Holdings, Inc. Lithium L91, L92技術資料
　http://data.energizer.com/batteryinfo/application_manuals/l91.htm
　http://data.energizer.com/PDFs/l91.pdf
　http://data.energizer.com/PDFs/l92.pdf
(5) FMODEM携帯端末研究会；HP100LX徹底活用ブック，9-4-2 実験2 耐寒実験：スキーでHP100LXを使う，pp.217～219，㈱ビー・エヌ・エヌ，1994．
(6) 関谷博之/恵庭 有；HP200LX Hardware Bible，2-4究極の電池？リチウム乾電池，pp.43～47，ソフトバンク㈱，1997．
(7) 石井英男/平澤寿康/渡辺健一；単3乾電池16種類の実力を測る，Mobile PC，Vol.3，No.5，1997，pp.48～55，ソフトバンク㈱．
(8) 椿 浩和；電池大百科，デジタルカメラを支えるキーテクノロジー，デジタルカメラマガジン，Vol.11，1999，pp.138～143，インプレス㈱．

★本章はトランジスタ技術1999年12月号の記事を加筆・再編集したものです．〈編集部〉

◆ **第1-3章**

デジカメなどの大電流負荷に適した新しい電池

ニッケル乾電池

前田 睦宏
Mutsuhiro Maeda

開発の経緯

　2次電池として，正極作用物質にニッケル化合物，負極作用物質に亜鉛を使う電池の開発は，1899年のMicharowski，1901年のJungnerとEdisonの発明に始まり，1920～1930年にかけて「ドラム電池」と称して一部で実用化されました．しかし，この電池系には，おもに亜鉛極の充放電挙動に起因する寿命や内部短絡などの課題があり，現在も小型2次電池としては商品化されていません．

　一方，1次電池としては，1974年に急増するポータブル電子機器用の電源として，東京芝浦電気（現在の東芝）および東芝レイ・オ・バック（現在の東芝電池）により，ボタン形電池としてはじめて商品化されました．

　その後，2002年3月には東芝電池から，成長著しいディジタル・カメラ向けに**写真1-3-1**に示す単3形ニッケル乾電池"GigaEnergy"（ZR6）が商品化されました．

〈写真1-3-1〉単3形ニッケル乾電池"GigaEnergy"（ZR6）［東芝電池㈱］

〈表1-3-1〉単3形ニッケル乾電池（ZR6）の定格
［東芝電池㈱］

項　目	値など	
形式	ZR6	
公称電圧	1.5 V	
標準質量	約23g	
端子	（＋）キャップ端子	Fe＋Niめっき
	（－）ベース端子	Fe＋Niめっき
外形寸法	高さ	50.5 mm
	直径	14.5 mm

東芝電池が開発した単3形ニッケル乾電池の定格を**表1-3-1**に示します．

主な特徴

ディジタル・カメラの進歩は著しく，高機能，高画質化が急速に進んでいます．ディジタル・カメラの主電源用1次電池としては，比較的重負荷性能に優れたアルカリ乾電池が一般的に使われていますが，東芝電池が行ったVOC(Voice of Customer)調査の結果，アルカリ乾電池をディジタル・カメラに使った場合，撮影可能枚数が少ないことに不満をもつユーザが多いことがわかりました．

ニッケル乾電池は，このVOCをベースにディジタル・カメラ専用に開発された電池であり，その撮影可能枚数を増やすことに的をしぼった1次電池であることが特筆点です．本電池の主な特徴は以下のとおりです．

- ディジタル・カメラ専用1次電池である．
- ディジタル・カメラでの撮影可能枚数を多くするため，とくに大電流特性を重視している．
- アルカリ乾電池に比べ定電力放電に優れ，高い動作電圧を維持する．
- 低温特性に比較的優れている．
- ディジタル・カメラ専用として，単3形アルカリ乾電池(LR6)と互換性をもたせてある．

電池の構成と反応

■ 電池の構成

単3形ニッケル乾電池の構造を**図1-3-1**に示します．構造はアルカリ乾電池と同一です．

ニッケル乾電池は，正極にオキシ水酸化ニッケル(NiOOH)，負極に亜鉛(Zn)，電解液にイオン伝導性の良い水酸化カリウム(KOH)水溶液を使っています．負極と電解液は，基本的にアルカリ乾電池と同じ材料系です．

ニッケル乾電池をもっとも特徴づけるオキシ水酸化ニッケルは，**図1-3-2(a)**のように整然とした層状構造をもっており，優れた大電流放電特性を実現できます．これはオキシ水酸化ニッケルの層状構造が，低いプロトン拡散抵抗を可能とする結果と考えられます．さらにオキシ水酸化ニッケル粒子表面を改質し，電子伝導性能を改善したことも大電流放電特性に寄与していると考えられます．

また，正極合剤として，オキシ水酸化ニッケルおよび導電助材としての黒鉛粒度を最適化することで，高密度充填を可能とするとともに，負極材料である亜鉛粉についても最適化を行い，高出力特性を発揮できるよう設計しました．

● 反応式

放電の反応式を次に示します．

▶正極
$$NiOOH + H_2O + e^- \rightarrow Ni(OH)_2 + OH^-$$

▶負極
$$Zn + 2OH^- \rightarrow ZnO + H_2O + 2e^-$$

▶全電池反応式

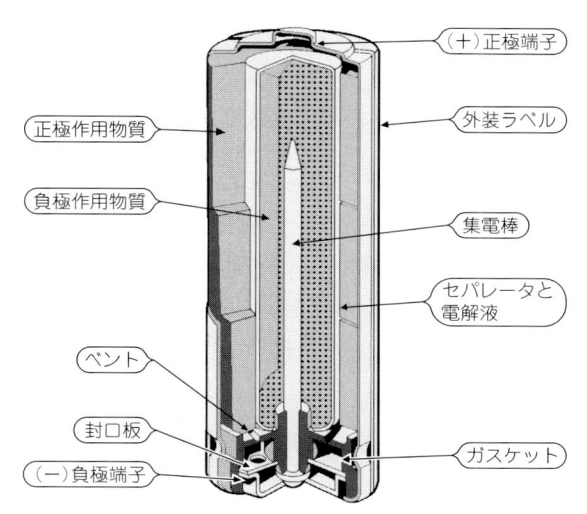

〈図1-3-1〉単3形ニッケル乾電池の構造

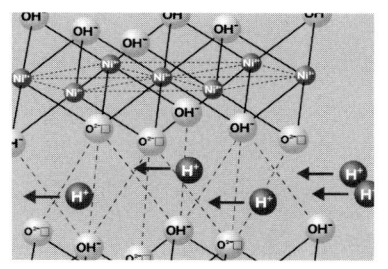

(a) 整然とした層状構造の正極物質　(b) 正極であるオキシ水酸化ニッケルの最密充填　(c) 負極亜鉛粒度の最適化

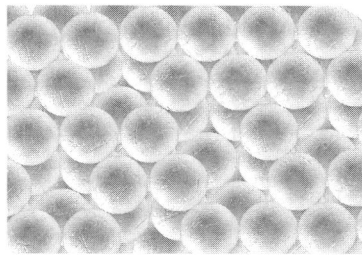

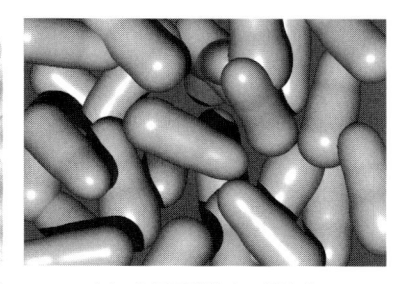

〈図1-3-2〉単3形ニッケル乾電池の技術的要素

$$2NiOOH + Zn + H_2O \rightarrow 2Ni(OH)_2 + ZnO$$

放電特性と実測結果

■ 放電特性

図1-3-3は，ニッケル乾電池(ZR6)とアルカリ乾電池(LR6)の20℃における1W定電力放電特性です．ニッケル乾電池の放電時間がアルカリ乾電池に比べ大きく上回っています．

図1-3-4は，放電電流1Aおよび2A時の放電特性の温度依存性です．終止電圧を1Vとしたときの0℃における放電持続時間を20℃と比較すると，1Aの場合で約36％，2Aで約15％の比率となっています．

また，**図1-3-5**は20℃における放電特性の電力依存性，**図1-3-6**は放電電流1.2Aでの間欠放電特性（3秒放電/7秒休止）です．

■ ディジタル・カメラを使った実測結果

カメラの機種や撮影条件などによって，撮影可能枚数は変化しますが，アルカリ乾電池と比較試験を行った結果を図1-3-7に示します．単3形乾電池を2本使用する200万画素のディジタル・カメラを使い，撮影条件は30秒に1回撮影とし，液晶画面は常時ON，ストロボは毎回発光としました．

また，単3形乾電池を2本使用する400万画素のディジタル・カメラを使い，0℃と25℃でのアルカリ乾電池との比較試験を行った結果を図1-3-8に示します．アルカリ乾電池に比べ，撮影可能回数が大幅に増えていること，さらにアルカリ乾電池との差は5℃において，拡大する傾向にあることがわかります．

以上述べたように，大電流特性に優れたニッケル乾電池は，ディジタル・カメラ専用として要求される電池特性を満たす高品位電池であるといえます．

使用上の留意点

● 充電
この電池は1次電池であり，充電はできません．

● 過放電
使いきった電池はすぐ機器から取り出してください．過放電させると液漏れ，破裂の恐れがあります．

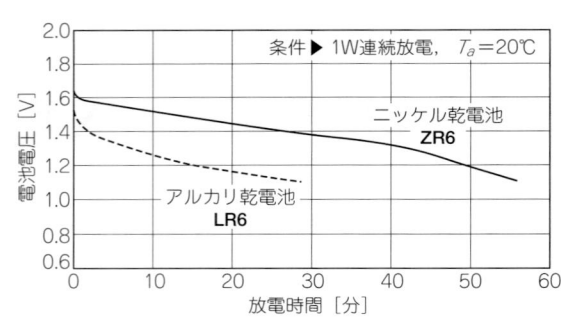

〈図1-3-3〉ニッケル乾電池(ZR6)とアルカリ乾電池(LR6)の20℃における1W定電力放電特性

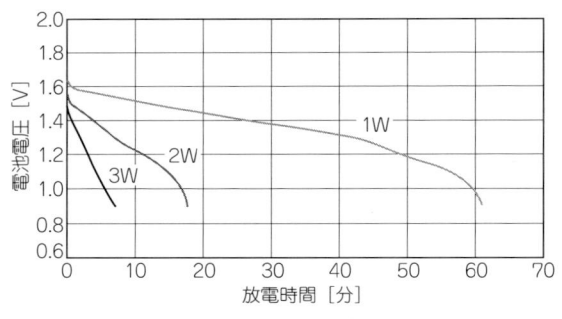

〈図1-3-5〉20℃における放電特性の電力依存性

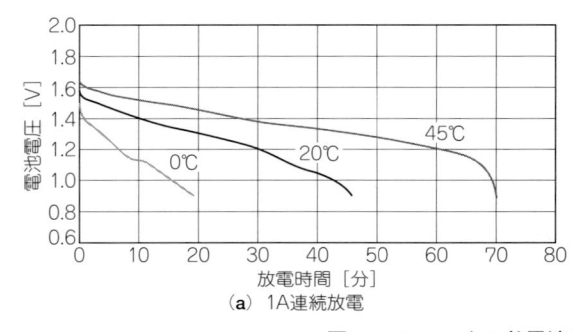

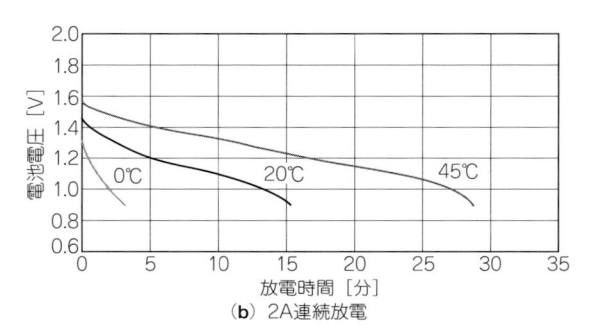

(a) 1A連続放電

(b) 2A連続放電

〈図1-3-4〉ニッケル乾電池(ZR6)の放電特性の温度依存性

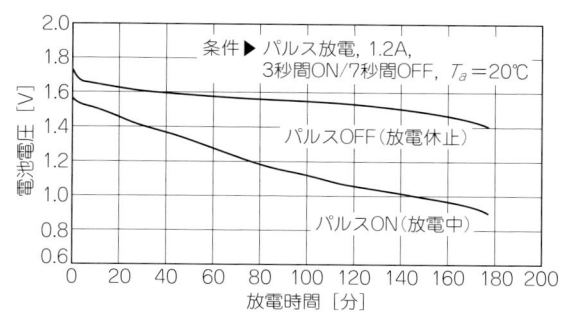

〈図1-3-6〉**放電電流1.2Aでの間欠放電特性**(3秒放電/7秒休止)

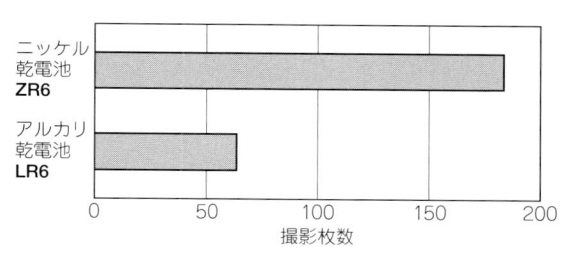

〈図1-3-7〉**200万画素ディジタル・カメラに使用した場合の撮影枚数の実測結果**(単3形×2本使用，環境温度：25℃，撮影間隔：30秒，液晶画面：常時ON，ストロボ：毎回発光)

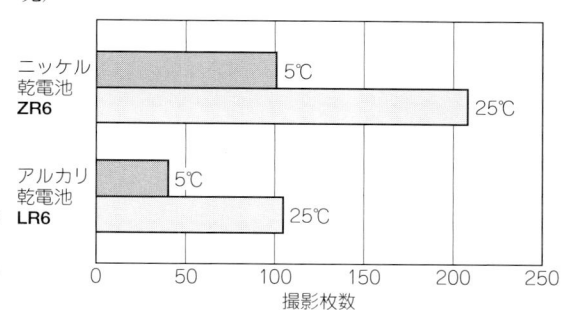

〈図1-3-8〉**400万画素ディジタル・カメラに使用した場合の撮影枚数の実測結果**(単3形×2本使用，環境温度：5℃および25℃，撮影間隔：30秒，液晶画面：常時ON，ストロボ：毎回発光)

● **混用**

未使用の電池と使用した電池，異種の電池を混用しないでください．混用すると液漏れ，発熱，破裂の恐れがあります．

● **接続端子**

アルカリ乾電池と同じ圧力型端子が使えます．

はんだ接合はしないでください．電池が加熱されて，液漏れや破裂の恐れがあります．

● **その他取り扱いの注意事項**

ショート，逆接続，加熱，火中投入，分解，変形しないでください．液漏れ，発熱，破裂の恐れがあります．

● **廃棄方法**

一般の消費者は，一般不燃物として廃棄できますが，自治体に電池廃棄規則がある場合は，その規則にしたがってください．

■ **まとめ**

ニッケル乾電池は2002年に誕生した新しい電池です．

ディジタル・カメラなどの大電流パルス放電型の携帯型電子機器は，今後もますます開発されていくものと考えています．

この電池をコスト的，品質的にもさらに改良し，機器の電源としてますます活用していただけるよう努力していく所存です．

第1-4章

空気亜鉛電池，アルカリ・ボタン電池，酸化銀電池など

ボタン形電池

江田 信夫
Nobuo Eda

■ ボタン形電池の種類

● 三つの電池系

　小型の電子機器に広く使用されているボタン形電池には，空気亜鉛とアルカリ・ボタン，酸化銀の三つの系があります．基本的には**写真1-4-1**のようにボタン形状をした小さな1次電池です．その種類と特徴を**表1-4-1**に示します．

　なお，かつてカメラや計測器などに重用された水銀電池は，環境保全の観点から1995年末をもって国内生産を全面的に終了しました．

● 構造と特性

　代表的な電池サイズであるR44（φ11.6×5.4 mm）における3種類のボタン形電池の標準的な放電特性を**図1-4-1**に示します．

　アルカリ・ボタン電池と酸化銀電池は，ほぼ同じ構造です．空気亜鉛電池には，正極ケースに空気取

〈写真1-4-1〉各種ボタン電池の外観

〈表1-4-1〉ボタン形電池の種類と特徴

電池系		構成材料			公称電圧 [V]	電圧平たん性	エネルギ密度		電流範囲 [mA]	温度範囲 [℃]	自己放電 [%/年]
名称	種別記号	正極	電解液	負極			[mWh/g]	[mWh/cm^3]			
空気亜鉛電池	PR	O_2	KOH	Zn	1.4	優	120〜430	770〜1350	〜5	−10〜+60	2（シール有）
アルカリ・ボタン電池	LR	MnO_2	KOH	Zn	1.5	−	50〜75	150〜250	〜10	−10〜+60	3
酸化銀電池	SR	Ag_2O	KOHまたはNaOH	Zn	1.55	優	75〜110	300〜350	〜10	−10〜+60	3

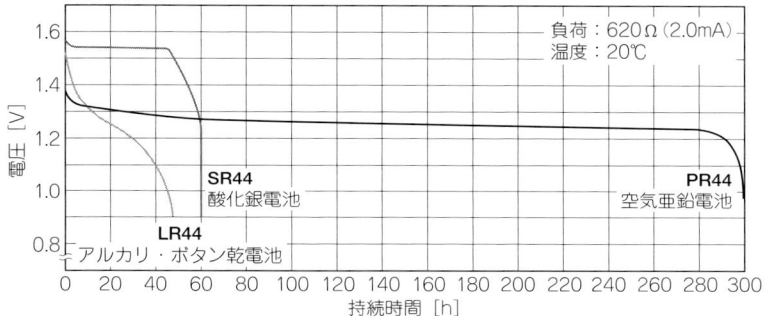

〈図1-4-1〉[3] 各種電池の放電持続時間

〈写真1-4-2〉アルカリ・ボタン電池

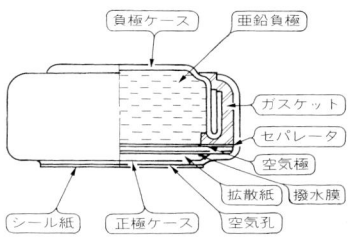

〈図1-4-2〉[1] ボタン形空気亜鉛電池と一般的なボタン電池の構造

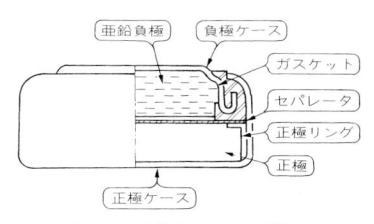

り込み用の微小な孔があります．それらの構造比較図を図1-4-2に示します．いずれの電池も正極ケースは鉄鋼板にニッケルめっきを施し，負極封口板の外面も同じくニッケル層を設けています．一部の酸化銀電池は，機器のリード端子との接触抵抗を低減するため，負極封口板に金めっきをしています．

これらの電池はそれぞれ正極活物質が違うため電気容量に差があり，図1-4-1のように持続時間が異なります．

ボタン形電池のサイズと型名や容量の早見表を表1-4-2に示すとともに，以下では各電池ごとに説明します．

アルカリ・ボタン電池(LR系)

● 優れた大電流特性と高い経済性

アルカリ・ボタン電池とは，日本工業規格であるJIS C 8511の定義により，ボタン形のアルカリ・マンガン電池を指します．写真1-4-2がその外観です．この電池の基本的な材料はアルカリ乾電池と同じで，正極に二酸化マンガン(MnO_2)，アルカリ電解液，負極にはゲル状亜鉛粉末(Zn)を使っています．

第1-4章　ボタン形電池

〈表1-4-2〉(3) 各種ボタン電池のサイズと型名や容量の早見表

高さ[mm]＼直径[mm]	11.6 型名	11.6 容量[mAh]	9.5 型名	9.5 容量[mAh]	7.9 型名	7.9 容量[mAh]	6.8 型名	6.8 容量[mAh]	5.8 型名	5.8 容量[mAh]	16.0 型名	16.0 容量[mAh]	23.2 型名	23.2 容量[mAh]
6.2											PR1662	1100		
5.4 (5.6)*	SR44 SR47* LR44 PR44 PR44P	160,180 170 105 605 450			SR48 PR48 PR48P	75 250 200								
4.2	SR43 LR43	110,120 70												
3.6					SR41 LR41 PR41 PR41P	45 24 130 100			PR536	60				
3.0	SR1130 (SR54) LR1130 (LR54)	80 44											PR2330	1050
2.6 (2.7)*			SR927* (SR57)	55	SR726 (SR59)	30	SR626 (SR66)	30	SR527*	20				
2.0 (2.1)*	SR1120 (SR55) LR1120 (LR55)	45 23	SR920 (SR69)	40	SR721 (SR58)	24,25	SR621* (SR60)	23	SR521* (SR63) PR521* (PR63)	16 33				
1.6			SR916 (SR68)	26	SR716 (SR67)	21	SR616 (SR65)	16	SR516	10				
1.2					SR712	10			SR512	5.5				

注▶ (1) アルファベット2文字と2桁の数字で表されているものは，JIS，IECとも同じ型名である．
(2) アルファベット2文字と3桁以上の数字で表されているものは，下記の例にしたがって表されている．
この表し方は，日本時計国際規格委員会の支持も得て国内業界において定着している．

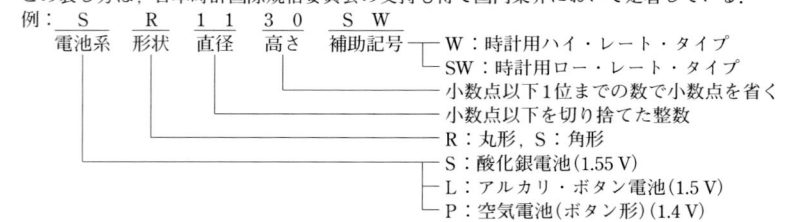

例： S R 1 1 3 0 SW
　　 電池系　形状　直径　高さ　補助記号
　　　　　　　　　　　　　　　　　W：時計用ハイ・レート・タイプ
　　　　　　　　　　　　　　　　　SW：時計用ロー・レート・タイプ
　　　　　　　　　　　　　　小数点以下1位までの数で小数点を省く
　　　　　　　　　　　　小数点以下を切り捨てた整数
　　　　　　　　　R：丸形，S：角形
　　　　　　　　S：酸化銀電池(1.55 V)
　　　　　　　L：アルカリ・ボタン電池(1.5 V)
　　　　　　　P：空気電池(ボタン形)(1.4 V)

(3) 型名に＊印が付いたものは，高さ欄に＊印で表示した寸法である．

従来，この電池は電圧平坦(へいたん)性が酸化銀電池に劣るため，おもに電卓用でした．しかし，1979年に米国内での投機により銀価格が世界的に高騰し，酸化銀電池の価格が当時1個千円近くまで上昇しました．酸化銀電池の入手に困窮した機器メーカは，コストと品質安定性に優れたこの電池を再評価しました．機器側でも回路技術が改良され，酸化銀電池が使われていたカメラやクロック(置時計)，電卓などでも，この電池が使われるようになりました．

● 放電反応

アルカリ・ボタン電池の放電反応式を示します．

$$Zn + 2\,MnO_2 + H_2O \rightarrow ZnO + 2\,MnOOH$$

〈表1-4-3〉(3) アルカリ・ボタン電池の定格と特性

型名	JIS	IEC	電気的特性(20℃)			寸法		質量 [g]	各社相当品
			公称電圧 [V]	公称容量(1) [mAh]	連続負荷標準 [mA]	直径 [mm]	高さ [mm]		
LR41	LR41	LR41	1.5	24	0.1	7.9	3.6	0.6	192
LR1120	LR55	LR55	1.5	23	0.1	11.6	2.05	0.8	191
LR1130	LR54	LR54	1.5	44	0.1	11.6	3.05	1.2	189
LR43	LR43	LR43	1.5	70	0.1	11.6	4.2	1.6	186
LR44	LR44	LR44	1.5	105	0.1	11.6	5.4	2.0	A76
4LR44(3)	—	4LR44	6.0	105(2)	0.1	13.0	25.1	10	A544

注▶ (1) +20℃,標準放電電流での放電容量(終止電圧1.2V)
　　(2) +20℃,標準放電電流での放電容量(終止電圧4.8V)
　　(3) 構成電池である.

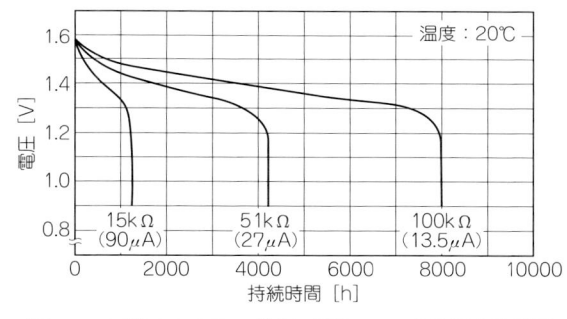

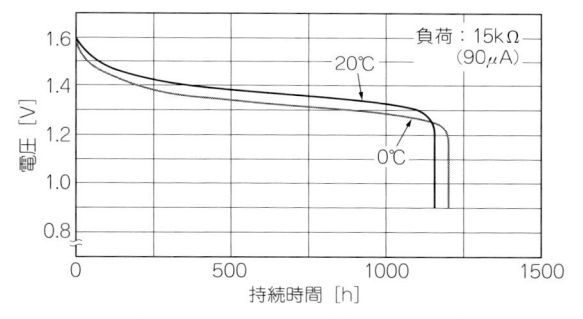

〈図1-4-3〉(3) アルカリ・ボタン電池LR44の放電負荷特性　　〈図1-4-4〉(3) アルカリ・ボタン電池LR44の放電温度特性

　放電電圧は1.5Vからなだらかに傾斜していき,末期には急激に低下します.電池の構造は図1-4-2を参照してください.

● **定格と特性**
　この電池の定格と特性を**表1-4-3**に示します.4セルを直列にパックした6.0Vタイプもあります.代表的な電池の放電負荷特性を**図1-4-3**に,温度特性を**図1-4-4**にそれぞれ示します.

● **特徴**
● 経済的
　使用時間当たりのコストが安い
● 貯蔵性に優れる
　自己放電率が20℃において年率約3%
● 大電流放電特性に優れる
● 動作温度範囲が広い(−10〜+60℃)
● 幅広い用途
　電子玩具や時計,カメラから小型ラジオ,電子体温計など

酸化銀電池（SR系）

● フラットな放電特性が魅力

　酸化銀電池は，放電電圧が平坦に推移し，大電流放電特性にも優れている点から，アナログ・ウォッチ（腕時計）の電源として長く定着しています．単に「銀電池」とも略称されます．

　電池サイズが小さいため，材料が高価でも銀の使用量は少なく済むので，付加価値の高いウォッチにとって電池価格は許容範囲内に十分収まります．

● 放電反応式

　酸化銀電池（写真1-4-3）は，正極に酸化銀（おもにAg_2O），アルカリ電解液，負極にはゲル状亜鉛粉末（Zn）を使っています．電池の構造は図1-4-2を参照してください．

　電圧は1.55 Vとやや高く，末期近くまで平坦性を保ちます．最終の放電反応式を次に示します．

　　$Zn + Ag_2O \rightarrow ZnO + 2Ag$

● ウォッチ用が発端

　この電池は，アメリカでボタン形電池が開発された1960年代から広がり始め，日本では1970年代後半になって生産が本格的にスタートしました．電子ウォッチに採用されてからは，ウォッチの小型薄型化に追随して，小型薄型化と高容量化が急速に進展しました．そのためこの電池には多くのサイズと種類があります．

　酸化銀電池の定格と特性を表1-4-4に，電池サイズと型名や容量の早見表を表1-4-5にそれぞれ示します．

● ウォッチ用酸化銀電池（Wタイプ，SWタイプ）

　標準タイプの酸化銀電池に加えて，このウォッチ用酸化銀電池には電解液の異なる2種類の電池（W，SW）があります．2003年の販売金額は102億円で，この10年間は前年比微減状態で推移しています．

　Wタイプは，水酸化カリウム（KOH）を使用しており，大電流放電に適しているので，おもに多機能アナログ・ウォッチやランプ照明付きディジタル・ウォッチに使用されています．

　SWタイプは，水酸化ナトリウム（NaOH）を使用しており，微少電流放電に適しているので，おもにアナログの単機能ウォッチに使用されています．

〈写真1-4-3〉酸化銀電池

酸化銀電池(SR)   57

〈表1-4-4〉(2) 酸化銀電池の定格と特性

型名	JIS	IEC	公称電圧 [V]	公称容量(1) [mAh]	連続負荷標準 [mA]	直径 [mm]	高さ [mm]	質量 [g]	各社相当品
●汎用									
SR48	—	SR48	1.55	75	0.10	7.9	5.40	1.1	G5, S13E
SR1120	SR55	SR55	1.55	45	0.10	11.6	2.05	0.9	G8
SR1130	SR54	SR54	1.55	80	0.20	11.6	3.05	1.4	G10
SR43	SR43	SR43	1.55	120	0.20	11.6	4.20	1.9	G12, S41E
SR44	SR44	SR44	1.55	160	0.20	11.6	5.40	2.3	G13, S76E
4SR44(2)	—	4SR44	6.20	160	0.20	13.0	25.10	11.5	4G13, 544
●ハイ・レート放電用									
SR626W	—	SR66	1.55	30	0.05	6.8	2.60	0.4	376, 43
SR721W	—	SR58	1.55	25	0.05	7.9	2.15(3) 2.10	0.5	361, 46
SR726W	—	SR59	1.55	30	0.10	7.9	2.60	0.6	396, 29
SR41W	—	SR41	1.55	45	0.10	7.9	3.60	0.7	392, 2
SR48W	—	SR48	1.55	75	0.10	7.9	5.40	1.1	393, 15
SR916W	—	SR68	1.55	26	0.05	9.5	1.65	0.5	372
SR920W	—	SR69	1.55	40	0.10	9.5	2.05	0.7	370, 36
SR927W	—	SR57	1.55	55	0.10	9.5	2.70	0.8	399, 35
SR1120W	—	SR55	1.55	45	0.10	11.6	2.05	0.9	391, 23
SR1130W	—	SR54	1.55	80	0.20	11.6	3.05	1.4	389, 17
SR43W	—	SR43	1.55	120	0.20	11.6	4.20	1.9	386, 6
SR44W	—	SR44	1.55	180	0.20	11.6	5.40	2.4	357, 7
●ロー・レート放電用									
SR512SW	—	—	1.55	5.5	0.01	5.8	1.25(3) 1.29	0.15	335
SR516SW	—	SR62	1.55	10	0.02	5.8	1.65	0.2	317
SR521SW	—	SR63	1.55	16	0.05	5.8	2.15	0.2	379
SR527SW	—	—	1.55	20	0.05	5.8	2.70	0.3	319
SR616SW	—	SR65	1.55	16	0.05	6.8	1.65	0.3	321, 38
SR621SW	—	SR60	1.55	23	0.05	6.8	2.15	0.4	364, 31
SR626SW	—	SR66	1.55	30	0.05	6.8	2.60	0.4	377, 37
SR712SW	—	—	1.55	10	0.02	7.9	1.29	0.3	346
SR716SW	—	SR67	1.55	21	0.05	7.9	1.65	0.4	315, 40
SR721SW	—	SR58	1.55	24	0.05	7.9	2.10	0.5	362, 19
SR726SW	—	SR59	1.55	30	0.05	7.9	2.60	0.6	397, 26
SR41SW	—	SR41	1.55	45	0.05	7.9	3.60	0.7	384, 10
SR916SW	—	SR68	1.55	26	0.05	9.5	1.65	0.5	373, 41
SR920SW	—	SR69	1.55	40	0.05	9.5	2.05	0.7	371, 30
SR927SW	—	SR57	1.55	55	0.05	9.5	2.70	0.8	395, 25
SR43SW	—	SR43	1.55	110	0.10	11.6	4.20	1.9	301, 1
SR47SW	—	SR47	1.55	170	0.20	11.6	5.60	2.4	303, 9

注▶ (1) +20℃, 標準放電電流での放電容量(終止電圧1.2 V)
　　(2) +20℃, 標準放電電流での放電容量(終止電圧4.8 V)
　　(3) 要望により選択可能.

<表1-4-5>(3) 酸化銀電池のサイズと型名や容量の早見表

高さ[mm]	放電レート	直径11.6 型名	容量[mAh]	9.5 型名	容量[mAh]	7.9 型名	容量[mAh]	6.8 型名	容量[mAh]	5.8 型名	容量[mAh]
5.4 (5.6)*	ハイ	SR44W / SR44	180 / 160			SR48W / SR48	75 / 75				
	ロー	SR47SW*	170								
4.2	ハイ	SR43W / SR43	120 / 120								
	ロー	SR43SW	110								
3.6	ハイ					SR41W / SR41	45 / 45				
	ロー			SR936SW	70	SR41SW	45				
3.0 (3.1)	ハイ	SR1130W / SR1130	80 / 80								
	ロー					SR731SW	39				
2.6 (2.7)*	ハイ			SR927W*	55	SR726W	30	SR626W	30		
	ロー			SR927SW*	55	SR726SW	30	SR626SW	30	SR527SW*	20
2.0 (2.1)*	ハイ	SR1120W / SR1120	45 / 45	SR920W	40	SR721W*	25				
	ロー			SR920SW	40	SR721SW*	24	SR621SW*	23	SR521SW*	16
1.6	ハイ			SR916W	26						
	ロー			SR916SW	26	SR716SW	21	SR616SW	16	SR516SW	10
1.2	ハイ										
	ロー					SR712SW	10			SR512SW	5.5

注▶ (1) W:ハイ・レート放電用カリ・タイプ,SW:ロー・レート放電用ソーダ・タイプ
　　(2) 型名に*印が付いたものは高さ欄に*印で表示した寸法である.

ここではウォッチ用として最も多く使用されているSR626SWの放電負荷特性とパルス負荷特性を図1-4-5と図1-4-6にそれぞれ示します．

● **耐漏液性と貯蔵特性**

この電池の信頼性，とりわけ耐漏液性は，クリープ(這い上がり)性の強い濃厚アルカリ水溶液を電解液に使用している点とウォッチが精密機械である点から，その評価法が細かく規定されています．

漏液につながる，電解質による白い粉吹き現象(ソルティング salting)が認められるまでの期間は，Wタイプで3～5年，SWタイプでは5～7年までに改善されています．この点に関しては電池寿命が相対的に早く尽きるため，漏液はほとんど問題になりません．とくに小型の電池は容量が小さく，微少電流用に使用されることが多いので，耐漏液信頼性を考慮してSW(NaOH)タイプが多くなっています．

貯蔵特性のうち，自己放電率は年率3％までに改善されています．

● **特徴**
- 放電電圧が1.55Vと高く，しかも平坦(へいたん)性に優れる
- 大電流放電特性に優れる
- 体積エネルギ密度が大きい
- 動作温度範囲が広い(－10～＋60℃)
- 超小型や薄形のサイズが豊富

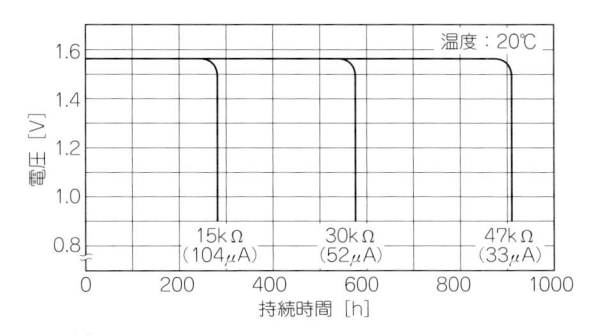

〈図1-4-5〉(3) ロー・レート放電用酸化銀電池SR626SWの放電負荷特性

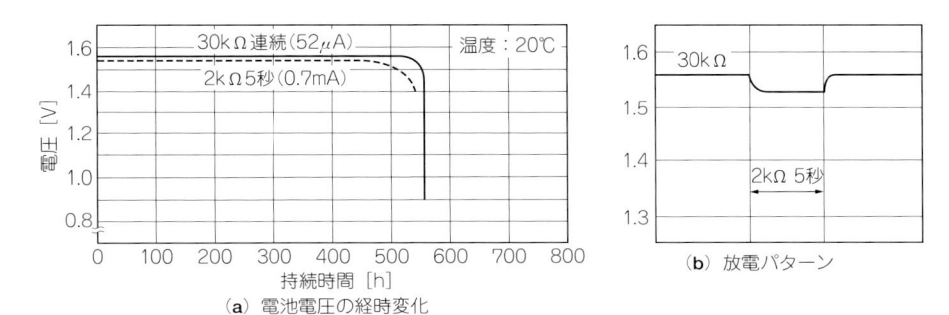

〈図1-4-6〉(3) ロー・レート放電用酸化銀電池SR626SWのパルス負荷特性
(a) 電池電圧の経時変化
(b) 放電パターン

空気亜鉛電池（PR系）

● クリーンで高エネルギな電池

　空気亜鉛電池（**写真1-4-4**）は空気，正しくは成分である酸素を正極活物質として利用し，負極に亜鉛を使うため，このように名付けられています．経済的で，しかも長時間無保守で使用できる特徴を活かし，古くから各種の通信機や航路標識（ブイ）などに中〜大型サイズの電池が使われてきました．

　高容量の水銀電池よりもさらに大容量の電池を目指して，1980年代初期にボタン形空気亜鉛電池の開発が始まりました．松下電池工業では，大型の空気電池で培った空気極の触媒技術とマイクロ電池で蓄積してきた精密加工/組み立て技術とを統融合させ，1980年代半ばにボタン形電池を開発しました．

● 構造と放電反応

　電池の構造は**図1-4-2**を参照してください．本書のイントロダクションの図4（p.13）にも示したように，この電池は民生用電池の中で，エネルギ密度が最大です．その理由は大きな負極にあります．大気中の酸素を活性化する正極（空気極）は薄い極板でも十分なため，電池内容積の大半を負極に振り向けることができました．この結果，従来のボタン形電池を大幅に上回る高容量を実現でき，ひいてはエネルギ量も大きくなります．同じく重量も同一サイズのボタン形電池の中で最も軽量です．

　電池は，撥水処理を施した空気極とセパレータ，アルカリ電解液，およびゲル状亜鉛粉末負極から構

〈写真1-4-4〉空気電池

成されています．最終的な放電反応式を次に示します．

$$2\,Zn + O_2 \rightarrow 2\,ZnO$$

放電電圧は約1.3Vで，末期まで平たんに推移します．

● 数百時間で使い切る用途に適している

電圧もほぼ同じであるため，従来は水銀電池が使用されていた補聴器やポケベル（ページャ）に使われます．

この電池には正極ケースに直径約0.5mmの空気取り入れ孔が1～4個設けてあり，ケースに貼ってあるシール紙をはがして使用します．空気がこの孔を通して侵入し，約30秒で起電した後は安定した電圧を供給します．いったんシール紙をはがすと，大気中の炭酸ガス（CO_2）が侵入したり，外界と水分の交換（蒸発や吸収）が起こるなど，電池に不適切な状況が徐々に進行するので，数百時間で使い切る用途に適しています．酸素の流入量で決まる放電電流もこの孔の数で制約されます．

補聴器にはボタン形が使用され，電池寿命の長い標準タイプに加え，高出力タイプ（P）も開発されています．ページャには，大容量タイプやコイン形が使われます．

電池の定格と特性を表1-4-6に示します．ボタン形電池の標準タイプおよび高出力タイプの放電特性を図1-4-7と図1-4-8にそれぞれ示します．

〈表1-4-6〉[(2)]空気電池の定格と特性

型名	JIS	IEC	電気的特性			寸法		質量[g]	各社相当品
			公称電圧[V]	公称容量[(2)][mAh]	標準放電電流[mA]	直径[mm]	高さ[mm]		
PR44	PR44	PR44	1.4	605	2.0	11.6	5.4	1.8	675
PR48	PR48	PR48	1.4	250	0.85	7.9	5.4	0.8	13
PR41	PR41	PR41	1.4	130	0.43	7.9	3.6	0.5	312
PR536	PR536	PR70	1.4	75	0.43	5.8	3.6	0.3	230, 10
PR521	−	−	1.4	33	0.20	5.8	2.15	0.2	5
★PR44P	PR44	PR44	1.4	450	2.0	11.6	5.4	1.6	675
★PR48P	PR48	PR48	1.4	200	0.85	7.9	5.4	0.8	13
★PR41P	PR41	PR41	1.4	100	0.43	7.9	3.6	0.5	312
PR2330	−	−	1.4	1050	2.0	23.2	3.0	4.4	
PR1662	−	−	1.4	1100	4.0	16.0	6.2	3.7	630

注▶ (1) ★印は高出力補聴器用である．
　　(2) ＋20℃，標準放電電流での放電容量（終止電圧0.9V）

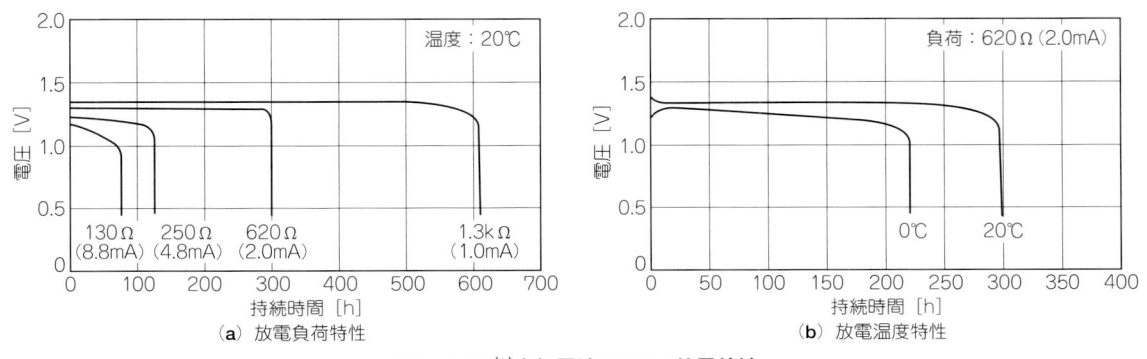

〈図1-4-7〉⁽³⁾空気電池PR44の放電特性

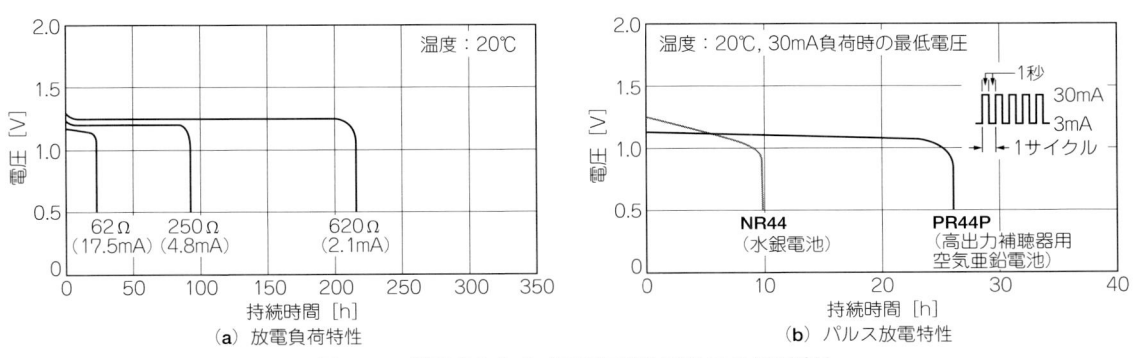

〈図1-4-8〉⁽³⁾高出力タイプの空気電池PR44Pの放電特性

● 特徴
- 小型で大容量
  同一サイズのボタン形電池に比べ2〜5倍大きい
- 軽量
  同じサイズのボタン形電池に比べ10〜20％軽い
- 優れた貯蔵特性
  シール紙を貼った状態での自己放電率は年率2％
- 約30秒で立ち上がり，安定した電圧を供給する
- 動作温度範囲が広い（−10〜＋60℃）

◆ 参考文献 ◆

(1) トランジスタ技術編集部編；電池活用ハンドブック，pp.32〜41, CQ出版㈱, 1992年.
(2) 松下電池工業㈱；2002年電池総合ハンドブック，1998年アルカリ系ボタン形電池テクニカルハンドブック/データ・ブック.
(3) 松下電池工業㈱；アルカリ系ボタン電池テクニカルハンドブック, 1998年.
(4) 社団法人日本規格協会；JIS C 8511：2004, アルカリ一次電池.

◆ 第1-5章

ノート・パソコンや携帯電話などに広く使われる

リチウム・イオン蓄電池

雨堤 徹
Toru Amazutsumi

■ はじめに

● ポータブル機器用電源の主流

　リチウム・イオン蓄電池は，1990年に携帯電話用の電池として登場しました．当初は，そのころ主流となりつつあったニッケル水素電池に比べて大きな特徴がなく，急速に普及することはありませんでした．その後，携帯型ビデオ・カメラの電源として採用された後に注目を集めることになり，モバイル機器，とりわけディジタル情報機器の急成長に伴い，小型・軽量に対する要求が非常に強くなってきました．

　1994年になると，三洋電機など各社がリチウム・イオン蓄電池の生産販売を開始し，ノートPCや当時アナログからディジタルへシフトが始まった携帯電話の電源として，急速に普及してきました．現在ではポータブル機器用電源の主流となっています．代表的な製品の外観を**写真1-5-1**に示します．

● 主な用途

　現在のリチウム・イオン蓄電池の2大市場は携帯電話用電源とノートPC用の電源です．両市場ではすでにイオン蓄電池化が進んでおり，一部にニッケル水素蓄電池が搭載されたモデルが残されている状

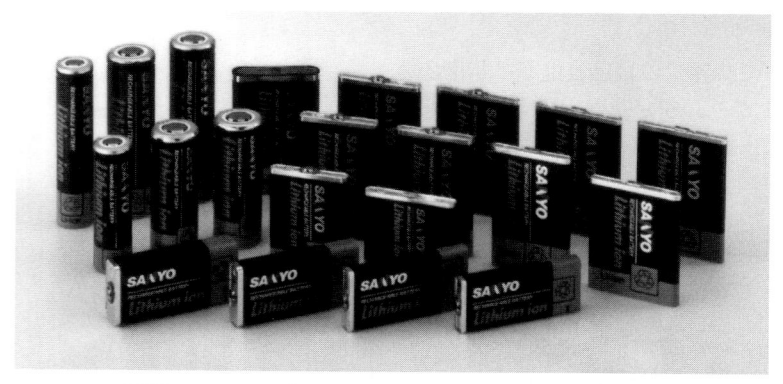

〈写真1-5-1〉リチウム・イオン蓄電池の外観 ［三洋電機㈱］

態になっています．

　携帯型ビデオ・カメラや電子スチル・カメラの分野でもシフトが進んでおり，とくに小型機やハイエンド機にはほとんどリチウム・イオン蓄電池が採用されています．

　最近では，IT関連機器のみならず，ゲーム機やクリーナなどの家電分野やアシスト自転車などの動力分野へと市場が徐々に拡大しつつあります．

開発の略史

　リチウムは，軽量であることと高い電圧を得ることができる負極材料として古くから注目され，1960年代から研究されていました．しかし，サイクル特性の改善が非常に困難だったため，1970年代後半になって蓄電池としてではなく，1次電池として先に実用化されました．その後も2次電池（蓄電池）化の研究は継続され，1980年代後半に携帯電話用の電源として市場に投入されました．サイクル特性の改善が十分ではなく，間もなく姿を消すことになりました．

　リチウム・イオン蓄電池では，負極に金属リチウムではなく炭素材料にリチウムを吸蔵させたものを使用したことにより，サイクル性能を著しく改善することに成功しました．

　初期のリチウム・イオン蓄電池は，負極の炭素材料として非晶質のコークスが採用されていましたが，三洋電機が基本特許をもっていた結晶化した炭素材料である黒鉛を負極として使ったものが登場しました．その後は，黒鉛負極の平坦な放電特性と高容量が市場に受け入れられ，現在では主流となっています．

　さらに軽量という特徴を活かすため，三洋電機では外装缶にアルミニウム合金を採用した角形のリチウム・イオン電池を開発し，1995年に世界で始めて市場に投入しました．アルミニウム外装缶の技術も，この分野のデファクト・スタンダードとなっています．

　また，高安全性化，高容量化，低コスト化を目的として新しい正負極材料の開発も盛んであり，部分的にはすでに導入が開始されています．

リチウム・イオン蓄電池の特徴

　主な特徴は以下のとおりです．
- セル当たり3.7Vと高電圧である
- 高エネルギ密度で小型・軽量化が図れる
- 自己放電が少ない
- 幅広い温度領域で使用可能である
- 長寿命で高信頼性である

● **1セルで約3.7Vが得られる**

　リチウム・イオン蓄電池の最大の特徴は，1セルが高電圧であることです．ニカド蓄電池やニッケル水素蓄電池が1.2Vであるのに対して，3.6～3.7Vと約3倍の電圧があります．つまり，ニカド蓄電池やニッケル水素蓄電池では3本必要だった機器が，**図1-5-1**のようにリチウム・イオン蓄電池では1本で済みます．

　このことは，セルそのものが高エネルギ密度であることに加え，組電池として複数本組み合わされる

電池パックにおいては，さらに小型・軽量化の特徴が活かされることになります．

● エネルギ密度が高く，小型化・軽量化が可能

図1-5-2は，セルあたりのエネルギ密度の比較です．図中で右方向にあるほど電池の小型化が可能で，上方向にあるほど軽量化が可能であると読み替えることができます．ニッケル水素蓄電池も高容量化が大幅に進み，なかには体積エネルギ密度においてリチウム・イオン蓄電池に匹敵するものも登場してきています．しかしながら，質量エネルギ密度において原理的に改良が困難であり，依然としてリチウム・イオン蓄電池の優位性は変わりません．

これらの高エネルギ密度は，高電圧であることに起因しており，同じサイズの電池の放電容量はニッケル水素蓄電池のほうが大きいのが現状です．

リチウム・イオン蓄電池の動作原理と構造

● 反応式

最も一般的なリチウム・イオン蓄電池の反応式は，以下の式で示されます．正極にはコバルト酸リチウム，負極には炭素材料が使われ，電解液にはリチウム塩を溶解させた有機電解液が使用されています．

$$LiCoO_2 + C_y \underset{放電}{\overset{充電}{\rightleftarrows}} Li_{1-x}CoO_2 + C_yLi_x$$

有機電解液が使われるのは，リチウムが水と極めて反応しやすいためです．充放電時にはリチウム・イオンが電気を運ぶ役割を担っています．図1-5-3に反応の模式図を示します．リチウム・イオンは充放電により層状の構造の隙間に入ったり出たりします．

● 内部構造

図1-5-4は角形リチウム・イオン蓄電池の内部構造図です．円筒形リチウム・イオン蓄電池の構造は，ニカド蓄電池などとよく似ています．

リチウム・イオン蓄電池の場合は，角形電池でもスパイラル式の電極構造を採用しています．これは使用する電極の厚みが200μm以下と非常に薄いことに起因しています．

アルミニウム箔に塗布された正極と，銅箔に塗布された負極が，ポリエチレン製の微多孔膜でできた

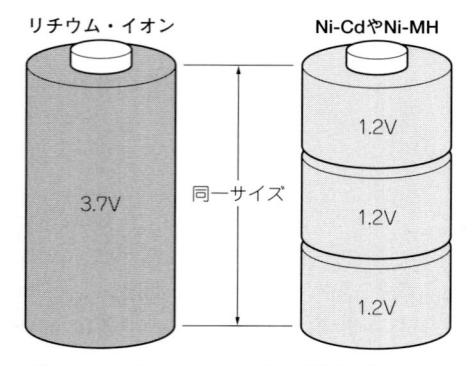

〈図1-5-1〉リチウム・イオン蓄電池とニカド蓄電池(Ni-Cd)やニッケル水素蓄電池(Ni-MH)との比較

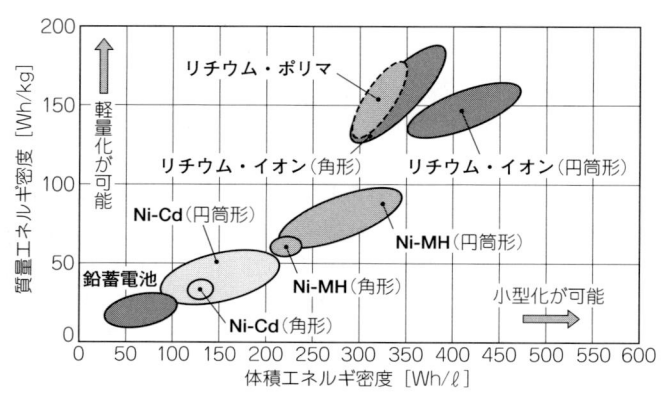

〈図1-5-2〉各種電池の1セルあたりのエネルギ密度の比較

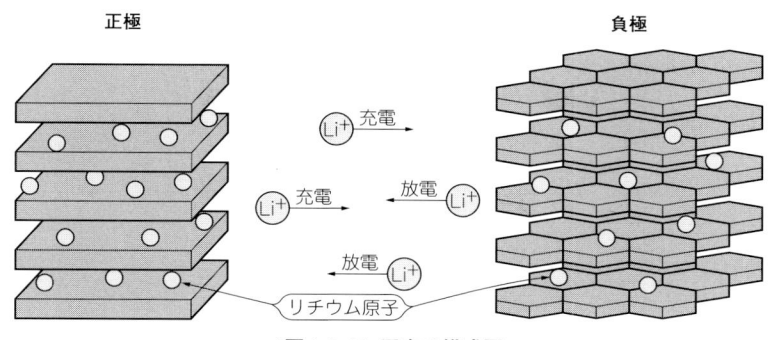

〈図1-5-3〉反応の模式図

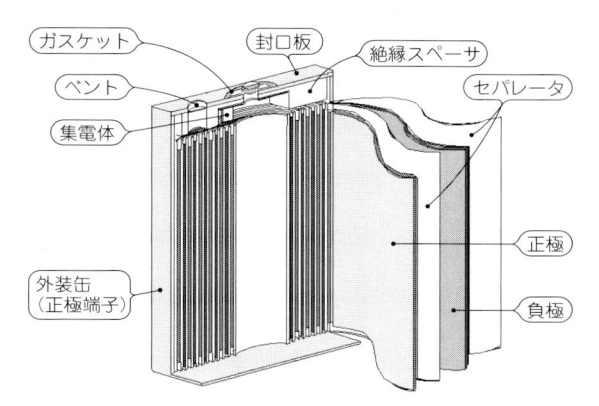

〈図1-5-4〉角形リチウム・イオン蓄電池の内部構造

セパレータを介して巻き取られ，アルミニウム合金製の外装缶に収められています．

なお，異常時に備えて，ガス放出弁（ベント）が設けられています．通常使用時は著しく内圧が上昇することはないので，一般的には非復帰式の弁が使われています．

リチウム・イオン蓄電池の種類

表1-5-1に三洋電機製リチウム・イオン蓄電池の製品ラインナップを示します．型名は電池の概略寸法を表していますが，詳細な寸法はメーカごとに異なります．

外形には，乾電池のような円筒形のものと，携帯電話などに多く使われている角形があります．現在では円筒形にはスチール缶，角形にはアルミニウム缶が使われるのが一般的です．また，レトルト食品のパックに使用されているような，プラスチックとアルミニウム箔のラミネート・フィルムに封入されたものもあります．これらの中には電解液をゲル化してポリマ状にしたポリマ電池も含まれます．

ポリマ電池は，リチウム・イオン蓄電池と区別されることも多いのですが，電池の動作原理はリチウム・イオン蓄電池と同じものです．

〈表1-5-1〉リチウム・イオン蓄電池のラインナップ ［三洋電機㈱］

	型 名	公称電圧 [V]	定格容量 [mAh]	寸法 [mm] 外径	高さ	幅	厚み	質量 [g]	備 考
円筒形	UR18650F	3.7	2300	18.1	64.8	—	—	45	
	UR18650H	3.7	1900	18.1	64.8	—	—	46	高負荷用途向け
	UR18650V	3.7	1900	18.1	64.8	—	—	46	動力用途向け
	UR18500F	3.7	1500	18.1	49.3	—	—	35	
	UR14650P	3.7	940	13.9	64.7	—	—	26	
	UR14500P	3.7	800	13.9	49.2	—	—	20	容量アップ開発中
	UR14430P	3.7	660	13.9	42.8	—	—	17	開発中
角形	UF103450F	3.7	1800	—	50.0	34.0	10.0	39	オーバル形状
	UF653450R	3.7	1100	—	49.6	33.9	6.4	25	
	UF553450F	3.7	1000	—	49.8	33.9	5.4	21	
	UF553450R	3.7	920	—	49.6	33.9	5.4	20	オーバル形状
	UF553450L	3.7	820	—	49.6	33.9	5.4	21	保護回路軽減仕様
	UF463450P	3.7	780	—	49.8	33.9	4.4	17	
	UF383450F	3.7	680	—	49.6	33.9	3.7	15	容量アップ開発中
	UF653048P	3.7	830	—	47.8	29.7	6.3	20	
	UF553048F	3.7	820	—	47.8	29.7	5.4	17	
	UF463048P	3.7	680	—	47.8	29.7	4.4	15	
	UF102248P	3.7	900	—	47.8	22.2	10.3	24	
	UF812248P	3.7	700	—	47.8	22.2	7.7	18	
	UF612248P	3.7	480	—	47.8	22.2	6.0	13	
	UF611948P	3.7	420	—	47.8	19.2	6.0	12	
	UF553443F	3.7	850	—	42.8	33.9	5.4	17	開発中
	UF553443R	3.7	800	—	42.8	33.9	5.4	17	オーバル形状
	UF463443F	3.7	730	—	42.8	33.9	4.4	15	容量アップ開発中
	UF553040P	3.7	650	—	39.8	29.7	5.4	14	
	UF553436F	3.7	720	—	35.8	33.9	5.4	16	
	UF652436F	3.7	600	—	35.6	24.0	6.2	13	

リチウム・イオン蓄電池の電気的特性

● 充電特性

リチウム・イオン蓄電池の充電は「定電流・定電圧充電方式」(Constant Current Constant Voltage) (CC-CV) が一般的です．
電流値は品種によって異なりますが，精度はあまり要求されません．
一方，充電電圧値は非常に重要で，高精度が必要です．電圧値も品種によって異なることがありますが，現在は 4.2 V が一般的です．定電圧充電時に減衰する電流値を検出して充電を終了するのが一般的であり，通常は $I_t/20 \sim I_t/50$ の値が使われます．この "I_t" は従来 "C" で表していた容量相当の電流値を意味し，1000 mAh の電池なら，$I_t/20$ は 50 mA です．
詳細な充電条件については電池の供給メーカの指定にしたがって設定することが大変重要です．
図1-5-5はUR18650の充電特性です．充電時間は2～3時間が一般的です．環境温度が低くなると充電時間が長くなる傾向となります．充電効率は，ほぼ100%です．
専用設計された特殊品を除いて，リチウム・イオン蓄電池は連続充電には適していません．充電器を

設計する際には連続充電を避ける必要があります．

また，満充電に近い状態で繰り返し充電されるようなことも，連続充電に近い状態となるので，回避するための考慮が望まれます．

● **放電特性**

図1-5-6と図1-5-7に，一般的なリチウム・イオン蓄電池の放電負荷特性と温度特性を示します．

リチウム・イオン蓄電池には有機電解液が使われており，アルカリ系の蓄電池に比べて内部インピーダンスが高いため，大電流放電にはあまり適していません．最近では，大電流用途向けに設計されたリチウム・イオン蓄電池も登場しつつあります．

放電負荷が小さい場合の低温特性は良好ですが，負荷が大きくなると低温での使用は難しくなります．

放電カーブは2.75Vまで示していますが，機器によっては3.0～3.3Vでシャットダウンするものもあるので，放電容量から機器の駆動時間を算出する際には注意が必要です．

パルス放電などの特殊な条件では，パルスの幅や温度によって使用可能な電流値は異なります．

● **保存特性**

リチウム・イオン蓄電池は，ほかの蓄電池と比べて自己放電が非常に少ないという特徴をもっていま

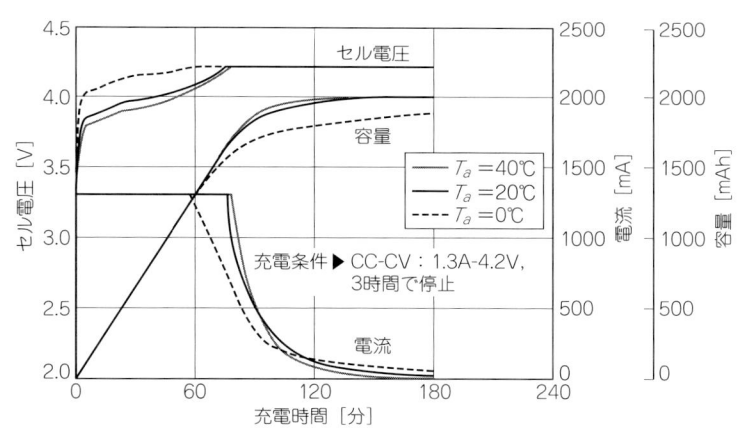

〈図1-5-5〉UR18650の充電特性

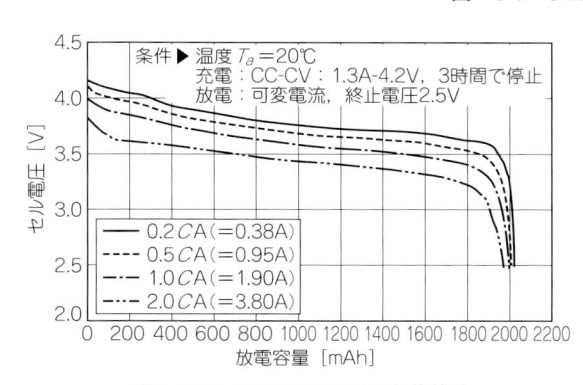

〈図1-5-6〉UR18650の放電負荷特性

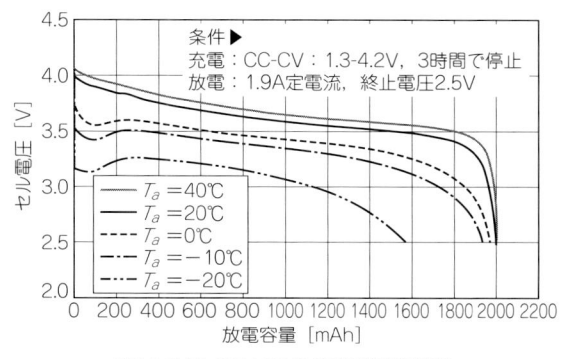

〈図1-5-7〉UR18650の放電温度特性

す．その一方で，充電状態で保存すると容量の劣化を引き起こすという欠点もあります．

図1-5-8に満充電保存時の自己放電特性，図1-5-9に40％充電で保存後の復帰容量特性，図1-5-10に放電保存後の容量復帰特性をそれぞれ示します．

放電保存ではほとんど特性劣化はありませんが，負荷接続や長期の自己放電などで過放電状態となって電圧が著しく低下すると容量劣化が起こります．

リチウム・イオン蓄電池では保護回路などを内蔵した電池パックとして出荷されることが一般的で，これらの保存特性を勘案し，30～40％充電した状態で出荷されます．

● サイクル特性

一般的なサイクル特性を図1-5-11に示します．室温で通常のサイクル条件であれば，500サイクル以上は期待できます．この特性は，完全充電と完全放電を繰り返した場合の特性です．部分充放電の場合のサイクル数は基本的には増加します．

実使用条件下では，部分充放電だったり，保存の影響などを受けたりするので，繰り返し使用できる回数とは異なります．

● その他

リチウム・イオン蓄電池では，アルカリ系の蓄電池に見られるようなメモリ効果はありません．

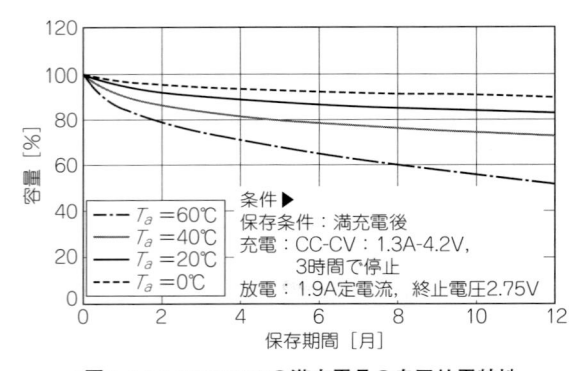

〈図1-5-8〉UR18650の満充電品の自己放電特性

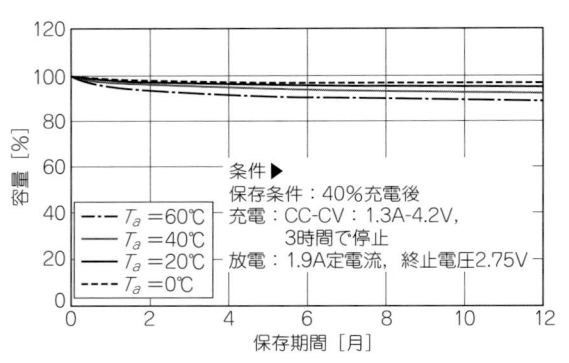

〈図1-5-9〉UR18650の40％充電保存後の復帰特性

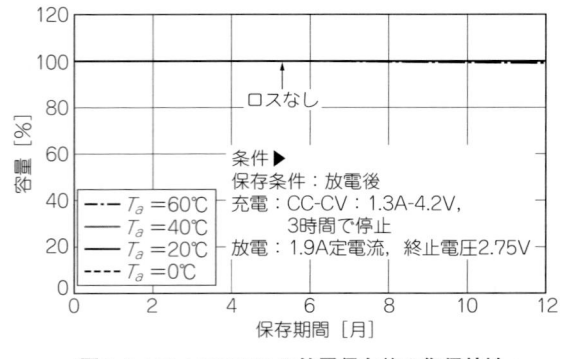

〈図1-5-10〉UR18650の放電保存後の復帰特性

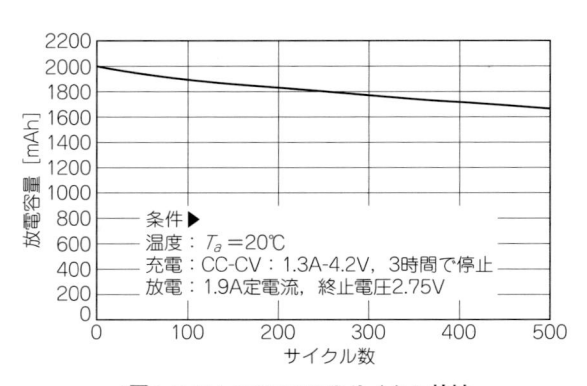

〈図1-5-11〉UR18650のサイクル特性

設計上の注意など

● **保護回路**

リチウム・イオン蓄電池パックには，誤使用時や故障時の際にも安全性を確保するために，**図1-5-12**に示すような電圧検出用ICとMOSFETから構成される保護回路が設けられています．

保護回路は以下の機能をもっており，電池が電気的に異常な状態になるのを防止しています．

- 過充電保護…高電圧充電の防止
- 過放電保護…過放電による性能低下の防止
- 過電流保護…外部短絡時の過電流の防止

さらに，保護回路が故障した場合を想定し，二重保護として感温系の保護素子の設置を推奨しています．

具体的な設計値については，各電池メーカの資料を参考にしてください．

● **パック設計上の注意**

基本的にリチウム・イオン蓄電池用のパックには，電池に加え，上述したような電子回路も内蔵しています．電池自体にダメージを与えないような設計はもちろんのことですが，水分の浸入や静電気への配慮も必要です．

電池を並列や直列に接続する場合は，並列したものを直列接続するという考え方が必要となります．さらに直列接続では，放電容量や電圧，充電深度などがそろったものを組み合わせる必要があります．

● **安全性試験**

リチウム・イオン蓄電池は，安全性を確保するために種々の安全性試験を実施しています．公になっている代表的な試験として，JISやIEC，ULなどがあげられます．**表1-5-2**にUL1642の試験項目の一覧を示します．

これらの試験は，市場で起こりうる電気的，機械的，環境的なストレスが想定されたものです．

試験結果によって生産や出荷などの規制を受けるわけではありませんが，一般的には製造メーカが独自に試験を実施したうえで市場へ導入しています．なお，UL認定品は，ULが発行するイエローブックにリストアップされます．

● **輸送上の注意**

リチウム・イオン蓄電池は可燃物を含有しているため，大容量電池や使用本数の多い電池パックを輸送する場合に規制を受けることがあります．詳細については，電池メーカに確認するか，電池工業会か

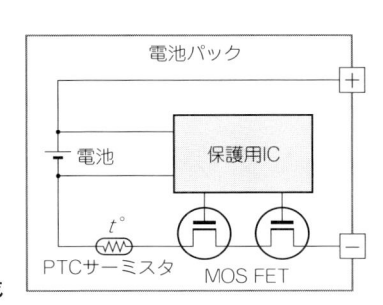

〈図1-5-12〉電池パック内の保護回路の構成

ら発行されている「リチウム電池およびリチウム・イオン電池の輸送に関する手引書」[3]をご参照ください．

なお，個人が機器に使用しているものは対象外です．

● 識別表示

リチウム・イオン蓄電池には，環境負荷物質を含有していませんが，資源有効利用促進法によってすべての充電池の回収が義務づけられているので，識別表示が必要となります．詳しくは電池工業会から発行されている「小型充電式電池の識別表示ガイドライン」[2]をご参照ください．

使用上の注意

リチウム・イオン蓄電池を長く使うためには，以下の点に注意する必要があります．
- 定められた機器や充電器以外は絶対に使わない
- 高温や高湿下に長期間放置しない
- 連続充電をしない（疑似連続充電を含む）
- 過度な機械的ストレスを与えない

十分に使っていないのに，電池が劣化してしまったと思われる場合は，高温下で放置されていたり，

〈表1-5-2〉UL1642の試験項目一覧

項 目	試験条件	基 準 （フレッシュ品とサイクル劣化品に適用）
●電気的試験		
短絡	外部短絡（室温と60℃）	・破裂や発火のないこと． ・セル外装缶が150℃を越えないこと．
強制放電	放電セルを「使用したい直列数－1個」の満充電セルと直列に接続する．	・破裂や発火のないこと．
異常電流充電	$6I_t$，最大12V	・破裂や発火のないこと．
●機械的試験		
圧壊	平板で挟む（荷重13kN）	・破裂や発火のないこと．
衝突	ϕ15.8の棒を置き，61cmの高さから9.1kgの重りを落とす．	・破裂や発火のないこと．
振動	振幅：0.8mm，10～55Hz，1Hz/分で90分間	・破裂や発火のないこと． ・弁動作やリークのないこと．
衝撃	最初の3msの間の最小平均加速度75gで，ピーク加速度が125gと175gの間の衝撃を加える．	・破裂や発火のないこと． ・弁動作やリークのないこと．
●環境試験		
低圧	11.6kPa中で6時間	・破裂や発火のないこと． ・弁動作やリークのないこと．
温度サイクル	(a)70℃/4時間→20℃/2時間 (b)−40℃/4時間→20℃以上を10サイクル後，7日間放置	・破裂や発火のないこと． ・弁動作やリークのないこと．
●熱的試験		
加熱	150℃，10分間保持	・破裂や発火のないこと．
バーナ加熱	発射物試験，火炎試験	・規定以上の破裂や発火のないこと．

気づかないうちに疑似連続充電状態になってしまっていることが考えられます．

　例えばノートPCの場合，1年間ACアダプタを接続したまま机の上で使用した後，初めてバッテリで駆動したにもかかわらず，所定の持続時間には程遠かったということもあり得ると考えられます．

　使わないときは，放電状態で乾燥した温度の低い場所に保管することが電池を長もちさせることになります．

　また，十分な容量が残っている場合に充電を繰り返さないことも，劣化を抑える手段となります．

今後の動向

● 動力用，ロー・コスト品，バックアップ用などへの製品展開

　リチウム・イオン蓄電池はIT関連機器用の電源を中心に拡大してきました．前述のとおり，最近では新たな分野への展開が始まっており，用途に特化した製品の開発も進みつつあります．

　図1-5-13は動力用に開発されたリチウム・イオン蓄電池の特性例です．放電容量は通常のタイプより少ない値ですが，大電流放電時の特性が改善されています．今後はさらに大電流放電に特化したものも開発されてくるものと思われます．

　また，正極の活物質に使用されているコバルトの量を減らし，コスト・ダウンを図った製品も登場しています．また，元々苦手だった連続充電特性を改善してバックアップ用途へ展開することなども検討されており，多様化するニーズへの対応も検討されています．

　今後，拡大するユビキタス社会へ対応していくためにIT関連機器の機能もより高機能化され，電池に対する高エネルギ密度化要求も留まるところはありません．こういった要求に応えていくためには，現行のリチウム・イオン蓄電池系では限界が見えつつあります．

● 将来の技術

　電池に対する飽くなき高容量化要求に対応していくため，現行のリチウム・イオン蓄電池に代わる材料の研究も積極的に行われています．種々の検討の中でも，現時点ではリチウム系が主流であることに変わりはありません．

　正極材料として，コバルト酸リチウムに代わる高エネルギ密度の研究が行われていますが，大幅にエネルギ密度を改善できるような材料は見つかっていません．一つの流れとして，高安全性の材料を使って，充電電圧を上げるという方法で高容量化が検討されています．

　負極材料には，現在のカーボンに代わる材料として，錫(すず)や珪素(けいそ)の酸化物，錫や珪素とリチウムの合金

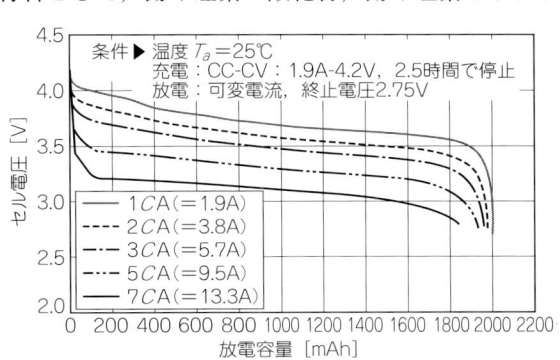

〈図1-5-13〉UR18650Vの放電負荷特性

などが次世代の材料として検討されています．

　正・負極材料共に，実用化に向けて研究も最終段階となっていますが，具体的な導入時期については未定です．また，充放電のプロファイルが大幅に変わったり，電池の製造プロセスが現状と大きく異なるようだと，たとえ新電池が市場導入されても移行は緩やかなものとなると推測されます．

◆参考文献◆

(1) UL 1642：UL Standard for Safety for Lithium Batteries，第3版，Underwriters Laboratories Inc.
(2) 小型充電式電池の識別表示ガイドライン，第3版，2002年4月，社団法人電池工業会．
(3) リチウム電池およびリチウム・イオン電池の輸送に関する手引書，第2版，2002年12月，社団法人電池工業会．

Appendix
おはなし「リチウム・イオン蓄電池の素顔」
江田 信夫
Nobuo Eda

■ 開発の舞台裏

　1990年代初期に，ニッケル水素とリチウム・イオンという新しい蓄電池が相次いで日本で開発され，量産に至りました．現在も日本の電池技術は，世界をリードする位置にあります．その開発史には海外の研究も深く関わっています．

　リチウム1次電池の開発にも海外の研究が深く影響していました．実現できた電池は素晴らしいものでした．これを2次電池化できれば，まさに「夢の電池」といえました．この研究は古くから日本でも行われていましたが，金属リチウムは充放電後の形状安定性に乏しく，安全性と特性のバランスが取れないままでした．

　一方，カナダの会社はこの問題を複数の処方で解決し，単2形と単3形の電池を開発しました．単3形を多数個組み合わせてパックにし，携帯電話に使っていましたが，残念なことに発火事故がおこり撤退しました．しかし，電池の構造も特性も素晴らしいものでした．

　1980年代初期に導電性プラスチックを使うと，正負極とも金属をまったく使わない軽量で画期的な2次電池（導電性ポリマ電池）ができるとの報告が米国でありました．材料技術力に長じた素材メーカが，大挙して開発に従事しましたが，実用化にはさまざまな課題があり，次第に終息していきました．

　このような中で日本のメーカは，導電性プラスチックに始まる技術開発から長い研究開発の後，炭素だけからできた究極の材料に行き着きました．この炭素材料を負極に，1980年に英国で開発された$LiCoO_2$（コバルト酸リチウム）を正極に使い，さらに従来の技術を組み合わせることによってまったく新しいイオン電池を完成させるに至りました．

　突然のように見える製品化の奥には，やはり厳しく長い研究開発の歴史が見えます．

■ SEIと性能

　リチウム1次電池の負極には，金属リチウムが使われています．リチウムは材料の中で最も電位が低く，ほとんどすべての材料と反応します．電解液とも反応し，表面に生成物ができます．これをSEI（Solid Electrolyte Interface：固体電解質界面）と呼んでいます．この薄い皮膜の遮蔽効果によって後続

の反応が抑制され，自己放電は1%/年程度に収まっています．

リチウム・イオン蓄電池の場合は安全性から，負極に炭素材料，とくに黒鉛を使用し，その層内にリチウム・イオンを取り込んで反応種としています．黒鉛を使っても，充電過程でその表面では電解液が還元分解されてSEIを形成しています．いったん，SEIを上手く形成させると，反応面である黒鉛から電解液が遮断されるので余分な反応が回避されたり，この作用でほかの溶媒が使える可能性が出てきます．

現在，溶媒には炭酸エチレン(EC)を使っていますが，構造がよく似た炭酸プロピレン(PC)は使えません．その理由は，PCが都合の良いSEIを形成できないためです．つまり，ちょっとした違いにより，反応生成物が黒鉛表面にうまく接着固定できないためといわれています．研究の現場では，ECやPCよりも，充電で早めに分解し良好なSEIを形成する材料の開発を急いでいます．適切な化合物が発見または合成されたら，PCのような材料が使えて，特性の向上や材料費の低減などを実現できます．

同様の考え方が正極にもできます．正極にはコバルト(Co)やニッケル(Ni)，マンガン(Mn)といった触媒能が高い材料が多いので，ここではもっと効果的です．リチウム・イオン蓄電池は，まだまだ進化を続ける電池です．

■ 電解液と蜜蜂

リチウム・イオン蓄電池では「充電すると正極材からLiイオンが抜けて，電解液中を移動し，負極である黒鉛材の層間の席に収まり，放電では逆の反応をする」と書いてあります．では，実際に電解液の中ではどうなっているのでしょう？

実は電解液中のLiイオンは「裸」ではなく，「服」を着ています．正極中では裸でいたLiイオンは，充電によって外部の電解液中に出て移動します．その際には裸ではなく3〜5個の溶媒分子の「服」をまといます．それにも好み（化学的な相性）があり，前述したEC（炭酸エチレン）を多く着て大儀そうに動きます．

やっと最後に黒鉛負極に到達すると，再び「服」を脱ごうとします．黒鉛のまさしく「入り口」ではまだ「服」をまとっていますが，そのままでは動きが自由にならないので，今度は無理やり「服」を外に脱ぎ捨てて，黒鉛内部では再び裸になります．その外部に無理やり脱ぎ捨てられた「抜け殻」がSEIを形成しています．

このプロセスは丁度，外の世界で蜜と花粉を集めてきた蜜蜂がハニカム状の「巣」（黒鉛もハニカムのような構造をしている）に帰ってくると，入り口で花粉を脱ぎ捨てて中に入るのとよく似ています．

いかがでしたか．例えて説明すると理解が早く，イメージがそのまま残るでしょう．

■ 過充電保護機構

水溶液電解液を使った2次電池では，充電末期に電池電圧と温度が上昇し，電解液が分解して酸素ガスが発生しても「酸素サイクル」や「触媒栓」により元の水に戻ります．しかし，有機溶媒を使ったリチウム電池では，溶媒の分子構造が複雑なため，分解すると元には戻りません．

万一，充電中に電池電圧が規定値以上に上昇すると，内部ではガスが発生して，電池は不安定な状態となります．このため充電器には，終止電圧を検知し充電を停止する機能があります．さらに第2の安全策として，電池パック内部にもやや高い終止電圧に設定した充電停止制御用のICが搭載されています．この他，もう1段の安全性確保を図るため電池内部に微量の物質を添加している電池もあるようです．

学会発表や論文などには，ある所定の電圧になるとそれ自身が分解してガスを発生させて，封口板の内部に組み込まれた電流遮断装置(CID)を機能させたり，または内圧を安全に外部に逃がしたり，また分解生成物が正極の表面を被覆したり，セパレータの目詰めをしてそれ以上の反応を阻止することで安全性を確保するなどの方法が報告されています．

この分野の研究も盛んに行われています．

■ シャトル機構

前項では過充電時の安全性確保策について述べましたが，ほかにも興味深い考え方があるので紹介します．

「シャトル」ってご存知ですよね．東京-大阪間のシャトル便や地球と宇宙の間のシャトル宇宙船とかいう，あの行ったり来たりするもののことです．

電池でのシャトル現象は，これまでニッケル・カドミウム蓄電池などで，望ましくない反応として知られていました．このときは電池材料の不純物や内部で発生した物質が正極で酸化され，次は負極に拡散して還元されて元の物質に戻るという，正負極の間をぐるぐる回って電池容量を消費(自己放電)していく機構を指していました．

リチウム・イオン蓄電池では，この機構を意図的に利用しようとするもので，米国の国立研究所などが提案しています．つまり，巧妙に設計し合成された有機物を電池内に添加しておき，過充電の際に電圧が上昇しその設計電圧に達したら，自身が正極で酸化され，次に負極に移動しては還元されて再び元の状態に戻すという考えです．そして電池に流れ込んだ電気量は，その酸化還元ループの中だけで消費してしまい，電池にはダメージを与えないという優れた概念です．一部の電池では実際に使用されているようです．

■三題噺 「ナポレオン」と「ボルタ」と「電池」

フランスでは未だに絶大な人気を誇るナポレオンですが，その昔「電池」でビックリしたってご存じですか？

その原因を作ったのがボルタ．彼はイタリアのガルバーニがカエルの足で「電池」を作ったのにヒントを得て，今の電池の基本となる構成を考えついていたのです．彼はいろいろと試行した結果，銅と希硫酸，亜鉛の組み合わせにたどり着き，晴れて電池の発明者となりました．1800年6月には，この基礎理論を述べた論文が英国王立学会の年報に掲載され，その成果は瞬く間に世界中に広まったようです．

一方のナポレオンは，1000年続いた「ベネチア共和国」を1797年に滅ぼし，その隆盛期にありました．1801年に再度イタリア遠征から凱旋した後，ボルタをパリに招待したそうです．招聘されたボルタはフランス学会で報告をし，次にナポレオンの前で，彼の発明した電池を使って「水」を水素と酸素に分解して見せたようです．これによってボルタは名誉あるレジオン・ドヌール勲章を受けました．「知らなかったなあ，水が気体になるなんて…」，きっとナポレオンは手品を見ているかのように驚いたことでしょう．

なお，電圧の単位であるV(ボルト)は彼の名前Alessandro Voltaに由来しています．

◀参考文献▶
(1) 城阪俊吉；エレクトロニクスを中心とした年代別科学技術史，pp.48，日刊工業新聞社，第3版，1990．

〈江田 信夫〉

第1-6章

ニカド電池互換で高容量＆高エネルギ密度
ニッケル水素蓄電池

鈴木 信太郎
Shintaro Suzuki

■ はじめに

　ニッケル水素蓄電池は，1990年になって実用化された比較的新しい2次電池です．正式には「ニッケル・水素蓄電池」（Nickel-Metal Hydride Battery），略称をNi-MH電池といいます．
　エネルギ密度が高く，コスト・パフォーマンスが優れ，また使用材料が環境にやさしいなど多くの特徴をもち，ディジタル・カメラ，オーディオ・ビデオ機器，ノート・パソコン，携帯電話などの携帯機器に幅広く使用されています．

主な特徴

　ニッケル水素蓄電池の外観を**写真1-6-1**に，主なラインナップを**表1-6-1**に示します．円筒形と角形があり，しかも多くのサイズ・バリエーションがあるので，それぞれの機器に最適な電池を選択できます．ニッケル水素蓄電池の主な特徴を以下に挙げます．

〈写真1-6-1〉市販のニッケル水素蓄電池 ［東芝電池㈱］

〈表1-6-1〉ニッケル水素蓄電池のラインナップ［三洋電機㈱］

形状	型名	IEC規格形式	サイズ	公称容量 [mAh]	定格容量 [mAh]	外形寸法 [mm]		質量 [g]
						直径または幅×厚み	高さ	
円筒形	HR-AAAU	HR11/45	AAA(単4)	730	650	10.5	44.5	13
	HR-5/4AAAU	HR11/50	L-AAA	850	760	10.5	50.0	15
	HR-4/5AAU	HR15/43	4/5AA	1350	1300	14.5	43.0	24
	HR-AAU	HR15/50	AA(単3)	1650	1500	14.2	50.0	28
	HR-4/3AU	HR17/68	4/3A	4000	3600	17.0	67.5	55
角形	HF-B1U	HR17/07/48	F-B1	860	785	17.0×6.2	48.0	18
	HF-E5U	HR15/08/49	F-E5	900	830	14.5×7.4	48.0	18

● 高容量・高エネルギ密度
　円筒形4/3Aサイズ(外径17 mm，高さ67.5 mm)で4000 mAhの高容量，313 Wh/ℓの高エネルギ密度を実現しています．同じ寸法のニッケル・カドミウム蓄電池(以下ニカド蓄電池と記述)に比べて2倍以上の高エネルギ密度をもっています．

● 優れたハイ・レート特性
　電池内部抵抗が小さく，大電流放電が可能なうえ，放電電圧も安定しています．

● ニカド蓄電池との互換性
　電圧が1.2 Vであり，負極にカドミウムを使用しているニカド蓄電池と互換性があります．

● 高い環境適合性
　公害規制物質を使用していないため，安心して使用できます．

● 耐漏液性
　封口密閉信頼性が高く，電解液の耐漏液性に優れており機器への組み込みに適しています．

● 優れたサイクル寿命
　通常500回以上の充電・放電の繰り返し使用が可能です．

電池の構成と反応

　ニッケル水素蓄電池は正極にニッケル酸化物，負極に水素吸蔵合金，電解液にイオン導電性の良い水酸化カリウム水溶液を使っています．
　充電および放電の反応式を次に示します．

▶正極

$$Ni(OH)_2 + OH^- \underset{放電}{\overset{充電}{\rightleftarrows}} NiOOH + H_2O + e^-$$

▶負極

$$M + H_2O + e^- \underset{放電}{\overset{充電}{\rightleftarrows}} MH + OH^-$$

▶全電池反応式

$$Ni(OH)_2 + M \underset{放電}{\overset{充電}{\rightleftarrows}} NiOOH + MH$$

　ただし，M：水素吸蔵合金，MH：金属水素化物(水素を吸蔵した状態)

上式から明らかなように，充・放電反応に，見掛け上は電解液が関与しない電池システムであり，電解液中に反応生成物の析出や電解液の濃度変化がなく，電圧変化の少ない優れた2次電池です．

電池構造

ニッケル水素蓄電池の構造を図1-6-1に示します．円筒形電池の場合，極めて薄いシート状のニッケル酸化物からなる正極と，水素吸蔵合金からなる負極をポリオレフィン製不織布のセパレータを通して渦巻き状に巻いたものをニッケルめっきした鉄製缶に挿入します．そして，水酸化カリウム水溶液からなる電解液を注入した後，ガス・リーク弁を備えた封口板を組み合わせ，密封した構造です．

電池特性

AAサイズ（単3形）ニッケル水素蓄電池（1650 mAh）の充電・放電特性を同サイズのニカド蓄電池（700 mAh）と比較し，図1-6-2に示しました．放電容量は，ニッケル水素蓄電池のほうが約2.4倍大きいという違いがありますが，充電時の電圧挙動および放電時の動作電圧挙動はほとんど同じです．

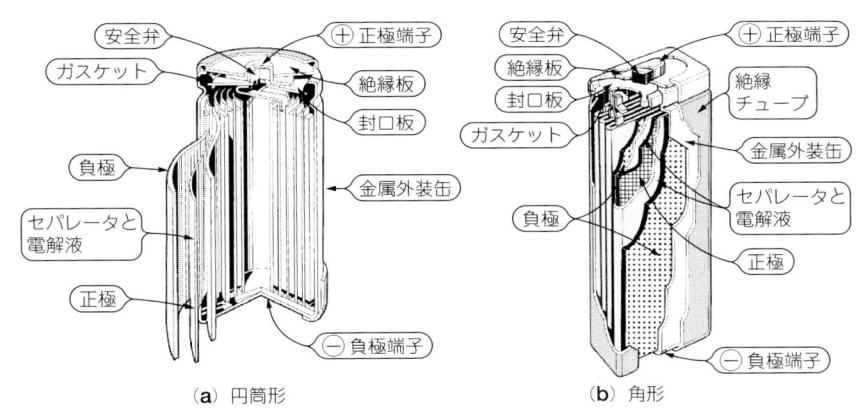

(a) 円筒形

(b) 角形

〈図1-6-1〉ニッケル水素蓄電池の構造

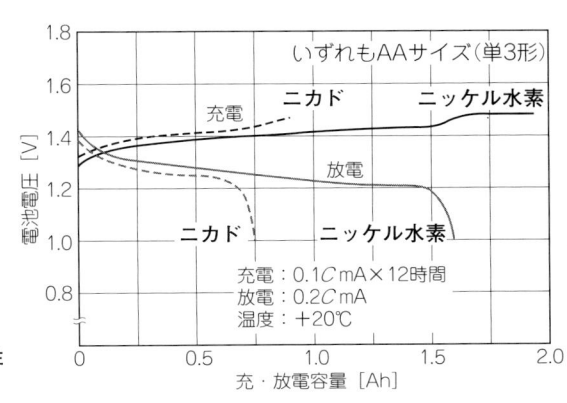

〈図1-6-2〉ニッケル水素蓄電池とニカド蓄電池の充放電特性の比較

ニッケル水素蓄電池の充電特性，放電特性，保存特性についてAAサイズ（単3形，1650 mAh）のデータに基づき，以下に述べます．

■ 充電特性

● 充電時の電池電圧は充電電流が大きくなるほど高くなる

図1-6-3に充電電圧特性を示します．充電末期に正極板から酸素ガスが発生するため，電圧はさらに上昇しますが，その後電池自身の昇温により電圧は徐々に低下し平衡に達します．

● 電池電圧は充電時の周囲温度により，大きく変化する

図1-6-4のように温度が低いほど，電池電圧は高くなります．

■ 放電特性

● 内部抵抗が低く，大電流放電が可能で，広い温度範囲で放電可能

ニッケル水素蓄電池は内部抵抗が約20 mΩ程度と低いため，大電流放電が可能で，広い温度範囲で放電できます．

電池電圧値は，図1-6-5と図1-6-6に示すように放電電流と温度によって変化します．放電終止電圧は0.9～1.1 Vの間に設定します．終止電圧をこれより高くすると充電された電気量を十分に取り出せな

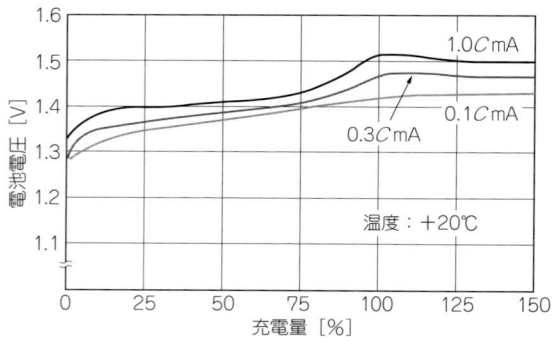

〈図1-6-3〉充電量に対する電池電圧特性

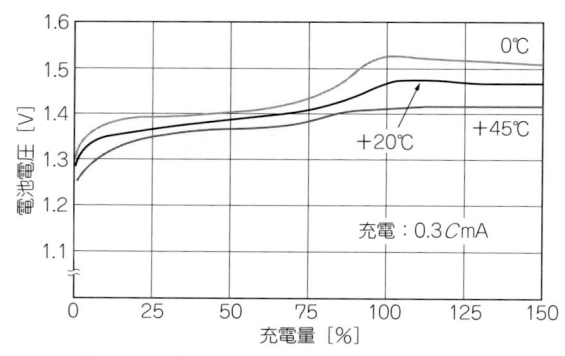

〈図1-6-4〉充電量に対する電池電圧の温度特性

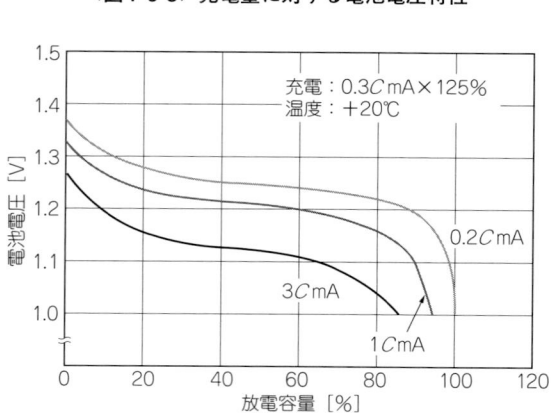

〈図1-6-5〉放電容量と電池電圧の関係

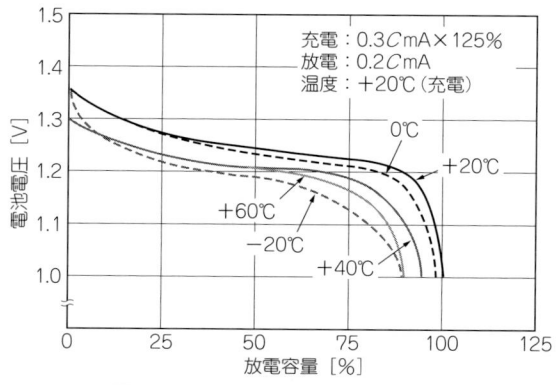

〈図1-6-6〉放電温度と放電容量の関係

いことがあります．また低く設定すると，とくに多数個を直列接続で使用する場合は，過放電に至る電池が発生することがあり好ましくありません．

● **電池電圧は放電電流が大きくなるほど低くなる**

これは電流Iの増大にともない，内部抵抗Rによる電圧降下が大きくなるとともに，放電反応の分極も大きくなるためです．

サイクル寿命特性と保存特性

● **サイクル寿命特性**

ニッケル水素蓄電池のサイクル寿命特性は使用条件により異なりますが，ニカド蓄電池と同様に，通常の使用条件では図1-6-7に示すように500回以上の繰り返し使用が可能です．

● **保存特性**

電池を充電状態で放置すると，自己放電により保存日数に伴って電気容量が減少します．

保存特性を図1-6-8に示します．自己放電は保存条件によって異なり，高温ほど大きくなります．高温下で長期保存した場合，自己放電で容量がなくなることがありますが，2～3回充放電を繰り返すことにより，容易に回復し，もとに戻ります．

充電方法

ニッケル水素蓄電池は，充電末期に正極から発生する酸素を負極で消費させる機構であり，正極での酸素ガス発生速度と負極での消費速度のバランスが必要で，このため最大許容充電電流が$1C\,\text{mA}$と定めています．AAサイズ(単3形)では$1C\,\text{mA} = 1650\,\text{mA}$です．

一般的にニッケル水素蓄電池は，高温(45℃以上)ではサイクル寿命が低下します．このためニッケル水素蓄電池の充電は，できるだけ電池の昇温を抑えて効率良く充電することが望ましくなります．

また，満充電を検出するためには100%充電付近で起こる諸現象を上手に利用して，過充電にならないようにする必要があります．

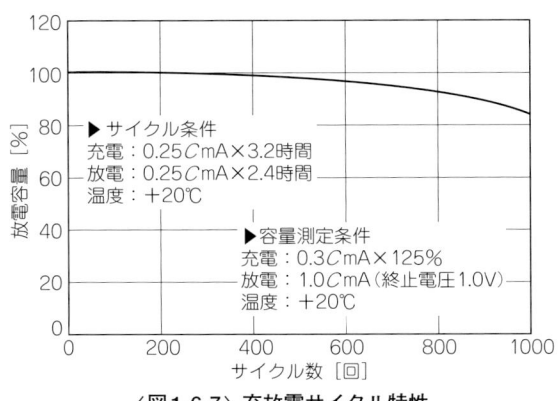

〈図1-6-7〉充放電サイクル特性

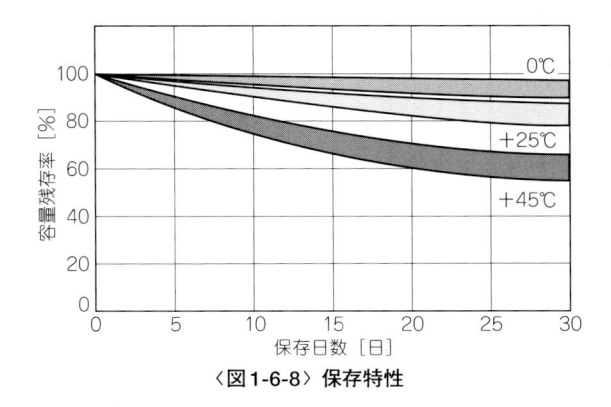

〈図1-6-8〉保存特性

■ 普通充電方法

● 定電流充電方式

$0.1C \sim 0.2C$ mAの一定電流で充電する方法です．一定電流で充電するので，充電容量を正確につかむことができる良い充電方法です．また，この程度の充電電流では，電池の温度上昇も少なく過充電になっても電池への影響はわずかです．

この方式ではタイマの設置が必要で，およそ110～150%の充電量で終了することを推奨しています．

なお，さまざまな理由により$0.3C \sim 0.5C$ mA程度の充電電流を使用する必要がある場合には，100%充電付近で起こる諸現象が顕著に現れず，満充電検出が難しくなります．大電流のため比較的短時間で過充電になる可能性がありますので，後述する温度微分方式に加え，$-\Delta V$制御や温度制御などの組み合わせによって，完全に機能する充電方式を設計する必要があります．

● 準定電流充電方式

一定電圧の電源と電池の間を抵抗で直列接続し，電池電圧の変動範囲での電流値変化を少なくしたものです．電流値が変化するため，充電量を正確にはつかめませんが，充電器が安価にできます．この方式もタイマ制御が必要です．

● トリクル充電

電池を負荷から切り離した状態で，微小電流で自己放電を常に補っていく方式です．この場合，充電電流は$C/20 \sim C/30$ mA，温度は$+10 \sim +35$℃での条件を推奨しています．

■ 急速充電方法

● 温度微分検出による急速充電方式

$0.1C$ mA程度の充電では電池発熱量が少ないので，電池表面の温度上昇はわずかです．しかし，1～2時間以内で充電を完了させる急速充電では，$0.5C$ mA以上の大電流を流すため，図1-6-9のように充電末期にかなり温度上昇があり，サイクル特性に悪影響を与えます．

この温度上昇を測定して，1分間(dt)に1℃(dT)以上の温度上昇率($dT/dt \geq 1$℃/分，実際は1.5℃/1.5分)を感知して充電電流を制御します．図1-6-10は充電容量と温度微分値(dT/dt)の特性です．

● $-\Delta V$検出急速充電方式

ニッケル水素電池もニカド蓄電池と同様に急速充電を行うと，満充電に近づくとわずかな電圧降下（$-\Delta V$）_{マイナス・デルタ・ブイ}が見られます．この電圧の下降を検出して充電を制御する方式で，ニカド蓄電池に一般的に使われている充電方式です．

具体的には$1C$ mAの定電流で充電を開始し，満充電近くになると，電池の電圧が下降するので，これを検知して電源を切るか，または電流値を下げて充電を続け，一定時間後に終了します．

図1-6-11は，ニッケル水素蓄電池（AAサイズ）を4本直列接続した組み電池の急速充電におけるdT/dt方式と$-\Delta V$方式の電池温度の比較です．

● 温度制御(TCO)方式

TCO(Thermal Cut Off)方式は，電池温度が設定値に達すると充電を終了する方式です．この方法は周囲温度の影響を受けるので，その補正が必要です．

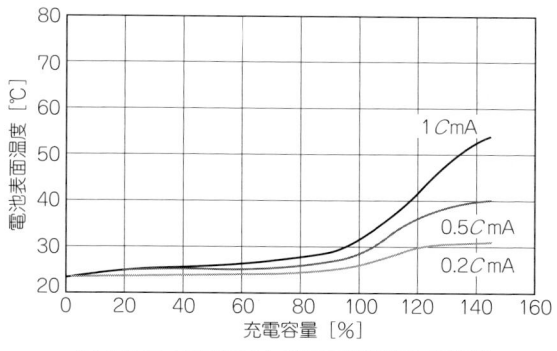

〈図1-6-9〉充電電流と電池表面温度との関係

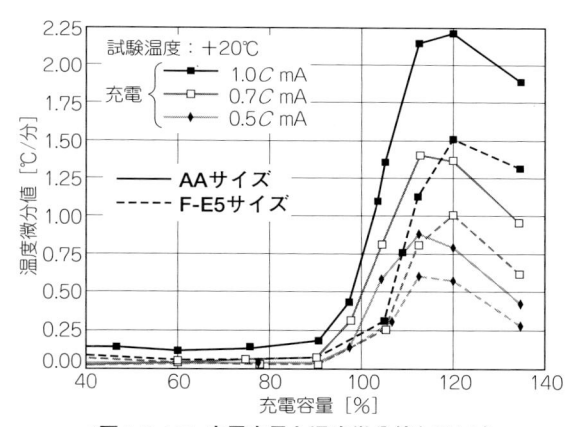

〈図1-6-10〉充電容量と温度微分値(dT/dt)

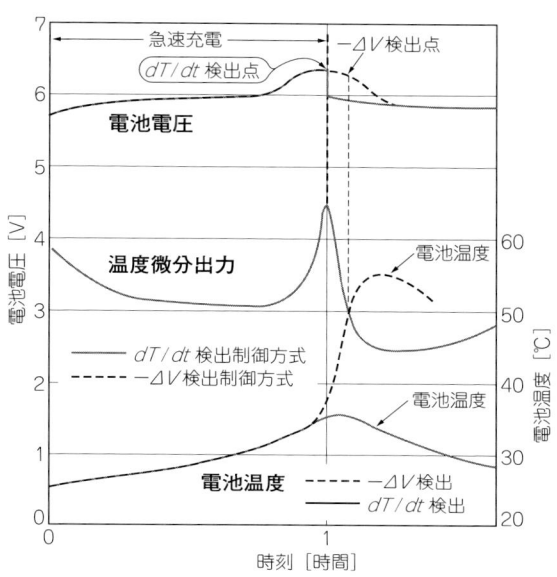

〈図1-6-11〉組み電池（AAサイズ×4直列）の充電時の電圧変化

■ おわりに

　ニッケル水素蓄電池の3大アプリケーションである，ディジタル・カメラを含むオーディオ・ビデオ分野，ノート・パソコン分野，通信分野向けへの出荷においては，今後とも堅調に推移すると見られ，さらなる高容量化が期待されます．

　同時に，ニッケル水素蓄電池の需要拡大のため，新しい分野にも進出すべく積極的な開発が行われています．すなわち，環境にやさしい電池，大電流放電可能な電池という優れた特徴をさらに高め，電動工具や電動アシスト自転車などの従来ニカド蓄電池が使用されている分野への参入が図られ，さらにハイ・パワー化を図り，ハイブリッド・カー（HEV）や電気自動車（EV）用電源への展開をも積極的に進められています．

★本章はトランジスタ技術1999年12月号の記事を加筆・再編集したものです．〈編集部〉

第1-7章

ヘビー・デューティ使用に応える2次電池

ニッケル・カドミウム蓄電池

有附 守
Mamoru Aritsuku

■ はじめに

　電池がディジタル機器のキー・コンポーネンツの一つとして世の中で注目を集めるようになって15年近く経過しており，その間に種類もニカド蓄電池（正式名称は「ニッケル・カドミウム蓄電池」）からニッケル水素蓄電池，リチウム・イオン蓄電池へと話題の中心は移ってきています．

　この状況下でニカド蓄電池（**写真1-7-1**）は，技術的に古い，環境に良くないなどのマイナス・イメージをもたれてしまっていますが，コードレス電子機器のマーケットをスタートさせ，広げてきたパイオニアはいつもニカド蓄電池でした．今でこそリチウム・イオン蓄電池が常識のノートPC，携帯電話のいずれも，その始まりにはニカド蓄電池が電源でした．

ニカド蓄電池の生い立ちと原理・構造

● 生い立ち

　三洋電機はニカド蓄電池を「カドニカ電池」の名前で商標登録し，1964年から兵庫県の淡路島で国

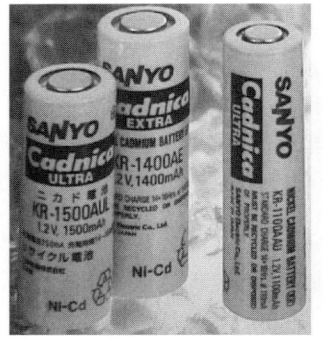

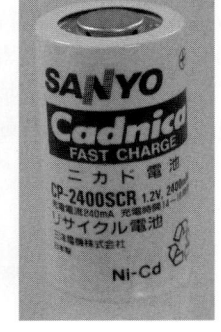

〈写真1-7-1〉[1] ニカド蓄電池［三洋電機㈱］　　（a）高容量タイプ　　（b）急速充電用

内で初めて量産を開始しました．現在では，年間生産5億個，世界市場占有率で45%を保持するトップ・メーカとなっています．

過去の成長過程で，世界的な先進大手メーカとの熾烈な技術競争を長期にわたり展開し，その結果がニカド蓄電池の品質と信頼性を育て上げたといえます．

● ニカド蓄電池の原理と構造

一般にニカド蓄電池の反応式は，次式で表され，正極はニッケル酸化物，負極はカドミウム化合物を活物質として，電解液はおもに水酸化カリウム水溶液を使用しています．

$$2Ni(OH)_2 + Cd(OH)_2 \underset{放電}{\overset{充電}{\rightleftarrows}} 2NiOOH + Cd + 2H_2O$$

円筒形ニカド蓄電池の内部構造を図1-7-1に示します．内部は，薄いシート状の正・負極板をナイロンやポリプロピレンを素材とした不織布でできたセパレータを介して巻き取った状態で，鋼鉄製の堅牢な外装缶に収められています．

また，過充電時に正極から発生した酸素ガスは負極で吸収され，電池内部で消費するメカニズムとなっていますが，規定以上の内部ガス圧上昇に備え，復帰式ガス排出弁を設けています．

ニカド蓄電池の特性

■ 充電特性

ニカド蓄電池の充電特性は，電池の種類，温度，充電電流によって異なります．図1-7-2は周囲温度変化と標準充電電圧特性です．充電の進行とともに電池電圧は上昇し，ある程度の充電量に達するとピーク電圧を示した後，降下していきます．この電圧降下は，充電末期に発生する酸素ガスが負極で吸収されるときの酸化熱で電池温度が上昇するためです．充電器を設計するうえでは，この負極へ吸収される速度以上に酸素ガスの量を発生させないことが重要なポイントといえます．

充電には次の3種類があります．なお，下記のI_tは1時間率で表した電流値です．たとえば1100 mAhの電池なら$1I_t = 1.1$ Aです．

なお，従来のCレート表示は，IEC61951-1規格では廃止され，$I_tA = CAh/1h$と定義されました．

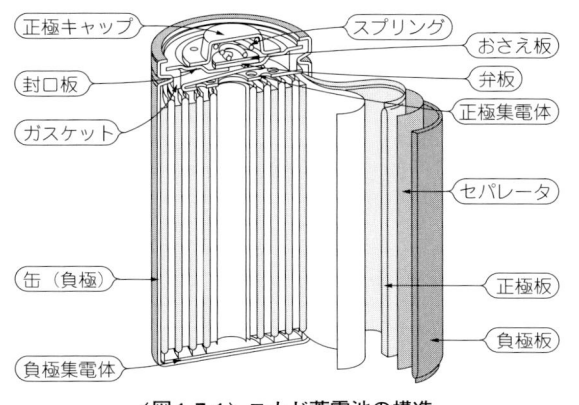

〈図1-7-1〉ニカド蓄電池の構造

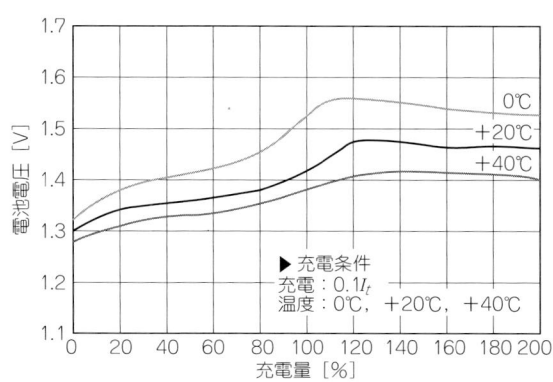

〈図1-7-2〉標準的な温度における充電特性

▶ トリクル充電…$0.033I_tA$ 程度の少電流で連続充電.
▶ ノーマル充電…$0.1I_t$～$0.2I_tA$ で150%程度の充電.
▶ 急速充電…$1I_t$～$1.5I_tA$ で約1時間の充電が可能. 満充電制御が必要.

＊

これら以外にニカド蓄電池では，機種や制御の組み合わせにより，10分以内の急速充電も可能です.

■ 放電特性

ニカド蓄電池の放電動作電圧は放電電流によって多少変化しますが，図1-7-3のように放電期間の約9割が1.2 V前後を維持します. また，乾電池や鉛蓄電池に比べて，放電中の電圧変化が少なく，安定した放電電圧を示します. 放電終止電圧は，機器の設計上1セルあたり0.8～1.0 Vが適しています.

なお，内部抵抗が小さいため，外部短絡時に大電流が流れるため危険であり，保護部品などを取り付けるなどの配慮も必要なことがあります.

■ メモリ効果とは？

放電終止電圧が高く設定されている機器や，毎回浅い放電レベルでサイクルを繰り返し行った場合，その後の完全放電で放電半ばから図1-7-4のように0.04～0.08 Vの電圧低下が起こることがあります.

これは容量自体が失われたわけではないため，深い放電（1セルあたり1.0 V程度の完全放電）をすることで放電電圧は元の状態に戻ります. この現象を「メモリ効果」といい，正極にニッケル極を使うニカド蓄電池やニッケル水素蓄電池などで起こる現象です.

最近では機器側の放電終止電圧設定を1.1 V/セル以下にするなどの最適化を図り，低電圧駆動ICなどの採用と妥当な組み電池数の選定により，ほとんど問題視する必要はなくなっています.

■ 寿命特性

ニカド蓄電池の寿命は通常の使用条件では500回以上の繰り返し使用が可能ですが，寿命に影響を与える主な要因として，充電電流，温度，放電深度/頻度，過充電期間があります. 寿命のモードとしては，電池部品の脆化や活物質の機能低下による容量低下やドライ・アップ（液枯れ），セパレータの絶縁

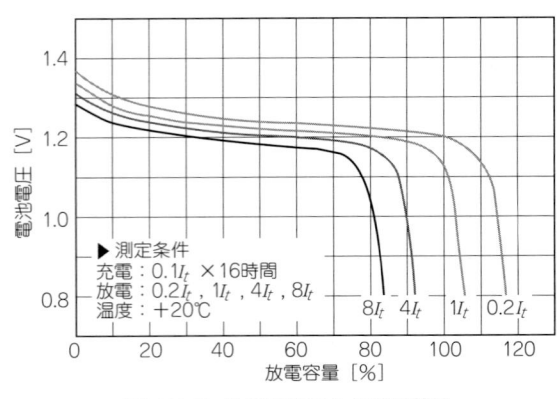

〈図1-7-3〉放電電流ごとの放電特性

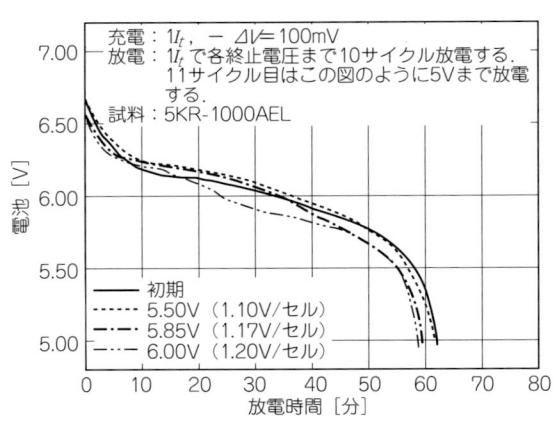

〈図1-7-4〉放電終止電圧とメモリ効果

低下が挙げられます．他系電池と比較してタフではありますが，より安全に長く使うためには，とくに温度と充電電流に配慮することをお勧めします．

ニカド蓄電池の特徴

● **使用実績に裏付けられた高い信頼性**
　約40年余りの市場実績により，高い信頼性があります．

● **長寿命で優れた経済性**
　1回の放電容量は，従来の乾電池と同程度ですが，一般に500回以上の充放電の繰り返しが可能で，経済的です．近年は充電の制御技術が発達し，1000～2000回以上の使用が可能な場合もあります．

● **タフで使いやすく機器開発が省コストで短時間**
　電池の信頼性が高い理由の一つに，電池自体がタフで多少無理な条件でも長く使えて，機器を複雑な回路にする必要もないことが挙げられます．このため機器のコスト低減や信頼度向上を図ることができ，開発期間も短縮できるので新商品の市場投入がスムーズに進められます．

● **大電流放電が可能・過充放電での耐久性**
　内部抵抗が小さく，大電流放電が可能なうえ放電電圧の安定性に優れます．また，ほかの2次電池に比べ過充電・過放電に強い設計となっています．さらに電池内部に吸収しきれなくなったガスを放出する復帰式ガス排出弁を備えているため，高い安全性をもちます．
　電動工具での30Aにも及ぶ放電特性および10分以内の充電など，他の2次電池では難しい使用条件を可能にしています．

● **幅広い機種と乾電池との互換性**
　多種多様な用途に対応できるよう，豊富な種類（タイプ，サイズ）の電池と機器スペースに合わせた組

■ ニカド蓄電池のリサイクル

　世界的な環境意識の高まりにつれて，電池にもさまざまな対応が求められています．環境保全，資源の有効活用，廃棄物削減などの観点から，リサイクルは最大の課題ともいえます．

　「環境負荷」，「グリーン調達」の名の下に，一時ニカド蓄電池は環境有害物として悪者になりかけましたが，これは使い捨てを前提とした発想であり，現在の先進国の環境対策とはあまり整合性があるとはいえません．すでに環境の概念が，リサイクルできる物を使い，「ゴミ」とくに産業廃棄物を減らすということが一般的になっています．

　日本では小型2次電池のすべてを業界の自主回収とし，欧州では8か国が全電池に対して法的に回収の義務を課しています．今後，すべての電池系を対象とした回収義務化が欧州はもとより世界的にも急速に拡大する傾向にあります．

　ニカド蓄電池は，この点で早くからリサイクル・システムの構築，整備が進められてきたため，回収，リサイクル・システムが世界的に最も有効に働いている電池です．

　ニカド蓄電池の再生処理は技術的に容易で，すでに確立されています．再利用の例として，ニッケルと鉄の合金はステンレスの材料，またカドミウムは新しいニカド蓄電池の材料としてそれぞれ活用されます．

　電池環境対策として回収率向上が今後の課題となりますが，使用者側での意識高揚とご協力をお願いします．
〈有附　守〉

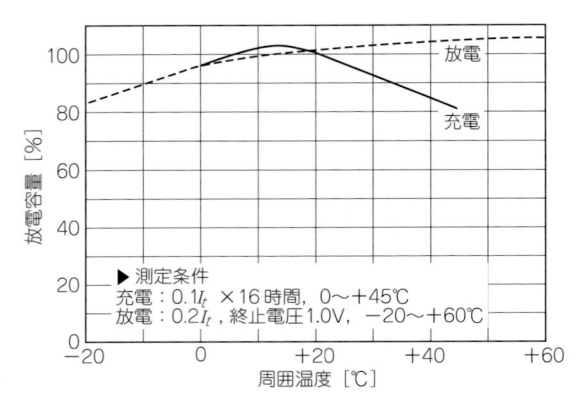

〈図1-7-5〉充放電容量の温度特性

み電池があります．

また，乾電池と互換性のあるニカド蓄電池と充電器も充実したラインナップを取り揃えています．

● 優れた信頼性と広い使用温度・湿度範囲

温度による性能の変化が少なく，密閉構造のため湿度による影響もほとんどありません．放電は，通常－20～＋60℃を許容します（図1-7-5）．特に低温で$1I_tA$を越える高負荷放電が可能な2次電池は未だ少なく，ニカド蓄電池の用途を広げてきました．

非常照明機器や自動火災報知機といった防災機器のバックアップ電源としても古くから活用されており，高い信頼性を確立しています．

● 保守が容易で堅牢

密閉構造のため，補液の必要がなく，充放電状態を問わず保管できるので，保守が容易です．また，取り付け方向にも制限がないので，機器内に組み込みが可能であり，取り扱いが簡単です．構造は堅牢で材質も金属容器を使用しているため，衝撃や振動に対しても十分な耐久性をもっています．

ニカド蓄電池の種類

密閉形ニカド蓄電池の形状には，円筒形，ボタン形があります．ここでは一般に多く使用されている円筒形電池の種類を代表例として紹介します．

円筒密閉形ニッケル・カドミウム蓄電池は，日本工業規格JIS C 8705：1998に24種類の呼び方が規定されています．表1-7-1にこれらをまとめて示します．ただし，これら外形寸法による分類だけでなく，多くの用途に応じた特性をもつ専用電池が開発されているので，それらの特性を十分に理解して最適電池の選択を行うことが使用者にとって重要となります．表1-7-2に用途に応じた専用電池の構造と特徴を示します．

● 高容量（Eタイプ，Uタイプ）

図1-7-6のように極板の高密度化と新設計によって従来比40％の容量アップを実現しています．

● 急速充電用（Rタイプ）

ガス消費性能向上によって温度検出主体の制御回路で1時間以内の急速充電が可能です．図1-7-7に過充電特性を示します．

〈表1-7-1〉JIS規格とIEC規格のニカド蓄電池

JIS C 8705：1998			JIS C 8705：1994				IEC 61951-1
呼び方	寸法(絶縁被覆を含む)		形式	公称電圧 [V]	定格容量 [mAh]	参考質量 [g]	呼び方
	直径 [mm]	高さ [mm]					
KR11/45	10.5	44.5	KR-AAA	1.2	180(250)	10	KR11/45
KR12/30	12.0	30.0	KR-N	1.2	150(190)	9	KR12/30
KR15/18	14.5	17.5	KR-1/3AA	1.2	100(110)	7	KR15/18
KR15/29	14.5	28.7	—	1.2	—	—	—
KR15/30	14.5	30.0	KR-2/3AA	1.2	250(270)	15	KR15/30
KR15/48	14.5	48.0	—	1.2	—	—	—
KR15/49	14.5	49.0	—	1.2	(700)	—	—
KR15/51	14.5	50.5	KR-AA	1.2	500(1100)	25	KR15/51
KR15/65	14.5	65.0	—	1.2	(1200)	—	—
KR17/18	17.0	17.5	KR-1/3A	1.2	160	10	KR17/18
KR17/29	17.0	28.5	KR-2/3A	1.2	425(600)	19	KR17/29
KR17/43	17.0	43.0	KR-4/5A	1.2	700(1500)	30	KR17/43
KR17/50	17.0	50.0	KR-A	1.2	800(1700)	35	KR17/50
KR17/67	17.0	67.0	—	1.2	—	—	—
KR23/27	23.0	26.5	KR-2/3SC	1.2	600(1200)	30	KR23/27
KR23/34	23.0	34.0	KR-4/5SC	1.2	900(1650)	40	KR23/34
KR23/43	23.0	43.0	KR-SC	1.2	1200(2350)	50	KR23/43
KR23/50	23.0	50.0	—	1.2	(2300)	—	—
KR26/31	25.8	31.0	KR-2/3C	1.2	1000	45	KR26/31
KR26/50	25.8	50.0	KR-C	1.2	1800(3450)	80	KR26/50
KR33/44	33.0	44.0	KR-2/3D	1.2	2500	115	KR33/44
KR33/62	33.0	61.5	KR-D	1.2	4000(5000)	150	KR33/62
KR33/91	33.0	91.0	KR-F	1.2	6000(7000)	230	KR33/91
KR44/91	43.5	91.0	KR-M	1.2	10000(10000)	400	KR44/91

注▶定格容量の( )内は2004年3月時点の三洋電機㈱の代表的な製品の値.

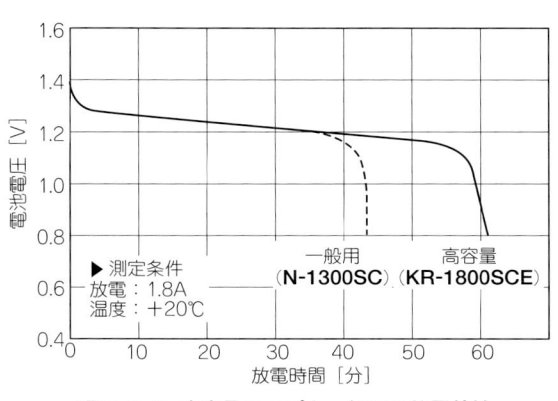

〈図1-7-6〉高容量タイプと一般用の放電特性

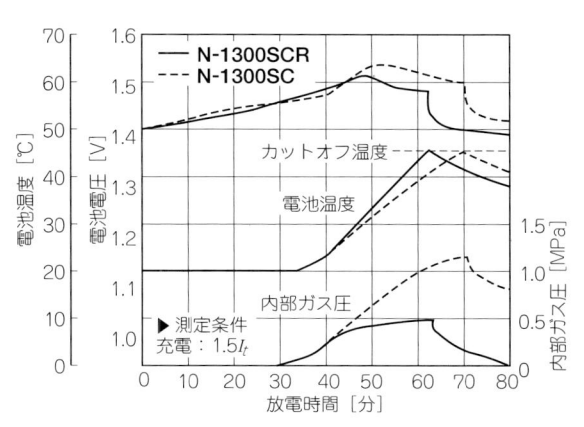

〈図1-7-7〉急速充電用の過充電特性

〈表1-7-2〉ニカド蓄電池の種類　[三洋電機㈱]

種類	極板構成 正極(＋)	極板構成 負極(－)	セパレータ	特徴	主な用途例
高容量 (Eタイプ) (Uタイプ)	焼結式 非焼結式	非焼結式 非焼結式	ナイロン ナイロン	▶ 極板の高密度化／新設計で従来比約40％の容量アップ(図1-7-6参照)． ▶ 一般用電池に比べ，小形化，軽量化が可能． ▶ $-\Delta V$充電カット方式などで約1時間の急速充電可能．	シェーバ，歯ぶらし，トランシーバ，業務用VTR，OA機器
急速充電用 (Rタイプ)	焼結式	焼結式	ナイロン	▶ ガス消費性能の向上により温度検出主体の1時間以内の急速充電が可能．工具用では複数の制御併用で約10分程度の急速充電の実績あり(図1-7-7参照)． ▶ 高負荷放電時の動作電圧低下が極めて少ない．	電動工具，ラジコン，各種動力用機器
急速充電高容量 (CPタイプ)	焼結式	焼結式	ナイロン	▶ コバルト添加の最適化特殊技術の採用のほか，ニカド蓄電池の先端要素技術を結集した最高水準の高容量の急速充電対応モデル(CP-2400SCRの2.4 Ahが代表的)．(図1-7-8参照)．	プロ用電動工具
高温トリクル充電用 (Hタイプ)	焼結式	非焼結式	P.P.	▶ 高温のトリクル充電($I_t/20 \sim I_t/50$)で充電効率が良い． ▶ 高温下での連続充電用途で長寿命を発揮する(図1-7-9参照)． ▶ 誘導灯，非常灯，自動火災報知器での優れた実績．	非常照明，誘導灯，自動火災報知器，無停電システム
耐熱用 (Kタイプ)	焼結式	焼結式	P.P.	▶ 高温用電池では許容できない急速充電($0.3I_t$)でのサイクル・モードにも耐える設計で最高70℃での使用も許容(図1-7-10参照)． ▶ 温度環境の厳しい屋外や，より高い信頼性にも対応．	自動車警報機器，医療機器，太陽電池併用機器
メモリ・バックアップ用 (Sタイプ)	焼結式	焼結式	P.P.	▶ 保存中の自己放電が少ないため，長期間のメモリ保持が可能(図1-7-11参照)． ▶ 間欠充電でも内部ショートが起こり難い強化セパレータ採用．	家電/OA機器のメモリ・バックアップ
長寿命 (Cタイプ)	焼結式	焼結式	P.P.	▶ 新開発のP.P.セパレータにより，従来の連続充電長寿命に加え，サイクル寿命も大幅に向上(図1-7-12参照)． ▶ 耐熱用電池に比べ使用温度範囲は狭いが，低コスト．	コードレス・テレホン，FAX，ハンディ・スキャナ，単3/単4乾電池互換機器，UPS

▶ 補足説明
- 極板構成　▶ 焼結式：機械的および電気的にも安定かつ耐久性があるが，活物質の高密度充填には不向き．
　　　　　▶ 非焼結式：活物質の高密度充填が可能で，極板の軽量化にも効果が大きいが導電性にやや劣る．
- セパレータ　▶ ナイロン：一般には保液性には優れるが，耐酸化性に劣り高温使用にも弱い．
　　　　　▶ P.P.：ポリプロピレン．高温での使用には比較的強いが，ナイロンに比べ保液性にやや劣る．
- 電解液　▶ 電解液の組成を変えることで，何種類かの専用電解液を使い分けている．

● **急速充電高容量(CPタイプ)**
　ニカド蓄電池の先端技術を結集した急速充電が可能な高容量タイプで，プロ用電動工具のメイン電池となっています．**図1-7-8**に放電特性を示します．

● **高温トリクル充電用(Hタイプ)**
　高温の連続充電において長寿命を発揮します．一般用との比較を**図1-7-9**に示します．

● **耐熱用(Kタイプ)**
　高温用電池では許容できない急速充電($0.3I_t$)のサイクル・モードにも耐える設計で，最高70℃で使うことができます．耐熱用の電池寿命を**図1-7-10**に示します．

● **メモリ・バックアップ用(Sタイプ)**
　保存中の自己放電が少ないタイプです．**図1-7-11**に保持特性を示します．

● **長寿命(Cタイプ)**
　新開発のP.P.(ポリプロピレン)セパレータにより，従来の連続充電長寿命に加え，サイクル特性が向上しています．サイクル特性を**図1-7-12**に示します．

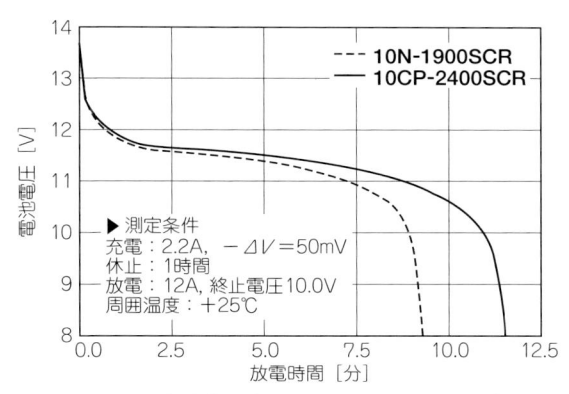

〈図1-7-8〉急速充電高容量(CPタイプ)の放電特性

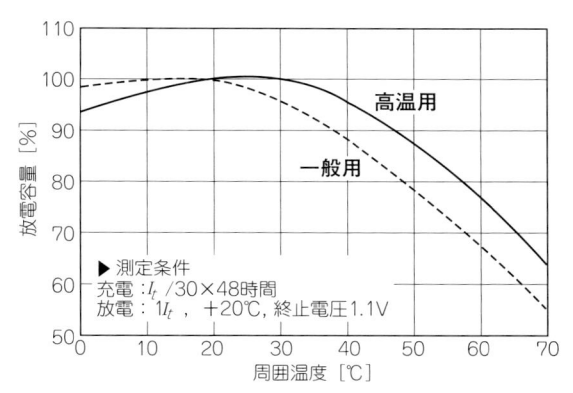

〈図1-7-9〉高温トリクル充電用(Hタイプ)の放電容量の温度特性

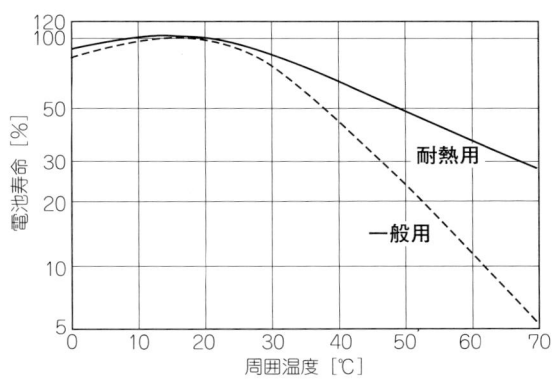

〈図1-7-10〉耐熱用(Kタイプ)の電池寿命の温度特性

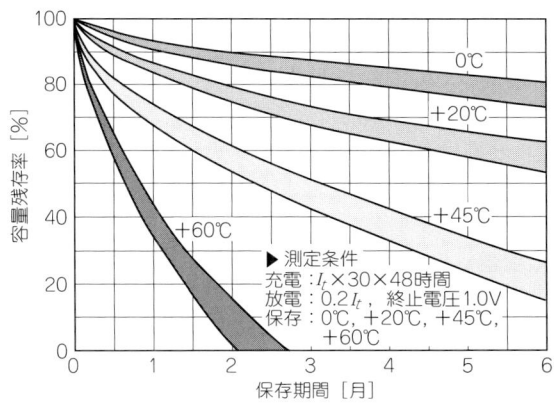

〈図1-7-11〉メモリ・バックアップ用(Sタイプ)の保持特性

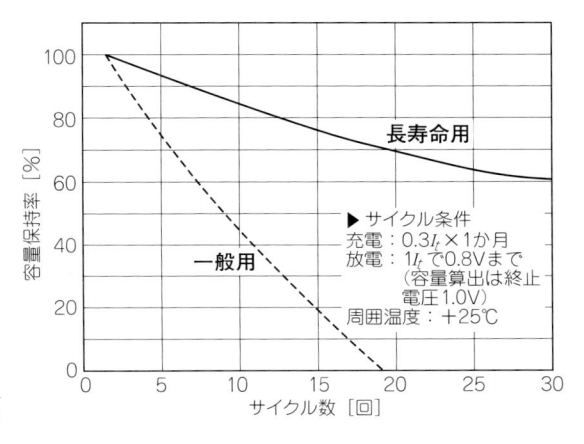

〈図1-7-12〉長寿命(Cタイプ)の連続充放電サイクル特性

ニカド蓄電池の取り扱い上の注意

● **充電について**
（1）規定された電流で規定された時間行ってください．
（2）規定温度範囲内で行ってください．周囲温度は充電効率や内部ガス吸収性にも影響します．
（3）並列充電は電池の状態バランスが崩れた場合を想定し，何らかの保護部品が必要です．
（4）逆充電は，電池内部圧力上昇によってガス排出弁動作を起こし，性能劣化の原因となります．
（5）特に充電状態での外部短絡は危険です．

● **放電について**
（1）$4I_tA$ 以上の放電では使用温度や組電池形状などによっては許容外の高温になる可能性もあるため，電池メーカに相談してください．
（2）容量の異なる電池を同時に放電すると，過放電により転極に至る場合もあるので避けてください．
（3）通常推奨する放電終止電圧 V_{end} は，セル数を n で表すと，次式により設定できます．
- 1〜6個電池直列接続：$V_{end} = n \times 1.0$ ［V］
- 7〜20個電池直列接続：$V_{end} = (n-1) \times 1.2$ ［V］

● **保存について**
（1）規定温度範囲内で腐食ガスのない温度の低い場所で保存してください．
（2）長期保存（3か月以上）の場合，化学的に安定した放電状態での保存を推奨します．
（3）負荷に接続したままや高温での長期保存は，電解液のクリープ現象により，微量ですが漏液しやすくなります．

● **機器への内蔵使用について**
下記は一般的な注意事項の一部です．そのほかの注意事項の詳細は電池工業会や電池メーカに確認してください．
（1）電池への直接はんだ付けはガスケットなどの電池材料を破損する原因となります．
（2）スプリングなどによる接触式接続は，長期使用すると接触表面に酸化被膜が形成され，接触不良の原因となります．
（3）機器の端子材料には，耐アルカリ性の金属を使用してください．
（4）機器設計上の注意事項として，電池は高温域では充電効率の低下や性能劣化の原因となるため，回路の発熱部から離し，密閉構造は避けてください．

ニカド蓄電池の今後の展開

ニッケル水素やリチウム・イオンといった新しい2次電池の登場により，高容量の面ではニカド蓄電池のポテンシャルは低下しましたが，電池に求められる性能は高容量だけではありません．
急速充電，大電流放電，温度特性，長寿命などでは新系電池はニカド蓄電池ほどの特性を得ることができていません．電池の用途が多様化する現在，求められる特性も多種多様であり，ニカド蓄電池でなければ使用できない用途も依然として存在しています．以下に今後のニカド蓄電池がその特徴を活かし，期待される新規市場を数例紹介します．

❶ 動力用途(要求特性:高出力,長寿命,高信頼性)
特殊電動工具,カート,小型電動リフトなど.
❷ スタンバイ用途(要求特性:連続充電,高信頼性)
WLL(Wireless Local Loop)用バックアップ電源,UPS,セキュリティ,POS機器など
❸ 太陽電池との併用機器(要求特性:過酷な温度特性)
シャッタ,防犯灯,標識など.

❶の分野は,高電圧で優れた大電流特性が最も重要です.

❷はSOHO需要が期待されるなか,長寿命,高信頼性が今まで以上に要求されるばかりでなく,低コスト化,長寿命,大電流放電特性,温度特性といった各々の要求事項は強まっており,ニカド蓄電池への期待が高まっているものも少なくありません.

❸の太陽電池との組み合わせでは,二酸化炭素の排出量削減対策が強まる今後に大きく期待され,夏の炎天下や真冬の寒さという過酷な環境温度に対して,ニカド蓄電池の温度耐久性がマッチする分野といえます.

豊富な実績によって得られた高い信頼性,優れた特性,タフさにより,開発期間を短縮し不要な回路を簡素化することで,コスト削減や信頼度を向上することができます.ニカド蓄電池は,高い競争力をもって,市場を開くパイオニアとしての役割を今後も果たしていくと考えています.

◆参考・引用＊文献◆

(1) ＊三洋電機㈱,カドニカ電池技術資料1999.
(2) 日本工業規格,JIS C 8705:1998円筒密閉形ニッケル・カドミウム蓄電池,1998.
(3) 社団法人電池工業会,世界の電池環境規制の状況,1999.

★本章はトランジスタ技術1999年12月号の記事を加筆・再編集したものです.〈編集部〉

■ 過放電による転極の発生

2個以上の電池を直列接続して放電すると,電池の容量差によって,容量の低い電池が逆充電され,正極と負極が入れ替わる「転極」に至ることがあります.図1-7-Aは転極に至るまで強制的に放電した例です.❶の部分では正負極とも充電状態の活物質が残っており正常です.❷は正極の活物質がすべて放電状態となり,正極から水素ガスが発生し始め電池内部に蓄積されていきます.負極では充電状態の活物質が存在していて負極の放電が続けられます.電池電圧は放電電流によって変化しますが-0.2～-0.4V程度です.❸では正負極とも放電反応が終了し,負極板からも酸素ガスが発生します.このような転極に至る深い放電は内部ガス圧上昇が起こり,ガス排出弁が動作しかねないので避けてください.

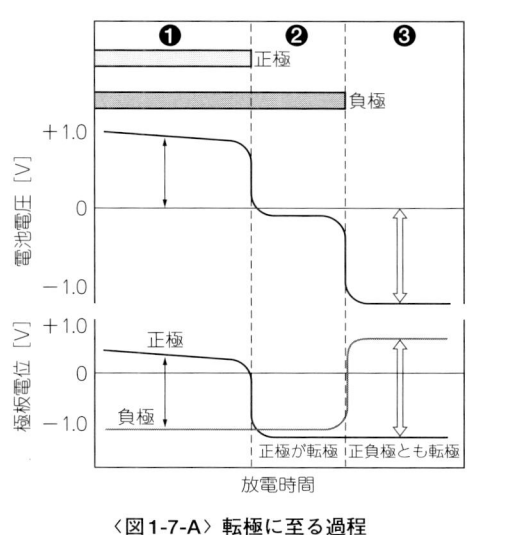

〈有附 守〉

〈図1-7-A〉転極に至る過程

第1-8章

メモリICのデータを保持する充電可能な電池

メモリ・バックアップ用蓄電池

森田 誠二/江田 信夫
Seiji Morita/Nobuo Eda

二酸化マンガン・リチウム蓄電池

　携帯電話や情報端末機器などの電子機器のメモリ・バックアップ用電源として小型軽量で高エネルギ密度をもつ,二酸化マンガン・リチウム蓄電池が脚光を浴びており,急速に市場を拡大しつつあります.

　この二酸化マンガン・リチウム蓄電池(MLシリーズ)は,1989年に開発・実用化に成功したもので,主として電子機器のメモリ・バックアップ用に使われています.

　MLシリーズ(**写真1-8-1**)の定格と特性を**表1-8-1**にまとめて示します.

　近年,鉛などの有害物質を規制する環境規制を背景に,鉛を含まない鉛フリーのリフローはんだに対応できるコイン形2次電池も開発されています.

　表1-8-2はリフロー対応品の定格と特性です.型名末尾のRがリフロー対応を意味し,最大260℃でリフローはんだが可能です.ML414Rは放電深度100％でのサイクル特性を重視したタイプです.なお,三洋電機はニオブ・リチウム蓄電池にもNBL414Rというリフロー対応品を用意しています.

■ 基礎知識

● 構造と充放電反応など

　図1-8-1に構造図を示します.

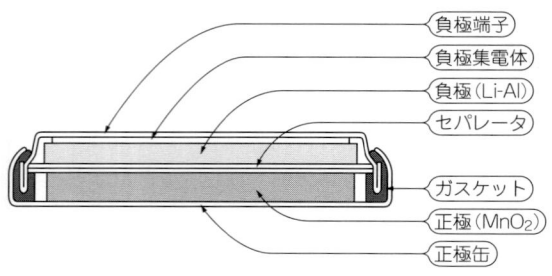

〈図1-8-1〉コイン形二酸化マンガン・リチウム蓄電池の構造

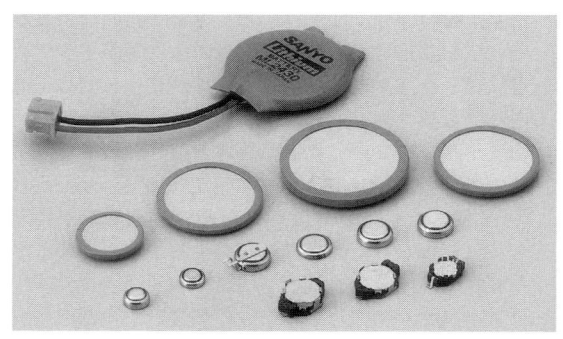

〈写真1-8-1〉コイン形二酸化マンガン・リチウム蓄電池 MLシリーズ［三洋電機㈱］

〈表1-8-1〉コイン形二酸化マンガン・リチウム蓄電池MLシリーズの定格と特性 ［三洋電機㈱］

型　名	単位	ML2430	ML2020	ML2016	ML1220	ML621	ML614	ML421	ML414
公称電圧	V	3	3	3	3	3	3	3	3
公称容量	mAh	100	45	30	15	5.5	3.4	2.3	1.0
標準充放電電流	mA	0.5	0.3	0.3	0.1	0.015	0.015	0.005	0.005
最大放電電流	mA	10	8	8	2	0.5	0.5	0.2	0.2
充放電サイクル特性	—	3000サイクル（放電深度5％）				3000サイクル（放電深度5％）			
		500サイクル（放電深度20％）				300サイクル（放電深度20％）			
充電方式（定電圧充電）	—	3.10 ± 0.15 V 連続または高温充電の場合は 2.95 ± 0.15 V							
寸法	mm	φ24.5×3.0	φ20.0×2.0	φ20.0×1.6	φ12.5×2.0	φ6.8×2.1	φ6.8×1.4	φ4.8×2.1	φ4.8×1.4
重量	g	4.1	2.2	1.8	0.8	0.22	0.16	0.1	0.07

〈表1-8-2〉コイン形リチウム蓄電池リフロー・シリーズの定格 ［三洋電機㈱］

型　名	単位	ML414R	ML414RU	ML614R
公称電圧	V	3	3	3
公称容量	mAh	0.1	1.0	2.5
標準充放電電流	mA	0.005	0.005	0.005
最大放電電流	mA	0.02	0.02	0.03
充放電サイクル特性		—		
放電深度10％		500サイクル	300サイクル	
放電深度100％		100サイクル		
充電方式（定電圧充電）	—	2.8〜3.1V		
寸法	mm	φ4.8×1.4	φ4.8×1.4	φ6.8×1.4
重量	g	0.07	0.08	0.23
最高リフロー温度	℃	260	260	260

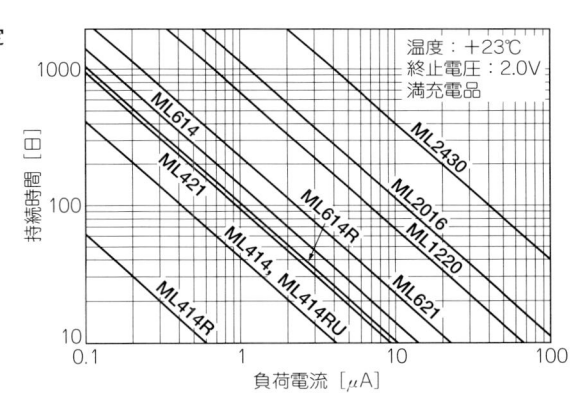

〈図1-8-2〉MLシリーズの放電特性

　正極活物質は改質二酸化マンガン，負極はリチウム・アルミニウム合金を使い，高電圧・高容量で優れた充放電サイクル特性が得られています．電解液は混合有機溶媒にリチウム塩を溶解したものを使用しています．電池の充放電反応は次のとおりです．なお，起電力は3Vです．

▶負極反応

$$(Li\text{-}Al) \underset{放電}{\overset{充電}{\rightleftarrows}} Al + Li^+ + e^-$$

▶正極反応

$$Mn^{IV}O_2 + Li^+ + e^- \underset{放電}{\overset{充電}{\rightleftarrows}} Mn^{III}O_2(Li^+)$$

▶全電池反応

$$Mn^{IV}O_2 + (Li\text{-}Al) \underset{放電}{\overset{充電}{\rightleftarrows}} Mn^{III}O_2(Li^+) + Al$$

● 構造と特徴

コイン形二酸化マンガン・リチウム蓄電池は，以下のような特徴をもっています．

▶高容量，高エネルギ密度

ML2430［三洋電機㈱］の場合，公称容量100 mAhです．また，エネルギ密度は180 Wh/ℓとニカド電池(70 Wh/ℓ)の2倍以上です．

▶高電圧

公称電圧3 Vでニカド電池(公称電圧1.2 V)の2倍以上の動作電圧が得られます．

▶優れた充放電特性

公称容量の5％深度で充放電を繰り返した場合に3000サイクル，同20％深度で500サイクルが可能です．

▶優れた保存特性

保存による容量低下は，室温下で1年当たり2％程度であり，ニカド電池(10％/月程度)や，正極と負極に有機高分子を使ったリチウム蓄電池(80％/年程度)，負極に酸化物やカーボンを使ったリチウム・イオン系蓄電池(10～20％/年程度)などに比べて小さい値です．

▶広い使用温度範囲

－20～＋60℃の温度範囲で良好な充放電性能を示します．

■ 電気的特性

● 放電特性

図1-8-2に二酸化マンガン・リチウム蓄電池MLシリーズの負荷電流と放電持続日数の関係を示します．この図は3.25 Vの定電圧充電方式で満充電した電池を終止電圧2.0 Vまで放電したときの放電持続時間を示しています．例えばML2430で，2 μAの電流値であれば2000日，10 μAであれば400日余りの放電が可能です．

● 充電回路

二酸化マンガン・リチウム電池の充電方法としては，定電圧充電が推奨されます．

図1-8-3に5.0 V主電源用の場合の回路例を示します．回路例を示していますが，使用回路については，電池メーカに相談されることをお奨めします．基本充電条件は次のとおりです．

▶充電電圧

3.1 ± 0.15 Vです．連続充電や高温充電の場合は2.95 ± 0.15 Vです．なお，＋40℃を越える温度で連続充電する場合は，できるだけ充電電圧を低めに設定することで，期待寿命を延ばすことができます．

▶充電電流

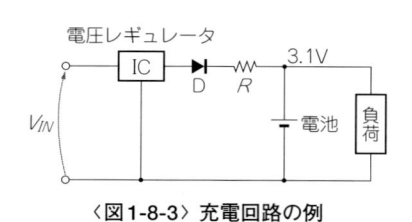

〈図1-8-3〉充電回路の例

〈表1-8-3〉MLシリーズの充電電流の設定値(電池電圧2.8 Vのとき)

型 名	充電電流
ML414	0.2 mA以下
ML421	0.45 mA以下
ML614	0.45 mA以下
ML621	0.45 mA以下
ML1220	2.25 mA以下
ML2016	4.5 mA以下
ML2430	4.5 mA以下

電池電圧2.8V時に表**1-8-3**の値となるよう設定する必要があります．

● 放電特性

　図**1-8-4**にML2430の放電特性を示します．−20〜+60℃の広い温度領域で，良好な放電特性を維持しており，平均動作電圧は約2.5Vです．

● 充電特性

　図**1-8-5**にML2430の充電特性を示します．約40時間で満充電が可能です．図**1-8-6**にML2430の充電電圧と放電容量の関係を示します．2.7〜3.25Vの幅広い充電電圧で容量が確保できます．

　図**1-8-7**にML2430の充放電サイクル特性を示します．放電深度10％で1000サイクルの充放電サイクル回数が得られ，トータルで9Ahの放電が可能です．

■ 使い方

　表**1-8-4**は用途例です．ML614やML414などの小型・軽量サイズの電池は，主として携帯電話などのバックアップ電源として使用されており，電子機器の軽量化・高性能化のキー・デバイスとなっています．また，ソーラ電池と組み合わせたメイン電源用途など多くの電気・電子機器に採用されています．

　図**1-8-8**にML電池の用途と負荷電流の関係を示します．

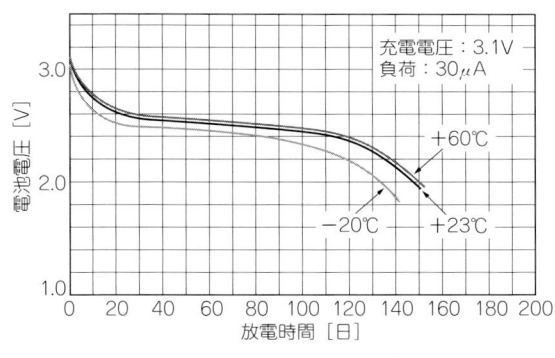

〈図1-8-4〉ML2430の放電特性

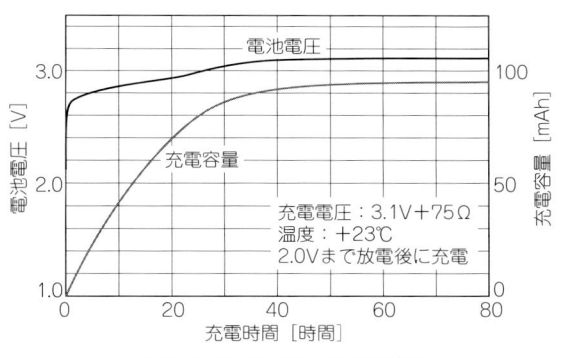

〈図1-8-5〉ML2430の充電特性

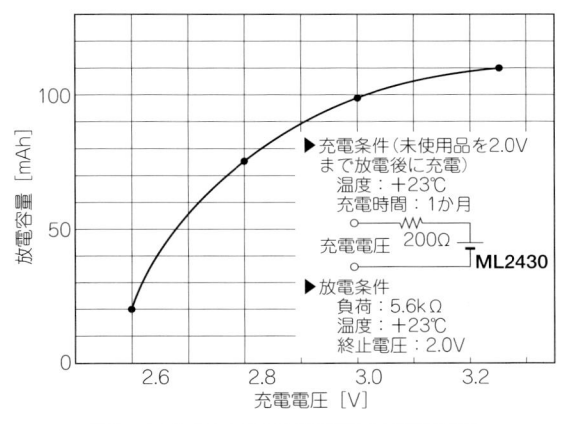

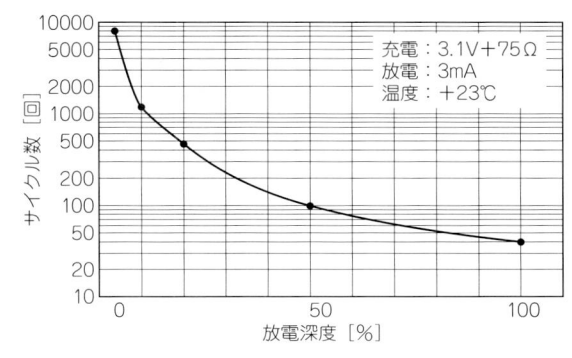

〈図1-8-6〉ML2430の充電電圧対放電容量

〈図1-8-7〉ML2430の充放電サイクル特性

図1-8-9は標準的なタブ形状です．標準タブのほかにも機器への実装を簡素化できる各種接続端子仕様の電池（タブ，コネクタ，組電池）があり，さまざまな用途に対応しています．

プリント基板への実装方式として，タブ付き電池を実装する方法と，専用ホルダ（写真1-8-2）で実装する方法があります．ホルダは耐熱性に優れており，リフロー方式で実装可能です．また，リフロー対応でタブ付きの電池（写真1-8-3）は，電池ホルダを使わずに実装できます．

■ まとめ

今後も電子機器の小型軽量化，省電力化が進んでいくと考えられ，その電源となる電池もますます小

〈表1-8-4〉MLシリーズの用途

型名	用途
ML414 ML421 ML614 ML621 ML414R ML414RU ML614R	携帯電話，MDプレーヤ，ボイス・レコーダ，ディジタル・カメラ，VCR，PDA
ML1220	携帯電話，ノートPC，PDA，カーナビ，ディジタル・カメラ，VCR
ML2016	ハンディ・ターミナル，ゲーム機，PDA，ノートPC，ソーラ・ウォッチ*，ソーラ・リモコン*
ML2020	ハンディ・ターミナル，ゲーム機，PDA，VCR
ML2430	ハンディ・ターミナル，ゲーム機，PDA，デスクトップPC，FAX，コピー機，LED表示器*，ソーラ時計*

▶ *：メイン電源に使用

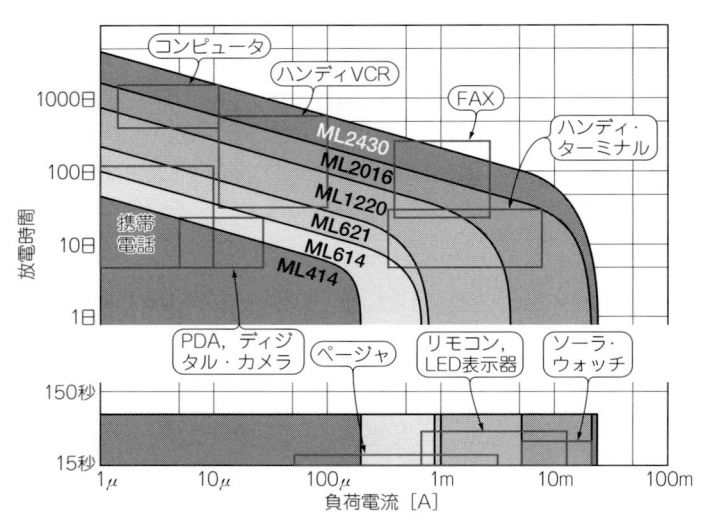

〈図1-8-8〉MLシリーズの用途と負荷電流

〈写真1-8-2〉リフローはんだ付け対応の電池ホルダ

〈写真1-8-3〉リフローはんだ付け対応の電池（タブ付き）

型名	表面実装タイプ		スルー・ホール・タイプ	
ML2430	-TT2	—	-HS1	-HJ1
ML2016	-TT3	—	-HS1	-HJ1
ML1220	-TT4	—	—	-HJ1
ML621	—	-TZ1,-TZ4	—	—
ML614	—	-TZ1,-TZ4	—	—
ML414	—	—	—	—
ML414R ML414RU	-TT30,-TT33	-TZ1,-TZ4	—	—
ML614R	-TT31	—	—	—

〈図1-8-9〉MLシリーズの端子形状

型化，高性能化が要求されます．直径4mm以下，厚み1mm以下の超小型リチウム電池も今後市場に出てくるでしょう．

　二酸化マンガン・リチウム蓄電池（MLシリーズ）は電圧，容量，エネルギ密度，保存特性など多くの点で優れた特徴をもっており，電子機器の小型化，メインテナンス・フリー化を可能にしていくものと思われます．

〈森田　誠二〉

バナジウム・リチウム蓄電池（VL系）

　3.4Vの充電電圧をもち，10年間のロング・セラーのバックアップ用電池です．定格と特性を**表1-8-5**に，放電特性を**図1-8-10**に示します．また，充電電圧別の回復容量を**図1-8-11**に示します．

● 特徴
- 3Vの平坦な高電圧
- 数か月の連続バックアップが可能
- 自己放電が小さく，長期貯蔵後もそのまま使用可能
- 連続過充電や0V過放電にも安定

● 用途
- 各種オーディオ・ビデオ機器のバックアップ
- 主にニカド電池やニッケル水素電池を主電源とする通信機器のメモリ・バックアップなど

〈表1-8-5〉[(1)] VL系コイン形リチウム蓄電池（バナジウム・リチウム2次電池）の定格と特性

型名	電気的特性 [+20℃]			寸法 [mm]		質量[g]	JIS	IEC
	公称電圧[V]	公称容量[mAh]*	連続標準負荷[mA]	直径	高さ			
VL621	3	1.5	0.01	6.8	2.1	0.30	—	—
VL1216		5	0.03	12.5	1.6	0.70	—	—
VL1220		7				0.80		
VL2020		20	0.07	20.0	2.0	2.20		
VL2320		30	0.10	23.0		2.80		
VL2330		50			3.0	3.70		
VL3032		100	0.20	30.0	3.2	6.30		

注▶ ＊：＋20℃，標準放電電流での放電容量（終止電圧2.5V）

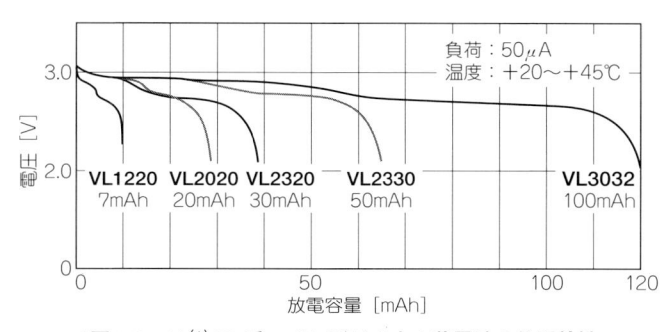

〈図1-8-10〉[(1)] VL系コイン形リチウム蓄電池の放電特性

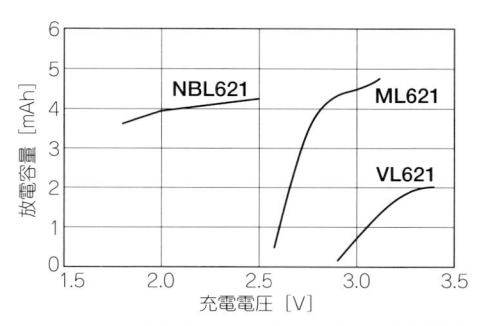

〈図1-8-11〉[(1)] 各種コイン形2次電池の充電電圧別の回復容量（621サイズ）

ニオブ・リチウム蓄電池（NBL系）

3V以下での充電が可能なバックアップ用電池です．定格と特性を**表1-8-6**に示します．

● **特徴**
- 1.8～2.5Vの低電圧での充電が可能
- 2.5V以下駆動のICを使用した回路に対して充電回路の設計が容易
- 昇圧回路が不要で経済的

● **用途**

2.5V程度で駆動するICを使った携帯電話のメモリ・バックアップなど

〈表1-8-6〉[(1)] NBL系コイン形リチウム蓄電池（ニオブ・リチウム2次電池）の定格と特性

型名	電気的特性 [+20℃]			寸法 [mm]		質量[g]	JIS	IEC
	公称電圧[V]	公称容量[mAh]*	連続標準負荷[mA]	直径	高さ			
NBL414	2	1.1	0.005	4.8	1.4	0.08	—	—
NBL621	2	4	0.01	6.8	2.1	0.25	—	—

注▶ ＊：＋20℃，標準放電電流での放電容量（終止電圧1.0V）

チタン・リチウム・イオン蓄電池（MT系）

深い放電サイクルに耐える1.5V系の蓄電池です．

定格と特性を**表1-8-7**に示します．**図1-8-12**は充放電サイクル特性です．

〈図1-8-12〉[(1)] MT系コイン形リチウム・イオン蓄電池MT920の充放電サイクル特性

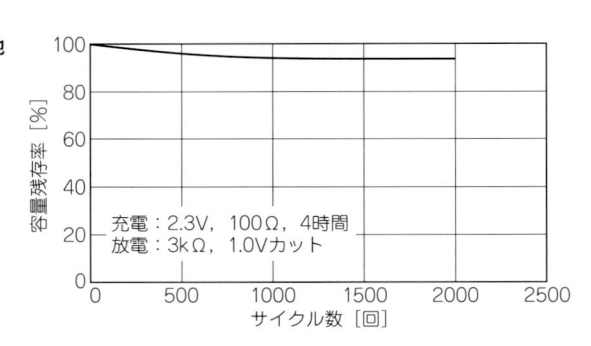

〈表1-8-7〉[(1)] MT系コイン形リチウム・イオン蓄電池（チタン・リチウム・イオン2次電池）の定格と特性

型名	電気的特性 [+20℃]			寸法 [mm]		質量[g]	JIS	IEC
	公称電圧[V]	公称容量[mAh]*	連続標準負荷[mA]	直径	高さ			
MT516	1.5	0.9	0.05	5.8	1.6	0.15	—	—
MT616	1.5	1.05	0.05	6.8	1.6	0.20	—	—
MT621	1.5	1.5	0.05	6.8	2.1	0.30	—	—
MT920	1.5	4.0	0.1	9.5	2.0	0.50	—	—
MT1620	1.5	14.0	0.5	16.0	2.0	1.30	—	—

注▶ ＊：＋20℃，標準放電電流での放電容量（終止電圧1.0V）

● 特徴
- 小型サイズで大容量
- 優れた耐電圧性と耐過放電特性
- 長期にわたる充放電が可能

● 用途

電池交換不要タイプの腕時計

コイン形リチウム・イオン蓄電池（CGL系）

コイン形のリチウム・イオン電池で，大電流に対応できる特徴があり，ノートPCのバックアップをはじめ下記に示す用途が期待されます．定格と特性を表1-8-8に示します．図1-8-13は充放電サイクル特性です．

● 特徴
- 大電流対応
- 高容量

● 用途

小型情報携帯端末，Bluetooth搭載機器，多機能ウォッチなど

〈図1-8-13〉[(2)] CGL系コイン形リチウム・イオン蓄電池CGL3032の充放電サイクル特性

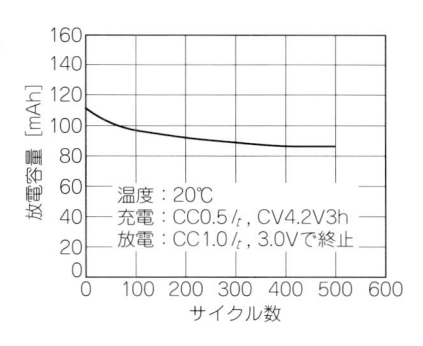

〈表1-8-8〉[(2)] CGL系コイン形リチウム・イオン蓄電池（コイン形リチウム・イオン電池）の定格と特性

型名	電気的特性 [+20℃]			寸法 [mm]		質量[g]	JIS	IEC
	公称電圧[V]	公称容量[mAh]	連続標準負荷[mA]	直径	高さ			
CGL3032	3.7	130(@0.2C放電)	—	30	3.2	7	—	—

◆参考・引用＊文献◆

(1)＊松下電池工業㈱；2002年電池総合カタログ．
(2)＊松下電池工業㈱；2001年リチウム電池テクニカルハンドブック．

〈江田 信夫〉

★本章はトランジスタ技術1999年12月号の記事を加筆・再編集したものです．〈編集部〉

◆ 第1-9章

無停電電源や電動工具に使われる低価格で長寿命の電池

小型シール鉛蓄電池

江田 信夫
Nobuo Eda

小型シール鉛蓄電池とは

　カー・バッテリとして知られる鉛蓄電池は，1860年にフランス人のプランテによって発明され，すでに140年余の歴史と実績をもっています．

　シール鉛蓄電池は，希硫酸の電解液を必要最少量にして，ガラス繊維などのマットに保持，またはケイ酸と混合しゲル化するなどの手段で固定したものです．姿勢が横置きや倒置でも漏液なく使え（ポジション・フリー），充電で発生した酸素ガスを負極に吸収させる方法により補水の必要をなくして（メンテナンス・フリー）密閉型とし，さらに安全弁を備えた鉛蓄電池です．なかでも容量25 Ah以下のものをJIS[6]では「小型シール鉛蓄電池」と定義しています．**写真1-9-1**は市販製品の例です．

　用途には主電源用，バックアップ専用（トリクル長寿命用，UPSハイ・パワー用），共通に使えるものなどがあります．

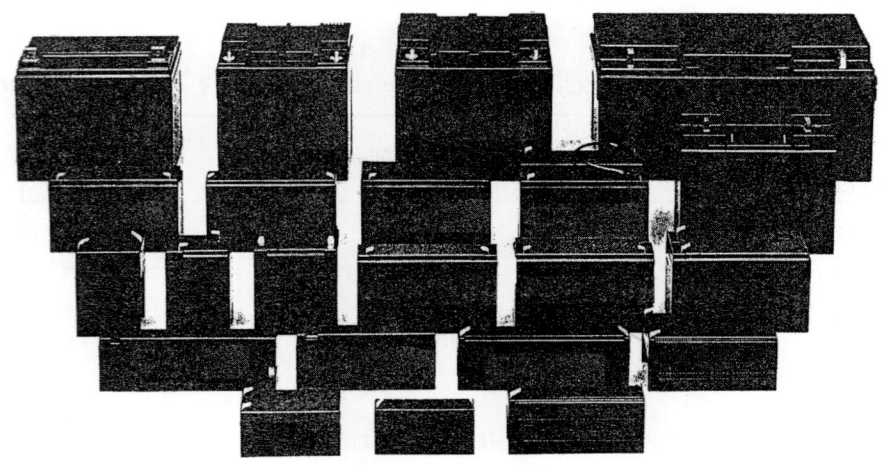

〈写真1-9-1〉小型シール鉛蓄電池の外観

● **鉛蓄電池の充放電反応**

負極の金属鉛(Pb)，正極の二酸化鉛(PbO_2)，電解液の希硫酸(H_2SO_4)から構成されています．充放電反応を以下に示します．

$$Pb + PbO_2 + 2H_2SO_4 \underset{放電}{\overset{充電}{\rightleftarrows}} 2PbSO_4 + 2H_2O$$

反応式から明らかなように，この電池はほかの電池とは違って，放電時に電解液の硫酸が消費されます．つまり，硫酸電解液も活物質(発電に関与する材料)です．放電が進むにつれて電解液は比重が低下し，充電ではこの逆の現象が現れます．

単セル(素電池)の電圧は2Vで，水溶液を使った電池の中で最も高い電圧をもちます．通常この単セルを電槽内で複数個直列に接続して構成します．松下電池工業の場合，主電源用とバックアップ用は12Vの構成です．ちなみに「バッテリ」とは単セルが複数個集まったものを指します．

● **密閉化メカニズム**

この電池は，正極の充電効率がさほど大きくなく，充電が終了に近づくと正極から酸素ガスが発生します．このとき負極では水素ガスはほとんど発生しません．

密閉化にはこの現象を利用します．充電の最終段階で発生した酸素ガスは，電池内部を移動し，負極(Pb)の表面で反応して酸化物に変化します．この酸化鉛(PbO)は続いて電解液の硫酸と反応し硫酸鉛($PbSO_4$)になります．この過程の反応式は下記のとおりです．

$$Pb + \frac{1}{2}O_2 \rightarrow PbO$$

$$PbO + H_2SO_4 \rightarrow PbSO_4 + H_2O$$

すなわち酸素ガスは元の水になり，負極も硫酸鉛となって元の放電状態に戻ります．これが「酸素サイクル」機構を利用した密閉化です．ニカド電池やニッケル水素蓄電池でも同じ方法で密閉化しています．

なお，ガス吸収能力以上の速さ(電流)で充電が続いた場合は，内圧が上昇して危険なため，安全弁を通じて外部に排気する構造になっています．安全弁の開弁圧は150〜250 mmHgに設計されています．

● **用途**

メンテナンス・フリーと無漏液の特徴を活かし，広い分野で使用されており，主電源用(サイクル用)とバックアップ用に大別されます．前者には電動工具・園芸用品や電動芝刈機，アウトドア用電源などがあり，後者はUPS(無停電電源装置)や非常灯，通信基地局などです．

電池の形状は，一般にABS樹脂の成形電槽を使用した角形です．米国製には円筒形もあります．

電池の構造や特性

■ 構造

電池の一般的な構造を**図1-9-1**に示します．電槽内では正極板と負極板が交互に組み合わされており，極板の上部で各極板ごとに集合・連結させて正極および負極とし，単セルを組み立てます．この単セルを複数個直結して電池としています．

容量1〜20 Ahの電池の定格を**表1-9-1**に示します．

第1-9章 小型シール鉛蓄電池

〈表1-9-1〉(2) 小型シール鉛蓄電池の定格と特性 ［松下電池工業㈱］

● LCシリーズ

型名(1)	公称電圧 [V]	定格容量 [Ah] (20時間率)	用途 (主電源(2)またはバックアップ(3))	トリクル期待寿命(3) [年]
LC-R122R2J	12	2.2	共通	3～5
LC-P122R2J	12	2.2	バックアップ専用	6
LC-R063R4J	6	3.4	共通	3～5
LC-R123R4J	12	3.4	共通	3～5
LC-P123R4J	12	3.4	バックアップ専用	6
LC-R064R2PJ	6	4.2	共通	3～5
LC-P067R2J	6	7.2	共通	6
LC-P127R2J	12	7.2	共通	6
LC-P0612J	6	12.0	共通	6
LC-RA1212J1	12	12.0	共通	3～5
LC-P1212J	12	12.0	バックアップ専用	6
LC-RD1217J	12	17.0	共通	3～5
LC-PD1217J(5)	12	17.0	バックアップ専用	6
LC-X1220J	12	20.0(8)	共通	6
LC-P1220J	12	20.0(7)	共通	6

● UP-RWシリーズ（UPS用ハイ・パワー電池）

型名(1)	公称電圧 [V]	1セル当たりの公称容量(10分間率)	用途 (主電源(2)またはバックアップ(3))	トリクル期待寿命(4) [年]
UP-RW1220J1(5)	12	20 W	バックアップ専用	3～5
UP-RWA1232J1(5)	12	32 W	バックアップ専用	3～5
UP-RW1245J1	12	45 W	バックアップ専用	3～5

注▶(1)仕向地によって型名の末尾が変わる．
(2)主電源として使用する場合は，充電仕様についてメーカに相談すること．
(3)バックアップ用途において期待寿命を過ぎて使用を続けた場合，蓄電池の漏液・発火・破裂などの原因になることがある．定期交換を確実に実施すること．また，難燃電槽品を推奨する．
(4)以下の条件で，初期容量の50％に達するまでを寿命と定義する．

温度	放電電流	放電終止電圧		充電電圧	
		6V系電池	12V系電池	6V系電池	12V系電池
25℃	0.25CA	5.25 V	10.5 V	6.85 V	13.7 V

(5)納期は時間がかかる可能性がある．
(6)ファストン250穴あきタイプの総高は101.5 mmである．
(7)リード線の高さは含まない．
(8)公称容量

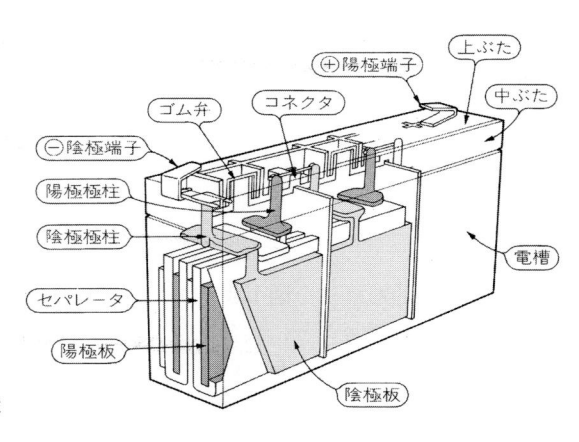

〈図1-9-1〉(1) 小型シール鉛蓄電池の構造

外形寸法 [mm]				質量 [kg]	端子形状	電槽材質	
長さ	幅	高さ	総高			標準(UL94HB)	難燃(UL94V-0)
177.0	34.0	60.0	66.0	0.8	ファストン187	○	
177.0	34.0	60.0	66.0	0.8	ファストン187		○
134.0	34.0	60.0	66.0	0.62	ファストン187	○	
134.0	67.0	60.0	66.0	1.2	ファストン187	○	
134.0	67.0	60.0	66.0	1.2	ファストン187		○
70.0	48.0	102.0	108.0	780	ファストン187	○	
151.0	34.0	94.0	100.0	1.3	ファストン187/ファストン250穴あき		○
151.0	64.5	94.0	100.0[6]	2.5	ファストン187/ファストン250穴あき		○
151.0	50.0	94.0	100.0[6]	2.0	ファストン187/ファストン250穴あき		○
151.0	98.0	94.0	101.5	3.8	ファストン250穴あき	○	
151.0	101.0	94.0	100.0[7]	4.0	ファストン187		○
181.0	76.0	167.0	167.0	6.5	M5ボルト・ナット	○	
181.0	76.0	167.0	167.0	6.5	M5ボルト・ナット		○
181.0	76.0	167.0	167.0	6.6	M5ボルト・ナット	○	
181.0	76.0	167.0	167.0	6.6	M5ボルト・ナット		○[4]

外形寸法 [mm]				質量 [kg]	端子形状	電槽材質	
長さ	幅	高さ	総高			標準(UL94HB)	難燃(UL94V-0)
140.0	38.5	94.0	100	1.35	ファストン250穴あき	○	
151.0	51.0	94.0	100	2.0	ファストン250穴あき	○	
151.0	64.5	94.0	101.5	2.6	ファストン250穴あき	○	

〈表1-9-2〉[4] 6 V 3.4 Ah の小型シール鉛蓄電池 LC-063R4J の仕様 ［松下電池工業㈱］

項 目		値など
公称電圧		6 V
定格容量(20時間率)		3.4 Ah
寸法	長さ	134.0 mm
	幅	34.0 mm
	高さ	60.0 mm
	総高	66.0 mm
質量		約620 g

(a) 定格

項 目	条 件	値など
容量 (25℃)	20時間率(170 mA)	3.40 Ah
	10時間率(300 mA)	3.00 Ah
	5時間率(540 mA)	2.70 Ah
	1時間率(2100 mA)	2.10 Ah
	1.5時間率放電(放電終止電圧5.25 V)	1.5 A
内部抵抗	満充電状態(25℃)	約30 mΩ
容量の温度依存性 (20時間率)	40℃	102%
	25℃	100%
	0℃	85%
	−15℃	65%
自己放電 (25℃)	3か月放置後の残存容量	91%
	6か月放置後の残存容量	82%
	12か月放置後の残存容量	64%
充電方法 (定電圧)	主電源 (サイクル使用)	初期電流	1.36 A以下
		制御電圧	定電圧7.25〜7.45 V (6 V電池当たり, 25℃)
	バックアップ電源 (トリクル使用)	初期電流	0.51 A以下
		制御電圧	定電圧6.80〜6.90 V (6 V電池当たり, 25℃)

(b) 電気的特性

■ 実際の特性

小型で軽量の電池LC‐R063R4J［松下電池工業㈱］を例にとり，特性を紹介します．電池の定格および特性を表1-9-2に示します．また，25℃における放電特性，各温度における放電電流と放電時間の関係を図1-9-2と図1-9-3に示します．

■ 特徴

▶ 安定した放電特性と優れた容量維持特性
　自己放電率：3か月間で約10％
▶ ポジション・フリー
　ただし，天地逆転での充電は不可
▶ メンテナンス・フリー
▶ 低価格で長寿命
　サイクル用で200〜300回，トリクル用で3〜6年
▶ メモリ効果がない
▶ 経済性に優れる

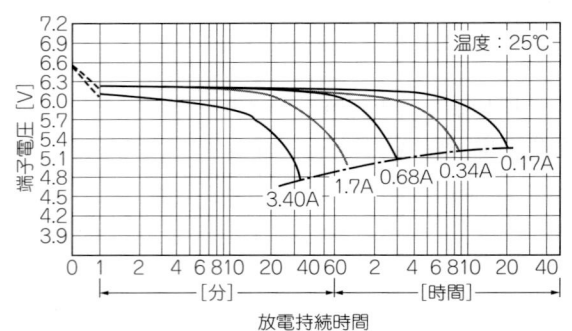

注▶これらのデータは，充放電操作3回以内に到達する特性の平均値であり，最低値ではない．

〈図1-9-2〉[(4)]LC‐063R4Jの放電特性

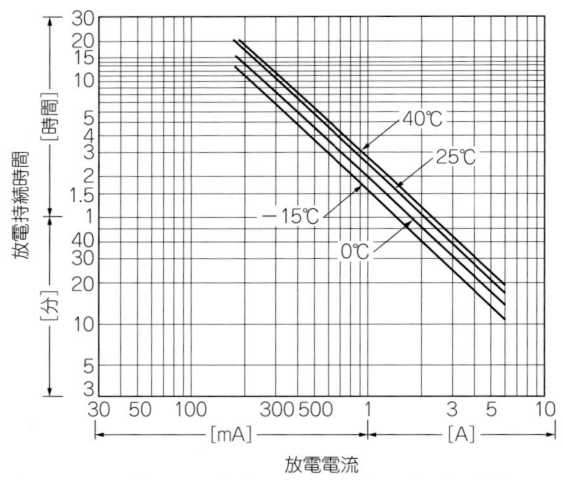

注▶これらのデータは，充放電操作3回以内に到達する特性の平均値であり，最低値ではない．

〈図1-9-3〉[(4)]LC‐063R4Jの各温度における放電電流と持続時間

放電特性と充電方法など

■ 放電特性

● 放電電流と放電終止電圧
 6Vまたは12V蓄電池の放電電流値による，放電終止電圧を**図1-9-4**に示します．放電電流が小さい場合は活物質の利用率が大きくなるので，放電し過ぎないように終止電圧を高めに設定しています．大電流の場合は逆に低めにしています．

 放電電流は定格容量(20時間率)の1/20～3倍(1/20C～3CA)の範囲になるように設定するのが適切です．この範囲外では電池から取り出せる放電能力が著しく減少したり，繰り返し使用の回数(寿命)が減少することがあります．

● 放電温度範囲
 放電中の雰囲気温度は－15～＋50℃の範囲が適切です．－15℃以下では電池反応の遅れにより使用可能な容量が著しく減少します．一方，＋50℃を越える高温では樹脂製電槽の変形や寿命の低下につながります．

● 放電特性への温度の影響
 放電容量は，雰囲気温度と電流の大きさにより，おおよそ**図1-9-5**に示すように変化します．

■ 充電

 充電方式には用途によって数種類の方法があります．基本的には電池の特性を十分に発揮させる定電圧充電方式を推奨します．用途別の充電方式を**表1-9-3**に示します．詳細は参考文献(3)(4)を参照してください．定電圧充電方式による充電の特性例を**図1-9-6**に示します．

 充電する際の主な留意点を以下に示します．

  ▶サイクル用途で定電圧充電の場合

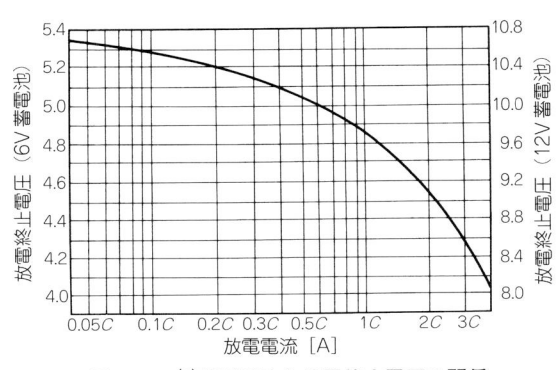

〈図1-9-4〉[3]放電電流と放電終止電圧の関係

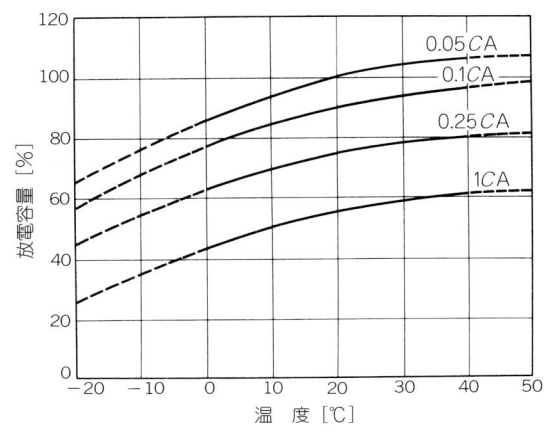

〈図1-9-5〉[3]放電容量率の温度特性

〈表1-9-3〉(3) 小型シール鉛蓄電池の用途別充電方式

用途	充電方式					
	定電圧定電流	2段定電圧	定電圧	Vテーパ充電(急速充電)	2段定電流	定電流
主電源(サイクル)	○	◎	○	◎	△	×
バックアップ電源(トリクル)	◎	◎	○	×	×	×

注▶◎:最も適している　○:適している　△:一部条件付きで採用可　×:不適
「定電圧定電流」と「2段定電圧」方式はあらゆる機器の充電に採用可能である．

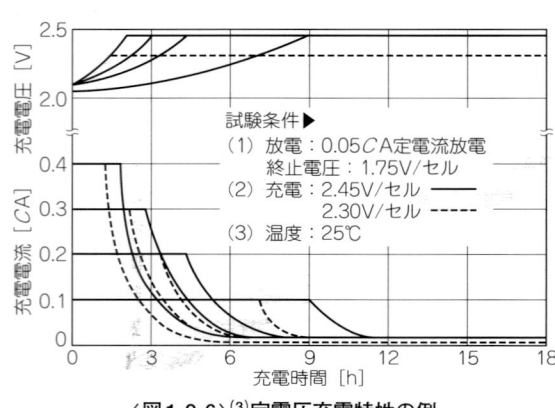

〈図1-9-6〉(3) 定電圧充電特性の例

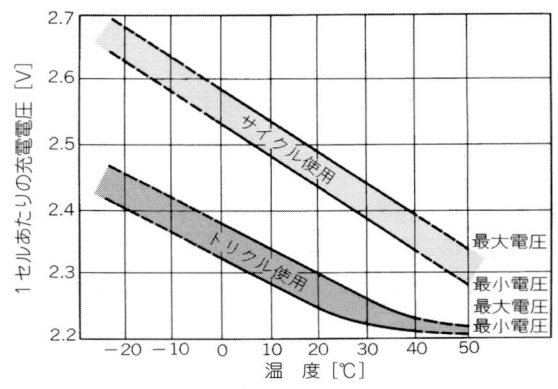

〈図1-9-7〉(3) 充電時の温度補償

初期電流は 0.4CA 以下にする．
▶ Vテーパ充電制御方式の場合
　初期電流は 0.8CA 以下にする．
▶ トリクル用途で定電圧充電の場合
　初期電流は 0.15CA 以下にする．

　充電は環境温度 0〜40℃，好ましくは＋5〜＋35℃の範囲内で行います．安全と信頼性を確保するため，充電電圧は電池の環境温度に従い，図1-9-7 のように温度補償することが望まれます．

■ 保存

　電池をやむを得ず保存する場合，場所は環境温度が－15〜＋30℃で，相対湿度が25〜85％の直射日光や雨滴などの当たらない，静かな場所が適切です．

　図1-9-8 は保存特性です．自己放電は少ないほうですが，長期保存後は初期に比べ容量は低下しています．容量を回復させるには，サイクル用途の場合は数回充放電を繰り返し，トリクル用では電池を使用する機器で 48〜72時間充電し続けます．

　なお，残存容量は電池の開路電圧から推定でき，その特性を図1-9-9 に示します．3か月以上の長期保存をする場合は 12か月を上限として表1-9-4 に基づいて補充電します．

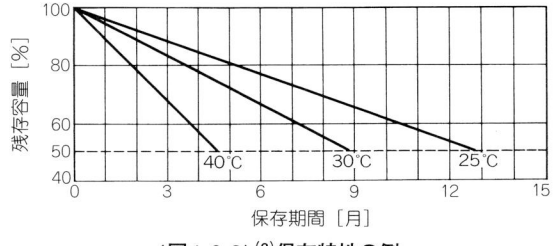

〈図1-9-8〉[3] 保存特性の例

〈表1-9-4〉[3] 長期保存時の補充電間隔

保存温度	補充電間隔
20℃未満	9か月
20～30℃	6か月
30～40℃	3か月

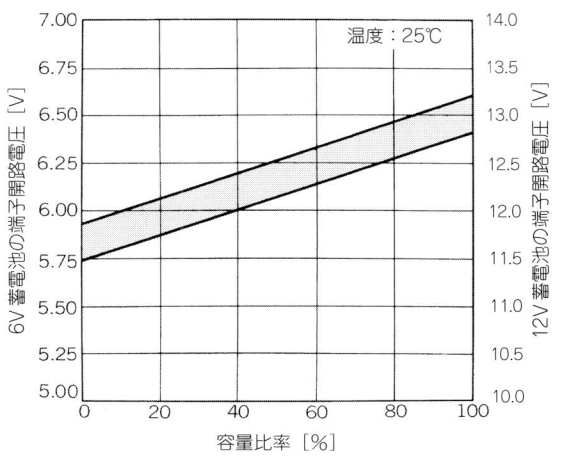

〈図1-9-9〉[3] 残存容量と端子開路電圧

寿命と交換の必要性

■ 寿命

● サイクル寿命

これは電池の種類や充電方式，雰囲気温度，充放電間の休止期間，放電深さなどに影響されます．したがって実寿命は実際の充電器や実際の環境下で機器を使用して確認する必要があります．**図1-9-10〜図1-9-12**は参考試験データです．

● トリクル寿命（フロート寿命）

トリクル寿命は，使用機器が電池に与える温度に大きく影響されます．このほか電池の種類や充電電

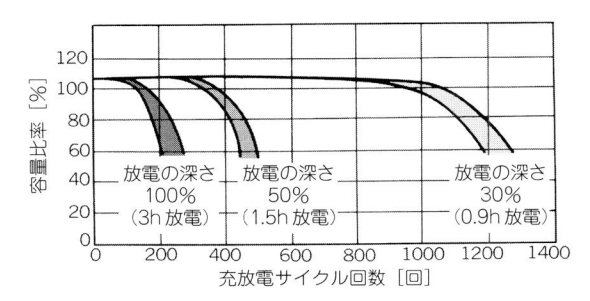

▶試験条件
(1) 放電：0.25CA（相当抵抗）
　　終止電圧：放電の深さ100%のみ 1.75V/セル
(2) 充電：14.7V 定電圧制御，最大電流 0.4CA
(3) 温度：25℃

〈図1-9-10〉[3] 放電深さと充放電サイクル回数

圧，放電電流値などによっても影響を受けます．

トリクル寿命に及ぼす雰囲気温度の影響と寿命特性例をそれぞれ図1-9-13と図1-9-14に示します．

■ 電池交換の必要性

シール鉛蓄電池は，充電すると正極の格子が腐食して伸びます．使用期間が長くなると，放電時間が徐々に短くなり，蓄電池内部では正極格子の腐食や電解液の水分減少などが進行します．

寿命を過ぎて使用し続けると，容量がゼロになるとともに蓄電池が熱暴走(充電電流の増加と温度上

■ 小型シール鉛蓄電池の各種充電方式

小型シール鉛蓄電池の充電に使われる各種充電方式の概要を説明します．

① 定電圧定電流充電方式

充電特性の例を図1-9-Aに示します．20～25℃の環境下で，充電電流を$0.4I_t$A以下の一定値に制御し，充電電圧を単電池当たり一定の値に制御して行う充電方式です．

放電で取り出した電気量にもよりますが，6～12時間の充電が適切です．ただし，浅い放電と充電とを頻繁に繰り返すような場合は，過充電になる可能性があるので，適切な時間内に充電を終えることが望まれます．

② 2段階定電圧制御充電方式

充電特性の例を図1-9-Bに示します．充電の初期には設定電圧の高い(サイクル用の電圧に設定した)定電圧V_1で充電します．その後，充電電流が減少して所定値に達したら，設定電圧が低いほうの(トリクル用の電圧に設定した)定電圧V_2に切り替えて充電します．

この方式は比較的短時間で充電ができる利点があり，トリクル用途に好適です．浅い充電を頻繁に繰り返すサイクル用途向けにも適しています．

③ 定電圧充電方式

充電特性の例を図1-9-Cに示します．あらかじめ充電終止電圧を設定しておき，電池を一定電圧に保持して充電する方法です．設定電圧と電池電圧の差に応じた充電電流が流れます．そのため充電初期には大電流が流れ，電池には大きな負担になるので，一般には電流リミッタや制限抵抗で充電初期の電流を制限します．

充電電流が3時間安定したときを充電完了とします．充電電圧を適切に設定し，放電した電気量に対して充電時間を適切に守ることが電池を長もちさせるポイントです．

④ Vテーパ充電制御方式(急速充電向き)

充電特性の例を図1-9-Dに示します．充電電圧を検出し，電流を制御する方式の一つです．規定の充電電圧を検出すると，テーパ状の充電電流(ある時

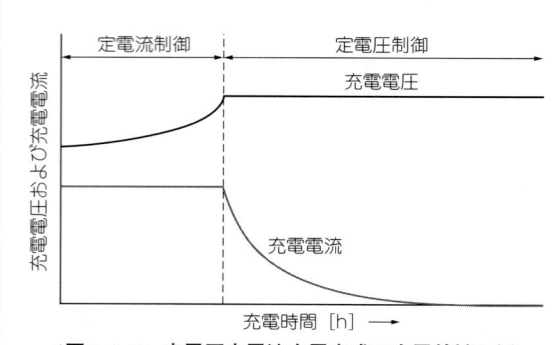

〈図1-9-A〉定電圧定電流充電方式の充電特性の例

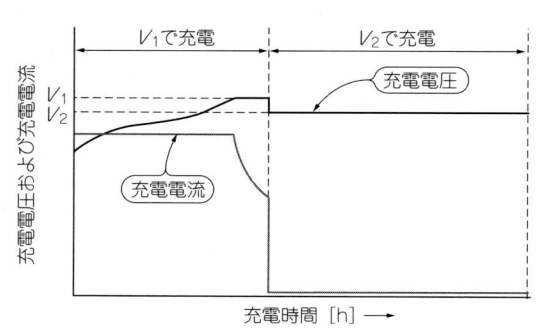

〈図1-9-B〉2段定電圧制御充電方式の充電特性の例

昇の悪循環が起こる)したり，漏液する可能性があります．
このような状態になる前に蓄電池を必ず交換してください．

■ まとめ

以上のように，小型シール鉛蓄電池は，高性能だけでなく，品質/価格/供給の間のバランスの良さからも評価され25年以上にわたる豊富な使用実績を誇ります．
　新しい技術の導入により，急速充電受け入れ性の改良やサイクル専用/バックアップ専用電池の開発

間枠の中で一定の比率で電流が減少していく)を流し，電池内でのガス発生を抑制しながら短時間に効率よく充電する方式です．
　この方式の開発により短時間充電が可能となっただけでなく，従来の電圧制御方式による短時間充電の際に起こりがちな過大電流による熱暴走などのトラブルが防止できる，安全性に優れた充電方式です．
　急速充電では，短時間で充電しようとするため，過充電防止対策などが必要です．注意点を次に示します．
　(1) 放電電気量に対して十分な充電電気量が得られること
　(2) 自動的に充電電流が制御され，長時間充電しても過充電にならないこと
　(3) 0〜40℃の環境下では温度条件に対して過不足のない充電となること
　(4) 十分なサイクル寿命が得られること

⑤ 2段階電流充電方式

充電初期は$0.2I_tA$程度の電流値I_1で充電し，電池電圧が上昇して所定の値に達したら，設定電流の小さな($0.05I_tA$程度)電流値I_2に切り替えて充電します．この方式はサイクル用途の比較的深い放電を行う機器の充電に適しています．タイマにより充電を終了させるので，放電時間が一定している用途では便利です．

⑥ 定電流充電方式

一定の電流値で充電する方式です．多数の電池を一度に補充する場合や放電した電気量がわかっている場合などに使うことがあります．
　充電完了後にさらに充電すると，電解液が分解され，電池内で酸素と水素ガスが発生してくるので，制御弁式(シール)鉛蓄電池の充電には適しません．

◆参考・引用＊文献◆
(1) 松下電池工業㈱：2002年電池総合カタログ．
(2) ＊松下電池工業㈱：2000年制御弁(シール)鉛蓄電池テクニカルハンドブック．

〈江田　信夫〉

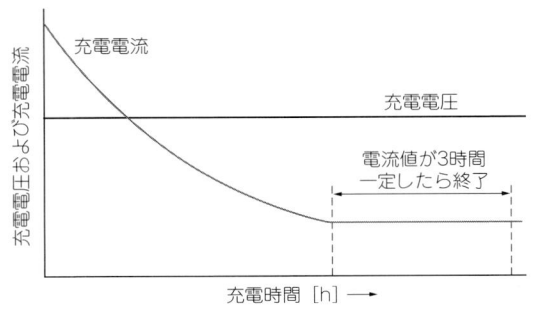

〈図1-9-C〉定電圧充電方式の充電特性の例

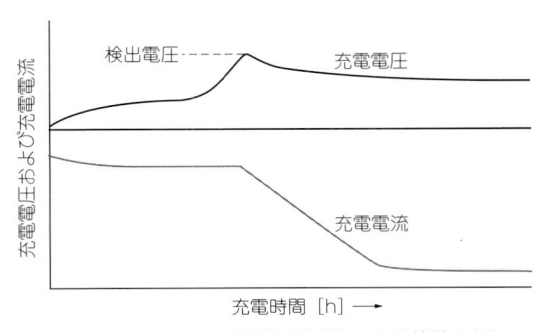

〈図1-9-D〉Vテーパ制御充電器の充電特性の例

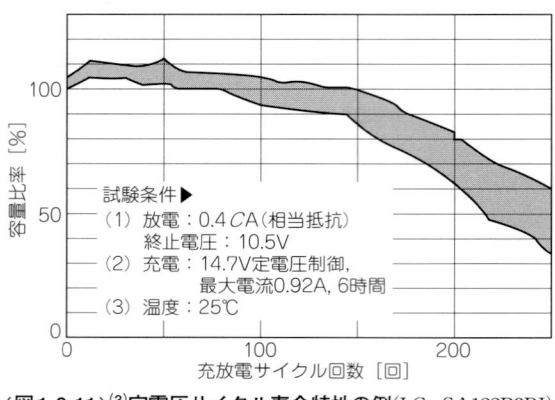

〈図1-9-11〉$^{(3)}$定電圧サイクル寿命特性の例（LC‐SA122R3PJ）

〈図1-9-12〉$^{(3)}$急速充電サイクル特性の例（LC‐SA122R3PJ）

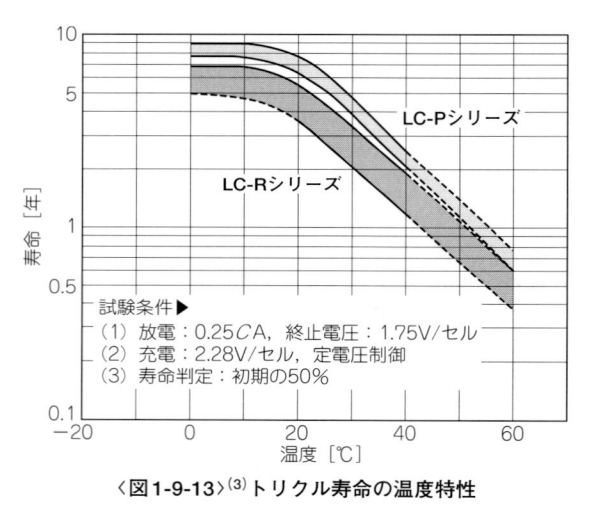

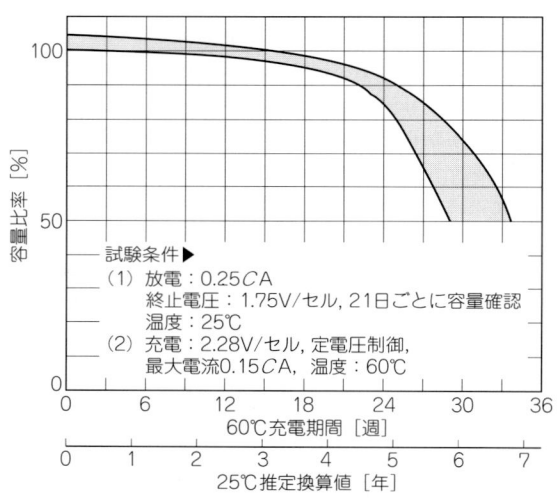

〈図1-9-13〉$^{(3)}$トリクル寿命の温度特性

〈図1-9-14〉$^{(3)}$トリクル寿命特性（LC‐Pシリーズ）

を達成しています．

◆参考文献◆

(1) トランジスタ技術編集部編；電池活用ハンドブック，pp.52～55，CQ出版㈱，1992．
(2) 松下電池工業㈱；2002年電池総合カタログ．
(3) 松下電池工業㈱；2000年シール鉛蓄電池テクニカルハンドブック
(4) 松下電池工業㈱；2001年シール鉛蓄電池データ・ブック．
(5) 川内昌介/飯島孝志/川瀬哲成；新しい電池技術のはなし，工業調査会，1993．
(6) JIS C 8702-2003；小形制御弁式鉛蓄電池，（社）日本規格協会．

◆ 第1-10章

化学エネルギを電気エネルギに変換するクリーンな発電機

燃料電池

江田 信夫
Nobuo Eda

■ 燃料電池は発電装置

燃料電池(fuel cell)は通常の電池とは異なり，負極に燃料(水素ガスや炭化水素)を正極に酸素(空気)を外部から供給すると発電を続ける電池です．発電のメカニズムが「電池」と同じであるため，電池と呼ばれていますが，実際には「発電装置」と呼んだほうがふさわしいものです．

燃料電池による発電は，燃料の燃焼(酸化)反応を電気化学的に行わせ，反応前後のエネルギの差を電気エネルギとして直接取り出します．燃料電池は電解質の種類によって，一般に表1-10-1のように分類されます．電解質の性質によって電池の動作温度が異なり，使える燃料の種類や出力特性，発電効率などが違ってきます．

発電の基本反応は $2H_2 + O_2 \rightarrow 2H_2O$ です．水の分解には1V強の電圧が必要ですが，水の電気分解を逆方向にした形のこの反応から外部に取り出せる電圧は1V以下です．

動作原理と基本構造の例を図1-10-1と図1-10-2に示します．発電反応を起こさせる一つの構成単位を「単セル」または「単電池」と呼びます．所定の電圧や特性を得るには，このセルを多数枚積み重ねる必要があります．積層した構成体をスタック(stack)と呼びます．要求仕様に応えるためにこのスタックをさらに組み合わせることも多く，これをモジュール(module)と呼びます．

燃料電池では燃料が供給される負極を「燃料極」，酸素または空気が供給される正極を「空気極」と

〈表1-10-1〉燃料電池の種類と特徴

種 類	アルカリ型	リン酸型	溶解炭酸塩型	固体電解質型	固体高分子型	直接メタノール型
略称	AFC	PAFC	MCFC	SOFC	PEFC PEMFC	DMFC
電解質	水酸化カリウム (KOH)	リン酸 (H_3PO_4)	溶解炭酸塩 ($Li_2CO_3 + K_2CO_3$)	安定化ジルコニア ($ZrO_2 \cdot Y_2O_3$)	イオン交換膜 ($R-SO_3H$)	イオン交換膜 ($R-SO_3H$)
動作温度	100℃以下	約200℃	約650℃	約1000℃	100℃以下	100℃以下
燃料	水素ガス	天然ガス，石油，メタノール	天然ガス，石油，石炭ガス	天然ガス，石油，メタノール	水素ガス	メタノール水溶液
発電効率	約45％	約40％	約45％	約50％	約40％	約25％
用途	宇宙用	ビル用電源 地域用電源	地域用電源 大規模発電	ビル用電源 地域用電源	車両用，船舶用	モバイル機器，分散型電源

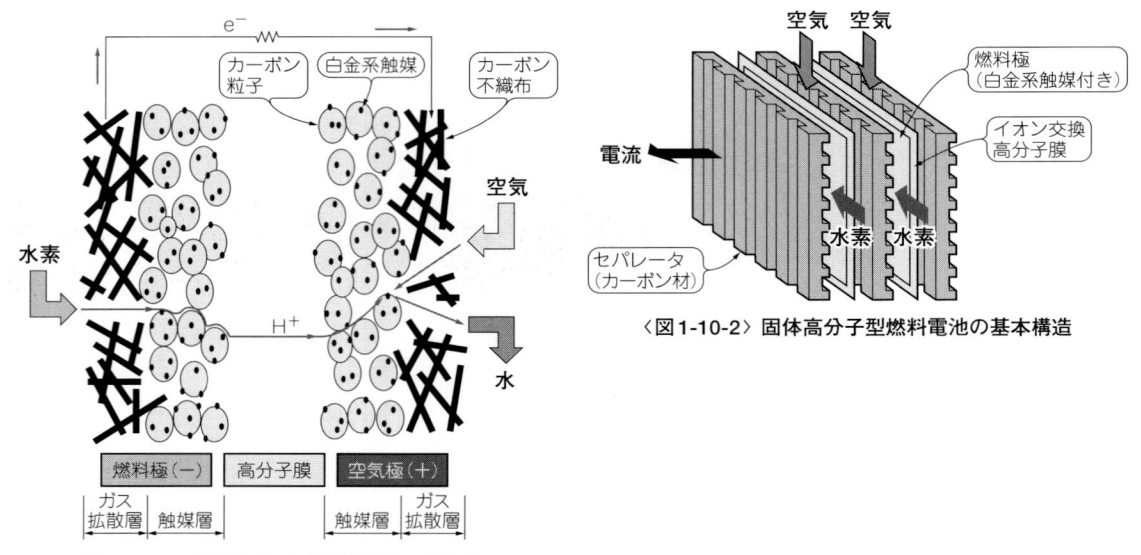

〈図1-10-1〉固体高分子型燃料電池の動作原理

〈図1-10-2〉固体高分子型燃料電池の基本構造

呼んでいます．

発電反応式からわかるように，生成物は基本的に水と電気であり，原理的にきわめて「クリーン」なシステムです．

■ 特徴

主な燃料電池の特徴を簡単に述べます．

● アルカリ型燃料電池（AFC）

この電池は低温で動作し，しかも高効率で高性能なため宇宙船用に使われてきました．バスの電源としても開発が進められています．しかし，空気を使うと混在する炭酸ガスで中和されるため，純度の高い水素ガス燃料と酸素ガスが必要です．

● りん酸型燃料電池（PAFC）

現在，実用化がもっとも近い燃料電池です．天然ガスを改質（炭化水素を分解して水素ガスを生成させる）して燃料に使用できるため，一般的な用途に適しています．わが国でも中型から大型までの燃料電池が試験されています．動作温度が高いのでビル用などでは排熱がコージェネレーション（熱電併給：電力と熱を同時に供給する）できるなどの利点があります．

● 融炭酸塩型燃料電池（MCFC）

りん酸型に続く第2世代の燃料電池で，石炭ガス化プラントと組み合わせた形での大規模な電気事業を目ざして研究開発が進められています．発電効率が高く，小規模の地域や工場単位の発電（分散発電）にも適しています．現在，寿命特性や耐熱性などが主な課題です．

● 固体電解質型燃料電池（SOFC）

第3世代の燃料電池として位置付けられ，本命と考えられています．動作温度が非常に高温のため，供給する燃料の制約が少なく，しかも高効率です．現在，この高温環境に耐える材料の開発や最適な電

池構造の探索，低コスト化に向けた研究が進められています．

● **固体高分子型燃料電池(PEFC, PEMFC)**

この電池は非常に高い出力特性をもつ点から電気自動車の電源として有望視されており，最近では家庭用としても注目されています．電解質には薄いフィルム状の水素イオン交換膜を使用します．

この電池は1960年代のジェミニ計画の宇宙船などの電源に使用されました．次のアポロ計画では，当時の技術レベルのため，性能面でアルカリ燃料電池に敗れ不採用となりました．その後，1984年にカナダ国防省が再開発を決め，1987年には同国のBallard社が高性能のフッ素樹脂系イオン交換膜を使った電池で$2\,W/cm^2$強の驚くべき特性を報告し，一躍注目を浴びました．現在，移動体用と家庭用に精力的な研究開発が行われています．

● **直接メタノール型燃料電池(DMFC)**

この電池は灯台やゴルフ・カートに使用された経歴があります．一般的な燃料電池と違って，改質器が不要で，液体燃料が使える点から，電池を大幅に小型化できる可能性をもっています．

実用化には性能面や寿命の面で技術革新が必要ですが，リチウム・イオン蓄電池に代わる，携帯電話やパソコン用の次世代の超小型電源として，再び世界中で精力的に開発が行われています．

■ **開発競争が続く燃料電池**

発電所からの排出ガスによる大気汚染や酸性雨，温暖化など環境面での配慮と発電効率が高い点から燃料電池発電への関心が高まっています．

加えて国際収支や安全保障面での石油消費と依存度，大気保全面での優位性，さらには高性能な点から，自動車用電源として燃料電池がクローズアップされ，日米欧で熾烈な開発競争が行われています．

一方で，モバイル機器の使用が増加し，多機能化により消費電力が増える傾向にもあります．現在の主力電源であるリチウム・イオン蓄電池でも動作時間が不十分になるとの予測から，大きなエネルギ密度を求めてマイクロ燃料電池の開発が加速しています．

★本章はトランジスタ技術1999年12月号の記事を加筆・再編集したものです．〈編集部〉

Appendix
電池室の望ましい設計と漏液対策
江田 信夫
Nobuo Eda

■ **電池室の望ましい設計**

● **容易に開閉でき，確実に装填できること**

電池室は容易に開閉できることが必要ですが，同時に幼児が電池室をいじらないように配慮しておくべきです．特に小型の電池は，幼児が口に入れやすく，時には飲み込んでしまう事故が起こる恐れがあります．小型電池の電池室のふたは，ドライバなどを使わないと開かないようにし，幼児が使用する際に電池がこぼれ出ることのないように配慮しておくことが必要です．

また，電池室および機器側端子の寸法や形状の設計に際しても，電池のIEC規格寸法を考慮しなければなりません．しかし，とりわけ小さい電池寸法公差を要求して設計した場合には，市場に流通している一般の電池が適合しないことがあります．

● **万一漏液しても影響が最小になるように設置**

電池の耐漏液性は改善されていますが，まれに漏液することがあるので，電池室を機器室から完全に独立させることが望まれます．この隔離が不可能な場合には，機器への影響が最小になるような箇所に設置するべきです．

● **電池室は発熱部からできるだけ遠ざける**

このほか機器によっては回路やデバイスからの発熱があるので，この場合には電池室は発熱部からできるだけ遠い所に設けることが必要です．

一方，機器側でも放熱についてはよく検討することが大切です．過去の事故例として，ラップトップ・パソコンがあります．パソコンの電気回路の放熱が不十分であったことと，電源のニカド電池が微少電流で常時充電されていたことがあいまって，一部の電池が内部短絡をおこす結果となり，通常は充電電流を制限するための抵抗に過大電流が流れる事態となりました．

このため抵抗が発熱してプラスチックの筐体を焦がすにいたり，全品回収となった事例があります．

● **電池の逆装填の防止など**

そのほか，電池の逆装填（逆接続）による電池の漏液，膨張や破裂などの異常の発生があります．このような濫用が起こらない設計がぜひとも必要です．このためには電池室またはその周囲の見やすい箇所に，電池の正しい装填方法を明瞭に，しかも永久的に表示しておかなければなりません．

なお，空気電池を使用する機器には，空気取入口が必要です．

■ 電池の配列（逆装填と短絡防止）と位置

● **直列接続が原則**

電池の配列は直列接続が原則です．並列や直並列接続は，電池の装填方向を間違えると，スイッチのON/OFFに関係なく電池の連続放電や充電状態が起こり，先に述べた漏液や発熱あるいは外装の破損などの危険が生じるので避けなければなりません．

やむを得ない場合でも，パック（組）電池の形に構成した専用の電池を使用するか，または電池相互間には電流が流れないようにダイオードを組み込み，スイッチONによって初めて並列回路となるようにするなどの配慮が必要です．

また，複数個の電池を装填使用する場合には，短絡が起こりえないような回路を設計してください．

● **電池の直列装填方法**

図1の矢印右側の方法が，誤りがより少ないので推奨します．

具体例を示すと，3個以上の電池を使用する場合において，そのうちの1個の電池が仮に逆方向に装填されても一応動作する機器があります．そのまま入れ方の間違いに気付かずに使用していると，逆装填された電池はほかの電池から充電される結果となり，漏液や破裂につながる原因となります．

これらの異常を防止するため，電池が逆装填された場合には，電池の端子が機器側の端子と接触しない，つまり電気回路が形成されないようにすることが必要です．これについては，（社）電池工業会が機器の電池正極端子挿入部の設計寸法基準を提示しています．逆装填防止のための電池収納端子部設計の基準を**表1**および**図2**に示します．

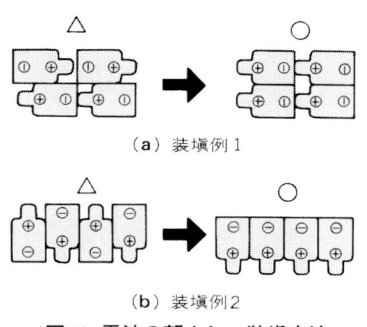

〈図1〉電池の望ましい装填方法

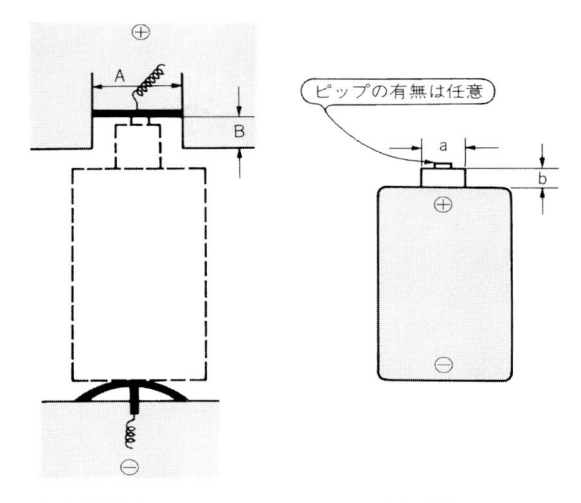

（a）装填例1

（b）装填例2

〈図2〉逆装填防止のための収納部の寸法

（a）電池収納部の寸法　　（b）電池の寸法

〈表1〉電池の形状と機器の電池正極端子挿入部の寸法基準

マンガン乾電池		アルカリ乾電池		電池正極端子挿入部		電池正極端子	
JIS	IEC	JIS	IEC	A	B	a	b
R20P SUM1	R20	LR20	LR20	9.6～11.0 mm	0.5～1.4 mm	9.5～7.8 mm	1.5 mm以上
R14P SUM2	R14	LR14	LR14	7.6～9.0 mm	0.5～1.4 mm	7.5～5.5 mm	1.5 mm以上
R6P SUM3	R6	LR6	LR6	5.6～7.0 mm	0.4～0.9 mm	5.5～4.2 mm	1.0 mm以上

注▶　A：機器の電池収納部に設けた電池正極端子突出部が入る挿入部の溝幅または穴径．
　　　B：電池正極端子突出部が入る挿入部の接触端子面までの深さ．
　　　a：電池の正極端子突出部の直径．
　　　b：電池の正極端子のピップを除いた突出部上面から次高部までの高さ．

● 特定メーカの製品による現物合わせの設計は避ける

　なかでも機器の電源部の設計に際しては，特定メーカの製品による現物に合わせて設計することは避けるべきです．必ず公的規格ならびにその許容差を考慮して設計しなければなりません．また，互換性のあるほかの種類の電池が使用される場合のことも考えておかないと，いろいろなトラブルが発生することになります．

■ 機器内の電池の位置

機器本体に電池収納部を設ける場合は，次の点に注意すべきです．

- 機器本体の底部に設ける場合は，外部から水分が浸入して電池が濡れたり，腐食されることがないように十分な配慮をする．
- 3個以上の電池を直列使用する場合には，前記のように電池端子挿入部の形状を考慮し，逆装填防止構造とする．

- 本体に約50℃以上の高温になる部分があれば，熱を遮断するように考慮する．
- 漏液による機器の損傷を回避する工夫が必要である．

■ 電源部端子の形状，材質および圧力

● 電池の細部寸法を十分に考慮する
電池収納部や接続端子の設計に際しては，電池の細部寸法を十分に考慮する必要があります．

● 端子の構造で逆装填を防止する
電源部の＋側端子の形状については，電池の逆装填などを防止するために，前出の**表1**や**図2**などを参考にして検討すべきです．

電源部の－側端子の形状は，電池の細部寸法にも示したように，有効径や中心部の凹凸のほか，外装部寄りの凹凸もあるので注意が必要です．一般には，電池の出し入れにバネ弾性の効果を利用するのと同時に，適切な接触圧も得られるスプリング状のものが最も多く使用されています．

● 接続端子の材質

▶マンガン乾電池

ニッケルめっきを施したリン青銅が多く使われます．素地材に黄銅や鉄などを使うこともありますが，放電末期に電池からわずかに発生するアンモニア・ガスにより腐食されることも想定されるので，ピンホールのないニッケルめっきを施しておくべきです．

また，アルカリ乾電池が使用されることもあるので，ニッケルめっきした鋼やステンレス鋼を使い，鋼合金の場合はピンホールのないニッケルめっきが必要です．

むき出しの鋼合金やアルミニウムなどは絶対に避けるべきです．

ニッケルめっきの厚さは通常 $5\mu m$ 以上（JIS H 8617 1種2級），電池の着脱頻度が多い場合には $10\mu m$ 以上（JIS H 8617 1種3級）が必要です．ステンレス鋼は耐食性には優れていますが，接触抵抗が大きいため推奨できません．やむを得ず使用しなければならない場合にでも，ニッケルめっきは最低限必要です．

▶アルカリ系電池（アルカリ乾電池，アルカリ・ボタン電池）

ニッケルめっき鋼かニッケルめっきしたステンレス鋼を使ってください．ニッケルめっきの厚さはマンガン乾電池の場合と同じです．ステンレス鋼（SUS304）は接触抵抗が大きいので，ニッケルめっきが必要です．

▶リチウム電池

ニッケルめっき鋼かニッケルめっきしたステンレス鋼が望ましく，特に接触抵抗を低くする必要のある場合には金めっきを施せば確実です．

また，バックアップ電源のように長時間使用される用途には，後述のニカド電池のように溶接接続することが最も適切です．

▶ニカド電池，ニッケル水素電池

長期にわたって充放電使用されるので，原則として接続片（タブ）を使って溶接接続すべきです．接続片にはアルカリ系電池の場合と同様に，$0.1\sim0.2$ mm厚のニッケル・リボンやニッケルめっき鋼の薄板を使います．

▶リチウム・イオン電池

この電池も長期間使用されるので，接続片を使って溶接接続すべきです．

円筒形電池や鋼製ケース（缶）を使った電池では，ニカド電池やニッケル水素電池の場合と同様に，接続片として0.1～0.2 mm厚のニッケル・リボンやニッケルめっき鋼の薄板を使います．

ケースがアルミニウム材の角形電池は，通常2段階で溶接接続します．まず，アルミニウムとニッケルのクラッド（貼り合わせ）材からなる0.2 mm厚程度の短い接続片を用意し，アルミニウム側をケース底部に溶接接続します．次にその上に，取り出し端子となるニッケル・リボンやニッケルめっき鋼を溶接して使います．[2]

▶腐食・酸化・摩擦の配慮

いずれにしても，接続端子は電池と十分な電気的接続を確保し，しかも電解液や電解液を含む電池からの発生ガスによっても腐食されないことが必要です．特に，多数個の電池を密閉状態にして使用する場合には，腐食対策が不可欠です．

震動や放電スパークが生じる場合あるいは長期間使用する場合には，空気酸化などによって機器側の端子と電池端子の接点に酸化被膜が形成されて接触抵抗が増大することが多いので，酸化や摩擦に耐える材質を使う必要があります．

▶リサイクルの配慮

ニカド電池などは信頼性が高く，寿命も長い点から機器に内蔵・固定されているものが多く，一般の消費者には簡単には取り外せないのが現状です．

一方，私たちを取り巻く環境の保全と資源の再生利用の意識は，今や世界規模で広まっています．電池とその材料についても例外ではなく，リサイクルのためにニカド電池をはじめとして「取り外し容易性」あるいは「容易に取り外せる構造」の実現をめざし，メーカ側でも既に検討に入っています．このような社会意識や時代変化にも気を配りながら対応していくことが，これからの機器設計者には求められるでしょう．

● 電源部端子の圧力と電池重量

機器側端子の圧力の目安を**表2**に示します．

このほか電池重量の点については，同じ寸法サイズの電池であっても，メーカによって重量に多少の差があります．電池系が違う場合には，さらに大きな重量差があります．

例えば，単1形でもマンガン乾電池はグレードにより約99 gまたは113 g，アルカリ乾電池は約140 gです．ごく一部の特殊用途の電池を除いて，一般の電池規格には重量に対する規制はありませんが，重量が機器の機能上は問題にならないとしても，電池室端子のバネ強度などは重い電池が装填された場合のことを考えて設計する必要があります．

〈表2〉機器側端子の圧力の目安

サイズ	圧力(g)
単1形，単2形	1000～3000
単3形，単4形，単5形	500～1000
ボタン形	50～100

■ 電池室の材質と構造

● 材質
絶縁性が高く，電池を収納した場合に変形を起こさない，耐アルカリ性あるいは耐酸性に優れた樹脂を選定してください．金属を使用する場合には，電池外装部との絶縁を確保しなければなりません．

● 構造
電池室の構造については，次の注意点を十分に考慮し，設計を行う必要があります．

▶ 電池の出し入れが容易にできること．
　例えば，取り出しテープを付けます．
▶ 幼児が簡単にはふたを開けることができないこと．
　ドライバなどを使わないと開けられないようにしておくことが望ましいです．
▶ 電池収納壁と電池の間には大きな隙間がないこと．
　震動が予測される場合には，震動を吸収するための方策を講じてください．
▶ 高さ方向に3個以上の電池を装填する場合には，電池が飛び出さないように防止策を考えること．
▶ 万一の漏液に対しても，電解液が機器内部へ滲出するのを防ぐために外側は密閉にし，できれば液留めの溝部や吸液材などを設けること．
▶ 放熱，排ガスのため，通気性を考慮すること．

■ 表示

電池の種類，各電池の極性，装填の順序と装填後の確認のために次の項目を図3のようになるべく表示してください．

● 電池取り扱い上の注意事項の表示
先に記した電池取り扱い上の注意事項を，半永久的な刻印またはシールにより機器に表示します．機器が小さい場合には取り扱い説明書に明記します．

● 電池の形式の表示
電池の装填位置に電池の図形を描き，その中にJISまたはIEC呼称を併記します．

● 極性（方向）の表示
なるべく電池の図形ごとに＋－を表示します．

● 個数の表示
1個または1列だけの表示で個数を代表するのではなく，全数を表示し，必要があれば装填順序も表示します．

● 表示場所
電池が装填される場所および電池が装填された後でも表示が隠れないように明示します．

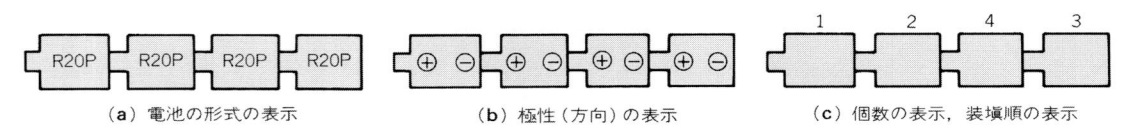

（a）電池の形式の表示　　（b）極性（方向）の表示　　（c）個数の表示，装填順の表示

〈図3〉電池室内の表示

■ 1次電池の充電防止

すでに述べたように，1次電池を充電すると事故が発生する危険が大きいので，下記に示すように充電操作が起らない機構や表示などを前もって考慮しておくことが望まれます．

● **ACアダプタおよび1次電池で動作する機器の場合**

1次電池の充電を防止するため，図4の例のように電源回路およびプラグの構造などを考慮します．

● **電池ホルダのついた充電器で，充電式電池以外の1次電池も構造的に装填できる場合**

取り扱い説明書，注意銘板やチラシなどで充電式電池以外の1次電池(マンガン乾電池，アルカリ乾電池，アルカリ・ボタン電池，水銀電池など)の充電は，絶対しないように表示します．

充電器と充電式電池が専用である場合は「充電式電池専用」と表示します．また，他の充電式電池も絶対に充電しないように説明書，注意銘板やチラシなどで表示します．

● **ACアダプタや充電器で充電する場合**

機器に電池を内蔵するタイプおよび充電器の電池ホルダに電池を装填するタイプは，装填前に必ず充電式電池か，1次電池かを十分に確認します．そして，1次電池の充電や1次電池と充電式電池を混用した形での充電は絶対しないよう，注意文を機器の一部に明記します．

1次電池か充電式電池かの区別が不明確な電池の場合は，絶対に充電しないことを明記します．

■ 漏液を防ぐ電源設計

● **乾電池によるメモリ・バックアップに注意**

最近，電子機器に使用したマンガン乾電池による漏液損傷というクレームが多く見られるようになってきました．その原因を調査・解析したところ，漏液が発生している電子機器は，いずれもメモリ機能が付いており，しかもメモリ・バックアップ部の電源を同じ乾電池から取っていることが判明しました．

● **漏液にいたるメカニズム**

電池が消耗してくれば主機能は動作しなくなりますが，メモリ・バックアップ部は桁違いに低い消費電力であるため，メモリ保持動作はそのまま継続されます．

この状態で放置したり，主機能を専用アダプタを介して専用電源で動作させたりすると，乾電池からは微少電流が流れ続けることになります．この結果，負極である亜鉛の容器は消失し，乾電池の内部に蓄積された液状生成物が徐々に電池外部に漏出することになります．

つまり，電源スイッチをOFFにしてもメモリ・バックアップ部へ電流が流れ続ける機構となっていることが原因となっているわけです．このようなトラブルを事前に解消するには，機器側で次のような

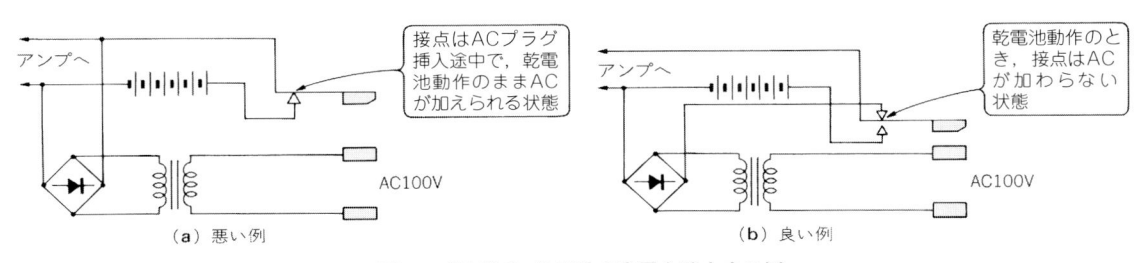

〈図4〉プラグで1次電池の充電を防止する例

配慮と協力が必要です．

● 漏液を未然に防ぐ電源設計

▶ 主機能スイッチとは別に，メモリ・バックアップ回路を含めたすべての回路が切れるメイン・スイッチを設ける．

▶ 2電源方式とし，主機能部とメモリ・バックアップ部とをそれぞれ別電源から取る．
例えば，主機能用電源は単1形乾電池，メモリ・バックアップ用はリチウム電池とする．

▶ 電源部は，仮に乾電池が漏液しても回路に被害が及ばないように，その設置箇所・仕切りなどを配慮する．

▶ 主機能用としての使用が終わった時点で，必ず電池交換をするようディスプレイ上および取り扱い説明書に強く表示する．
例えば：
「電池を交換したほうが適切です．液漏れの恐れがあります．」
「電池消耗後，ACアダプタに切り替えて使用される場合でも，新しい電池と交換したほうが適切です．消耗した電池は取り外してください．」
「長期間使用しない場合は，乾電池を取り外してください．液漏れの恐れがあります．」

▶ スイッチ切り忘れによる漏液損傷を極力なくすため，自動節電機構を付ける．

▶ メモリ・バックアップおよび自動節電機構の消費電流を極力小さくする．

■ まとめ

これまで述べてきたように，一口に電池室といっても，単に電源である電池を収納できさえすれば良いというものではないことが理解していただけたものと思います．

万一の漏液や回路からの発熱などを考慮した電池室の配置，構造や材質，接続端子の形状，強度や材質さらには電池の配列方法にまで気を配って設計をしたいものです．

一方，電池室に連なる電気回路についても，1次電池が使用されるケースなどを想定し，トラブルの原因となる充電操作が生じない回路設計や，メモリ機能の付いた機器での電源のあり方，あるいは回路上の工夫などにも適切な配慮が望まれます．

21世紀のエレクトロニクス機器を展望したとき，これを人間にたとえて，半導体は頭脳で，液晶パネルが顔，そして電池は心臓といわれています．この表現は電池の戦略的な重要性を如実に表しています．

電池を活かし，配慮の行き届いた，高品質で創造性にあふれた電子機器を世の中に送り出していくためにも電池室の設計には充分な検討が必要です．

◆引用文献◆

(1) 松下電池工業㈱；電池総合カタログ，1991年版，1992年版．
(2) 電池，特許第3066338号，三洋電機㈱．
(3) トランジスタ技術編集部編；電池活用ハンドブック，CQ出版㈱，1992．

★本記事は「電池活用ハンドブック」の記事を加筆・再編集したものです．〈編集部〉

第2部 充電回路と電池マネージメント・システム

◆ 第2-1章

2次電池と正しく付き合うための基礎知識

おはなし「2次電池の充放電入門」

星 聡
Satoshi Hoshi

■ はじめに

今後は，2次電池を使用したシステムを設計する機会が増えてくることが予想されます．しかし，化学専攻でもない限り，2次電池を含む電池について勉強できる機会は少ないようです．今考えてみると私自身，電池関係の半導体ICを担当するまでは，豆電球の点灯実験に毛の生えた程度のカタログ知識しかもっていませんでした．

ここでは，充放電回路を設計をするときに知っておく必要のある2次電池の充放電時のふるまいや性質について解説します．化学的には厳密性に欠けるかもしれませんが，できるだけユーザである電子回路設計者の立場に立って，さまざまな機会に私が体験し，七転八倒したことや電池メーカの方々から教えていただいたことを紹介したいと思います．

● メーカの技術資料が良い参考書

残念ながら，2次電池に関する書物というと，電池を作るための化学系の参考書がほとんどです．2次電池を使うための参考書というと極端に少ないのが現状だと思います．

2次電池の特性を理解するうえで最も良い資料は，電池メーカの発行するデータシートやアプリケーション・ノートです．すべての疑問や問題点に対する回答が，これらの資料に書いてあるとは限りませんが，さまざまな電池メーカの技術資料を読み比べると，お互いに補完し合うような情報が記述されていることがあり，私もずいぶんお世話になりました．

2次電池の基本的な性質

● 2次電池をビーカ・モデルで考える

図2-1-1に示すように，2次電池に充電することは，ビーカに水を注ぐことにたいへん似ています．

お気づきのとおり，ビーカーは電池そのものであり，水は電池に蓄積されるエネルギ（電荷）に相当します．ただし，ビーカーと水の場合のように，充電によって電池の重さが変化するわけではありません．

2次電池をビーカ・モデルで考えるとき，水面の高さは，充電されたエネルギ量に相当し，ビーカの底面積は電池電圧に相当すると考えれば合点がいくでしょう．実際の電池電圧は，充電状態や電池温

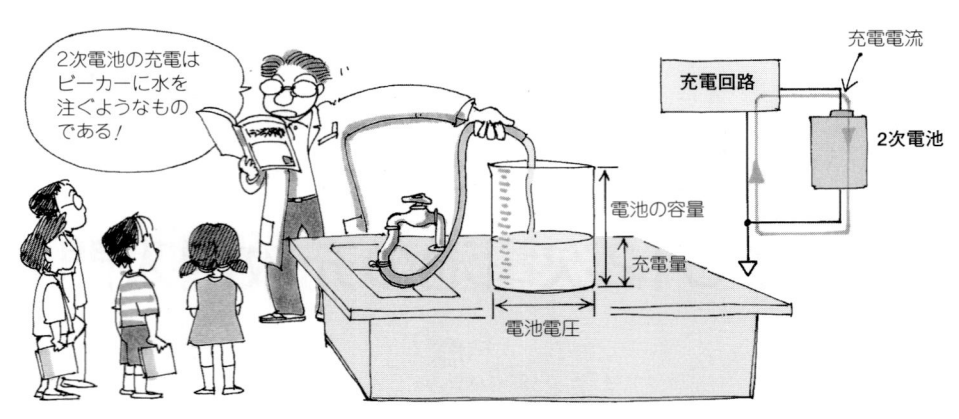

〈図2-1-1〉2次電池への充電をビーカー・モデルで考える

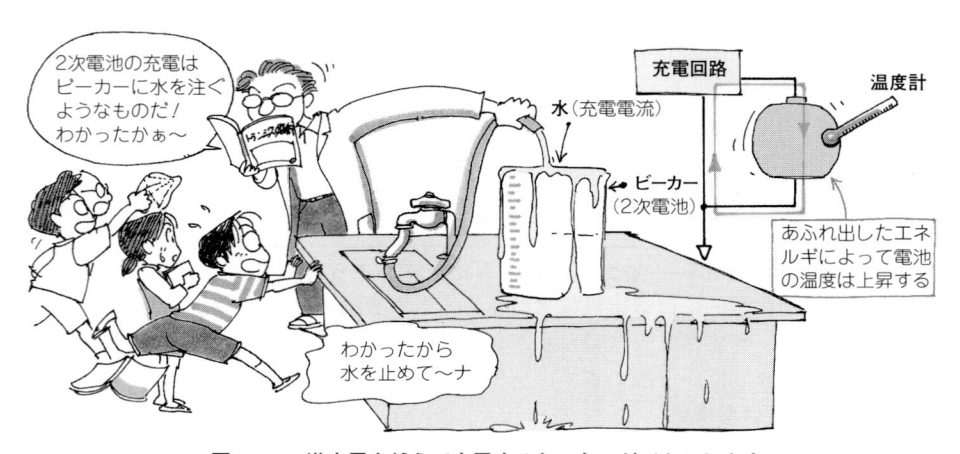

〈図2-1-2〉満充電を越えて充電するとエネルギがあふれ出す

度または充放電電流によって変化します．

● 電池が満充電になると何が起こる？

　図2-1-2に示すように，ビーカーの場合は，注ぎ込まれる水の量がビーカーの容量を越えると，ビーカーの外に水があふれ出しますが，電池の場合は，充電されるエネルギが電池の容量を越えると，エネルギは熱として外部に放出されるようになります．このとき，電池の温度は急激に上昇し始めます．

　電池自身は，熱伝導率の良い金属缶に収められていますが，電池から放熱することができないような機構設計はとても危険です．例えば，魔法びんの中で2次電池を充電したり，2次電池をスポンジに包んで充電したり，ふとんの中で2次電池の充電実験をしたりすることは，火事になるので絶対にしてはいけません．当然ながら，いったん熱として放出されたエネルギは，電池内部に蓄積されていないので放電できません．

● 満充電はどうやって知るの？

　図2-1-3に示すように，ビーカーならば，どのくらい水がたまっているかを目盛りから読んで，あふれる前に蛇口を止めることができるでしょう．

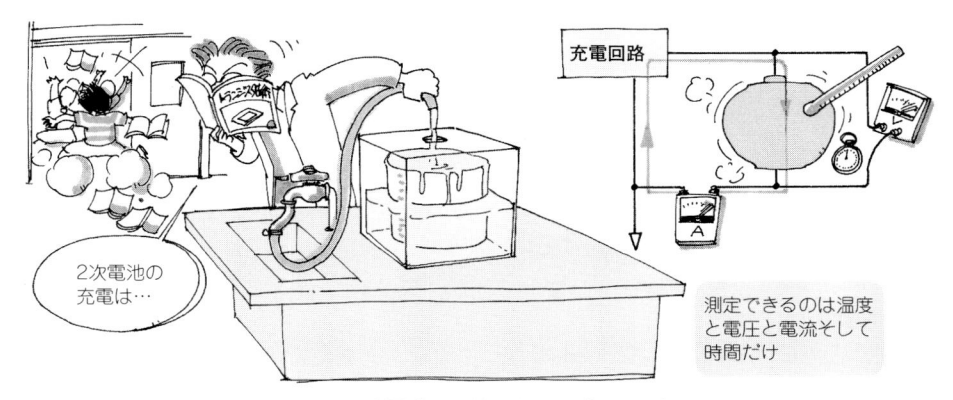

〈図2-1-3〉2次電池は目隠しされたビーカーと同じ

　しかし電池の場合，電池電圧と充放電電流と電池表面温度，それから時間ぐらいしか，情報として得ることができません．結果として，ほとんどの充電制御回路は，電圧と電流と温度や時間を測定する機能によってだけ実現されています．

2次電池のデータシートを見てみる

　ここでは，2次電池のデータシートを参照したときに戸惑いそうな表記について解説しましょう．

● 公称電圧

　データシートには1セル当たりの公称電圧が記述されています．

　この電圧は，正負電極材料の材質から求めた値，または満充電のときの電池電圧から，電池が空の状態の電池電圧に到達するまでの平均電圧です．実際のシステムを設計するうえでは，公称電圧より最大充電電圧や最終放電電圧のほうが，より重要な意味をもっています．

● 最終放電電圧

　電池電圧が最終放電電圧に到達したとき，その電圧は，電池がそれ以上放電できない空の状態にあることを意味します．放電終止電圧と呼ぶこともあります．データシートでは，電池容量を測定するための基準の一つとして示しています．

　最終放電電圧は，設計者にとっては，システムが動作しなくなる値でしかないかもしれませんが，2次電池を劣化させずに使うための重要な情報でもあります．

　最終放電電圧以下では，電池が接続されているシステムの漏れ電流をできるだけ小さく設計することが求められます．あまり気にされていませんが，じつは乾電池にも最終放電電圧があります．

● 公称容量

　一般に，5時間で満充電から最終放電電圧に至るまで放電できる，定電流負荷で評価された電流量を意味しています．放電できる電流量は，放電電流によって変化するため，最終的に実際のシステムが要求する最大放電電流で評価する必要があります．

● 定格容量を表す記号 C

　たいていのデータシートは，充放電レートを C という記号を使って表記しています．私は，この単位

に出会ったとき，電気物理の単位表に見つからなかったので戸惑いました．Cは1時間率で表した電池の定格容量で，単位はAhです．

$1C$の充電レートとは，1時間で電池を空の状態から満充電にできる充電電流の大きさのことです．同様に$1C$の放電レートとは，1時間で電池が満充電から空に至る放電電流のことです．電池容量の異なるセルでも相対的に比較できることから，この単位が利用されています．

例えば，電池の容量が1600 mAhのとき，1600 mAの電流で充電することを$1C$充電といいます．その半分の800 mAで充電するときは$0.5C$充電といいます．

Cの単位を"cell/hour"と考えればわかりやすいのではないかと思います．

● 最大充放電電流

電池パックが過電流保護機能をもっている場合，この最大充放電電流以上の電流を流さないようにシステムを設計する必要があります．

● 最大充電電圧

リチウム・イオン電池パックを使用するシステムを設計する場合に，電池パック内部の保護回路を破壊させないために重要な項目です．ニカド蓄電池とニッケル水素蓄電池の場合は充電電源が定電流源なので，充電器の設計者が，電池が異常かどうかの判定に利用する程度です．

● 最大充電開始温度

ニカド蓄電池とニッケル水素蓄電池の場合，この温度値以上で充電を開始すると，充電によってさらに温度が上昇し，$-\Delta V$検出回路が満充電を検出しにくい高い温度になります．

● 最大充電停止温度

ニカド蓄電池とニッケル水素蓄電池の場合，これ以上高い温度で充電していると，$-\Delta V$で満充電を検出しにくいため，過充電となる恐れがあり危険です．

● 最低充電開始温度

電池内部の電解液の凍結温度と関係があります．ニカド蓄電池とニッケル水素蓄電池または鉛電池など，水系の電解液を使った2次電池の場合は，一般に0℃です．

● 最大接続容量

たいていのリチウム・イオン電池パックは，ブレーカのような働きをする電気回路的な短絡電流保護機能や過電流保護機能をもっています．

この値以上に容量の大きなコンデンサを電池パックに接続すると，コンデンサへの突入電流によって短絡電流保護機能や過電流保護機能が働き，放電できなくなります．

電池パックの構造と取り扱い方

● 電池パックの構造

複数の素電池（セル）を直列や並列に接続して，一つのパッケージに収めたものを「電池パック」または「組み電池」と呼びます．

電池パックの形態には，硬いプラスチック・ケースに収納されたハード・パックや熱収縮チューブで包装されたソフト・パックがあります．

電池パック内で直列に接続されているセルの数や並列に接続されているセルの数は，"4S2P"のように呼称されています．お気づきのように，Sは直列に接続されているセル数を意味する単位で，Pは並

列に接続されているセル数を意味する単位です．4S2Pの場合，電池パック内のセルの数は合計8セルです．語呂が良いので「4直2パラ」と呼ぶ人もいます．

● ニカド蓄電池とニッケル水素電池パックの構造

　ニカド蓄電池とニッケル水素蓄電池の電池パックは，一般に複数接続された素電池とサーミスタ，それからPTCで構成されています．

　PTCの代わりに，サーモ・スタットや温度ヒューズ，またはこれらすべての部品が使われている場合があります．温度ヒューズは，いったん切れたら電池パックが使えなくなるので，最近はPTCに置き換わりつつあります．

　PTCは，Positive Temperature Coefficientの略で，正温度係数抵抗またはポジスタともいいます．高温で抵抗値が高くなり，充放電電流を絞る温度ブレーカのようなものです．

● リチウム・イオン電池パックの保護回路の使命

　ほとんどのリチウム・イオン蓄電池は，**図2-1-4**に示すような保護回路を内蔵しており，電池パック内部の過充電と過放電を防いでいます．ノート・パソコンの場合は，たいてい電池の残量を測定する残量計も合わせて内蔵しています．

　保護回路は，リチウム・イオン蓄電池の安全性を保障するための回路であり，充電制御回路のような満充電を判定する機能をもっているわけではありません．

　保護用ICは，直列接続されたすべてのセル電圧を監視し，次に示す三つの使命を果たさなければなりません．

- 充電時にいずれかのセルが充電禁止電圧に到達したら，充電制御用MOSFETをOFFする
- 放電時にいずれかのセルが放電禁止電圧に到達したら，放電制御用MOSFETをOFFする
- 電池パック端子が短絡されたときや過大な放電電流が流れたときに，MOSFETが焼損する前に，充放電用MOSFETをOFFする

● リチウム・イオン電池パックは慎重に取り扱う

　ケースが空いたままのリチウム・イオン蓄電池パックに金属くずが混入したり，テスタ・リードを誤接触させると，内部の保護回路が壊れることがあります．

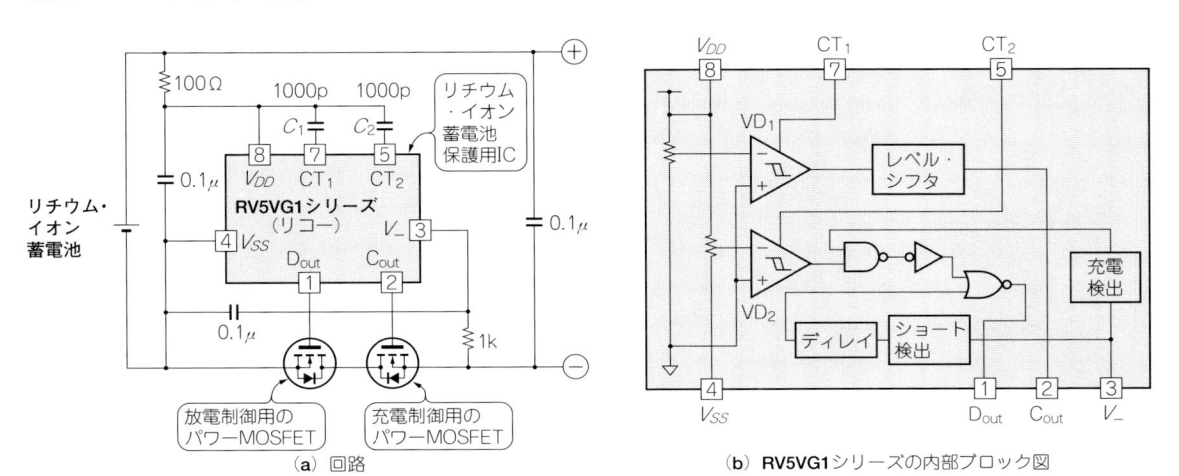

(a) 回路

(b) RV5VG1シリーズの内部ブロック図

〈図2-1-4〉リチウム・イオン蓄電池用の保護回路の例

あらかじめ段取りを決めて，慎重かつ迅速に取り扱う必要があります．指輪や時計などの貴金属類は身体から外し，机の上を整理整頓してから作業するとよいでしょう．組み立て後は，保護回路の動作が正常であることを確認してから使用しないと，痛い目にあうことがあります．

● 素電池や組み電池パックの入手性

代表的な2次電池の充放電電圧範囲と充電制御方法の概略を**表2-1-1**にまとめました．

ニッケル水素蓄電池は，素電池（裸セル）で市販されるようになって久しく，組み電池および素電池ともに秋葉原でも容易に購入できるようになりました．

一方，リチウム・イオン蓄電池は，安全性を確保するための保護回路を含んだ電池パックとして特定機器用途向けにだけOEM販売されています．どうしても実験したい場合は，オプションのリチウム・イオン電池パックだけを新品で購入することぐらいしかできませんでした．

しかし，状況は変わりつつあります．電池メーカにとっては喜ばしくないかもしれませんが，秋葉原の路地売りで，中古やジャンクのノート・パソコンの一部としてだけではなく，中古のリチウム・イオン蓄電池パックが入手できるようになってきました．これらの電池パックは，保護回路が故障しているかもしれませんから，購入者が万が一の事故に遭わないよう祈るばかりです．

放電のはなし

■ 最終放電電圧は何のため？

● 最終放電電圧以下に放電してはいけない？

皆さん，携帯ラジオや懐中電灯などでアルカリ乾電池を使い切った後，電池を取り外すのを忘れてそのまま放置していませんか？　きっと，電池から電解液が漏れて，電極などが腐食して使えなくなった苦い経験をもっていることでしょう．

これは，放電によって電池電圧が最終放電電圧以下になったまま，長期間保存したときに最も発生しやすいトラブルです．2次電池を使ったシステムを設計する場合も，最終放電電圧以下ではできるだけ放電しないようにしましょう．

図2-1-5に示すように，電池電圧が最終放電電圧以下の場合，電源回路がシャットダウンするような回路を設計してください．

〈表2-1-1〉代表的な電池の充放電電圧範囲と充電制御方法

電池の種類		一般的な値			充電電源	満充電検出方法
		最終放電電圧 [V/セル]	公称電圧 [V/セル]	満充電時最大電圧 [V/セル]		
アルカリ乾電池		1.0	1.5	1.6～1.8 （未使用時）	—	—
ニカド蓄電池		1.0	1.2	1.6～1.8	定電流	$-\Delta V$検出，$\Delta T/\Delta t$検出
ニッケル水素蓄電池		1.0	1.2	1.6～1.8	定電流	$-\Delta V$検出，$\Delta T/\Delta t$検出
リチウム・イオン蓄電池	コークス	2.5～2.8	3.6	4.1～4.2	定電流定電圧	I_{min}検出
	グラファイト	3.0	3.6	4.1～4.2	定電流定電圧	I_{min}検出
鉛蓄電池		1.6～1.75	2.0	2.283～2.3	定電流定電圧	I_{min}検出

● 最終放電電圧以下まで放電するべきか？

ひところ，ニカド蓄電池やニッケル水素蓄電池の「メモリ効果」による電池容量低下が話題になったことがあります．

メモリといっても，半導体のメモリではありません．メモリ効果の原因には諸説がありますが，一般に次のように説明されています．

図 2-1-6 のように，電池は小さな電池がたくさん並列接続されたものと考えることができます．各小電池は充放電が浅かったり，充放電されないまま長時間放置されると，不活性化して充放電できなくなります．この不活性化した小電池が増え，蓄積（メモリ）してくると，電池の内部インピーダンスが上昇し，充電電流が流れたとき電池電圧が低下します．

■ メモリ効果の発生を抑えるには

図 2-1-7 に示すように，アルカリ乾電池やニカド蓄電池，ニッケル水素蓄電池を使用し，リニア・レギュレータを介して，最大 100 mA の電流を消費する 3.3 V 系回路に供給するシステムを考えてください．では，メモリ効果を小さくするには，どのように設計したら良いのでしょうか．

● 最終放電電圧まで放電する

メモリ効果の発生を防ぐには，最終放電電圧まで放電できるように回路を設計する必要があります．

アルカリ乾電池やニカド蓄電池，ニッケル水素蓄電池の最終放電電圧は，一般に 1 V/セルです．3 セル直列の組み電池では，最終放電電圧が 3 V となり，3.3 V の電源電圧が得られません．一方，どんなリニア・レギュレータも，出力電圧より高い入力電圧が必要です．3.3 V 電源を得るには，最低でも 4 セルを直列に接続した組み電池を使う必要があります．

3 セル直列のアルカリ乾電池，ニカド蓄電池，ニッケル水素蓄電池を 3 V 系回路に適用すると，電池の最終放電電圧まで放電できないため，メモリ効果の原因になります．電池には 20～40 ％程度のエネルギが放電されずに残ります．

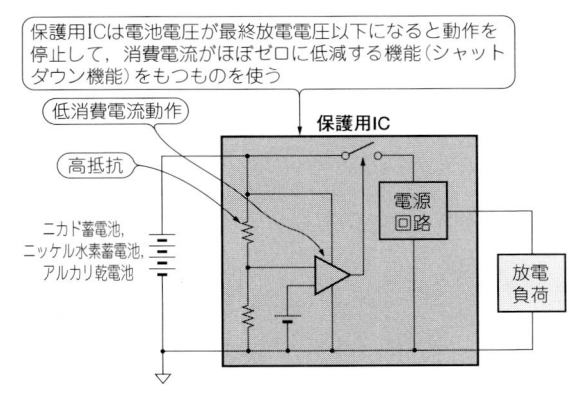

〈図 2-1-5〉最終放電電圧以下で電源がシャットダウンする回路の構成

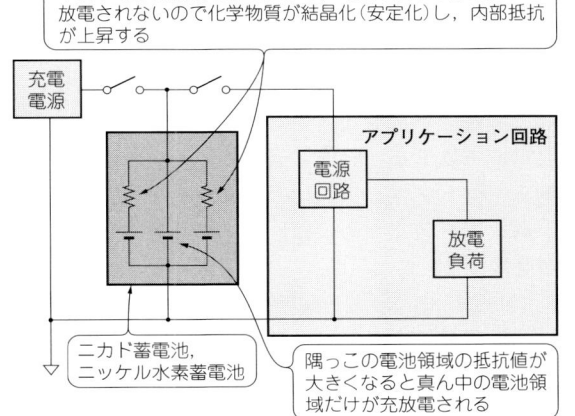

〈図 2-1-6〉メモリ効果の電気的モデル

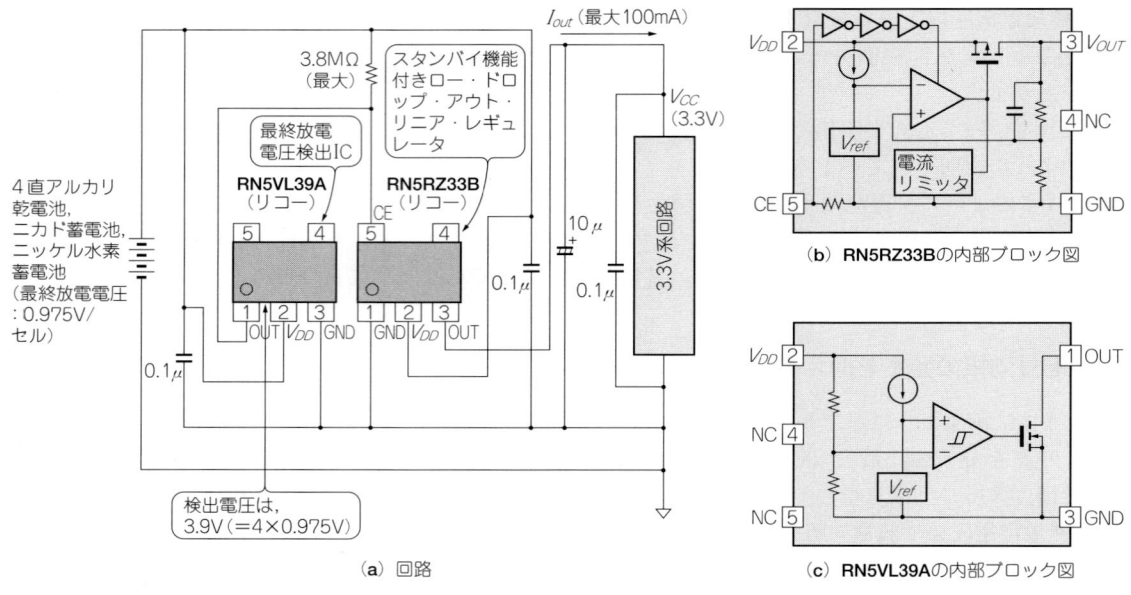

〈図2-1-7〉シャットダウン機能付きの3.3 V出力電源回路の例

● どんな電源回路が必要か

▶ 入出力間電圧(0.1～0.5 V)を確保する

　リニア・レギュレータが出力電圧を安定化するためには，必ず入出力間に100 m～500 mVの電位差が必要です．

　3.3 V出力のリニア・レギュレータ RN5RZ33Bのデータシートには，出力電流I_{out}が0.06 Aのとき，最大入出力間電位差V_{dif}は0.3 Vと記述されています．したがって，I_{out}が0.1 AのときのV_{Dmax}は，次式から最大500 mVと求まります．

$$V_{Dmax} = \frac{0.3 I_{out}}{0.06} = \frac{0.3}{0.06} \times 0.1 = 0.5 \text{ V} \quad \cdots\cdots (2\text{-}1\text{-}1)$$

出力電圧V_{out}は3.3 Vですから，次式から入力に必要な最低入力電圧V_{Imin}は3.8 Vと求まります．

$$V_{Imin} = V_{out} + V_{Dmax} = 3.3 \text{ V} + 0.5 \text{ V} = 3.8 \text{ V} \quad \cdots\cdots (2\text{-}1\text{-}2)$$

　このリニア・レギュレータなら，4直のアルカリ乾電池やニカド蓄電池，ニッケル水素蓄電池の最終放電電圧以下まで動作します．

▶ シャットダウン機能付きであること

　過放電を防ぐためには，入力電圧が4 V以下であることを検出して，出力をシャットダウンする機能が必要です．

　RN5RZ33Bは，CE端子の入力電圧を"H"にすると出力が有効になり，"L"にすると出力が停止して，低消費電流モードに移行します．

　RN5VL39Aは，組み電池の最終放電電圧を監視し，入力電圧が3.9 Vより低くなると，RN5RZ33Bを低消費電流モードのスタンバイ状態にします．スタンバイ時の消費電流(放電電流)は約$2 \mu A$です．この機能によって過放電領域における電池のダメージを最小化できます．

■ 過充電はこんなに危険！

過充電によって電池が破壊した例を示しましょう．不適切な充電がいかに危険かがわかると思います．

写真2-1-Aに示すのは，大電流でニッケル水素蓄電池を長時間充電し続けた結果，異常な熱が発生し電池パックのプラスチック・ケースが溶けてしまった例です．

写真2-1-Bは，高い電圧でリチウム・イオン蓄電池を充電した結果，電池が破裂した例です．

最近，1次電池であるアルカリ乾電池を充電すると蘇るなどと，あたかも充電できるような内容の記事を見かけることがありますが，アルカリ乾電池の充電はとても危険です．乾電池から電解液（水酸化カリウム溶液）が漏れ出して火傷したり，破裂して飛び散った部品などで怪我をする可能性があります．

〈小澤 秀清〉

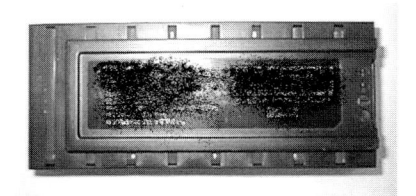

(a) 破損前　　　　　　　　　　　　　　(b) 破損後
〈写真2-1-A〉過充電によってニッケル水素蓄電池のケースが溶けた例

(a) 破損前　　　　　(b) 破損後　　　　　(c) 破損時に飛び出した中身
〈写真2-1-B〉過充電によってリチウム・イオン蓄電池のケースが破裂した例

● 最大出力電流の検証

RN5RZ33Bの許容損失P_Dは，推奨の配線パターンの基板に実装した状態で375 mWです．
4セル直列に接続された電池の最大電圧$V_{BO\text{max}}$は，1セル当たりの電池電圧をV_{cell} [V] とすると，

$$V_{BO\text{max}} = 4V_{cell} = 4 \times 1.6 = 6.4 \text{ V}$$

と想定されます．P_Dは，次式のように定義できます．

$$P_D = (V_{I\text{max}} - V_{out})I_{out} \quad \cdots\cdots(2\text{-}1\text{-}3)$$

最大出力電流$I_{O\text{max}}$は，次式から120 mAと求めることができます．

$$I_{O\text{max}} < \frac{P_D}{V_{I\text{max}} - V_{out}} = \frac{0.375}{6.4 - 3.3} \fallingdotseq 0.12 \text{ A} \quad \cdots\cdots(2\text{-}1\text{-}4)$$

3V系回路ならば，リニア・レギュレータを3.0V出力のRN5RZ30Bに変更するだけで対応できます．その場合，レギュレータの消費電力が少し大きくなるため，最大出力電流は110mAに制限されます．

■ 放電しているのに逆充電？

複数の素電池が直列に接続された電池パックの取り扱い説明書には，同時期に購入した電池を使用することを推奨しています．その理由は，逆充電による液漏れ事故を防ぐためです．

各電池の容量，残量，劣化度などが一致していないと，図2-1-8に示すように，最初に空になった電池は，最後まで残った電池によって逆充電され，その電池は劣化します．同一製造ロットのセルで構成されている組み電池は，各セルの特性が一致しているため，ほとんど問題になりませんが，市販の単セル蓄電池を直列に接続して利用する場合は，各電池が一人歩きしないように管理する必要があります．

充電のはなし

● 充電電源は定電流か定電流定電圧か？

定電流タイプの充電電源は，主にニカド蓄電池やニッケル水素蓄電池を急速充電するときに使います．満充電時，最大電圧よりも高い電圧まで，定電流特性を示します．

定電流定電圧タイプの充電電源は，主にリチウム・イオン蓄電池や鉛電池を急速充電するときに使います．定電流出力特性と満充電時の最大電圧に等しい定電圧出力特性を併せもっています．

● 2次電池の満充電はどうやって検出する？

ニカド蓄電池とニッケル水素蓄電池の場合，$-\Delta V$検出や$\Delta T/\Delta t$検出と呼ばれる方法で満充電を判定します．

▶ $\Delta T/\Delta t$検出

図2-1-9にニッケル水素蓄電池を充電したときの実測の充電特性を示します．充電電流量が電池容量を越えると，電池から溢れ出るエネルギによって電池が発熱します．このときの温度上昇率の増大を検出する方法です．

▶ $-\Delta V$検出

満充電後に電池電圧が低下し始める現象を検出して，充電を停止する方法です．この現象は「電池内部温度の上昇によって電池内部インピーダンスが低下し，充電電流が一定なので電池電圧が低下する」と考えれば理解しやすいでしょう．ニッケル水素蓄電池の電池内部インピーダンスの低下は，過充電における水素還元反応のほうが，充電時の水素吸蔵反応よりも早いために起こります．

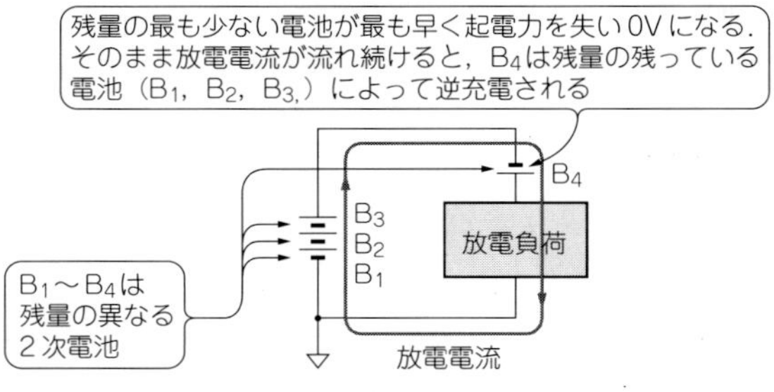

〈図2-1-8〉セルのアンバランスによる逆充電は劣化の原因になる

▶最低充電電流検出

　リチウム・イオン蓄電池の満充電は，図2-1-10に示すように，最低充電電流検出によって判定します．検出電流値は，一般に急速充電電流の1/25程度です．

● タイマしかない充電器はどうなっているの？

　今でも，8～12時間のタイマだけで充電を停止させている充電器があります．

　タイマ充電は，最も低コストな充電方法ですが，電池の充電状態とは無関係に充電する方法です．例えば，電池を満充電にした後，もう一度電池を挿抜すると，電池は満充電状態なのに，再び充電を開始します．結果として，電池丸々1本ぶん過充電することになります．しかし，充電電力が小さいため，たとえ過充電であっても問題になるほど電池の温度は上昇しません．

● 充電時間3～7時間の充電器は存在しない？

　一般に0.3C充電（3時間）より早い充電器は，急速充電器といわれています．このような充電器は，充

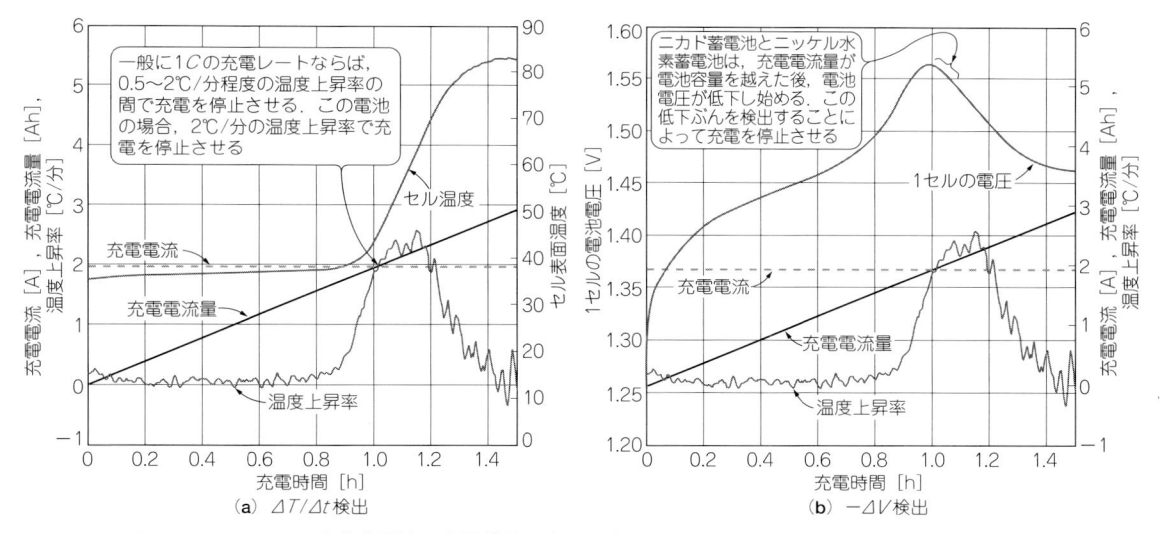

〈図2-1-9〉ニッケル水素蓄電池の充電特性の実測例（円筒形単3型，1900 mAh，定電流1.9 A充電）

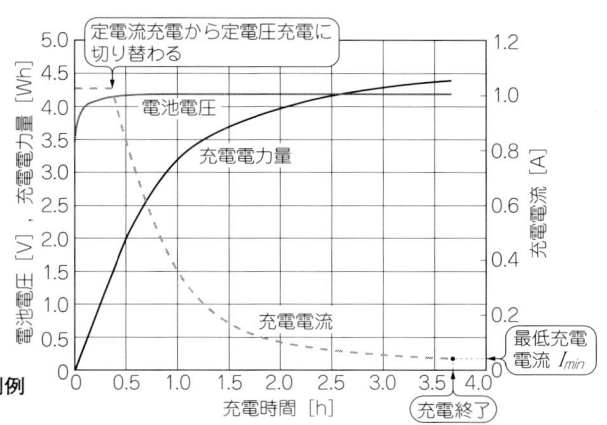

〈図2-1-10〉リチウム・イオン蓄電池の充電特性の実測例
（充電電圧4.2 V，急速充電電流1 A，定電流1.9 A充電）

電の安全性を確保するために，満充電を検出して充電を停止する必要があります．一方，前述の安価な8〜12時間のタイマ充電器は，充電レートが低いので満充電を検出できなくても安全に充電できます．

3〜7時間で充電する中途半端な充電レートでは，$-\Delta V$ や $\Delta T/\Delta t$ の現象が出にくく，無理に検出感度を上げると，外乱ノイズによって満充電前に充電が停止する問題が発生します．このため，3〜7時間で充電するような充電器は，設計が難しくとても珍しいのです．

● 偽の満充電信号を検出して満充電にならないケース

長期にわたって充放電されず放置された2次電池や，製造年月日が古い長期在庫品は，電池の内部抵抗が高くなっています．こういった2次電池は，充電開始初期に偽の $-\Delta V$ が出ることがあります．充電制御回路は，この偽の ΔV を検出すると，満充電前に充電を止めてしまいます．

温度センサの取り付け位置が悪く，電池の温度が周囲温度の変化に影響されやすくなっていると，偽の $\Delta T/\Delta t$ が出て，同じく満充電前に充電が停止することがあります．図2-1-11に実際のデータ例を示します．

過充電するとどうなるか？

● 追実験はしないで！

2次電池充放電システムの安全性確保がいかに重要かを知ってもらうために，ここでは実際に過充電の実験を行い，どのくらい危険かを示したいと思います．

追実験はけっしてしないでください．追実験した場合，その結果において一切の責任を負うことはできません．

ほとんどすべての2次電池製品の注意書きに記述があるように，2次電池を過充電すると，発熱や発火の危険性があり，最悪の場合は破壊を伴います．

● 1.9Aでニッケル水素蓄電池を過充電

$1C$ の充電レートに相当する1.9Aの定電流で，公称容量1900mAhの円筒形ニッケル水素蓄電池を充電してみました．

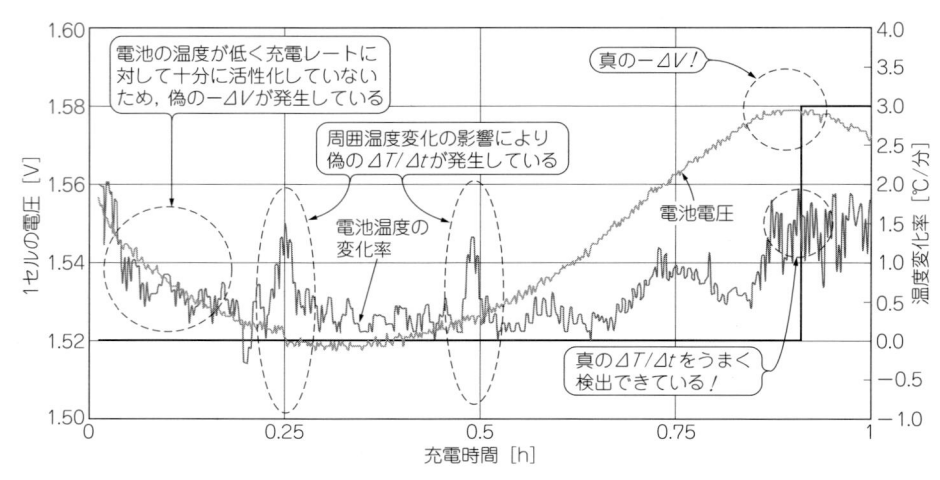

〈図2-1-11〉充電中には偽の満充電信号がたくさん出る

図2-1-12(a)に充電特性を，写真2-1-1に実験後の電池の形状変化を示します．電池セルの変形などもなく，異常はありませんでした．後述のリチウム・イオン蓄電池と比較して，ニッケル水素蓄電池のほうが高い過充電耐性をもっているようです．

● 84 mAでリチウム・イオン蓄電池を過充電

保護回路のない公称容量390 mAhの角形リチウム・イオン蓄電池を0.2Cの充電レートに相当する84 mAの定電流で過充電してみました．

図2-1-12(b)に充電特性を，写真2-1-2に実験前後の電池の形状変化を示します．

実験前は，外形厚みは5 mmでしたが，18時間経過後に10 mmにまで膨張しました．実験に使用し

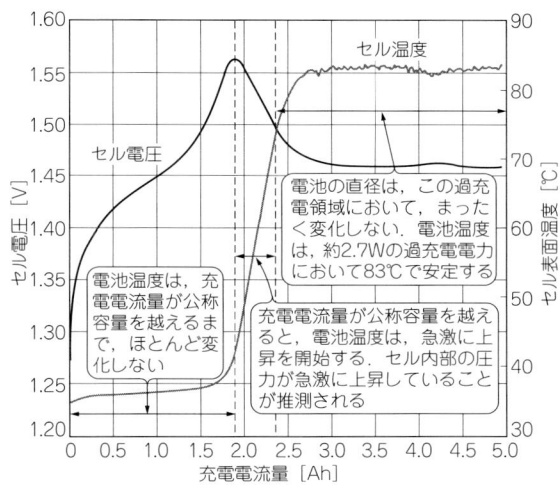

(a) 円筒形ニッケル水素蓄電池
（公称容量1900mAh，定電流充電1.9A，過充電量3040mAh）

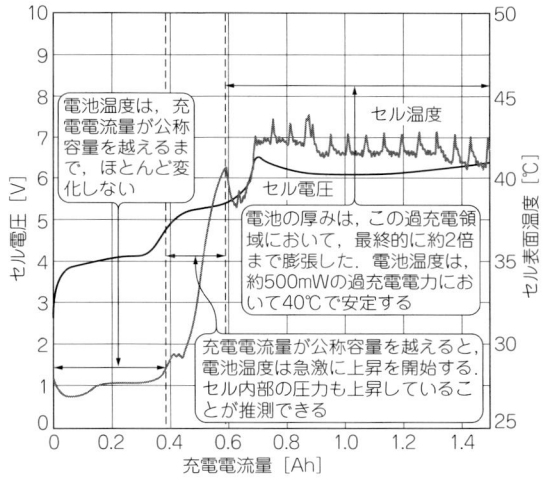

(b) 角形リチウム・イオン蓄電池
（公称容量390mAh，定電流充電84mA，過充電量1110mAh）

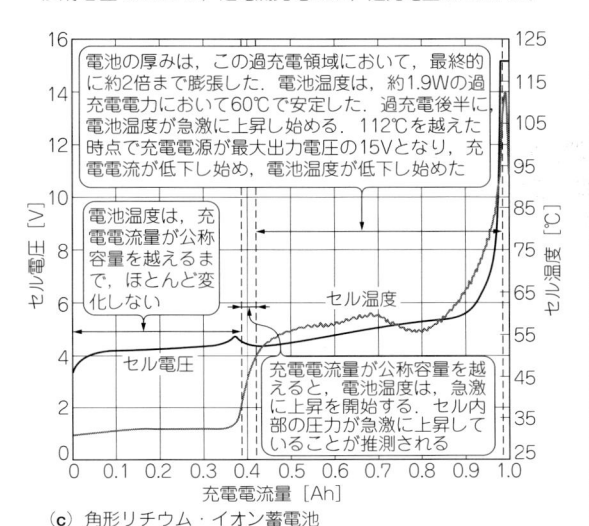

(c) 角形リチウム・イオン蓄電池
（公称容量390mAh，定電流充電397mA，過充電量590mAh）

〈図2-1-12〉過充電実験時の充電特性

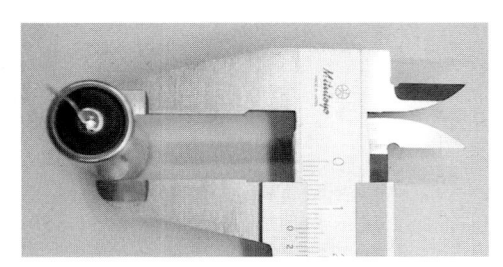

〈写真2-1-1〉ニッケル水素蓄電池の過充電後の形状をノギスで測る

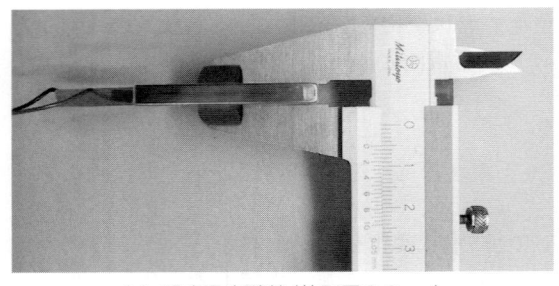

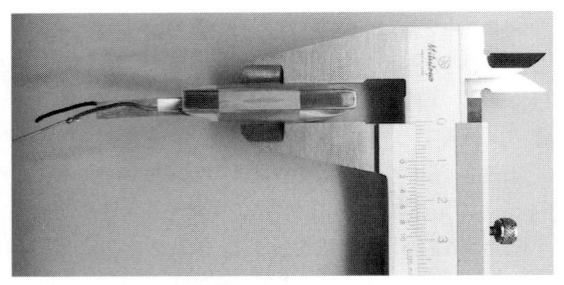

(a) 過充電実験前（外形厚み5mm）　　　　　　(b) 過充電実験後（外形厚み10mm）

〈写真2-1-2〉リチウム・イオン蓄電池の過充電時の形状変化

たリチウム・イオン蓄電池は，実験の直後にセル内部短絡モードで故障しました．短絡抵抗値は6.8Ωでした．

● 390 mAでリチウム・イオン蓄電池を過充電

さらに，同型電池を使って，充電電流を390 mAに変更して再実験しました．

図2-1-12(c) にこのときの充電特性を示します．最終的に電池温度が112℃まで上昇し，電池の厚みは，9 mmまで膨らみました．実験の後で電池の開放電圧を測定したところ，4.36 Vを維持していましたが，セル内部抵抗値が約32Ωととても高く，通常使用状態の電流を放電できなくなっていました．

● 実験を終えて

今回の執筆にあたり秋葉原を散策したところ，リチウム・イオン蓄電池が保護回路のない素電池のまま入手できたことは大変な驚きでした．実験に使用したリチウム・イオン蓄電池の素電池は，そんな場所で購入した素電池です．今回の過充電実験では，幸いにも大事に至りませんでしたが，どんな電池でも同じ結果が得られるとは限りません．

某パソコン・メーカの電源と電池関連を担当されている方から，とても怖い2次電池評価ビデオを見せていただいたことがあったので，出所不明の2次電池を過充電することは，まさにロシアン・ルーレットを体験するようなものでした．

■ さいごに

トラブルの少ない2次電池システムの設計技術は，試行錯誤の上に進歩してきた経緯があり，それらのノウハウは，ほとんど公開される機会がありません．今後2次電池システムの市場を成長させるには，設計者が2次電池の使用法を意識せず，アプリケーションの設計に集中できるようなソリューションが望まれているのではないかと思います．

◆参考文献◆

(1) 密閉型ニッケル・カドミウム蓄電池技術資料，1997年10月，三洋電機㈱．
(2) トワイセル密閉型ニッケル・水素蓄電池技術資料，1997年10月，三洋電機㈱．
(3) Rechargeable Nickel - Metal Hydride cell，東芝電池㈱．
(4) 密閉型ニッケル・水素蓄電池技術説明書，技術資料No.39，㈱ユアサ コーポレーション．
(5) Lithium Ion Rechargeable Battery，1993年4月1日，㈱ソニー・エナジー・テック．
(6) 残量表示システムを構築するための考察，㈱マクニカ．
(7) 三洋電機㈱；放電終止電圧とメモリ効果，http://www.sanyo.co.jp/energy/inquiry/faq2zu.htm

★初出：トランジスタ技術2002年7月号

◆第2-2章
高エネルギ密度の2次電池を使いこなすための
リチウム・イオン充電回路の実用知識

中道 龍二
Ryuji Nakamichi

■ はじめに

リチウム・イオン蓄電池は,従来のニッケル・カドミウム蓄電池(ニカド蓄電池)に代わる高エネルギ密度の蓄電池として,1991年に商品化されました.以来,その1年ほど前に商品化されたニッケル水素蓄電池とともに,ノート・パソコンや携帯電話,PDA,ディジタル・スチル・カメラ,家庭用ビデオ・カメラなど,モバイル機器の発展に大きな役割を果たしています.

本章では,リチウム・イオン蓄電池の充放電回路を設計するうえで知っておかなければならない基礎を紹介します.

充放電回路から見たリチウム・イオン蓄電池

● 特徴とその応用分野

リチウム・イオン蓄電池は,ニッケル・カドミウム蓄電池やニッケル水素蓄電池と比較して,次のような良い点があります.

- 1セルの定格電圧が3.6 Vと高く,重量エネルギ密度が170 Wh/kg以上($\phi 18 \times 65$ mmの円筒形セル)と高い
- 浅い放電の繰り返しによる放電容量の一時的低下(メモリ効果)がない
- 自己放電が少ない
- 充電時の発熱がほとんどない

表2-2-1に示すのは,リチウム・イオン蓄電池の主な用途,セル構成,概算電池容量の例です.消費電流の多いノート・パソコンや家庭用ビデオ・カメラは,大容量の電池が必要なので,直列や並列にセルを接続して大きな電池容量を確保しています.長時間電池がオプションで用意されており,ユーザの使い方に合わせて電池容量を選択できることも,この電池の特徴でしょう.

● リチウム・イオン蓄電池の取り扱い

取り扱いにあたっては,次のような注意が必要です.

①過充電や過放電で電池の劣化が起きやすく,場合によっては発熱から発火に至ることがあるため,

〈表2-2-1〉リチウム・イオン電池の主な用途と電池容量

用途	セル直列数	セル並列数	概算電池容量 [Wh]
ノート・パソコン	3または4	1～3	10～70
携帯電話	1	1～3	2～3
家庭用ビデオ・カメラ	1または2	1～3	4～39
ディジタル・スチル カメラ	1	1～3	7
PDA	1	1～3	2～3
ポータブルMDプレーヤ	1	1～3	2～3

過充電や過放電を防ぐ回路が必要である
② 充電回路側でも充電電圧の正確な制御が必要である
③ 満充電に近い状態で高温放置すると，容量の劣化が早い
④ モータ駆動などの高レート放電には不向きである
⑤ 2直以上の場合，各セルの周囲温度が不均一になると，セル間の容量アンバランスが起きて，放電容量が低下する

①の保護回路に関しては，ほとんどの場合，電池メーカが最適設計を行っており，電池パック内に内蔵した状態で出荷されています．

基本はCVCC充電回路

■ 構成回路と各部の働き

● 充電電圧と充電電流の変化

リチウム・イオン蓄電池の基本的な充電方式は，定電流定電圧充電です．CVCC(Constant Voltage Constant Current)充電とも呼ばれます．

図2-2-1に示すように，電池パックに接続する充電回路の出力電圧は，1セル当たりの電圧 V_{cell} にセル直列数を乗じた値以下，充電電流は電圧とセルが許容する値以下である必要があります．

図2-2-2に，充電時の電流と電圧の変化を示します．

t_1 は，定電流で充電する期間です．電池電圧が次式で表される電圧に達するまで，定電流充電します．

$$V_{chg} = I_{chg}R_{pk} + V_{cell} \quad \cdots\cdots (2\text{-}2\text{-}1)$$

ただし，V_{chg}：定電圧制御電圧 [V]，I_{chg}：充電電流 [A]，R_{pk}：電池パックの直流抵抗を除くセルの直流抵抗 [Ω]，V_{cell}：1セル当たりの電池電圧 [V]

t_2 の期間は定電圧で充電します．電池の電圧が上昇するにしたがって，充電電圧が一定になるように制御します．その結果，充電電流は徐々に絞られていきます．

電圧の検出ポイント（図2-2-1のⒶ点とⒷ点）は，できるだけ電池側に設定しなければ，電池に正確な充電電圧を加えられません．充電時間が長くかかったり，期待する容量まで充電できないことがあります．充電終了の判断は $0.05C$～$0.1C$ が一般的のようです．

簡単に充電終了を判断する方法として，定電圧に移行してから規定時間経過したら充電終了という方式もあります．この場合，電池の特性を見極めたうえで，時間を設定する必要があります．

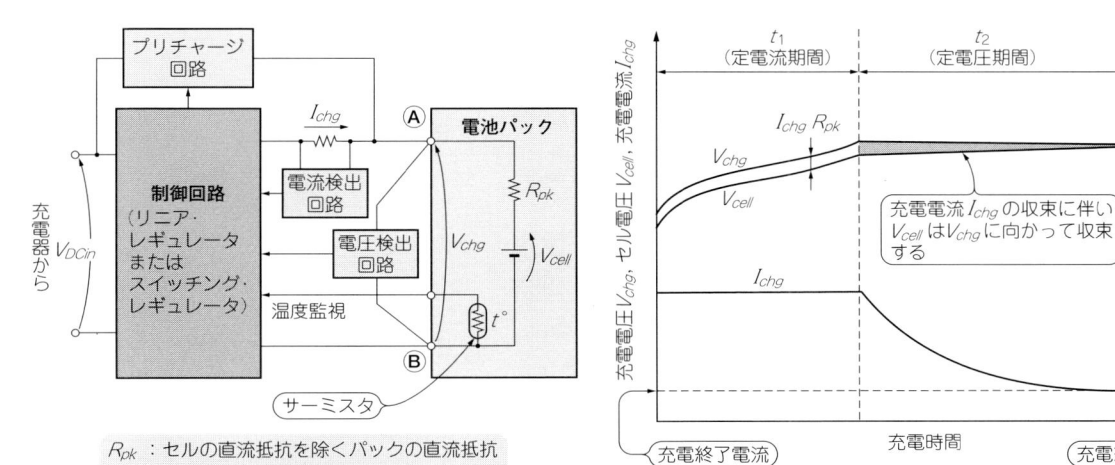

〈図2-2-1〉定電流・定電圧回路ブロック図

R_{pk}：セルの直流抵抗を除くパックの直流抵抗
V_{cell}：4.2V/セル×直列数

〈図2-2-2〉CVCC充電回路の充電特性

● **電源回路の方式**

　直流電源回路には，スイッチング方式とリニア方式があります．

　後者は，充電器からの直流電圧V_{DCin}と充電電圧V_{chg}の差分がトランジスタに加わるため，充電効率が悪くなります．特にノート・パソコンは電池容量が大きいので，この損失による発熱の問題を避けるため，スイッチング方式を採用しています．

● **サーミスタの役割**

　図2-2-1に示すサーミスタは充電中の電池の温度を監視するためのセンサです．

　通常ならリチウム・イオン蓄電池は，充電中にほとんど発熱しません．しかし万が一，電池内部でショートなどが発生し，そのまま充電を続けると，発熱して発火や破裂の危険性があります．

　電池周辺回路から発生する熱によっても電池は暖められます．電池が定格温度（一般に充電時45℃）以内かどうかもこのサーミスタで確認します．

● **プリチャージ回路の役割**

　図2-2-1のプリチャージ回路は，ウェイク・アップ・チャージとも呼びます．

　電池内部でのショートなどにより，過度に電圧が低下した電池に，通常の充電電流を流し込むと，異常発熱の恐れがあります．そこで，充電器に電池が接続されたら，まずこの回路をONして，電池電圧がある程度上昇するまで（セル当たり2.5～3.0V）この回路で充電します．

　この回路は，電池の定格充電電流の1/10～1/20程度の能力のリニア・レギュレータで構成されています．タイマを設けており，一定時間プリチャージしても電池電圧が上昇しない場合は，充電を停止します．

■ **実際のCVCC充電回路**

● **回路の説明**

　図2-2-3に示すのは，1～4直までのリチウム・イオン蓄電池を充電できるスタンドアロン型のCVCC充電回路例です．

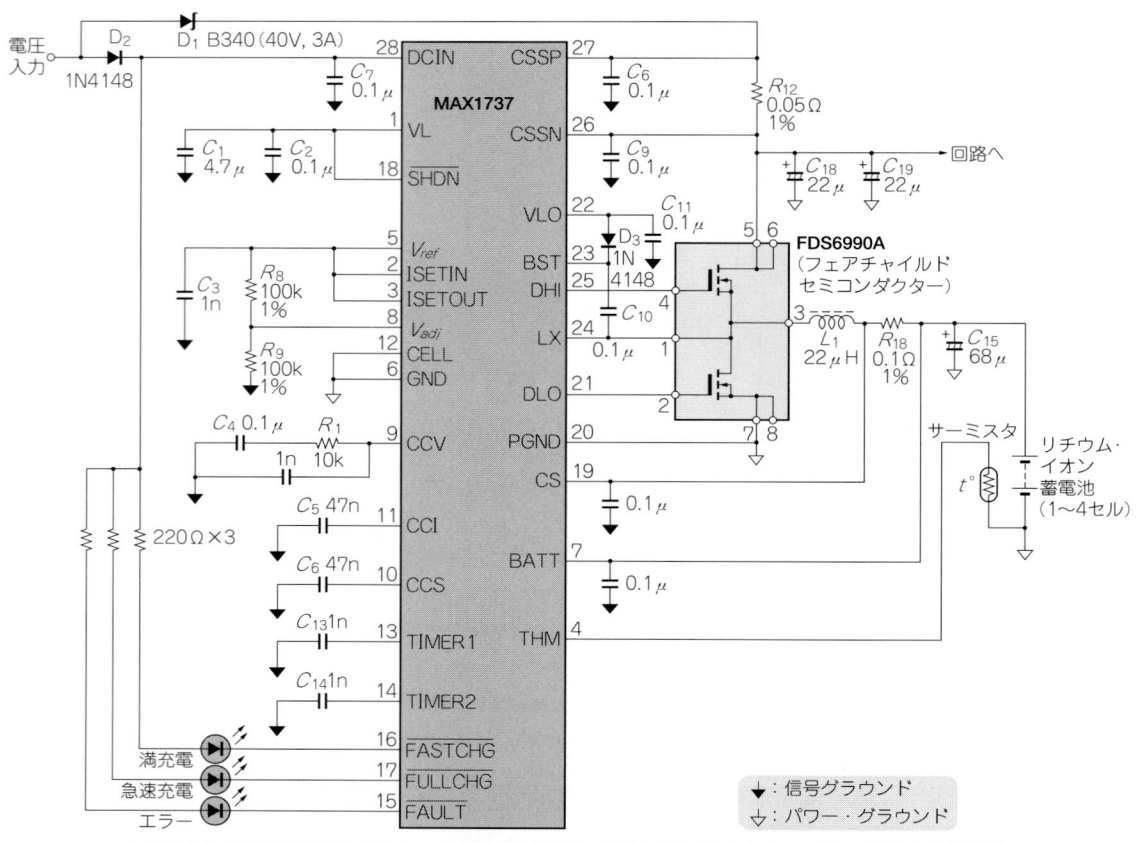

〈図2-2-3〉MAX1737による1〜4直対応のスタンドアロン型リチウム・イオン蓄電池充電回路

〈写真2-2-1〉CVCC充電制御IC MAX1737の外観

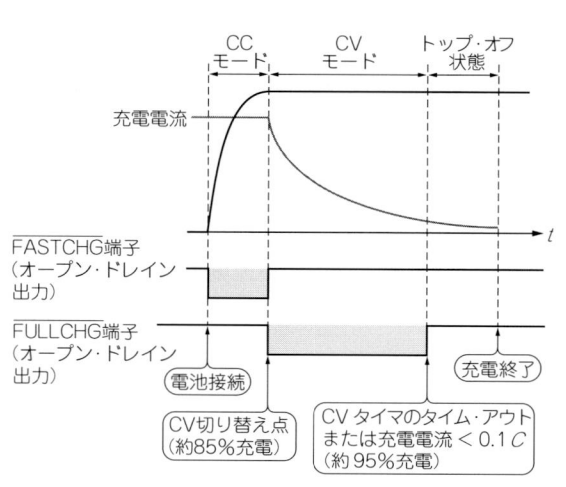

〈図2-2-4〉図2-2-3の回路の標準的なシーケンスにおける充電状態およびインジケータ出力タイミング

MAX1737(写真2-2-1)は，PWM方式の同期整流型ステップ・ダウン・コンバータを内蔵しています．入力電圧範囲は28 V，スイッチング周波数は300 kHzです．次のように，リチウム・イオン蓄電池を充電するために必要な機能をすべてもっています．
- 入力電流制限
- 電池温度監視
- プリチャージ
- 電池障害表示
- 充電終了タイマ

〈表2-2-2〉CVCC充電制御IC MAX1737の端子機能

端子番号	名 称	機 能
1	VL	動作用の電源入力DCINを入力とする5.4 Vリニア・レギュレータの出力．この端子は2.2 μF以上のセラミック・コンデンサでグラウンドにバイパスする．
2	ISETIN	入力電流リミット設定．分圧器を使用してこの電圧を0〜V_{ref}の間に設定する．
3	ISETOUT	充電電流設定．分圧器を使用してこの電圧を0〜V_{ref}の間に設定する．
4	THM	サーミスタ入力．THMとGNDの間にサーミスタを接続して，検出温度範囲を設定する．
5	REF	4.2 Vリファレンス電圧出力．この端子は1 μF以上のセラミック・コンデンサでグラウンドにバイパスする．
6	GND	アナログ・グラウンド．
7	BATT	電池電圧検出入力および電流検出負入力．
8	V_{adj}	出力電圧調整．分圧器を使用してこの端子の入力電圧を0〜V_{ref}の間に設定することにより，電池への供給電圧を±5%調整できる．
9	CCV	電圧レギュレーション・ループ補償ポイント．
10	CCS	入力ソース電流レギュレーション補償ポイント．
11	CCI	充電電流レギュレーション・ループ補償ポイント．
12	CELL	セル・カウント・プログラミング入力．
13	TIMER1	タイマ1調整．この端子とグラウンドの間にコンデンサを接続することにより，プリチャージ，完全充電およびトップ・オフ時間を設定する．
14	TIMER2	タイマ2調整．この端子とグラウンドの間にコンデンサを接続することにより，急速充電時間を設定する．
15	$\overline{FAULT}$	充電障害インジケータ．充電が異常終了すると，この端子の出力はLレベルになる．オープン・ドレイン出力．
16	FASTCHG	急速充電インジケータ．定電流充電中は，この端子の出力はLレベルになる．オープン・ドレイン出力．
17	$\overline{FULLCHG}$	完全充電インジケータ．完全充電状態で定電圧充電中は，この端子の出力は"L"に引き下げられる．オープン・ドレイン出力．
18	$\overline{SHDN}$	シャットダウン入力．$\overline{SHDN}$を"L"にすると，充電不可状態になる．この端子をVL端子に接続すると通常動作になる．
19	CS	充電電流検出正入力．
20	PGND	パワー・グラウンド．
21	DLO	同期整流パワーMOSFETゲート・ドライブ出力
22	VLO	同期整流パワーMOSFETゲート・ドライブ・バイアス．この端子は0.1 μFのコンデンサでPGNDにバイパスすること．
23	BST	ハイサイド・パワーMOSFETゲート・ドライブ・バイアス．BSTとLXの間に0.1 μF以上のコンデンサを接続する．
24	LX	電源インダクタ・スイッチング・ノード．この端子はハイサイド・パワーMOSFETのソースに接続する．
25	DHI	ハイサイド・パワーMOSFETのゲート・ドライブ出力．
26	CSSN	ソース電流検出負入力．
27	CSSP	ソース電流検出正入力．
28	DCIN	電源入力．この端子はVLレギュレータの入力電源である．この端子は0.1 μFでグラウンドにバイパスする．ソース低電圧検出用にも使用される．

表2-2-2に端子機能を，図2-2-4に充電シーケンスとLEDインジケータ出力のタイミングを，図2-2-5に状態遷移図をそれぞれ示します．

● **MAX1737の充電シーケンス**

MAX1737には評価キットがあり，簡単にリチウム・イオン充電回路を評価できます．

キットのV_{in}-GND端子間に電源を接続し，BATT$_+$-BATT$_-$間に電池を接続すると，プリチャージ・モードになり，設定充電電流の1/20で充電を開始します．同時に充電可能か診断します．

2.5V×セル数よりも電池電圧が高い場合，急速充電モードに入ります．このとき，電池の既充電状

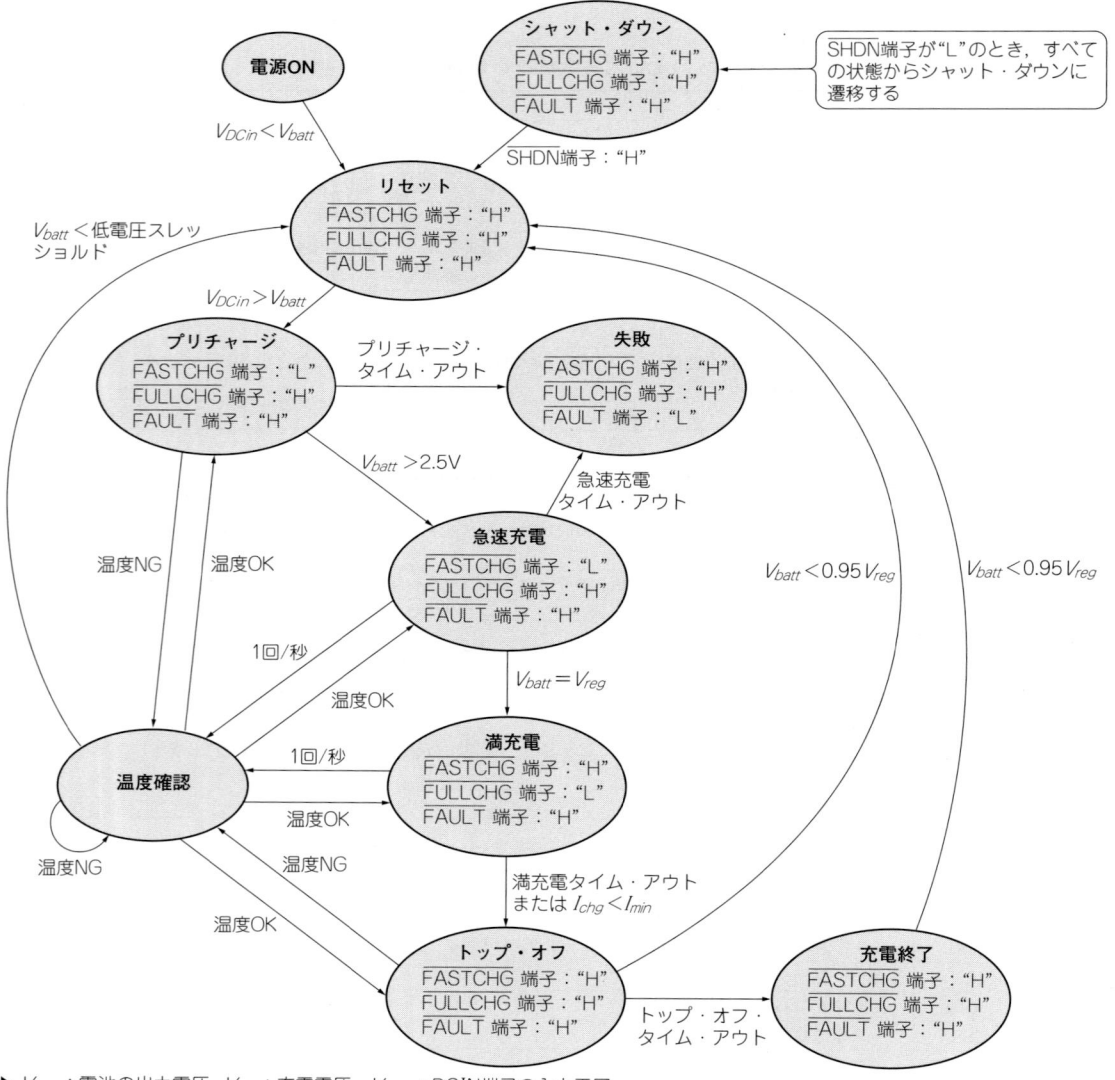

注▶ V_{batt}：電池の出力電圧，V_{reg}：充電電圧，V_{DCin}：DCIN端子の入力電圧

〈図2-2-5〉MAX1737の状態遷移図

態から定電流または定電圧で充電します．

　充電電流が，急速充電の電流値の1/10まで低下すると，トップ・オフ・モードに入ります．充電はさらに継続し，45分経過すると充電が完了します．

　定電流充電中はFASTCHGのLEDが点灯し，定電圧充電中はFULLCHGのLEDが点灯します．トップ・オフ・モード中は二つとも消灯です．充電中にサーミスタ入力が0℃以下または50℃以上になると，充電を一時停止します．

　FAULT LEDは，プリチャージ状態が7.5分経過または定電流充電で90分経過すると点灯し，充電を中断します．

● トップ・オフ・モードとは

　通常，充電電流が0.05C mA程度まで減少したときに満充電と判断しますから，1C mAで充電すると約2時間半かかります．理由は，CVモードに移行してからの電流収束時間のほうが，CC期間よりずっと長い（約1時間40分）からです．MAX1737は，約95％充電（0.1C mA）状態で，満充電をユーザに知らせます．これは，少しでも充電の待ち時間を減らそうという考えです．

● 充電電圧の設定

　V_{adj}の入力電圧で設定します．V_{adj}は次式で得られます．

$$V_{adj} = \frac{9.5\,V_{reg}}{n} - 9.0\,V_{ref} \quad \cdots\cdots\cdots (2\text{-}2\text{-}2)$$

　ただし，V_{reg}：リチウム・イオン蓄電池の充電電圧［V］，n：セル数，V_{ref}：V_{ref}端子の電圧(4.2)［V］

　式(2)をV_{reg}/nで表すと次のようになります．

$$\frac{V_{reg}}{n} = \frac{V_{adj} + 9.0\,V_{ref}}{9.5} \quad \cdots\cdots\cdots (2\text{-}2\text{-}3)$$

　V_{adj}はV_{ref}から分圧して得ますから，$V_{adj} = 0$のときは，

$$\frac{V_{reg}}{n} = \frac{9.0\,V_{ref}}{9.5} \quad \cdots\cdots\cdots (2\text{-}2\text{-}4)$$

となります．$V_{adj} = V_{ref}$のときは，

$$\frac{V_{reg}}{n} = \frac{V_{ref} + 9.0\,V_{ref}}{9.5} = \frac{10\,V_{ref}}{9.5} \quad \cdots\cdots\cdots (2\text{-}2\text{-}5)$$

となります．V_{reg}/nは±5％の設定範囲となります．式(2-2-1)からわかるように，分圧抵抗のばらつきの設定電圧への影響も約1/10になります．

● 充電電流の設定

　ISET端子に入力する電圧で設定します．V_{ref}端子-GND端子間に接続する抵抗で分圧して入力します．次式から得られます．

$$I_{chg} = \frac{I_{FS}\,V_{ISO}}{V_{ref}} \quad \cdots\cdots\cdots (2\text{-}2\text{-}6)$$

$$I_{FS} = \frac{0.2}{R_{18}} \quad \cdots\cdots\cdots (2\text{-}2\text{-}7)$$

　ただし，I_{FS}：フル・スケール電流［A］，V_{ISO}：ISETOUT端子の設定電圧［V］

　R_{18}を小さくすれば，最大電流を大きくできますが，電流精度が悪化します．

● 入力電流リミット

ISETIN端子に入力する電圧で設定します．V_{ref}端子-GND端子間に接続する抵抗で分圧して入力します．次式で得られます．

$$I_{in} = \frac{I_{FS} V_{ISL}}{V_{ref}} \quad \cdots\cdots (2\text{-}2\text{-}8)$$

$$I_{FSS} = \frac{0.2}{R_{12}} \quad \cdots\cdots (2\text{-}2\text{-}9)$$

ただし，V_{ISI}：ISETIN端子の設定電圧［V］

入力電流リミットを使用しない場合は，CSSP端子とCSSN端子をDCIN端子に短絡してください．

● インダクタの選択

目安は，リプル電流がDC平均充電電流の約30～50％になるようにします．次式からインダクタンス値を算出できます．

$$L = \frac{V_{batt}(V_{DCIM} - V_{batt})}{V_{DCIM} f I_{chg} L_{IR}} \quad \cdots\cdots (2\text{-}2\text{-}10)$$

ただし，L_{IR}：リプル電流とDC充電電流の比，V_{DCIM}：最大入力直流電圧［V］，f：スイッチング周波数［Hz］，V_{batt}：充電電圧［V］

インダクタ電流のピーク値I_{Lpk}［A_{peak}］は次式で得られます．

$$I_{Lpk} = I_{chg}(1 + L_{IR}/2) \quad \cdots\cdots (2\text{-}2\text{-}11)$$

● コンデンサの選択

入力コンデンサのインピーダンスは，ACアダプタに逆流するAC電流の大きさに影響します．タンタルまたはセラミックを使用してください．

出力コンデンサC_{15}は，インダクタに流れるリプル電流を吸収するための部品ですから，電池のインピーダンスより小さいものを使用します．フィルタとしての効果と，PWM回路の安定性のための容量，ESRともに重要です．次式から最小容量C_{15}［F］が得られます．

$$C_{15} = \frac{1 + \frac{V_{batt}}{V_{DCIM}}}{V_{batt} f R_{18}} V_{ref} \quad \cdots\cdots (2\text{-}2\text{-}12)$$

安定性のために許容される出力コンデンサの等価直列抵抗R_{ESR}［Ω］は，次式を満足する必要があります．

$$R_{ESR} < \frac{R_{18} V_{batt}}{V_{ref}} \quad \cdots\cdots (2\text{-}2\text{-}13)$$

● タイマの設定

タイマ時間は，TIMER1端子とTIMER2端子にコンデンサを接続して設定します．

TIMER1は，プリチャージ，定電圧，トップ・オフの時間を設定します．TIMER2は，急速充電のタイム・アウト時間を設定します．電池に合った最適な設定にします．図2-2-6を参照してください．

● サーミスタ

THM端子は，高温と低温の二つの検出電流を時間多重して，サーミスタに供給して温度を監視しています．サーミスタは，25℃で10 kΩのNTC（Negative Temperature Coefficient：負温度係数抵抗）タイプを使用してください．IC内部では＋47.5℃で3.97 kΩ，＋2.5℃で28.7 kΩの特性のサーミスタに対

応しています.

■ その他の充電IC

説明したIC以外にもマキシム社からは,たくさんの種類のリチウム・イオン充電制御用ICがリリースされています.表2-2-3にその代表的なものを示します.

(a) 図2-2-3のC_{13}の容量とタイム・アウト時間

(b) 図2-2-3 C_{14}の容量とタイム・アウト時間

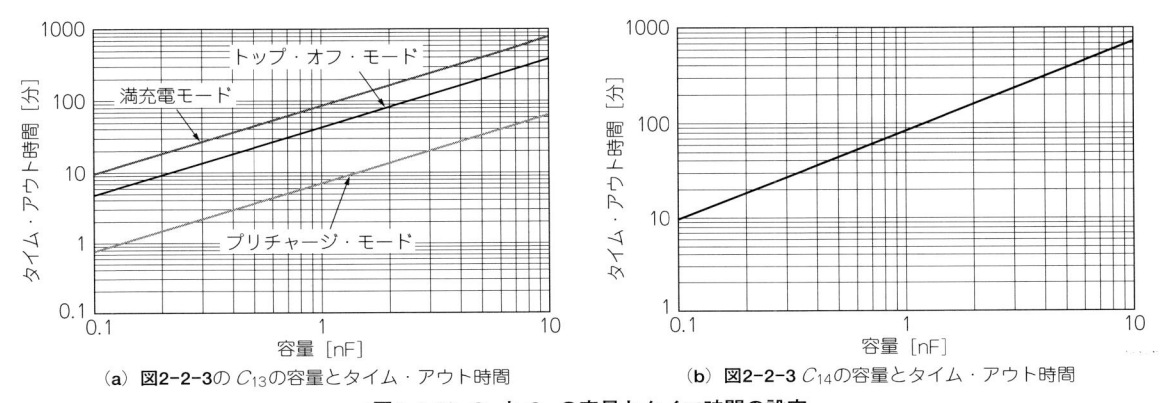

〈図2-2-6〉C_{13}とC_{14}の容量とタイマ時間の設定

〈表2-2-3〉リチウム・イオン電池用CVCC充電IC

型 名	直列セル数	最大充電電流	充電完了の制御方式	特 徴	パッケージ
MAX1501	1	1.4 A	電圧および電流,タイマ	最大入力14 V,ユーザ・プログラマブル温度制御付きリニア方式	16ピンQFN
MAX1507,MAX1508	1	800 mA	電圧および電流	最大入力14 V,温度制御付きリニア方式	8ピンQFN
MAX1551,MAX1555	1	350 mA	電圧および電流	USBおよびACアダプタ(最大7 V)のデュアル入力,110℃温度制御付きリニア方式	5ピンSOT23
MAX1645B	2〜4	3 A	SMバス制御	最大入力28 V,レベル2方式スマート・チャージャ,同期整流ステップダウン・コンバータ方式	28ピンQSOP
MAX1535A	2〜4	8 A	SMバス制御	最大入力28 V,レベル2方式スマート・チャージャ,同期整流ステップダウン・コンバータ方式	28ピンQSOP
MAX1757	1〜3	1.5 A	電圧および電流,タイマ	MAX1737の1.5 A版,MOSFET内蔵,3直以下	28ピンQSOP
MAX1758	1〜4	1.5 A	電圧および電流,タイマ	MAX1737の1.5 A版,MOSFET内蔵,4直対応	28ピンQSOP
MAX1772	2〜4	4 A	電圧および電流	最大入力28 V,同期整流ステップダウン・コンバータ方式	28ピンQSOP
MAX1811	1	500 mA	電圧および電流	最大入力6.5 V,USBポートから給電,135℃温度制御付きリニア方式	8ピンSOP
MAX1873R,MAX1873S,MAX1873T	R:2,S:3,T:4	4 A	電圧および電流	最大入力28 V,ステップダウン・コンバータ方式	16ピンQSOP
MAX1874	1	1 A	電圧および電流	USBおよびACアダプタ(最大18 V)のデュアル入力,105℃温度制御付きリニア方式,温度保護	16ピンQFN
MAX1908,MAX1909	2〜4	5 A	電圧および電流	最大入力28 V,400 kHz同期性流ステップダウン・コンバータ方式	28ピンQFN
MAX1925,MAX1926	1	1 A	電圧および電流,タイマ	最大入力12 V,ステップダウン・コンバータ方式,温度保護	12ピンQFN

CVCC電源と組み合わせるパルス充電回路

■ 基本動作

● パルス充電とは

図2-2-7にパルス充電方式のチャージャの基本構成を示します．前述のCVCC充電回路に比べて，とてもシンプルな構成です．定電流・定電圧電源の出力をON/OFF制御して，リチウム・イオン蓄電池を充電する手法です．

多くの携帯電話用の充電回路はこの方式を採用しています．充電スタンドが図2-2-7の定電流電源に相当し，制御回路は携帯電話本体に内蔵されています．次のような特徴があります．

- 入力電源回路の出力電圧精度をラフにできる
- 充電時間がCVCC方式に比べて短い

● 充電の方法

図2-2-8にパルス充電時のシーケンスを示します．手順は次のとおりです．

① 電池電圧が充電終了電圧 V_{th} に達するまでは定電流で充電する
② 電池電圧が V_{th} に達したら SW_1 をOFFする
③ OFF時の電池電圧が V_{th} でない場合は SW_1 をONする
④ 電池電圧が V_{th} になるまで充電する

これらの作業を繰り返し，SW_1 がOFFしている期間が，ON期間の一定値以上になったら充電終了とします．前述のCVCC充電と同じように，充電が進むにつれて電流パルスの平均値は減衰します．

● 充電終了電圧 V_{th} は4.35 V以下に設定する

パルス充電では，過充電による電池容量の劣化を起こしやすいので，V_{th} の電圧値がとても重要です．V_{th} は次式を満足するように設定します．

$$V_{th} < (R_{cell} + R_{pk}) I_{chg} + 4.2 \text{ V} \quad \cdots\cdots (2\text{-}2\text{-}14)$$

ただし，R_{cell}：セルの直流抵抗［Ω］，R_{pk}：電池パックの直流抵抗［Ω］，I_{chg}：充電電流［A］

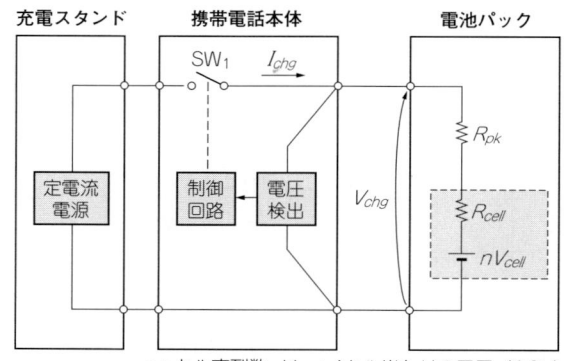

n：セル直列数，V_{cell}：1セル当たりの電圧（4.2V）

〈図2-2-7〉パルス充電回路の基本ブロック図

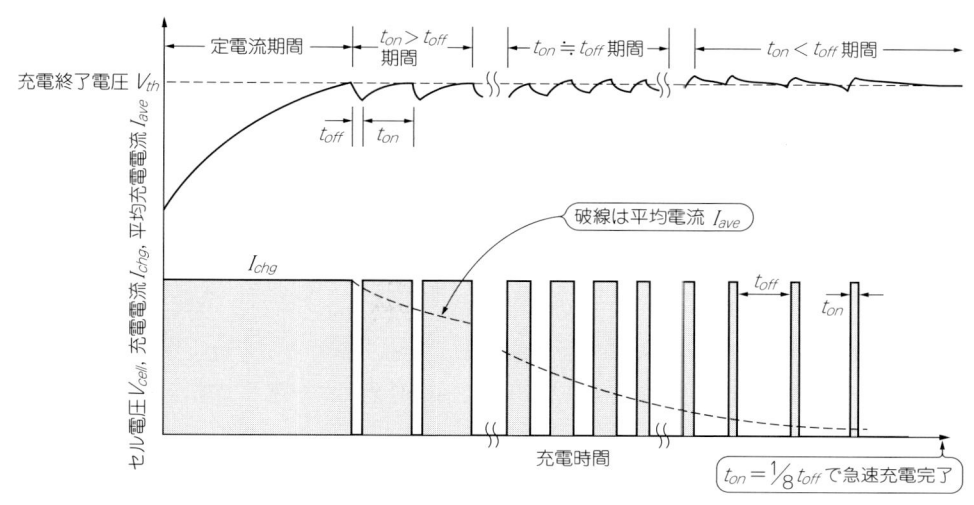

CVCC電源と組み合わせるパルス充電回路

〈図2-2-8〉パルス充電回路の充電特性

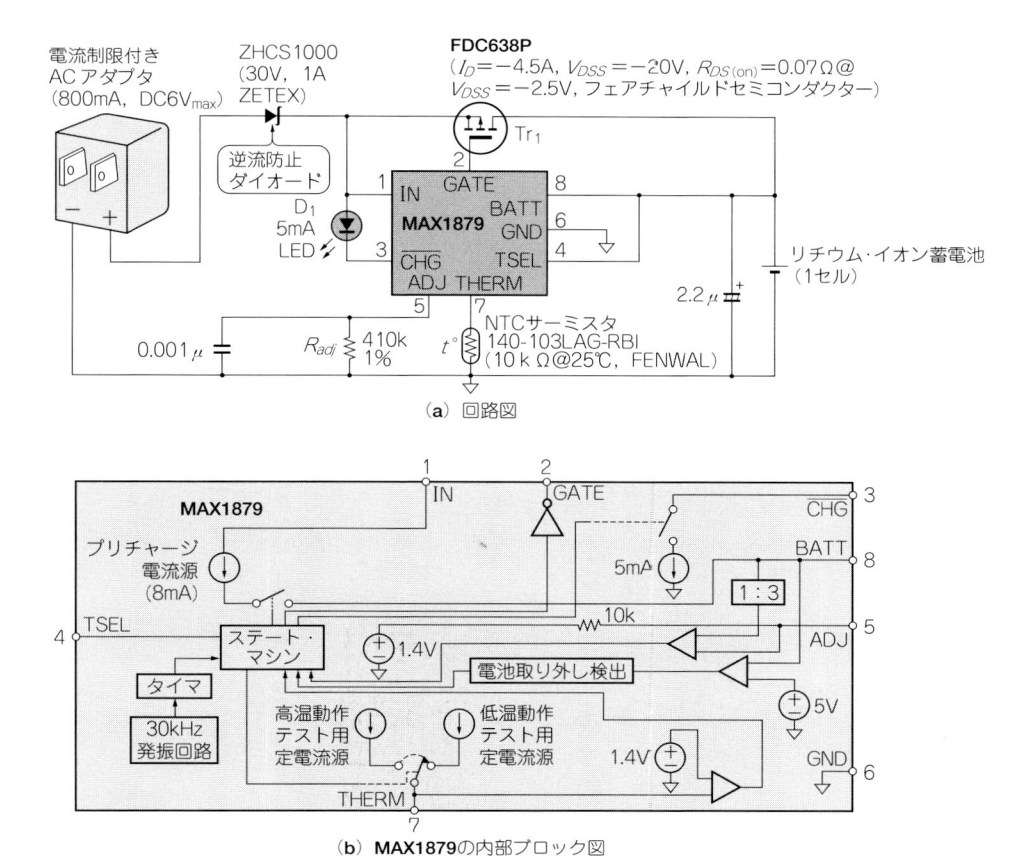

（a）回路図

（b）MAX1879の内部ブロック図

〈図2-2-9〉MAX1879と電流制限付きACアダプタによるパルス充電回路

例えば，R_{cell} = 20 mΩ，R_{pk} = 100 mΩ，I_{chg} = 500 mA とすると，V_{th} は 4.245 V 以下となります．

ただし，**図2-2-8**に示すように，SW_1のONからV_{th}を検出してOFFするまでの間は，電池電圧がV_{th}を越えるため，SW_1の最小ON期間の設定には注意します．これが長い場合は，さらにV_{th}を低めに設定する必要があります．

SW_1がショート・モードで故障したときの過充電の危険性を考えると，V_{th}の最大設定値は4.35 V以下が安全でしょう．

■ 実際のパルス充電回路

● 回路の説明

図2-2-9は，1直用のリチウム・イオン充電回路です．パルス充電コントローラ MAX1879（**写真2-2-2**）を使用します．この例では，定電圧・定電流出力のACアダプタが電源です．MAX1879は，電池電

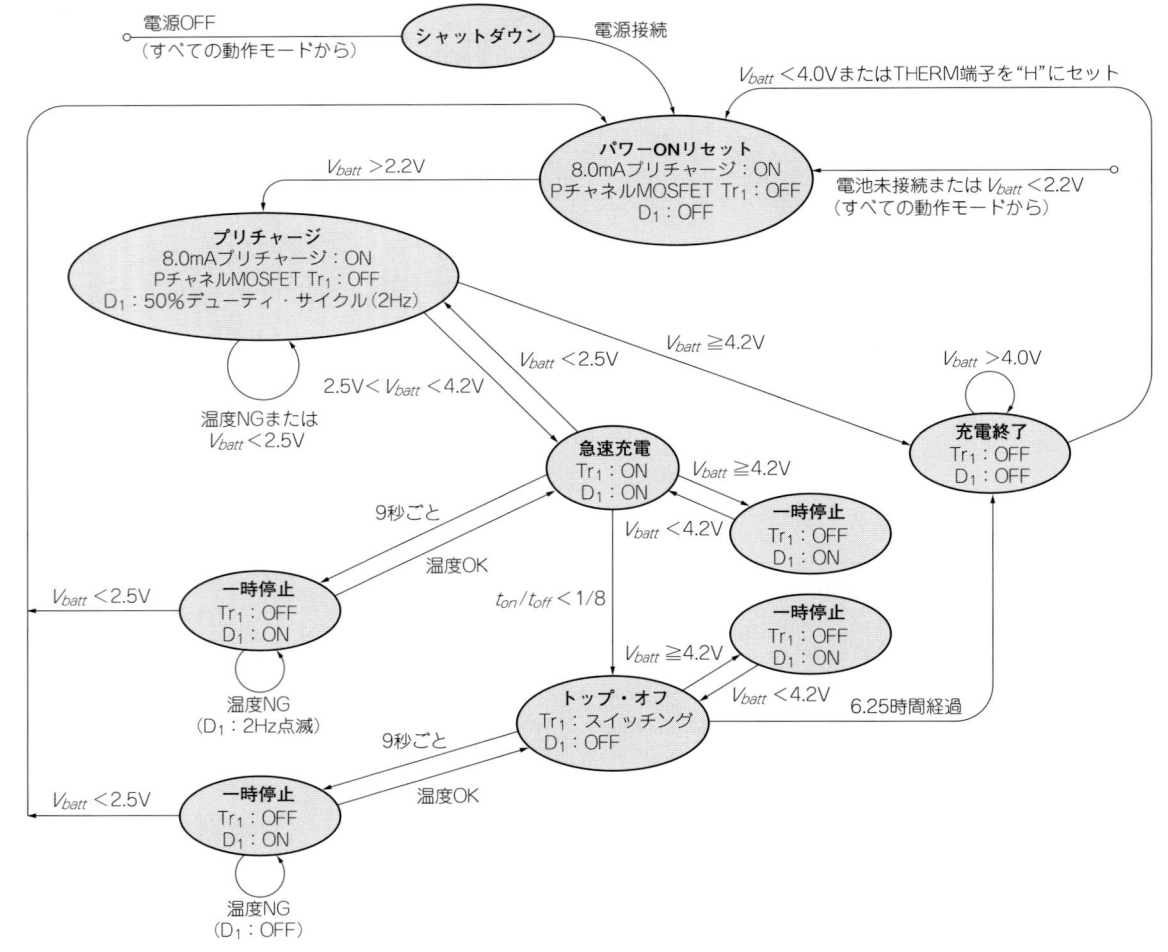

〈図2-2-10〉MAX1879の状態遷移図

CVCC電源と組み合わせるパルス充電回路

〈写真2-2-2〉パルス充電コントローラ MAX1879の外観

〈表2-2-4〉パルス充電制御IC MAX1879の端子機能

端子番号	名称	機　能
1	IN	ACアダプタ入力
2	GATE	ゲート・ドライブ出力
3	CHG	LEDインジケータ
4	TSEL	最小ON/OFFパルス幅の設定
5	ADJ	充電電圧の微調整
6	GND	グラウンド
7	THEM	サーミスタ端子
8	BATT	電池電圧のモニタ入力

〈表2-2-5〉パルス充電の最小ON/OFF時間の設定

TSELの接続先	最小ON/OFF時間 [ms]
BATT端子	34
ADJ端子	69
GND端子	137

圧を監視して，ある値以下になったらTr_1をON，ある値以上の場合はOFFにするコントローラです．**表2-2-4**に各端子の説明を示します．

　パルス・チャージの制御，サーミスタによる温度監視，LEDによる充電状態表示機能をもっています．

● MAX1879の動作概要

　MAX1879はステート・マシンを内蔵しており，**図2-2-10**に示す状態遷移図にしたがって動作します．

　充電回路に電源が接続されると8 mAのプリチャージ回路がONします．電池電圧が2.2～2.5 VではLEDが点滅しています．

　電池電圧が2.5 Vを越えると急速充電に移り，ACアダプタで制限された充電電流で電池を充電します．急速充電中はLEDが点灯します．電池電圧が4.2 Vに達すると，パルス充電モードに入ります．

　パルス充電のON/OFFの最小時間は，**表2-2-5**のようにTSEL端子で設定できます．

　Tr_1のON時間とOFF時間の比（t_{on}/t_{off}）が1/8以下になると，トップ・オフ・モードと判断し，6.25時間のタイマをスタートさせて，パルス・チャージを継続します．タイム・アウトしたら充電完了です．

　プリチャージ中は，Tr_1は常にOFFです．急速充電とパルス制御中は，9秒ごとにTr_1をOFFし，温度をチェックします．OKであれば充電を再開し，NGであれば，充電を一時停止して，LEDを点滅させます．

★本章はトランジスタ技術2002年7月号の記事を加筆・再編集したものです．〈編集部〉

◆第2-3章

電池の充放電制御にかかせない残量測定IC
スマート・バッテリと 2次電池のバッテリ・ゲージ

星 聡
Satoshi Hoshi

■ はじめに

2次電池の残量を表示するための概念は古くからあり，日本でも1980年代後半から，2次電池の残量を表示する電池パックや残量表示を搭載したアプリケーションを市場で見掛けるようになりました．

その後，電池パックが通信機能をもつことによって，アプリケーション・システムが電池残量の情報を充電制御に応用するようになりました．このころの残量表示システムは，開発者の思想の違いにより残量測定手法や，電池パックとアプリケーション・システムの通信手法や通信データ，アドレッシングが異なるため，各社互換性がなく，また仕様自体も秘匿されており，電池パックの性能を比較することが困難でした．

スマート・バッテリの登場

スマート・バッテリの基本仕様Ver.0.9は，インテル社とデュラセル社によって1995年から策定され始め，現在のVer.1.1に至ります．スマート・バッテリが，それまでの残量表示システムと比べて革新的であったのは，仕様を公開したことでしょう．この仕様は，http://www.sbs-forum.org/から入手できます．

また，この仕様が野心的だったのは，それ以前の電池パックがアプリケーションや充電器に制御されるものであったのに対し，スマート・バッテリがアプリケーションや充電器を制御することにあります．スマート・バッテリの当初の世界観では，本質的に電池パックが充電を制御し，放電を制御することになります．これは電池パック自身が，採用されている化学組成の違いによって異なる充放電制御を行うことによって，ユーザを充放電制御の設計から解放することを目的としていました．

残念ながら（当然ながら？），多くのノートブックPCにスマート・バッテリが採用されるようになった現在でも，この野心的な部分は支持されておらず，ほとんどの場合，スマート・バッテリをスレーブ・デバイスとして使用しています．

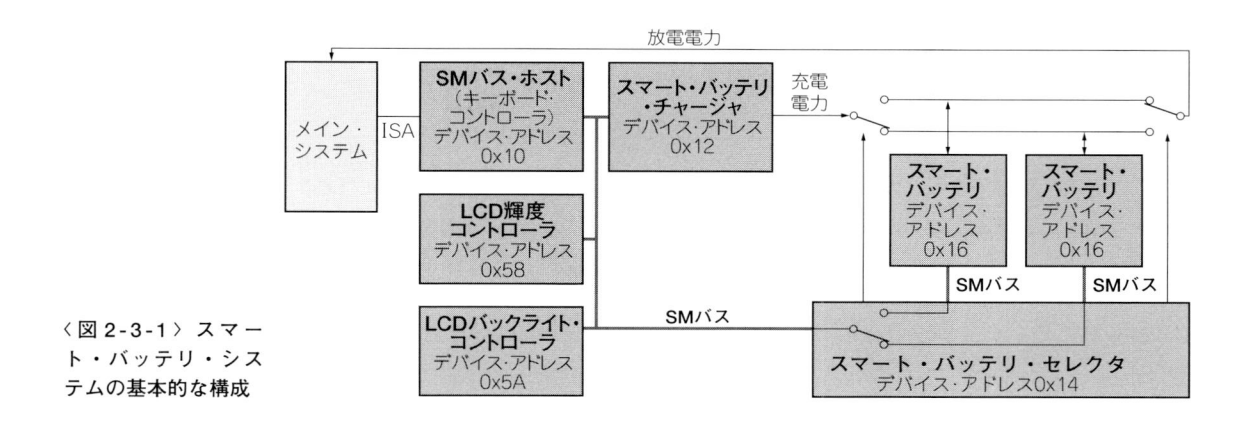

〈図2-3-1〉スマート・バッテリ・システムの基本的な構成

スマート・バッテリ・システムの構成

　スマート・バッテリを採用したシステムの基本的な構成を**図2-3-1**に示します．しかし，現実のノートブックPCでは，キーボード・マイコンとSMバス・ホストや，SMバス・ホストとスマート・バッテリ・チャージャや，スマート・バッテリ・チャージャとスマート・セレクタ，またはそれらすべてが複合した機能デバイスが利用されており，さまざまなバリエーションが存在します．

　それらハードウェアの違いは，すべてAPMまたはACPIのBIOSで吸収され，互換性が確保されています．

SMバスについて

　スマート・バッテリ・システムにおいて，それぞれの機器間のコミュニケーションにはSMバス（SMBus；System Management Bus）が利用されています．SMバスの仕様は，I^{2}Cバスを起源としており，電気的特性やタイミング仕様に少しの違いがありますが，I^{2}Cバスと互換性があります．

〈写真2-3-1〉SMバスをパソコンの9ピン・シリアル・ポートに接続するアダプタEV2200　［写真提供：㈱マクニカ］

したがってI²Cバスをもったワンチップ・マイコンなどを使って評価システムを構築できます．**写真2-3-1**はSMバスをパソコンの9ピン・シリアル・ポート(EIA-574)に接続するアダプタ(EV2200)です．ワンチップ・マイコンPIC16C66を使っています．

SMバスの物理構造

SMバスは，I²Cバスと同じようにクロック・ラインとデータ・ラインがオープン・ドレインのワイヤードORによって接続されており，5Vまたは3Vのシステム電源に対してプルアップされています(**図2-3-2**)．そして，いずれかのデバイスがLレベルを出力しているとき，バスにLレベルが出力され，どちらもハイ・インピーダンスのとき，バスにHレベルが出力されます．

I²Cバスの場合，TTLのような固定スレッショルド・レベルや，CMOSロジックのような電源相対スレッショルド・レベルのどちらでも利用できますが，SMバスはLレベルが0.6V，Hレベルが1.4Vに固定されたスレッショルドを採用していることがI²Cバスと異なります．

I²Cバスは，ワイヤードORのクロック・ラインを使った完全なハンドシェイクによってスピードの違いを調整しますが，さらにSMバスではタイムアウトが規定されており，I²Cバス・デバイスをSMバスに利用する場合，タイムアウト制御をする必要があります．

SMバスにおけるコミュニケーション

SMバスは，スマート・バッテリがアプリケーションや充電器を制御することを実現するために，I²Cバスのマルチマスタ・プロトコルを採用しており，**図2-3-3**のようなコミュニケーションが存在します．

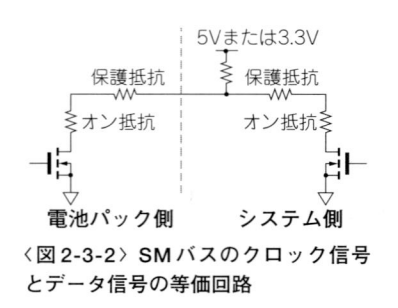

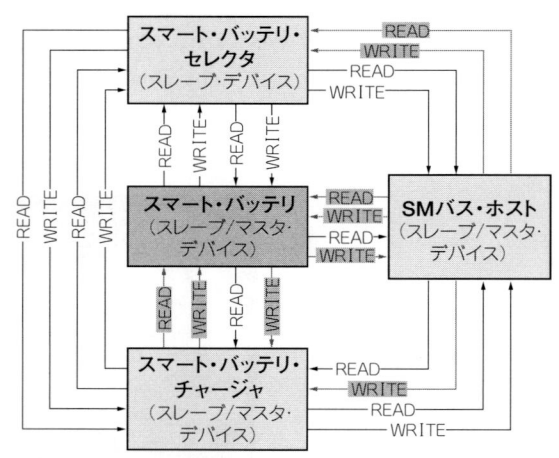

〈図2-3-2〉SMバスのクロック信号とデータ信号の等価回路

注▶（1）READ，WRITEは実際に存在が確認されているアクセス・フェーズ
（2）他は仕様書上で存在し得るアクセス・フェーズ

〈図2-3-3〉SMバスのコミュニケーション

SMバスにおけるコミュニケーション

● バス・アービトレーションとタイミング

　SMバスは，単なるシリアル・インターフェースやI/Oインターフェースではなく，複数のマスタ・デバイスが混在するバス構造をもちます．つまり，PCIバスなどの本格的なバスと同様にバス・アービトレーション制御があります．図2-3-4を見てください．

▶ マスタ・デバイスは，バスの占有権を獲得する前に，ストップ・コンディションを受信するか，または50μs以上のバス・アイドル状態を確認して，ほかのマスタ・デバイスにバスが占有されていないことを確認しなければなりません．
▶ 次にマスタ・デバイスは，スタート・コンディションを発生させ，バスの占有権を獲得する必要があります．
▶ スタート・コンディションは，クロック・ラインがHレベルであるときに，データ・ラインをLレベルへ立ち下げることによって発生します．
▶ クロック・ラインをLレベルに立ち下げるのは，常にマスタ・デバイスの役目です．
▶ クロック・ラインは，いずれか遅いデバイスによってHレベルに立ち上げられます．
▶ マスタ・デバイスおよびスレーブ・デバイスは，クロック・ラインを35ms以上Lレベルに固定してはいけません．
▶ データの状態は，クロック・ラインの立ち上がりでラッチされます．
▶ スタート/ストップ・コンディションを除き，データ・ラインの状態はクロック・ラインがLレベルであるときにだけ変化する必要があります．
▶ マスタ・デバイスは，クロック・ラインが50μs以上Hレベルであると，バス・アイドルとして占有権を失います．
▶ データ通信のセッションが終了したら，マスタ・デバイスはストップ・コンディションを発生させてバスの占有権を放棄し，ほかのマスタ・デバイスに制御を譲る必要があります．
▶ ストップ・コンディションは，クロック・ラインがHレベルであるときに，データ・ラインをHレベルへ立ち上げることによって発生します．
▶ バス占有権獲得の優先順位は，個々のマスタ・デバイスがバス・アイドルを確認するための時間差によって決定されます．したがって，個々のマスタ・デバイスのバス・アイドル確認時間は，それぞれ異なる時間に設定されている必要があります．バス・アイドル確認時間が同一のデバイスがあると，スタート・コンディションが衝突し，正常にコミュニケーションできません．

● SMバスの通信フォーマット

　仕様書（System Management Bus Specification）を参照すると，八つの通信フォーマットが定められ

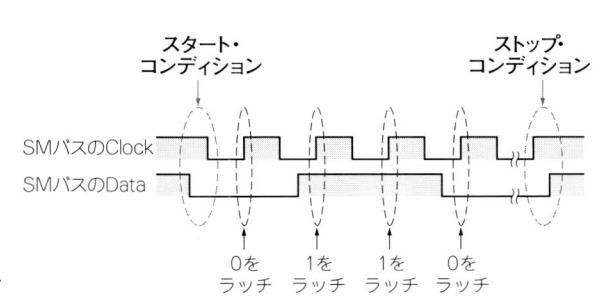

〈図2-3-4〉SMバスのバス・アービトレーションとタイミング

ていますが,実際には次に示すライト・ワード,リード・ワード,ブロック・リードの3種類が使用されています.

網かけした部分は,マスタ・デバイスからの送信信号であり,網かけしていない部分は,スレーブ・デバイスからの応答信号です.**S**はスタート・コンディション信号,**A**はアクノリッジ信号,**P**はストップ・コンディションです.

▶ ライト・ワード・プロトコル

図2-3-5のようなフォーマットです.

▶ リード・ワード・プロトコル

図2-3-6のようなフォーマットです.

▶ ブロック・リード・プロトコル

図2-3-7のようなフォーマットです.ブロック・リード・プロトコルは,スマート・バッテリ・データのManufacturerName(), DeviceName(), DeviceChemistry(), ManufacturerData()などのストリングス・データをリードする際に使用します.

● SMバスの通信波形

benchmarq社(現テキサス・インスツルメンツ社)のスマート・バッテリIC bq2040の通信波形の例を示します.

スマート・バッテリ・コマンド0x00のManufactureAccess()にSBData 0x00をライト・ワードしたときの波形を図2-3-8に示します.

また,スマート・バッテリ・コマンド0x00のManufactureAccess()からSBData 0x00をリード・ワードしたときの波形を図2-3-9に示します.

ブロック・リードの波形は,基本的にリード・ワード・プロトコルをマルチバイト・リードに拡張し

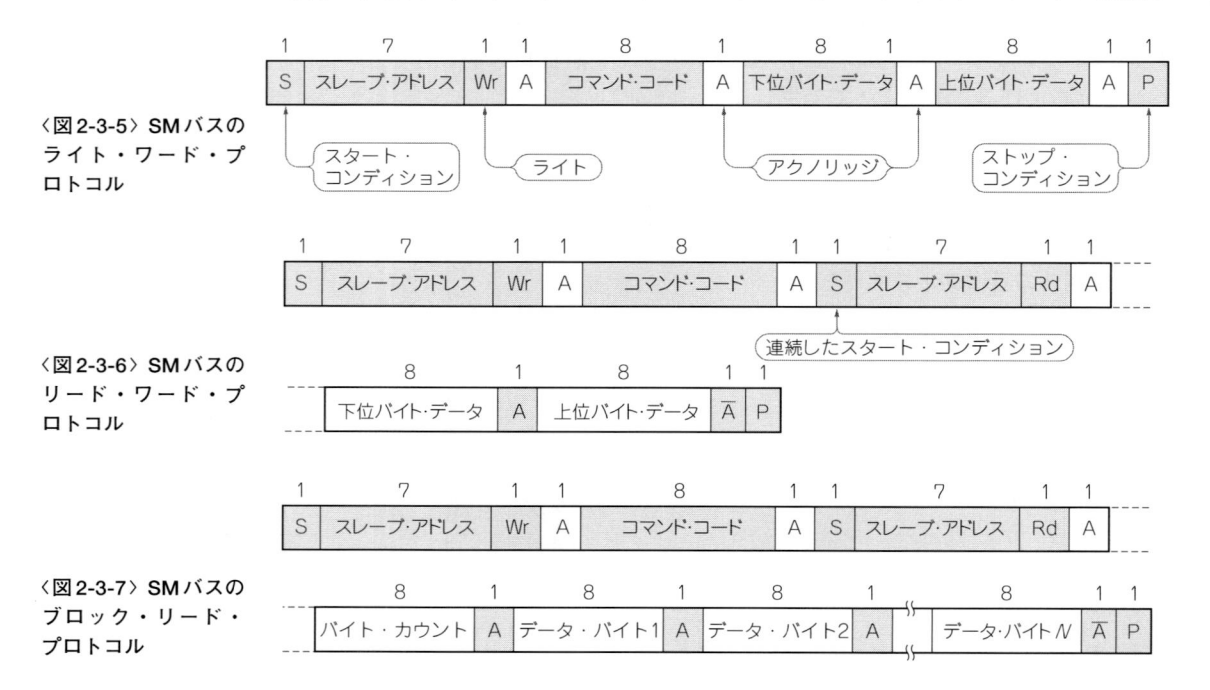

〈図2-3-5〉SMバスのライト・ワード・プロトコル

〈図2-3-6〉SMバスのリード・ワード・プロトコル

〈図2-3-7〉SMバスのブロック・リード・プロトコル

た波形となります．

● SMバス・プログラミングの注意点

I²Cバスのプログラミング経験者でも，ほとんどの場合シングル・マスタとしてだけ使い，マルチマスタ・プロトコルを実際に利用した経験者は少ないことでしょう．比較的陥りやすい問題点について以下に記述します

I²Cバスをもったワンチップ・マイコンなどを使って，スマート・バッテリや，スマート・バッテリ・チャージャおよび，SMバス・ホストのようなマスタ・デバイスをプログラミングする場合，リード・ワードおよびブロック・リード・プロトコルに存在するリピート・スタートに注意する必要があります．SMバスの仕様上許されている設計として，一部のスマート・バッテリには，マスタ・デバイスにアクノリッジ信号を送信した後に，バスをLレベルにホールドしてマスタ・デバイスにウェイトを要求する設計となっているものがあります．

このため，マスタ・デバイスはバスがホールドされていないことを確認した4.7μs後に，リピート・スタートを送信する必要があります．マスタ・デバイスがこれを怠ると，リピート・スタートを正常に送信できず，正しいデータをリードできません．

また，マスタ・デバイスはバスがホールドされていないことを確認したならば，リピート・スタートを50μs以内に送信する必要があります．それ以上遅れると，SMバス上にあるほかのマスタ・デバイスが，バスが開放されたものとしてスタート信号を発生させる可能性があり，バスの占有権を失う可能性があります．

● SMバスの過電圧保護回路

クロックとデータの端子には，次の保護回路が使われています．一般的な過電圧保護回路として，ダイオードを逆バイアスで2個直列に接続した図2-3-10のようなダイオード・クランプ回路がありますが，以下の理由により使用するべきではありません．

図2-3-11(a)のように放電中に電池パックの負極が外れると，クロック信号線とデータ信号線を通じて残量測定回路に過電圧が加わり，残量測定回路が破壊されます．

また図2-3-11(b)のように充電中に電池パックの負極が外れると，同様にしてクロック信号線とデー

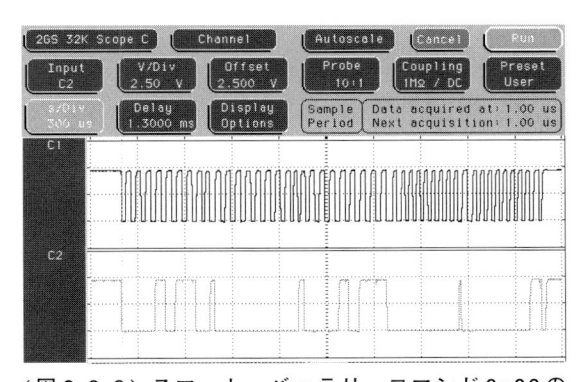

〈図2-3-8〉スマート・バッテリ・コマンド0x00のManufacture Access()にSBData0x00をライト・ワードしたときの波形

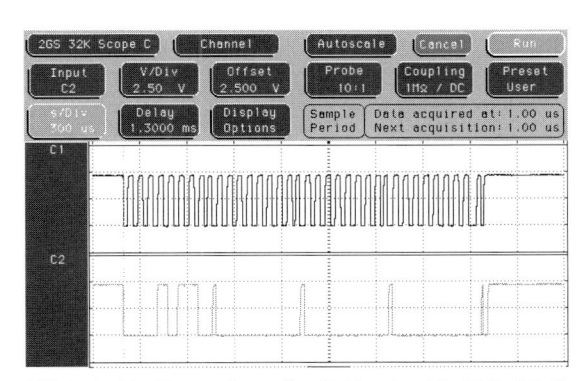

〈図2-3-9〉スマート・バッテリ・コマンド0x00のManufacture Access()からSBData0x00をリード・ワードしたときの波形

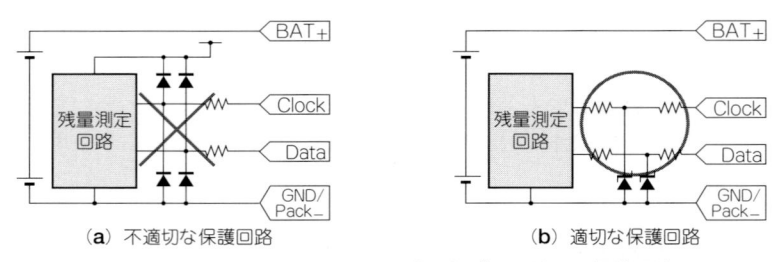

〈図2-3-10〉SMバスのクロック端子とデータ端子の保護回路

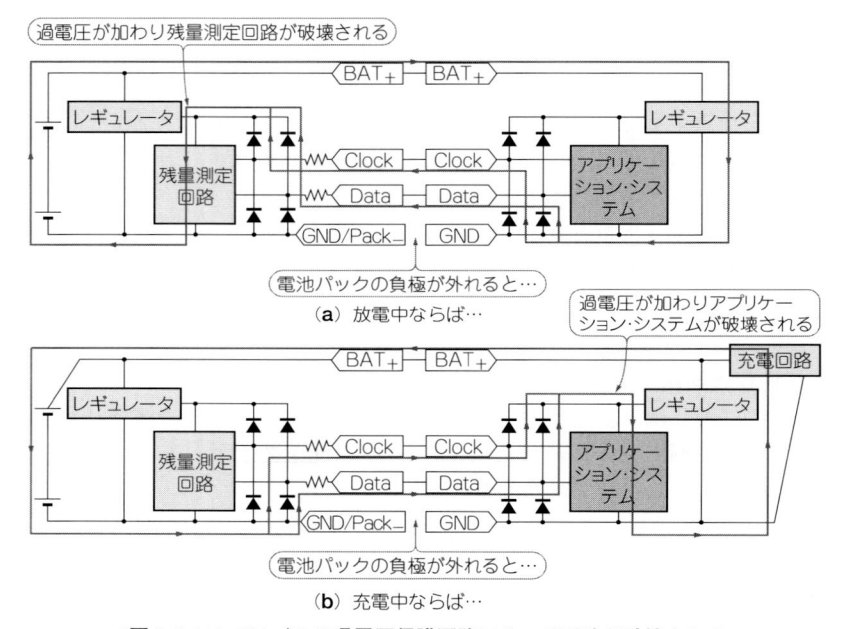

（a）不適切な保護回路
（b）適切な保護回路

〈図2-3-11〉SMバスの過電圧保護回路によって回路が破壊される

（a）放電中ならば…
（b）充電中ならば…

タ信号線を通じてアプリケーション・システムに過電圧が加わり破壊されます．

2次電池の残量予測手法

　残量の測定手法には，大きく分けて，電池電圧から残量を予測する方法と，電流積分器から残量を予測する方法の二つがあります．各残量予測手法について単純動作モデルを使って解説します．
　実際の電池パックでは，それぞれの方式の欠点をカバーできるように，例外処理のためのさまざまな工夫をしています．

■ 電池電圧方式と電流積分方式

● 電池電圧方式残量予測法
　現在では，電圧，電流，温度の測定データと，その3次元テーブルから残量を予測する方法が一般的

です．構成を図2-3-12に示します．これは電池の物理的な変化に良く追従し，トラブルの少ない方法ですが，電池セルが改良され電池の充放電電圧の変化がフラットになってくると，高分解能で残量を予測することが難しくなります．

● 電流積分方式残量予測法

電池の充放電電流を積分し，充放電電流量から残量を予測する方法です．構成を図2-3-13に示します．

電池パックが最終放電電圧または満充電に到達したときに，電流量計を電池の物理的な残量と同期させることにより残量を予測します．このため，電池パックが最終放電電圧にも満充電電圧にも到達しないような使い方をされると，電流検出部のオフセット電圧により電池の物理的な残量と予測された残量の同期がずれてくる問題があります．

このため残量予測のための例外処置アルゴリズムが複雑になります．一般的に電流積分方式の電池パックは，電池の種類によらず，できるだけ最終放電電圧まで放電するように使用することが望ましいといえます．

■ 電流積分の実現方式

● A-Dコンバータによる電流積分

電流検出抵抗の電圧をA-Dコンバータで定期的に測定し，測定ごとに電流値を加算によってディジ

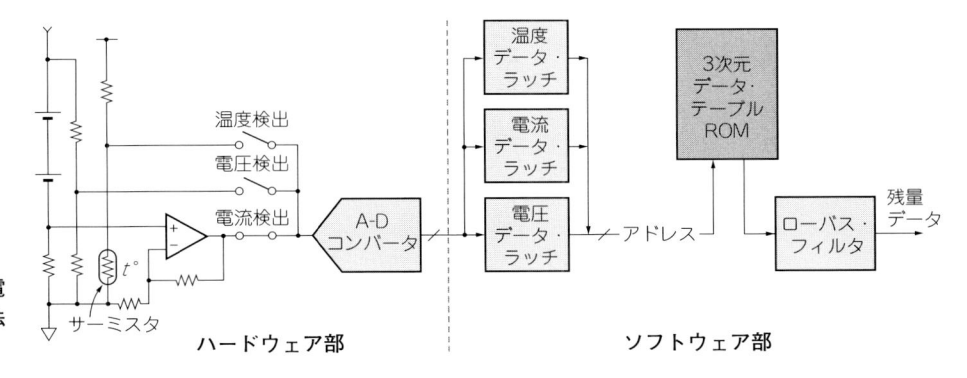

〈図2-3-12〉電池電圧方式の残量予測法の構成

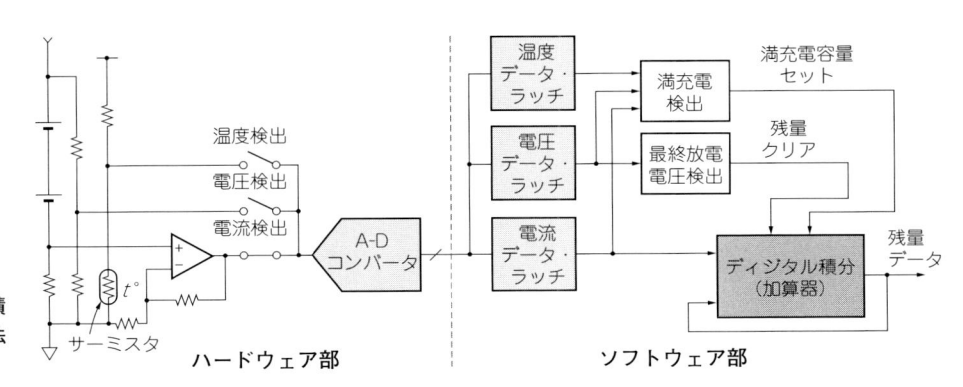

〈図2-3-13〉電流積分方式の残量予測法の構成

タル積分し，電流量を測定する方法です．A-Dコンバータには，高い分解能と，負荷電流パルスよりも速いサンプリング・レートが要求されます．

● **V-Fコンバータによる電流積分**

電流検出抵抗の電圧を V-Fコンバータ（電圧周波数変換器）を使って，電流検出抵抗電圧に比例した周波数パルスに変換し，V-Fコンバータの出力するパルスをカウンタでディジタル積分します．構成を**図2-3-14**に示します．

V-Fコンバータは，アナログ積分回路であるため，分解能がなく高いダイナミック・レンジを得ることができます．また，サンプリング周期がないため，間欠的なパルス状の放電電流も積分できます．benchmarqの残量測定/表示ICは，すべてこのタイプです．

■ オフセット電圧の軽減方法

● **オフセット電圧の影響をいかにして排除するか**

電流積分方式による残量測定方法では，A-DコンバータまたはV-Fコンバータのいずれの方法でも，電流検出部のオフセット電圧が電流量の誤差要因となるため，オフセット電圧の影響をいかにして排除するかが課題です．

半導体プロセス技術に頼って，単純にオフセット電圧の小さな，そして大抵の場合，非常に高価なOPアンプを使用する方法もあります．電池パック製造時にOPアンプのオフセット電圧をゼロに調整する方法もあるでしょう．また，あらかじめOPアンプのオフセット電圧を測定しておき，A-DコンバータまたはV-Fコンバータの測定結果からオフセット電圧分を差し引く方法もあります．

● **動的平衡完全差動方式**

benchmarqは，オフセット電圧を軽減する方法として，動的平衡完全差動（ダイナミカリ・バランスド・フリー・ディファレンシャル）を採用しており，測定方法として非常に興味がひかれる方法です．その測定原理は，次のように示すことができます．

図2-3-15を見てください．まず始めに，スイッチがa接点に接続されている状態で，不明なオフセ

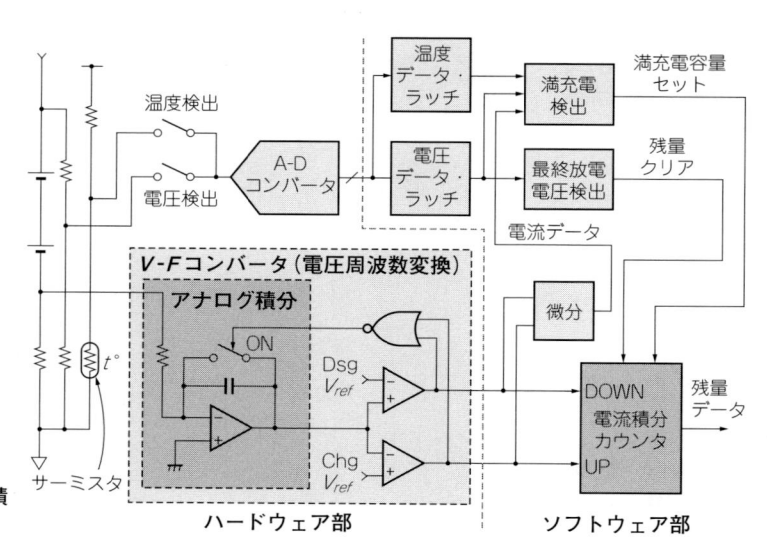

〈図2-3-14〉V-Fコンバータによる電流積分方式の構成

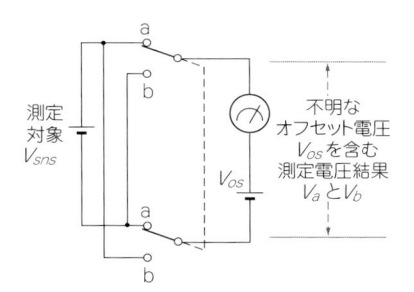

〈図2-3-15〉動的平衡完全差動方式の動作

ット電圧V_{os}を含めて測定対象の電圧を測定します．これをV_aとします．次にスイッチをb接点に切り替え，不明なオフセット電圧V_{os}を含めて測定対象の電圧を測定します．これをV_bとします．

V_aとV_bの平均を求めると，V_{os}は相殺され，正しいV_{sns}の値を測定できることになります．

ニッケル水素蓄電池用のスマート・バッテリ

● ニッケル水素蓄電池の登場

この電池によって，ノートブックPCなどのモバイル・アプリケーションの開発が本格化したといっても過言ではないでしょう．ニッケル水素蓄電池では，組み電池のトータル電圧によって最終放電電圧を検出できました．最終放電電圧は1.0 V/セル，最大充電電圧は1.6～2.0 V/セルであり，充電レートによって異なります．また，満充電は充電時の電池電圧の低下（$-\Delta V$）や，電池温度の上昇率（$\Delta T/\Delta t$）によって検出できました．

● ニッケル水素蓄電池のための回路例

benchmarqのbq2040を使ったスマート・バッテリのアプリケーション回路を**図2-3-16**に，内蔵用基板の外観を**写真2-3-2**に示します．bq2040のデータ・シートは，`http://www.ti.com/`から入手できます．ピン配置図を**図2-3-17**に，ピンの機能を**表2-3-1**に示します．

R_{sns}は，電流検出抵抗です．電流検出抵抗は，25 m～100 mΩの範囲が推奨されており，大きな電流検出抵抗値を使用すると，電流積分精度が向上します．一般的には50 mΩの電流検出抵抗が使用されています．R_{B1}とR_{B2}は，電池電圧を測定するための分圧抵抗です．R_{B2}は，電池パックの最大充電電圧$V_{pack(\max)}$，電池電圧を監視するSB端子（ピン11）のA-Dコンバータの最大測定電圧範囲$V_{scale(\max)}$とR_{B1}の抵抗値によって決定されます．SB端子の最大測定電圧範囲は2.4 V，SB端子の入力インピーダンスは最低10 MΩなので，分圧比の誤差に対する影響度を1％程度とすると，R_{B1}には100 kΩ程度の抵抗値を利用できます．

$$R_{B2} = \left(\frac{V_{pack(\max)}}{V_{scale(\max)}} - 1\right) R_{B1} = \left(\frac{V_{pack(\max)}}{2.4\text{ V}} - 1\right) R_{B1}$$

$$R_{ref} = \frac{(V_{pack(\max)} - 7)}{10\ \mu\text{A}}$$

$$V_{ref} = I_{ref} \times 160\text{ k}\Omega + 5\text{ V}$$

$$V_{CC} = V_{ref} - V_{GS(\text{off})}$$

ただし，3.0 V $< V_{CC} <$ 6.5 V

〈図2-3-16〉ニッケル水素蓄電池用スマート・バッテリの回路例

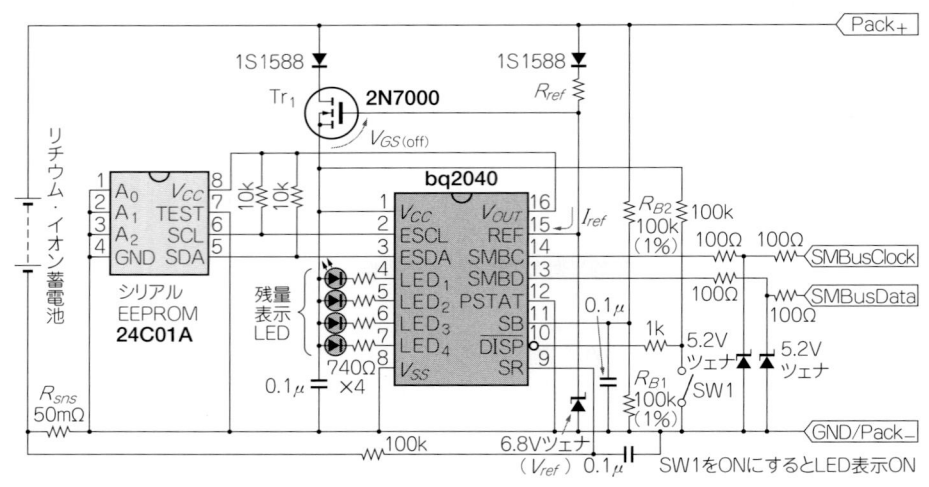

〈図2-3-17〉SMバス付きバッテリ・ゲージbq2040

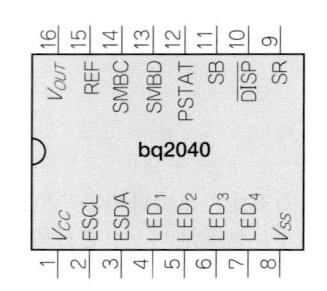

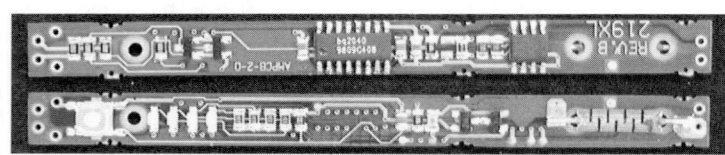

〈写真2-3-2〉bq2040によるニッケル水素蓄電池スマート・バッテリに内蔵する基板の表裏　[写真提供：㈱マクニカ]

〈表2-3-1〉bq2040のピン機能

ピン名	説明
V_{CC}	電源(3.0～6.5 V)
ESCL	EEPROMクロック
ESDA	EEPROMデータ
LED_1～LED_4	LEDセグメント1～4
V_{SS}	システム・グラウンド
SR	センス抵抗入力
$\overline{DISP}$	ディスプレイ・コントロール入力
SB	バッテリ・センス入力
PSTAT	プロテクタ・ステータス入力
SMBD	SMバス・データ入出力
SMBC	SMバス・クロック
REF	基準電圧出力
V_{OUT}	EEPROM電源出力

　bq2040の電源(ピン1)は，REF(ピン16)の電圧をNチャネルMOSFET(Tr_1)でソース・フォロワすることによって供給しています．Tr_1のNチャネルMOSFETは$V_{GS(off)}$ = 2.0～3.0 Vの特性が要求されます．シリアルEEPROMは，電池容量，最終放電電圧，最大充電電圧，充電電流，充放電効率および$\Delta T/\Delta t$検出値などを設定するために使用されます．

リチウム・イオン蓄電池用スマート・バッテリ

● 充放電制御は門外不出の技術？
　この電池は，大容量であるにもかかわらず軽いことから，現在では携帯用電子機器の主流となってき

たように感じます．しかし，リチウム・イオン蓄電池の充放電制御は，なぜか門外不出の技術となっている感があり，ほとんど解説記事を見掛けることもありません．

もっとも良い勉強法は，保護ICのデータ・シートを読むことでしょう．

● 充放電制御のノウハウ

リチウム・イオン蓄電池では，個々のセル電圧が問題とされ，組み電池のトータル電圧で充放電制御を管理できません．1セルの最大充電電圧は，4.2～4.25 Vであり，1セルの放電禁止電圧は，2.4～3.0 Vです．組み電池として使用するときは，全温度範囲でどれか一つでもセル電圧が最大充電電圧より大きかったら充電を禁止しなければいけません．

これらの要求事項が守れないと，発煙や発火，最悪の場合，爆発事故につながる可能性があります．電池メーカでは，このような事故を防止し電池パックの安全性を実証するために，人には語れない涙ぐましい開発ストーリがあります．

私も保護ICの開発に携わりたくさん泣きました．電池パックによっては，保護回路が二つ以上搭載されていたり，保護回路の保護回路が搭載されていたりします．また，どれか一つでもセル電圧が放電禁止電圧より小さかったなら放電を禁止しなければいけません．この要求事項が守れないと回復不能な電池容量の低下を招きます．

このため，すべてのリチウム・イオン蓄電池パックには，個々のセル電圧を管理する保護回路と充放電を禁止するための充放電制御FETが入っています．

充放電電流については，電圧ほどシビアな要求事項はありませんが，過電流や短絡により保護回路が破壊されてしまった場合，非常に危険な状態となります．このため，保護回路は過電流（短絡）から保護する機能ももっています．保護回路が正常であるか，または破壊されているかは，外部から一見してわかるようにはなっていないため**リチウム・イオン蓄電池パックを分解改造することは大変危険**です．

また，保護ICのデータ・シートを入手できたとしても，大抵の場合，IC名が伏せられていたり，電池メーカ固有のカスタム仕様が追加されており，実際の電池パックに使用されている保護ICが，入手したデータ・シートと同じ物であるとは限りません．

● 電池パックの問題点

電池パックを分解改造しない限り，読者が安全性の問題を実体験することはないでしょう．しかし，残量測定と表示について問題を体験することがあるかもしれません．

先に記述したように，リチウム・イオン蓄電池パックでは，保護回路が1セルごとに充放電電圧を管理しています．もし，個々のセル電圧のバランスが崩れていたら，どのような残量表示上の問題が発生するか考察することはたいへん良いことです．セル電圧のバランスが崩れてしまう原因として以下を上げることができます．

- システムに搭載されているときのセル温度のばらつき
- セルの劣化率のばらつき
- セルから保護回路へ入力される電流のばらつき
- セル容量のばらつき
- セル・インピーダンスのばらつき
- セルの自己放電電流のばらつき

最初の二つの項目は，ユーザの使用環境に影響されるため，使ってみなければわかりません．後の四つの項目は，電池パックの製造時に決定されますが，仕様範囲内でばらつきは当然あり得ます．

セル・バランスが崩れてくると，もっとも電圧の高いセル電圧で保護回路が充電を禁止してしまい，ほかのセルが満充電まで充電されません．そして，完全に充電されなかったセルは，次回放電されたときにもっとも早く放電禁止電圧に到達します．もっとも電圧の低いセル電圧で保護回路が放電を禁止してしまうと，ほかのセルが完全に放電されないことになります．そして，完全に放電されなかったセルは，次回充電されたときにもっとも速く満充電に到達します．

　このサイクルが繰り返されることにより，セル・バランスが崩れてくると，電池セル自身の寿命より速く，電池パックの容量が低下してきます．保護ICは，個々のセル電圧に基づき残量測定回路と無関係に充放電制御FETをOFFするので，残量を正確に表示できなくなる可能性があります．

　この問題を解決するために，次の例に上げるようにセルの電圧をバランスさせるための機能をもった保護ICもあります．

● リチウム・イオン蓄電池のための回路例

　回路を図2-3-18に示します．R_{B2}やR_{ref}は図2-3-17と同様にして算出します．このアプリケーション回路に使用されている保護ICは，セル・バランシング機能をもったセイコー・インスツルメンツ社のS-8233Aです．データ・シートは，http://www.sii.co.jp/compo/compo.htmから入手できます．

　Tr_2，Tr_3，Tr_4の四つのMOSFETは，セル電圧をバランシングするために，すべてのセルが満充電となるように，最大充電電圧に到達したセルから個別に放電します．Tr_5は電池パックの放電制御FETであり，Tr_6は電池パックの充電制御FETです．bq2040のPSTAT端子（ピン12）とS-8233AのCOP端子（ピン2）を接続している信号線により，S-8233Aが最大充電電圧を検出した際に，bq2040のSMバスを経由してスマート・バッテリ・チャージャの充電を停止させることができます．

　C_4［μF］は過電流検出1の遅延時間t_{IOV1}［秒］を次式により設定します．

$$C_4 = t_{IOV1}/2.13$$

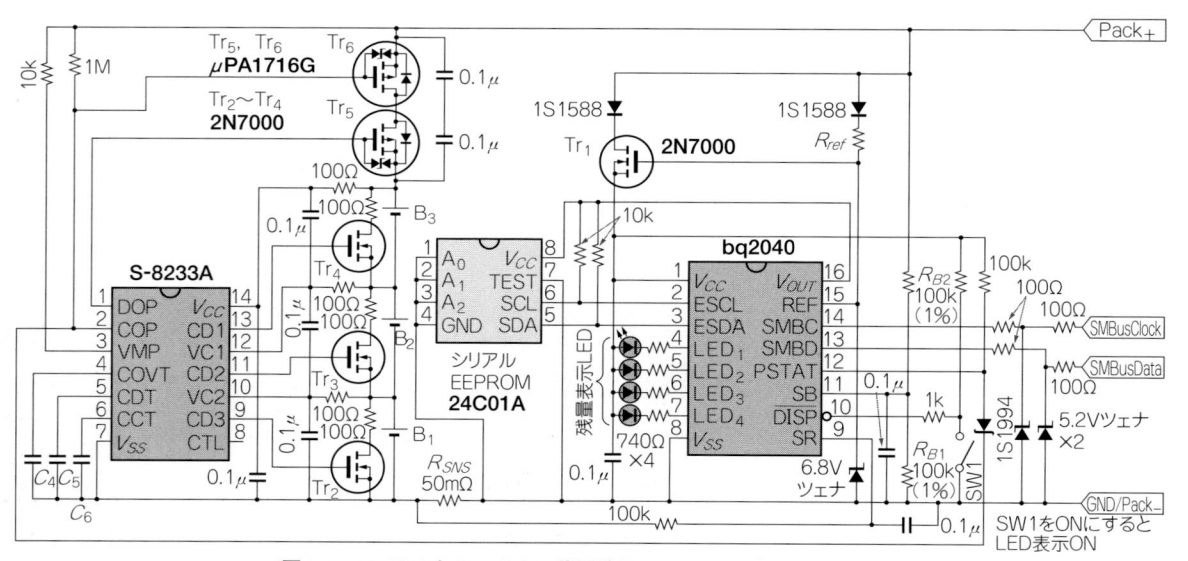

〈図2-3-18〉リチウム・イオン蓄電池用スマート・バッテリの回路例

C_5 [μF]は過放電検出の遅延時間 t_{DD} [秒]を次式により設定します．
　$C_5 = t_{DD}/0.4$

C_6 [μF]は過充電検出の遅延時間 t_{CU} [秒]を次式により設定します．
　$C_6 = t_{CU}/0.2$

残された課題

　benchmarq社（現テキサス・インスツルメンツ社）は，リチウム・イオン蓄電池パックのために，SMバスから個々のセル電圧を知ることができ，個々のセル電圧を基に残量を予測する機能を追加した，残量測定IC bq2060Aを開発しました．http://www.ti.com/からそのデータ・シートを入手できます．

　さらに今後は，より正確で確実な残量表示のために，保護ICと残量測定ICが連携して動作できるようなシステムが必要となってくることが予想され，そのためには，保護ICメーカと残量測定ICメーカが共通のインターフェース仕様を策定する必要があると考えます．

　また，スマート・バッテリは，その有効性をユーザにアピールするスマートな電池パック情報の表示方法が求められてくると考えます．ソニーのVAIOに搭載された残量表示のデザインが，その先駆けとなることを希望します．

★初出：トランジスタ技術1999年12月号

■電池を飲み込んだ電池屋の子供…知ってたらあわてずにすむ「中毒110番」

　事件のあった夜，友人の電池技術者は例によって飲み会．まだ帰宅していませんでした．家では小学校3年生の長男が小型のゲーム機で遊んでいたそうです．傍らにはもう一人，3歳の妹もいました．そのうち長男が，電池が紛失して遊べなくなったと騒ぎだしました．うるさいので母親が事情を聞いてみると，妹が口に入れて飲み込んだようだとの結論に達しました．「大変だ！どうしよう」と思っても，相談する父親はおらず，パニック状態に．近くに住む私の家に電話してきました．

　こんな場合の相談先があるとは知っていたものの，とっさには思い出せず，大変だから119番に聞くようにと応えました．すると当時の119番ではそういうところは知らないとのツレナイ返事だったそうです．片や，私は手元の本から電話番号を見つけ出し教えてあげました．

　彼女は電話で相談した後「ソレッ！」と病院へ掛け込んだそうです．時刻は深夜1時をとっくに過ぎていました．病院でX線写真を撮ると，電池はすでに食道と胃を通り過ぎて腸に入っており，ひと安心．翌日無事出たんだそうです．メデタシ，メデタシ．その彼女ももう中学生，いやぁ早いものです．まさか！と思ったウソのような出来事でした．油断できませんネ．

　鼻や耳に電池を入れて，鼻の中や鼓膜に穿孔を起こした例もあるそうです．

★知ってて役に立つ応急処置などの問い合わせ先
（財）日本中毒情報センター「中毒110番」（有料）
大阪　　☎0990-50-2499（24時間，365日対応）
つくば　☎0990-52-9899（9時〜21時，365日対応）
いずれも固定電話だけからの専用ダイヤルです．

〈江田　信夫〉

◆ 第2-4章

高エネルギ密度電池の保護と残量管理のテクニック！

リチウム・イオン電池パックの実用知識

中道 龍二
Ryuji Nakamichi

　本章では，携帯電話やノート・パソコンに使われているリチウム・イオン電池パックの動作を解説します．リチウム・イオン蓄電池のもつ蓄積エネルギをどのように活用しているのか，そのテクニックを紹介しましょう．

リチウム・イオン電池パックの内部回路

● 基本構成

　図2-4-1に，リチウム・イオン電池パックの内部ブロック図を示します．
　(a)は1セルの例（1直という）で，多くの携帯電話がこのような構成です．(b)は3個のセルを直列に接続した例（3直という）で，ノート・パソコンがこのような構成です．
　リチウム・イオン蓄電池は，ほかの蓄電池に比べて軽量で大容量ですが，反面，過充電や過放電によ

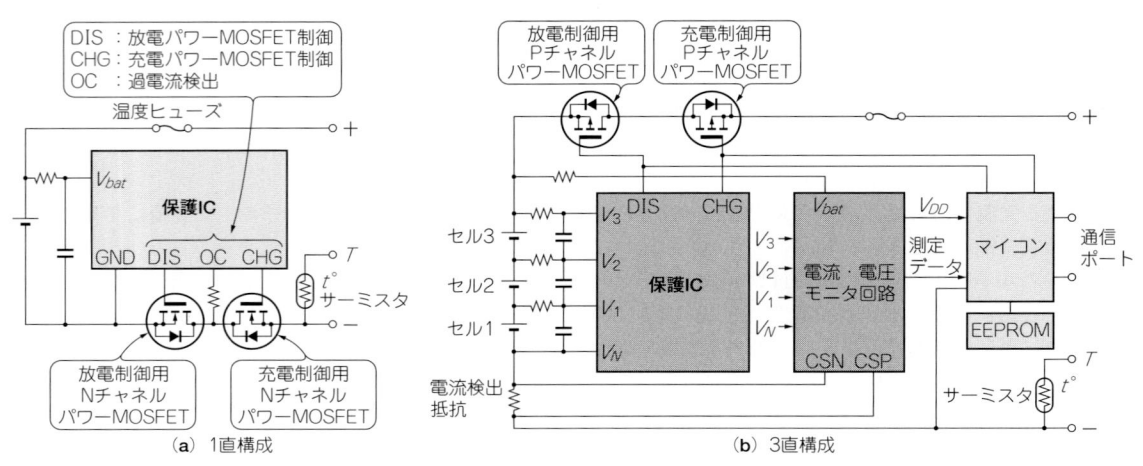

〈図2-4-1〉リチウム・イオン電池パックの保護回路ブロック

リチウム・イオン電池パックの内部回路　163

り電池の劣化や発熱を起こすことがあります．ですから，電池パックの中に必ず保護回路が内蔵されています．

● **スイッチ回路**

保護回路は，電池の特性をよく把握して設計する必要があるため，通常は電池メーカによって最適設計されています．

図2-4-1に示すように，リチウム・イオン電池パックには保護ICと充電禁止用と放電禁止用の二つのパワーMOSFETが必ず入っています．

1～2直では，コストの面からPチャネルより安価なNチャネルを採用しています．

3～4直では，電池パック内に保護回路以外にメモリやマイコンを内蔵することが多いです．電池パックと本体との間でデータをやりとりするため，グラウンド側を突然切断すると基準電位がなくなりデータ通信できなくなります．したがって，PチャネルのパワーMOSFETで電池の正側をON/OFFします．

● **その他の保護回路**

2～4直では，セルごとの電圧を監視して，各セル電圧のアンバランスによる過充電や過放電を防ぐモニタ回路が入っています．

また，サーミスタも内蔵しており，充電中の電池パック内の温度状態を本体側でモニタする機能ももっています．さらに，高温時に回路を切断するための温度ヒューズやPTCも内蔵しています．

リチウム・イオン蓄電池を使った機器を使用中に，充電や放電ができなくなったら，電池に異常が発生した可能性が高いですから，自分でこじ開けたりせず，サービス・センタに連絡するのが賢明です．

● **電池パックの複製を防ぐ方法**

海外などでは，第3者による電池パックが無断で使用されたり，複製されてセカンド・ソースが出回るケースがあります．しかし，リチウム・イオン蓄電池は使用を誤るとたいへん危険です．メーカの責任問題にもなりかねません．

これらの無断使用や複製を防ぐために，電池パック内のメモリに電池パック固有の情報を記憶させ，本体（パソコンなど）がその情報を電池パックへの充放電を許可するキーとして利用する例や，認証アル

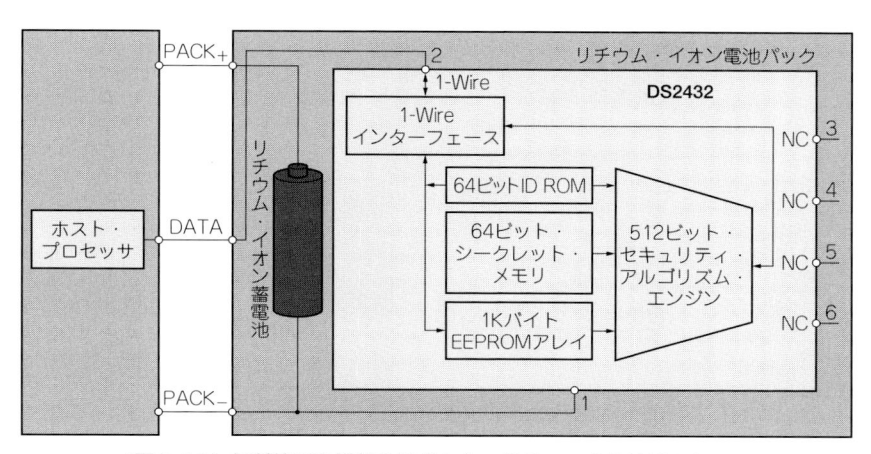

〈図2-4-2〉無断使用や複製を防ぐセキュリティ・メモリIC DS2432

ゴリズムを搭載して純正以外の電池パックの使用を防ぐ例があります．

この用途に使えるメモリに，マキシム社（旧ダラス・セミコンダクター）のDS2432があります．**図2-4-2**にブロック図を示します．

1KビットのEEPROMを内蔵し，容量，製造年月日情報を保存でき，IC固有の64ビットのIDがROMに記録されています．さらに米国政府関連機関にて公式認定されているセキュア・ハッシュ・アルゴリズム（SHA-1）と呼ばれる認証アルゴリズムのエンジンを搭載しており，保存データの不正アクセスを回避できます．

残量管理

● 使用時間が短い機器ほどシビア

モバイル機器にとっての蓄電池は，車に喩えるとガソリン・タンクのようなものですから，電池残量をユーザに知らせることはとても重要な機能です．

1回の充電で使える時間はさまざまで，使える時間が短い機器ほど，高精度の残量計のニーズが高くなります．皆さんもご存知のように，待ち受けが300時間を越える最近の携帯電話では，3段階のバー・グラフで，残量が示されています．一方，サスペンドしていても数日しか電池がもたないノート・パソコンは，Windows上で，1%単位で電池残量が表示されています．この機能を実現するために，電池パックにワンチップ・マイコンを内蔵しているノート・パソコンが数多く見受けられます．

■ 電圧による簡単な残量予測

携帯電話やPDAは，電池電圧を検出して残量を表示しています．

図2-4-3に示すように，A-Dコンバータまたは3個のコンパレータで3段階の電池残量を決定します．各閾値は代表的な放電パターンで設定しています．

この手法は放電電流の大きさによって電池電圧が変動すると表示が変わります．携帯電話の通話を切ったりバック・ライトを消したりすると，消費電流が減って電池電圧が上がり，残量表示が増えるような現象は皆さんも経験があると思います．

■ 電流積分による厳密な残量予測

電流積分とは，充電電流と放電電流を積分して残量を予測する方式です．クーロン・カウンタと呼ば

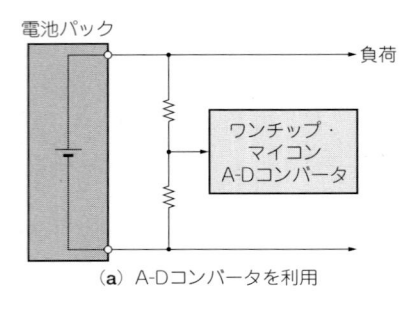

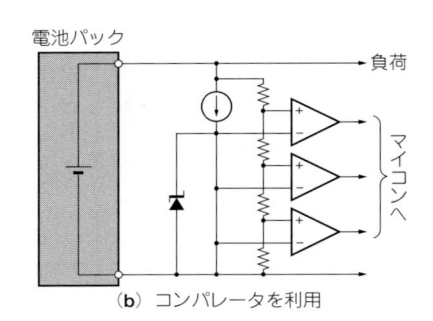

〈図2-4-3〉電圧測定による簡易残量予測回路
(a) A-Dコンバータを利用
(b) コンパレータを利用

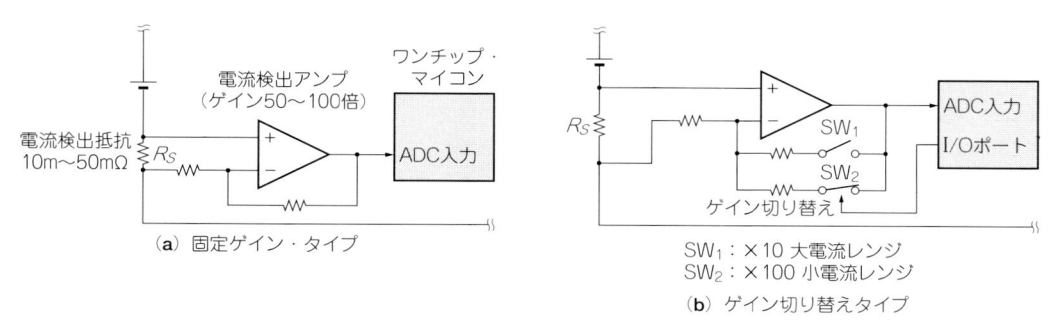

〈図2-4-4〉 マイコンによる電流積算型残量予測回路

れます．ノート・パソコンではこの方式が主流です．

電流の検出方式は，次に説明する二つが代表的です．いずれも10 m～50 mΩ，1％精度の電流検出抵抗を電池と直列に接続し，充放電電流による電圧降下を測定します．

● A-Dコンバータ内蔵のマイコンでサンプリングする方式
▶ 入力信号のアナログ処理

図2-4-4(a)に示すように，汎用のワンチップ・マイコンに内蔵された逐次比較型のA-Dコンバータで，電流を検出する方法があります．

電流検出抵抗の両端の電圧は，ゲイン50～100倍の電流検出アンプで増幅してサンプリングします．サンプリング周期は，システムの電流変化周期の2倍以上必要です．電流検出時の分解能誤差E_Rは，次式で表されます．

$$E_R = \frac{V_{fs}}{2n} \frac{E_{conv}}{R_S A} \quad \cdots\cdots (2\text{-}4\text{-}1)$$

ただし，V_{fs}：A-Dコンバータのフル・スケール電圧 [V]，n：A-Dコンバータの分解能 [ビット]，E_{conv}：A-Dコンバータの変換誤差，R_S：電流検出抵抗値 [Ω]，A：電流検出アンプのゲイン [倍]

ノート・パソコンでは，最小10 mA以下，最大約6 Aの広い電流測定のダイナミック・レンジが求め

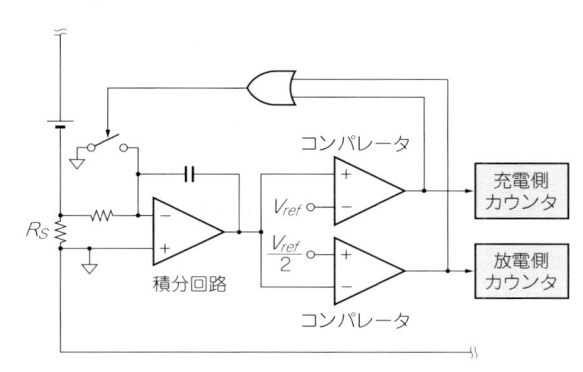

〈図2-4-5〉 V-Fコンバータによる電流積算型残量予測回路

られるため，A-Dコンバータには高い分解能が求められます．そこで，図2-4-4(b)に示すように，小電流と大電流でゲインを切り替えて，測定ダイナミック・レンジを確保する手法もとられています．

▶マイコンによる平均化処理

ノイズの影響などを除去するため，A-Dコンバータで測定した電流の瞬間値は数回サンプリングして，その期間の平均電流値として確定処理するのが一般的です．確定した電流値は，次のように平均化周期当たりの電荷量 $\varDelta Q$ [C] を算出します．

$$\varDelta Q = I_{ave} T_{ave} \quad \cdots\cdots\cdots\cdots\cdots\cdots\cdots\cdots\cdots\cdots\cdots\cdots\cdots\cdots\cdots\cdots\cdots\cdots\cdots\cdots\cdots\cdots\cdots\cdots\cdots\cdots\cdots\cdots\cdots\cdots\cdots\cdots (2\text{-}4\text{-}2)$$

ただし，I_{ave}：平均電流 [A]，T_{ave}：平均化周期 [s]

● V-Fコンバータで積算する方式

図2-4-5に示すように，電流検出抵抗 R_S の電流変化による電圧変化を V-F コンバータ（電圧-周波数変換回路，VFC）を使って，単位時間当たりのカウント数に変換する方式も，実際に採用されています．

カウンタ以外はアナログ回路で構成されており，連続的に電流を積分します．積分器のリセット時間が積分期間より十分長ければ，周波数の高い電流変化に対しても正確に積分できます．

カウンタのビット数を上げることによって分解能が上がり，サンプリング方式に比べて容易にダイナミック・レンジを広くできます．多くの専用ICはこの方式を採用しています．

■ 電流積分誤差の残量表示への影響

● 誤差の種類

電流積分回路の誤差要因には次のようなものがあります．
　①ゲイン誤差
　②オフセット誤差
　③直線性誤差
　④分解能誤差

ノート・パソコンなど，スリープ時と起動時の放電電流変化が大きく，広い測定レンジが必要な用途では，クーロン・カウンタにオフセット誤差が小さいことが要求されます．

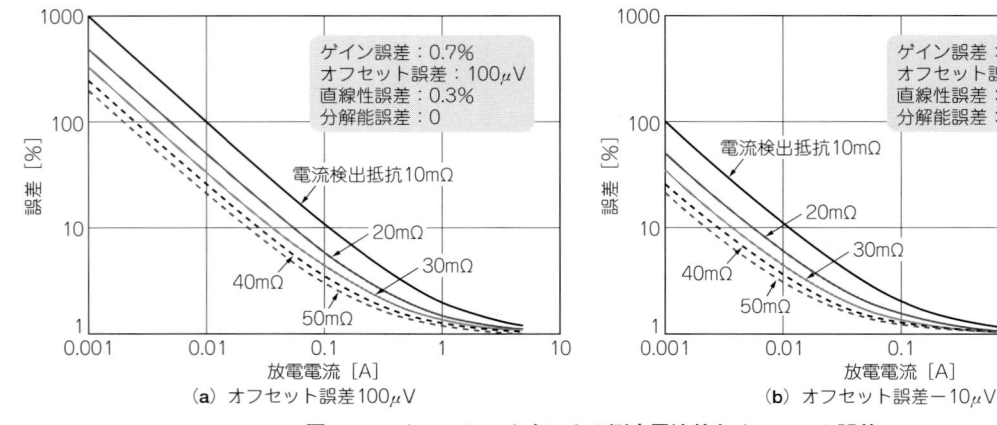

〈図2-4-6〉クーロン・カウンタの測定電流値とオフセット誤差

〈表2-4-1〉オフセット誤差の違う2種類のクーロン・カウンタの放電検出精度

(a) オフセット誤差100μVの場合

電流検出抵抗値[mΩ]	放電条件Ⓐ[%]	放電条件Ⓑ[%]
10	1.73	51.36
20	1.36	26.18
30	1.24	17.79
40	1.18	13.59
50	1.15	11.07

条件
・ゲイン誤差：0.7%
・オフセット誤差：100μV
・直線性誤差：0.3%
・分解能誤差：0

(b) オフセット誤差10μVの場合

電流検出抵抗値[mΩ]	放電条件Ⓐ[%]	放電条件Ⓑ[%]
10	1.07	6.04
20	1.04	3.52
30	1.02	2.68
40	1.02	2.26
50	1.01	2.01

条件
・ゲイン誤差：0.7%
・オフセット誤差：10μV
・直線性誤差：0.3%
・分解能誤差：0

図2-4-6に，測定電流値とオフセット誤差の関係を示します．当然，小電流になるほど誤差が大きくなります．

● オフセット誤差は積算精度に影響を及ぼす

表2-4-1に示すのは，次に示す2種類のクーロン・カウンタを使って，電池容量3400 mAhのバッテリを満充電状態から放電したときの検出精度です．

①オフセット誤差100μV
②オフセット誤差10μV

表に示す放電条件Ⓐは，放電開始後1時間の精度，放電条件Ⓑはそれ以降の精度です．1時間のうち10%の期間の放電電流は4A，40%の期間は2A，50%の期間が1A，1時間以降は10 mAです．この放電条件はノート・パソコンの使用状態に近いもので，10 mAはスタンバイ時を想定したものです．

表から，クーロン・カウンタのオフセット誤差は電流積算精度に大きく影響することがわかります．

■ ノート・パソコンに見る残量管理の工夫

● セル電圧，温度，充電回数をモニタし補正する

ノート・パソコンでは，前述の回路の残量積算誤差だけでなく，電池の使用環境が残量表示精度に大きく影響します．

そこで，電流積分値のほかに各セルの電圧と温度もモニタし，さらに充放電回数も記録しています．

あらかじめ放電電流と電池温度，メモリにセルの劣化度合いを参照テーブルとして記憶します．そして，これらのデータをもとに，現在の残量データを最適な値に補正します．使用温度範囲内であれば，どんな使用条件でも最適な残量を表示できるように工夫しています．

● 残量計による残量値と実際の残量の差

図2-4-7(a)に示すのは，$T_A = 20$℃，$I_{chg} = 0.5CmA$で，4直の電池パックを放電したときの各セル電圧と残量の変化です．放電終止電圧(この場合3.0 V)と残量0%は，ほぼ一致しています．

図2-4-7(b)は，$T_A = 0$℃でこの電池を放電した結果です．放電電流は図2-4-7(a)と同じです．

低温や負荷が重い場合は電池電圧が下がるため，$T_A = 20$℃のときより短い時間で放電終止電圧に到達します．

補正をかけない残量計Ⓐの場合，電池はすでに放電終止電圧に達していますが，まだ残量があると判断しており，放電が続けられます．その結果，使用中に電池保護回路の過放電保護が働き，突然電源が落ちるという事態に見舞われることがあります．残量計Ⓑのように，温度と放電電流による放電効率を補正する必要があります．

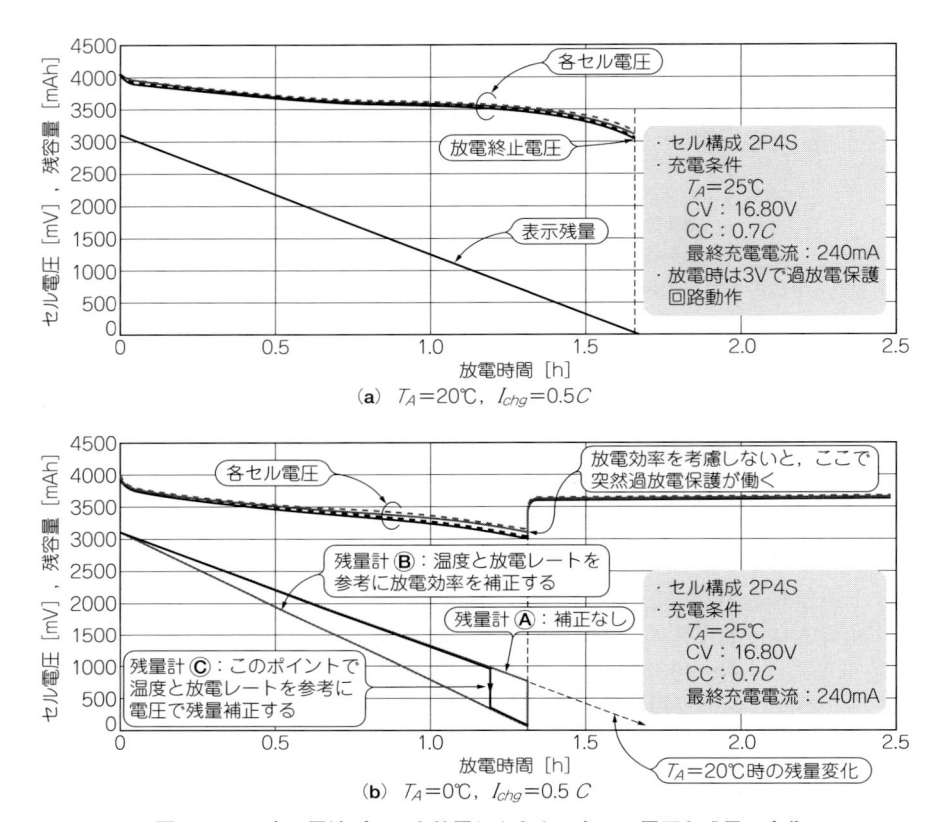

〈図2-4-7〉4直の電池パックを放電したときの各セル電圧と残量の変化

　残量計Ⓒは，電圧で残量を補正するものです．$T_A = 20$℃@$I_{chg} = 0.5C$の条件のとき，残量があると判断しています．しかし，同じ電池パック内にあり，残量計とは独立して動作している保護回路が先に働きます．保護回路は，電池電圧がシステム用電源回路の最低動作電圧以下に低下したところで，スイッチを切り，放電を止めてしまいます．その結果，システムの異常停止という事態に陥る危険性があります．

　システムの電源，過放電回路，残量計はそれぞれ独立しています．残量計の役目は，どんな条件でも先に過放電保護回路が働かないよう，ユーザに電池切れの事前警報することなのです．

電池パックの通信インターフェース

　電池パック内で，前述の残量積算の処理や電流，電圧，温度の測定，電池の固有情報の保存などをする場合，これらの情報をシステム側に知らせる通信機能が必要です．

　ここではノート・パソコンでよく使われる通信インターフェースであるSMバスについて説明しましょう．

電池パックの通信インターフェース

〈表2-4-2〉SMバスとI^2Cインターフェースの違い

項目		記号	スタンダードI^2Cバス		高速I^2Cバス		SMバス		単位
			最小	最大	最小	最大	最小	最大	
"L" 入力電圧	固定	V_{IL}	−0.5	1.5	−0.5	1.5	−0.5	0.8	V
	電源電圧連動		−0.5	$0.3V_{DD}$	−0.5	$0.3V_{DD}$	−	−	V
"H" 入力電圧	固定	V_{IH}	3.0	$V_{DDmax}+0.5$	3.0	$V_{DDmax}+0.5$	2.1	5.5	V
	電源電圧連動		$0.7V_{DD}$	$V_{DDmax}+0.5$	$0.7V_{DD}$	$V_{DDmax}+0.5$	−	−	V
入力ヒステリシス電圧		V_{HYS}	−	−	$0.05V_{DD}$	−	−	−	V
"L" 出力電圧	$I_{out}=3$ mA	V_{OL}	0	0.4	0	0.4	−	−	V
	$I_{out}=6$ mA		−	−	0	0.6	−	−	V
	$I_{out}=350$ μA		−	−	−	−	−	0.4	V
プルアップ電流		$I_{pull up}$	−	−	−	−	100	350	μA
リーク電流		I_{leak}	−10	10	−10	10	−5	5	μA

(a) DC特性

項目	高速I^2Cバス	スタンダードI^2Cバス	SMバス	単位
最小クロック周波数	−	−	10	kHz
最大クロック周波数	400	100	100	kHz
タイム・アウト	−	−	35	ms
スレーブ・クロック・ホールド時間	−	−	10	ms
マスタ・クロック・ホールド時間	−	−	10	ms
SCLとSDAの立ち下がり時間	−	−	300	ns
SCLとSDAの立ち上がり時間	−	−	1000	ns

(b) AC特性

■ SMバスの物理仕様

● ベースはI^2Cバス

SMバス(System Management Bus)は，スマート・バッテリ・システムと同時に規格化されたインターフェースです．I^2Cバスがベースになっています．

インテル社が，パソコンのパワー・マネージメントの規格であるACPIにおいて，標準でサポートしたインターフェースで，ノート・パソコンだけでなく，パソコン内部の標準インターフェースの一つとしての地位を築いています．SMバス対応の温度センサやバック・ライト・コントローラなどに用途が広がっています．

表2-4-2に示すように，I^2CバスとはDC特性やAC特性に違いがあります．

● SCLとSDAの2線式双方向バス

SMバスは，クロック(SCL)とデータ(SDA)の2線式のマルチマスタ対応の双方向バスです．

SMバスに接続されるデバイスの出力段はすべてオープン・ドレインで，図2-4-8に示すように，通常プルアップ抵抗でシステムの電源に接続されます．

SCL信号ラインとSDA信号ラインのLレベルの最大値が電池パックとホスト側との接続点(通常はコ

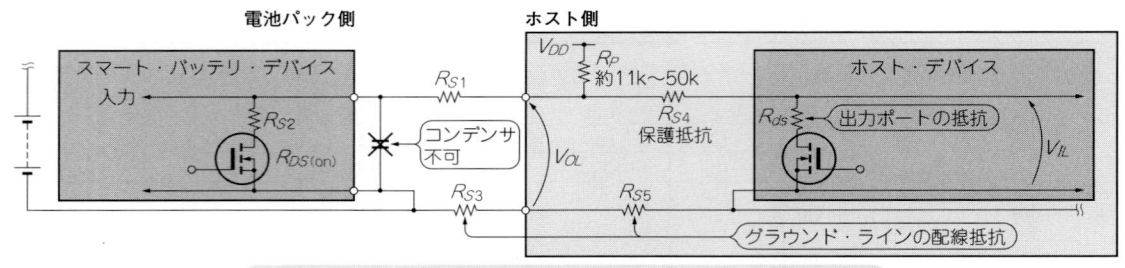

〈図2-4-8〉SMバス信号ラインの接続

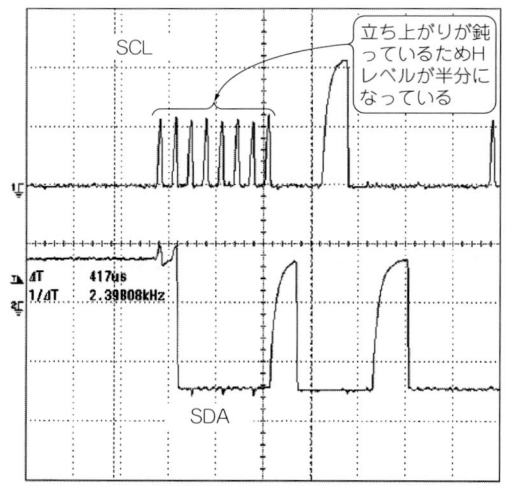

スマート・バッテリ・デバイスの出力がLレベルのとき
・出力レベル $V_{OL(max)} = 0.4V > \dfrac{R_{S1}+R_{S2}+R_{ds}}{R_P+R_{S1}+R_{S2}+R_{ds}} V_{DD} \pm (I_{load}\,R_{S3})$
・入力レベル $V_{IL(max)} = 0.8V > V_{OL(max)} \pm (I_{load}\,R_{S5})$

〈図2-4-9〉立ち上がりがなまって通信できなくなったSMバスの波形(100 μs/div., 2 V/div.)

ネクタ部)において，0.4V以下になるようにしなければなりません．したがってプルアップ抵抗，デバイスの直列抵抗，出力ポートのオン抵抗に配慮しなければなりません．V_{OL}もV_{IL}も，充放電電流とグラウンド・ラインの配線抵抗によるグラウンド・レベルの変動を考慮しなければなりません．

● 電気的仕様

　表2-4-2(b)に示すように，SMバスではSCLとSDAは，立ち上がり時間1000 ns以下，立ち下がり時間300 nsと規定されています．

　SDAとSCLのラインには，ESD保護やノイズ取りのためのバイパス・コンデンサを不用意に付加しないでください．立ち上がり波形がなまり，通信トラブルの原因になります．SMバスの配線長が長くなる場合や複数のデバイスがつながる場合には，寄生容量に対する配慮も必要です．図2-4-9は，SCLの波形がなまり，データ通信ができなくなった例です．

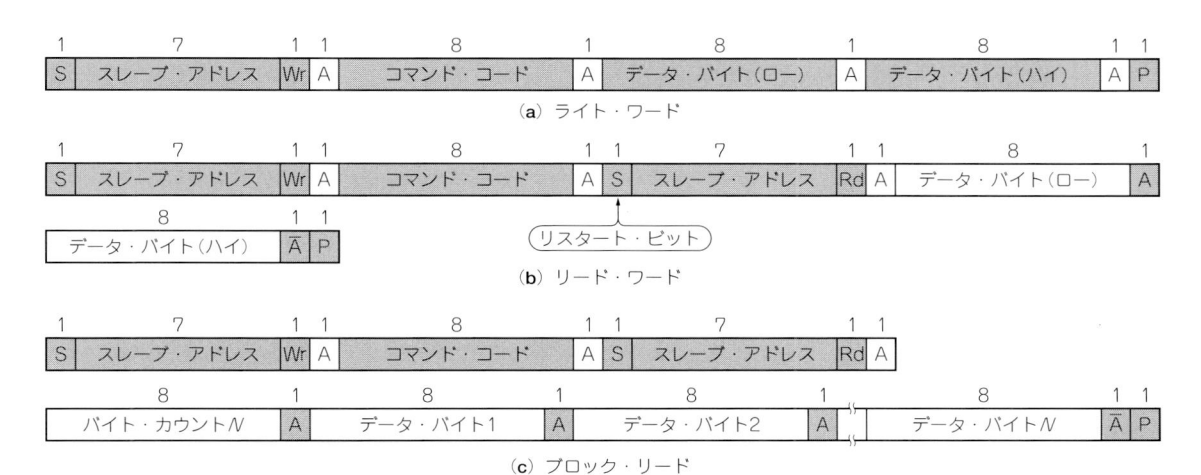

```
 1      7         1 1      8        1      8        1      8      1 1
[S|スレーブ・アドレス|Wr|A|コマンド・コード|A|データ・バイト(ロー)|A|データ・バイト(ハイ)|A|P]
```
(a) ライト・ワード

```
 1      7         1 1      8        1 1     7         1 1     8       1
[S|スレーブ・アドレス|Wr|A|コマンド・コード|A|S|スレーブ・アドレス|Rd|A|データ・バイト(ロー)|A]
     8        1 1
[データ・バイト(ハイ)|Ā|P]
```
(リスタート・ビット)
(b) リード・ワード

```
 1      7         1 1      8        1 1     7         1 1
[S|スレーブ・アドレス|Wr|A|コマンド・コード|A|S|スレーブ・アドレス|Rd|A]
     8        1 1      8      1      8      1      8      1 1
[バイト・カウントN|A|データ・バイト1|A|データ・バイト2|A|データ・バイトN|Ā|P]
```
(c) ブロック・リード

S：スタート・コンディション，Wr：ライト・コマンド，A：アクノリッジ，Ā：ノー・アクノリッジ，P：ストップ・コンディション，Rd：リード・コマンド
■：マスタからスレーブへ送信　□：スレーブからマスタへ送信

〈図2-4-10〉SMバスに使われる主な通信プロトコル

■ 通信プロトコル

SMバスは，9種類のプロトコルが規定されていますが，実際には**図2-4-10**に示す，
- リード・ワード
- ライト・ワード
- ブロック・リード

の3種類が主に使われています．アクノリッジは，網掛けしていないのがスレーブの応答，網掛けしたのがマスタの応答です．

SMバスは，ある一定の時間，スレーブ側の都合によるSCLのホールドを許しています．マスタ側は，常にSCLが"L"にホールドされていないかチェックしてから，次のビットを送信する必要があります．そうでないと通信そのものが成立しません．

例えばリード・コマンドでは，SCLをホールドするスレーブ・デバイスとの通信時にリスタート・ビットが失われると，ホストはスレーブからのデータ待ちでSDAをリリース("H")にします．このとき，スレーブはライト・コマンドと勘違いして，0xFFFFhを書き込んでしまう現象が発生します．

スマート・バッテリ・システム

■ システムのあらまし

● 誕生の経緯

スマート・バッテリ・システム(Smart Battery System，以下SBS)の仕様は，携帯機器，特にノート・パソコンにおける蓄電池の充放電管理システムの標準化を目的として，米国のIntel社，Duracell

社が主体となって規格化の検討が行われ，1995年にRev.1.0がリリースされました．

1998年には改版されてRev.1.1となり，今にいたっています．現在，次の四つの仕様書がリリースされています．

① Smart Battery Data Spec. rev.1.1
② Smart Battery Charger Spec. rev.1.1
③ Smart Battery Selector Spec. rev.1.1
④ Smart Battery System Manager rev.1.0

SBSは，それまで各ノート・パソコンのメーカごとに異なっていた蓄電池の充放電管理システムと電池側および本体側でデータをやりとりするための通信プロトコル，データの種類などを標準化しました．電池パックを含む充放電システムの開発期間の短縮と，回路構成部品の量産効果によるコスト・ダウンを狙ったものです．

仕様書の制定とともに，SBSフォーラムが組織され，SBSの積極的な普及活動を行ってきました．仕様書を公開（http://www.sbs-forum.org/で入手可能）し，前述のSMバスを採用しました．

USBなど，ほかのパソコン・インターフェース規格で一般的な，プラグ・フェスタ（Plug festa）と呼ばれる接続互換性実験も行いました．

意見交換のための会議を定期的に開催しており，今日では多くのパソコン・メーカやリチウム・イオン電池メーカがこのシステムを採用しています．

● 基本構成

図2-4-11に，SBSの基本ブロック図を示します．

充電制御マイコンがスマート・セレクタとスマート・チャージャの機能をもつシステムや，キーボード・マイコンがシステム・ホストの機能をもつシステムなど，いろいろなバリエーションがあります．

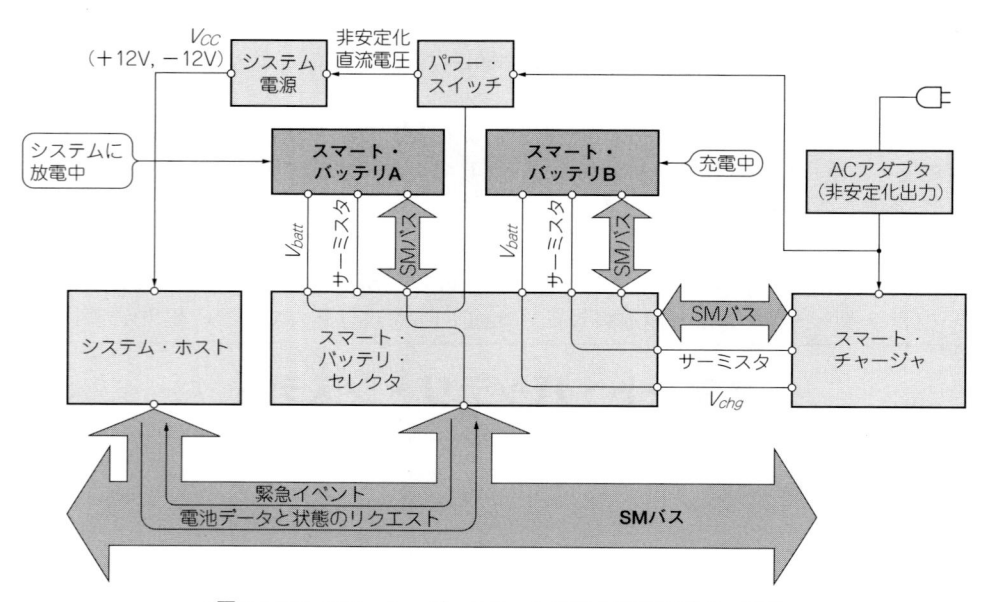

〈図2-4-11〉スマート・バッテリ・システムの基本ブロック図

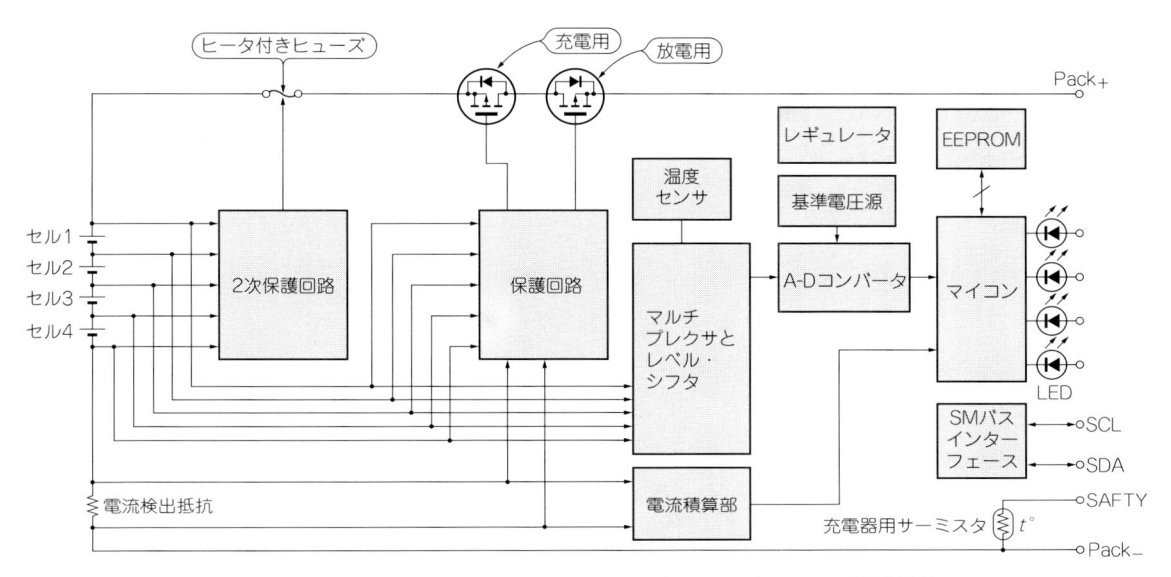

〈図2-4-12〉リチウム・イオン・スマート・バッテリ・システムの回路構成

実際のノート・パソコンでは，バッテリ以外の部分は専用ICが使われています．

● コマンド

スマート・バッテリ・システムの仕様では，33種類の基本コマンドと5個のオプション・コマンドを規定しています．実際には，各コマンドに対するバッテリからの応答値の解釈はメーカによります．スペックに記述されていない部分で微妙に異なることがあります．

■ スマート・バッテリ部

● 回路ブロック

SBSのスマート・バッテリ部は，図2-4-12に示すような回路ブロックで構成されます．

当初は，図に示す保護回路以外の回路をすべて，汎用ICで構成する方式も多く見受けられました．最近は，ASICとSMバス・ポート内蔵の8ビット・マイコンの組み合わせという構成が多いようです．ASICには，電流積分器，マルチプレクサ，マイコン用リニア・レギュレータ，基準電圧源，保護回路などが内蔵されます．また，マイコンを含む2次保護以外をワンチップ化したICも登場しており，種類が増えています．

● 実際のスマート・バッテリ回路例

図2-4-13に示すのはMAX1781を使ったスマート・バッテリ回路で，写真2-4-1は基板の外観です．MAX1781はスマート・バッテリを構成するのに必要なほとんどの回路を内蔵した48ピンQFNパッケージのコントローラICです．次のような特徴があります．

① 8ビットRISCマイコンを内蔵
② プログラム用に12KバイトEEPROMを内蔵しており，仕様変更などにフレキシブルに対応可能
③ 16ビットV-Fコンバータによる電流積分型残量計を内蔵し，充電側と放電側で独立したカウンタをもつ

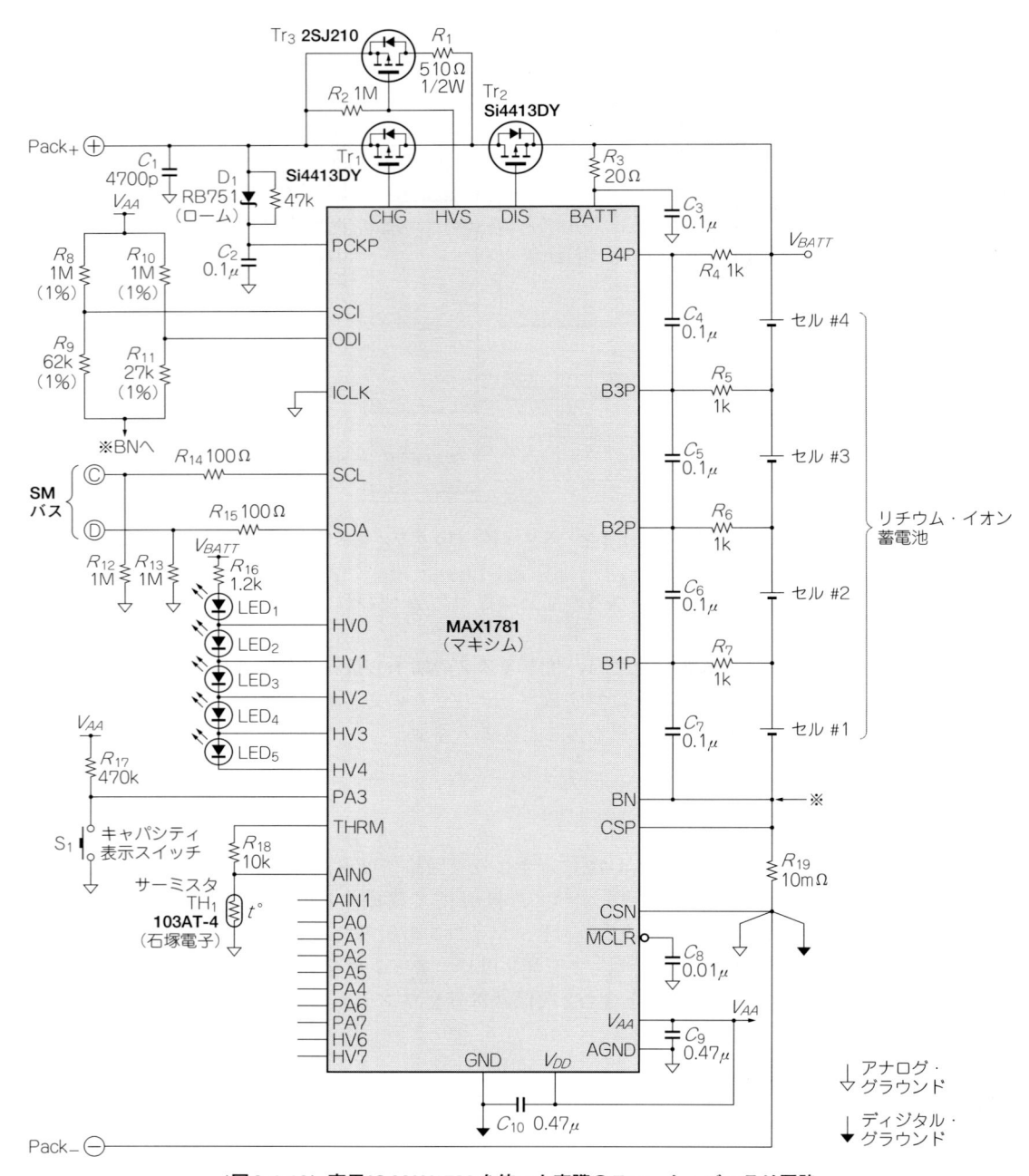

〈図2-4-13〉専用IC MAX1780を使った実際のスマート・バッテリ回路

④ 2〜4セルを直接接続できるマルチプレクサと16ビット高精度A-Dコンバータを内蔵
⑤ マイコンと独立した過電流保護回路を内蔵
⑥ 温度センサを内蔵

〈写真2-4-1〉スマート・バッテリ制御回路を実装した基板の外観　［マキシム・ジャパン㈱］

⑦PチャネルMOSFETのハイサイド・ドライバを内蔵
⑧LEDドライバを内蔵

■ スマート・チャージャ部

● 動作

スマート・バッテリは，個々に最適な充電をするための情報をもつことが可能です．スマート・チャージャは，その情報をもとに充電を制御します．

スマート・チャージャには，電池パック内のサーミスタの端子も接続され，通信による充電制御と独立した温度監視機能をもたせる配慮がなされています．

スマート・チャージャには，二つの動作レベルがあり次のような違いがあります．

▶ レベル2

スマート・バッテリがマスタになる動作モードです．スマート・チャージャは，スマート・バッテリから10秒ごとに送信されるコマンドをもとに充電を制御するスレーブ動作をします．コマンドには，次の三つがあります．

- ChargingCurrent（充電電流）
- ChargingVoltage（充電電圧）
- BatteryStatus（電池状態）

ChargingCurrentとChargingVoltageは，スマート・バッテリ自身が現時点で必要とする最適な充電電流と電圧です．残量や電池の状態により値が変わります．

BatteryStatusは，過充電，過放電，過電流，高温異常など，異常状態をアラートとして表示します．また，満充電や0％残量などの情報も表示する16ビット長の状態表示コマンドです．

▶ レベル3

スマート・チャージャがマスタになる動作モードです．バッテリの上記情報を周期的に読み込むマスタ動作をします．マイコンでスマート・チャージャをエミュレーションする場合に使われます．

● 実際のスマート・チャージャ

図2-4-14に示すのは，MAX1645Bを使用したレベル2対応のスマート・チャージャです．

MAX1645Bは，同期整流スイッチング方式の充電機能とレベル2のスマート・バッテリ機能を搭載

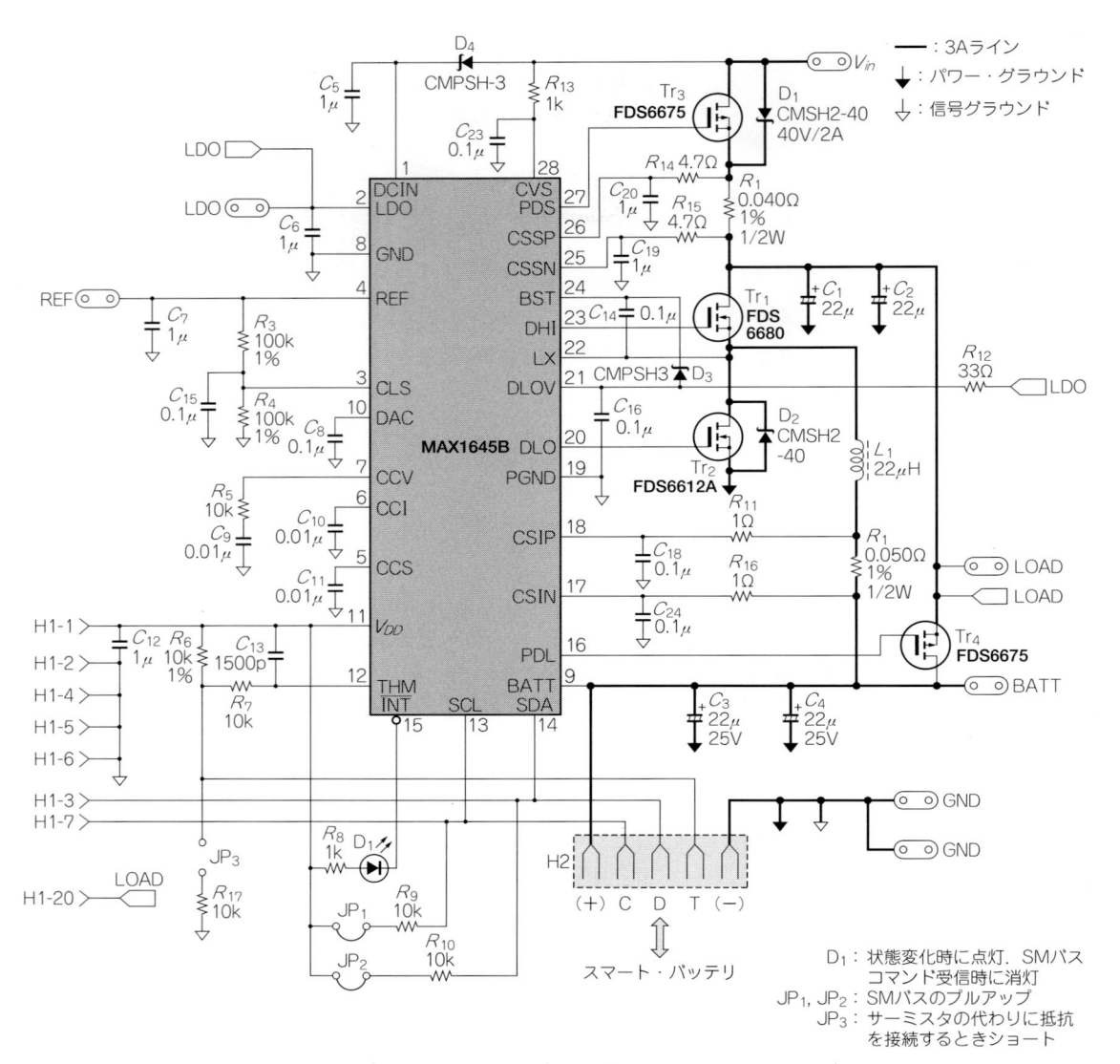

〈図2-4-14〉専用IC MAX1645を使った実際のスマート・チャージャ

しています．さらに，次のような機能を備えています．
- 負荷への電源ソースの切り替え制御
- 128 mAのプリチャージ
- 通信の175秒以上の断絶で充電を停止する暴走充電の防止
- サーミスタ端子による温度監視

● **評価キットを使った充電実験**

　図2-4-15に示すように，MAX1645Bを搭載したスマート・チャージャ評価キット（**写真2-4-2**）とス

スマート・バッテリ・システム　177

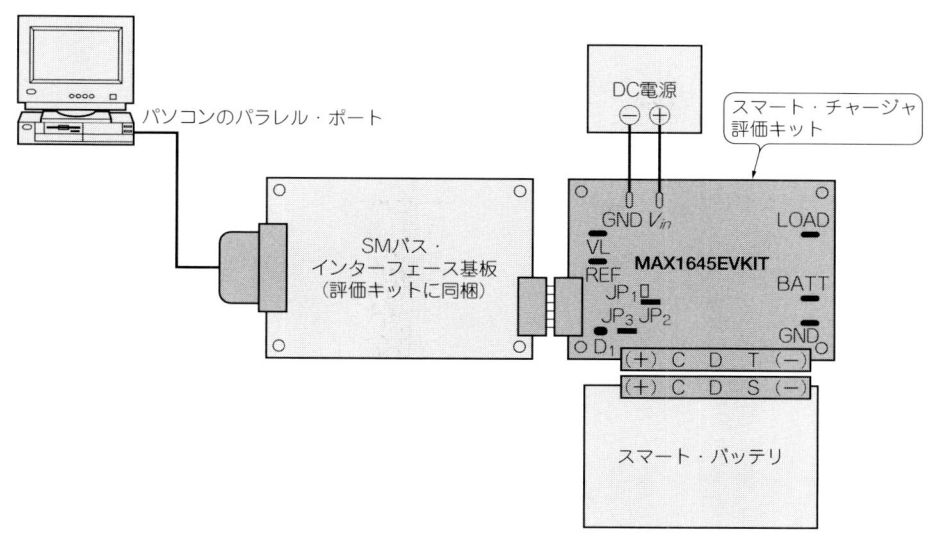

〈図2-4-15〉スマート・チャージャとスマート・バッテリで構成したスマート・バッテリ・システムの充電実験回路

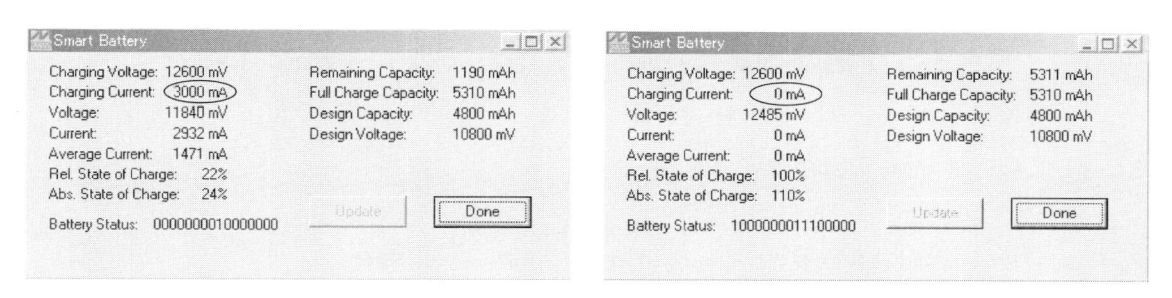

（a）充電中（$I_{chg}=3\,\mathrm{A}$）　　　　（b）充電終了

〈図2-4-16〉スマート・バッテリ実験回路の充電時のモニタ

マート・バッテリを接続して，充電の実験をしました．

　評価キットに付属しているソフトウェアを使うと，パソコン上で充電状態をモニタできます．図2-4-16に示すのは充電時のモニタ画面です．`ChargingVoltage`と`ChargingCurrent`が，スマート・バッテリから送信されてくるデータです．

　評価キットは，ホスト・コントローラもエミュレートしているため，スマート・バッテリがパック内で測定している電圧や電流，温度，残量の情報も読み取っています．

　スマート・バッテリからは，過充電，過放電，満充電などの充電状態を知らせる`BatteryStatus`というデータが送信されるので，この情報から電池の異常を検出して，スマート・チャージャは充電を中断できます．

　以上のように，スマート・チャージャは，スマート・バッテリが送信する最適な充電データをもとに充電を制御できます．充電器側で充電電圧や充電電流の設定を行わないため，異なるセル数や容量の電

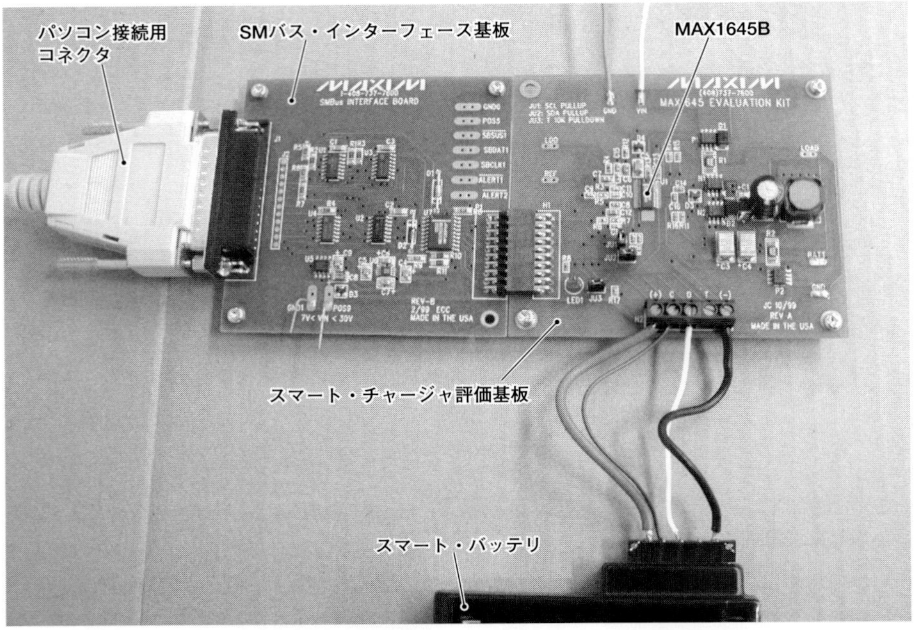

〈写真2-4-2〉評価基板で構成したスマート・バッテリ・システムの充電実験のようす

池に対しても一つの充電器で対応できます．

◆参考文献◆
(1) 中道龍二；SBSの技術動向と残量管理手法，2001バッテリ技術シンポジウム，セミナ資料．
(2) 星 聡；スマート・バッテリと蓄電池のバッテリ・ゲージ，トランジスタ技術1999年12月号，pp.233～241，CQ出版㈱．

★本章はトランジスタ技術2002年7月号の記事を加筆・再編集したものです．〈編集部〉

◆ **第2-5章**

専用IC M62253FPを使った

リチウム・イオン蓄電池用充電器の試作

柏本 浩二
Koji Kashimoto

■ 概要

　携帯型電子機器の高性能化,小型化,軽量化に伴う普及率の拡大は,それらに使う電源としての2次電池の市場を急速に拡大しています.なかでもリチウム・イオン蓄電池が主流になりつつあります.

　これには二つの理由が考えられます.一つは,リチウム・イオン蓄電池は体積エネルギ密度と重量エネルギ密度が高いことです.二つ目は,ニカド蓄電池やニッケル水素蓄電池がもつメモリ効果がないため,電池を完全に放電しなくても,継ぎ足し充電が可能であり,高温環境下で公称定格容量まで充電し,放電できるからです.

　一方,過充電による発火や,過放電による特性の劣化といった危険性をもつため,精密な電圧電流管理を行わないと,その性能を発揮できないという気難しい点もあります.

　そこで,リチウム・イオン2次電池の性能をできる限り引き出すための充電方法を説明し,充電用IC M62253FP(**写真2-5-1**)とその応用について紹介します.

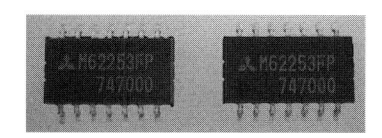

〈写真2-5-1〉リチウム・イオン蓄電池の充電制御IC M62253FP［㈱ルネサス テクノロジ］

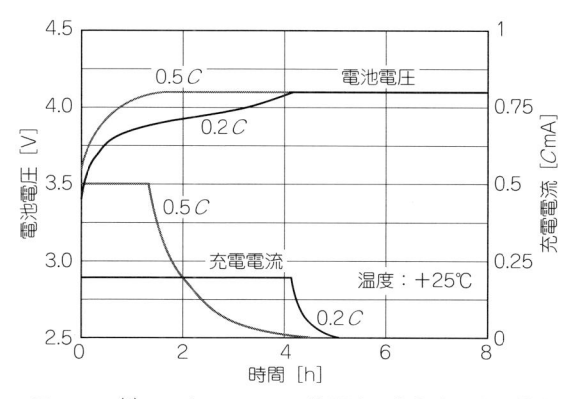

〈図2-5-1〉[4]リチウム・イオン蓄電池の代表的な充電特性

リチウム・イオン蓄電池とは

■ リチウム・イオン蓄電池の特性

角形400 mAhの標準的な充電特性を図2-5-1に，放電特性を図2-5-2と図2-5-3に示します．

■ 2次電池の急速充電方式

代表的な急速充電の制御方法を説明します．

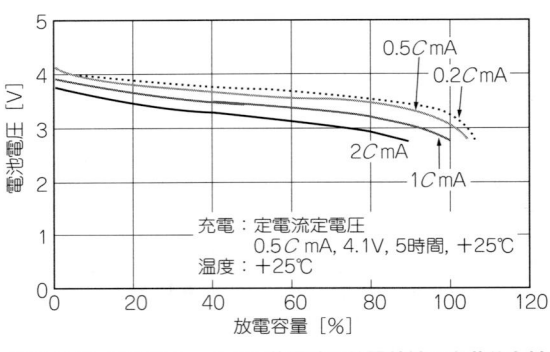

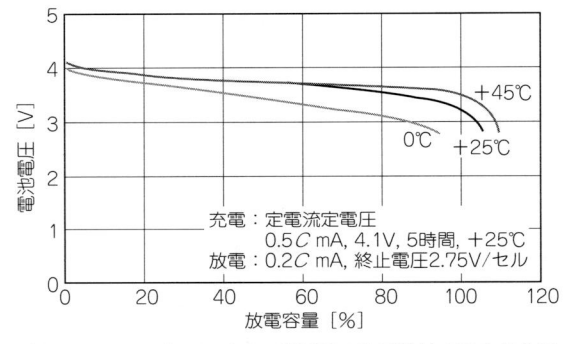

〈図2-5-2〉リチウム・イオン蓄電池の放電特性の負荷依存性

〈図2-5-3〉リチウム・イオン蓄電池の放電特性の温度依存性

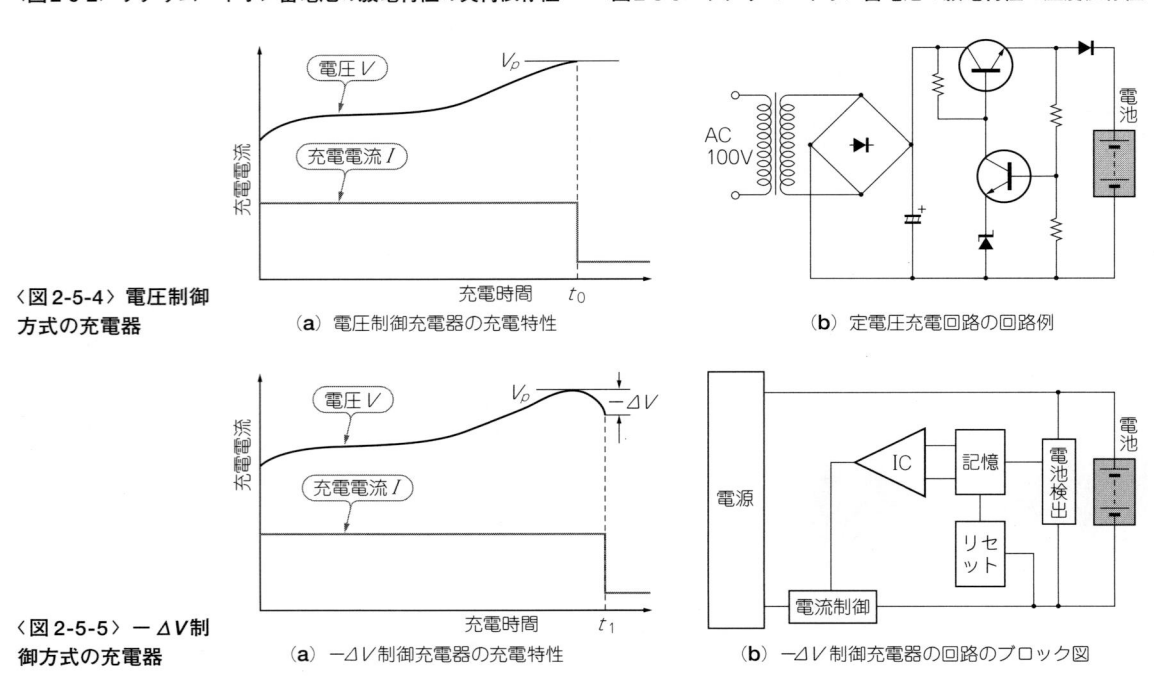

〈図2-5-4〉電圧制御方式の充電器

（a）電圧制御充電器の充電特性

（b）定電圧充電回路の回路例

〈図2-5-5〉$-\Delta V$制御方式の充電器

（a）$-\Delta V$制御充電器の充電特性

（b）$-\Delta V$制御充電器の回路のブロック図

❶ 電圧制御方式

充電中の電池電圧を検出して制御する方式です．回路構成は図2-5-4のように簡単であり，安価に充電器を製作することが可能ですが，電池の内部インピーダンスの差により充電量が異なるので，電池を100%充電することが難しい方式です．

❷ －ΔV制御方式

ニカド蓄電池やニッケル水素蓄電池では，満充電に到達すると図2-5-5のように電池電圧がわずかに降下する特性があります．この降下する点(－ΔV)を検出することで満充電を検出して充電を停止する方式です．

－ΔV制御方式は，原則として急速充電用の電池に使う方式です．12Vの電池の場合は－ΔV＝200～300mVが現れます．

この方式は電池の特性の差によらず，満充電を精度良く検出できるため，100%に近い充電が可能となります．一般的にニカド蓄電池やニッケル水素蓄電池ではこの方式が採用されています．

❸ 温度検出制御方式

ニカド蓄電池やニッケル水素蓄電池を過充電したときに発生する化学反応熱による温度上昇を利用する方式で，電池が一定の温度に達したところで充電を完了する方式です．この方式(図2-5-6)では，周囲温度により充電量が変わり，高温時には充電不足，低温時には過充電となるため，とくに過充電時には電池寿命の短縮やリチウム・イオン蓄電池の場合には発火といった弊害が起こります．

❹ 定電流定電圧制御方式

図2-5-7のように充電初期は定電流充電を行うことで充電時間の短縮を図り，満充電電圧に到達した時点で定電流充電を停止して定電圧充電に切り替えます．

〈図2-5-6〉温度検出制御方式の充電器

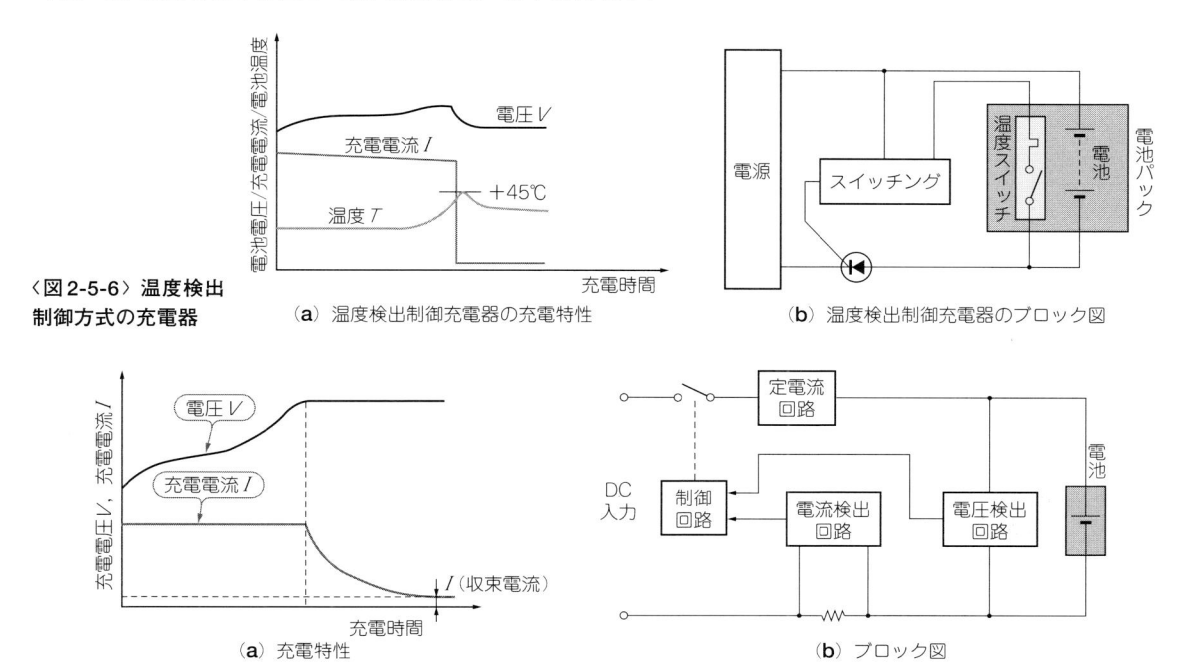

(a) 温度検出制御充電器の充電特性

(b) 温度検出制御充電器のブロック図

(a) 充電特性

(b) ブロック図

〈図2-5-7〉定電流定電圧制御方式の充電器

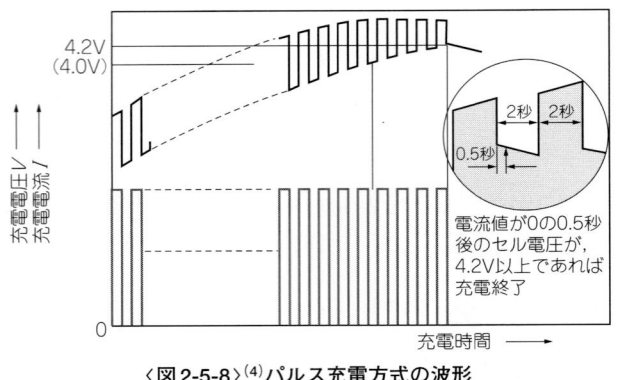

〈図2-5-8〉(4) パルス充電方式の波形

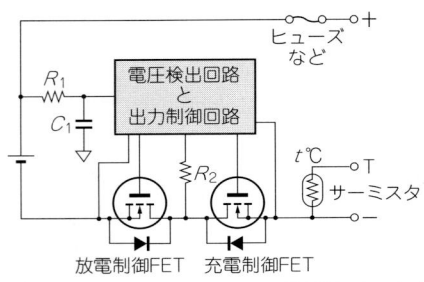

〈図2-5-9〉リチウム・イオン蓄電池パック内部の保護回路の構成

電流を停止すると内部インピーダンスに相当する電圧分だけ電池電圧は低下しますが，供給電圧と電池の内部インピーダンスにより決まる電流で充電を継続して，充電電流が低下（50～100 mA）してきたことを検出して充電を停止する方式です．

電圧制御方式の問題点を改善して充電量を増加でき，95％以上の充電が可能です．リチウム・イオン蓄電池は，一般的にこの方式による充電が行われます．

❺ パルス充電方式

充電時間を短縮するために電池セルの最大充電電圧，最大充電電流以上の電圧，電流をパルス的に加え，休止時間の電池電圧を検出して充電を停止する方式です．図2-5-8に充電波形を示します．この方式では，充電時間を短縮できる反面，過電圧が加えられることになるため電池の劣化や寿命を短くするといった弊害が起こります．そのため最大電圧を規制するなどの配慮が必要です．

リチウム・イオン蓄電池パックの構成

リチウム・イオン蓄電池は，ニカド蓄電池やニッケル水素蓄電池と比較して，過充電による発火や過放電による特性の劣化の危険性が高いため，電池パック内部に保護回路が内蔵されています．そのため，リチウム・イオン蓄電池を充電するに当たり，保護回路を考慮した充電制御が必要となります．

図2-5-9に一般的な保護回路の例を示します．

保護回路の機能

リチウム・イオン蓄電池パックに内蔵されている保護回路の機能を説明します．

● 過充電保護

電池セルの電圧が充電により満充電電圧以上になると，充電FETをOFFして充電電流を遮断します．数百mVのヒステリシスをもち，セル電圧が低下したことを検出して充電FETをONし，充電を可能にします．

● 過放電保護

電池セル電圧が放電により放電禁止電圧以下になると放電FETをOFFして放電電流を遮断します．

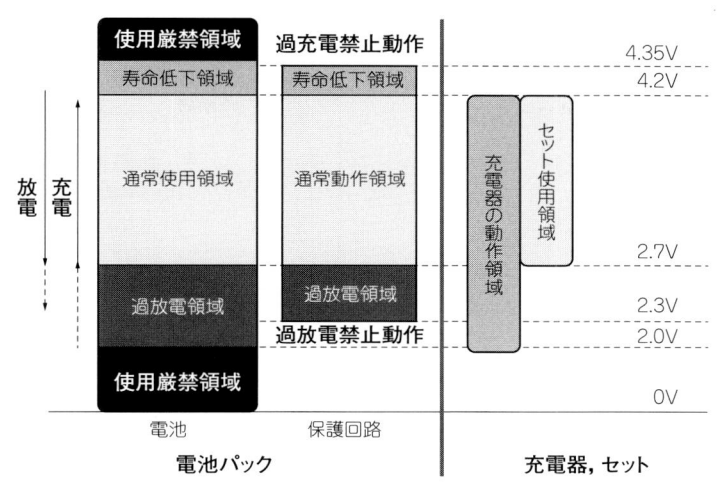

〈図2-5-10〉(4) リチウム・イオン蓄電池の使用領域

また，充電されて電池電圧が上昇すると，ヒステリシスをもって放電FETをONし，放電を可能にします．
● 過電流保護
　電池パックの正極と負極が短絡した場合などに，大電流が流れて電池セルの劣化や保護回路の破壊が起こることを防止するため，放電電流を検出して規格外の電流が流れた場合に放電，充電FETをともにOFFします．
　リチウム・イオン蓄電池パックは前述の保護機能をもっていますが，安全性を確保するためには保護回路などの故障が発生した場合でも，充電器でも電池の使用厳禁領域に到らないような配慮が必要です．
　図2-5-10にリチウム・イオン蓄電池の使用領域をまとめて示します．

M62253FPの動作

　リチウム・イオン蓄電池の充電器を試作するにあたり，M62253FP［㈱ルネサステクノロジ］を使用しました．M62253FPはリチウム・イオン蓄電池の充電制御用のICです．図2-5-11にピン配置図，図2-5-12にブロック図，表2-5-1に端子機能をそれぞれ示します．
● 電池接続検出
　T_{IN}端子に電池パックのサーミスタ端子(T)を接続することにより，電池が接続されているかどうかを検出します．
　T_{IN}端子の電圧V_{TIN}が1.64V以上3.54V以下であれば電池ありと判断します．V_{TIN}が1.64V以下または，3.54V以上の場合は電池なし，または温度異常と判断し，充電を禁止します．
● 定電流制御部および電流検出
　SENSE_+端子とSENSE_-端子により充電電流を検出し，定電流制御を行います．電池電圧が2.6V以上3.0V以下の場合は電流検出抵抗R_{SENSE}の電圧降下が25mVに，電池電圧が3.0V以上の場合は電圧降下が250mVになるように設定します．
　また，定電圧充電時の充電電流を検出し，R_{SENSE}の電圧降下が25mV以下の状態が1.3秒間（$C_2 =$

〈図2-5-11〉リチウム・イオン蓄電池用充電制御IC M62253FPのピン配置

〈表2-5-1〉M62253FPのピン機能

ピン番号	ピン名	説明
1	T_{IN}	温度検出のための端子．電池接続検出と兼用．
2	C_3	温度検出の遅延時間設定用端子．($t_{pd}=55\ \mathrm{ms}@0.1\ \mu\mathrm{F}$)
3	V_{ref}	内部回路用の基準電圧を供給する端子．
4	V_{DD}	5.0 V安定化電源出力．
5	V_{CC}	電源端子．
6,7	LED1, LED2	LEDを接続する端子．LED_1は充電時点灯，LED_2は充電完了時点灯．
8	C_1	電圧検出の遅延時間設定用端子．($t_{pd}=1.2\ \mathrm{s}@2.2\ \mu\mathrm{F}$)
9	C_2	電流検出の遅延時間設定用端子．($t_{pd}=1.3\ \mathrm{s}@2.2\ \mu\mathrm{F}$)
10	GND	接地端子．
11	V_{SENSE}	電池電圧検出用端子．
12	SENSE−	充電電流検出用端子．検出抵抗の電位の低い側を接続する．
13	SENSE+	充電電流検出用端子．検出抵抗の電位の高い側を接続する．
14	OUT	出力端子．オープン・コレクタ出力．

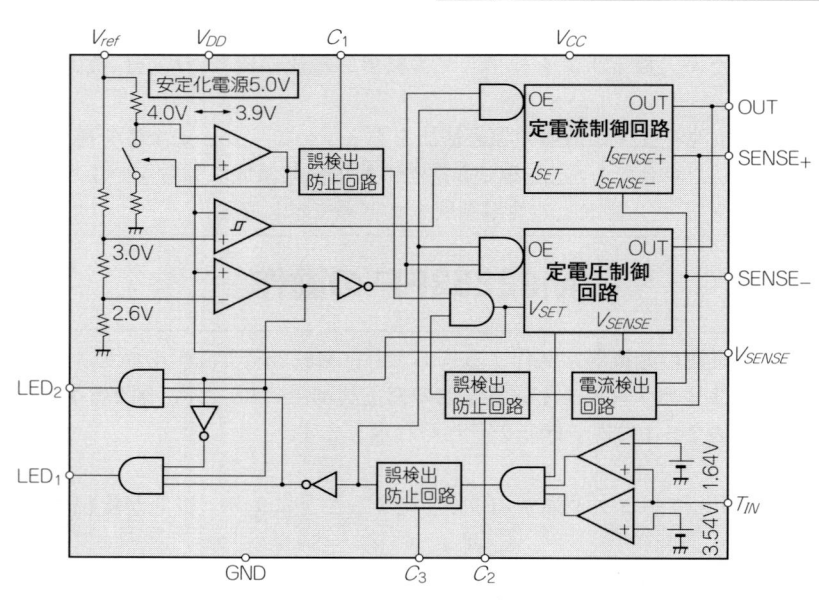

〈図2-5-12〉M62253FPのブロック図

2.2 μF時)継続した時点で充電完了と判断し，2.55 Vの定電圧出力に切り替えます．

● 定電圧制御部

　V_{SENSE}端子により電池電圧および出力電圧を検出します．定電流充電により，電池電圧が4.09 V以上になると4.1 Vの定電圧制御に切り替わります．

M62253FPの動作

(a) 電池接続時のタイミング（電池接続検出）

(b) 温度検出のタイミング

(c) 充電時のタイムチャート

〈図2-5-13〉M62253FPのタイムチャート

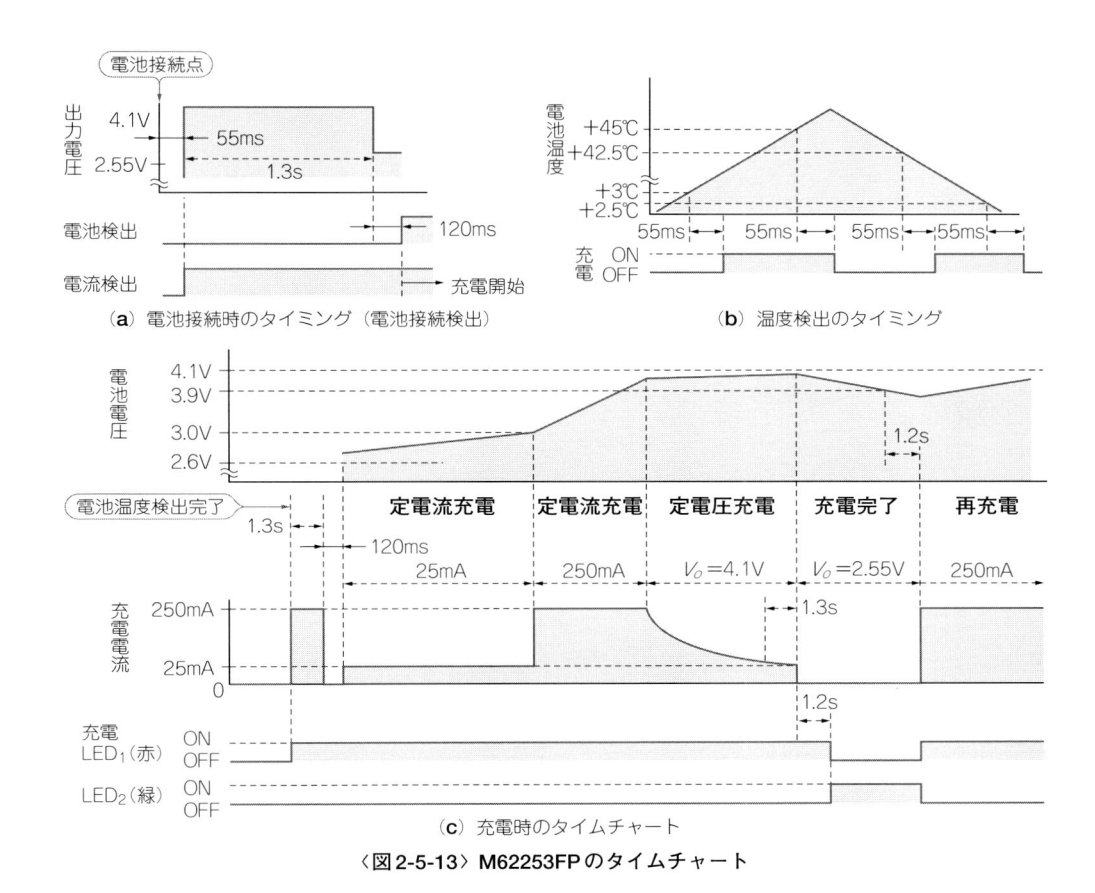

定電圧充電時に電流検出抵抗の電圧降下が25 mV以下の状態が1.3秒間（$C_2 = 2.2\ \mu F$時）継続した時点で充電完了と判断し，2.55 Vの定電圧出力に切り替わります．

● 電圧検出部

V_{SENSE}端子により電池電圧を検出し，電池電圧が2.6 V以下の場合は過放電電池または短絡電池と判断し，充電を禁止します．

電池電圧が2.6 V以上の場合は，電池電圧により2通りの充電電流が設定されます．2.6 V以上3.0 V以下の場合は電流検出抵抗R_{SENSE}の電圧降下が25 mVに，3.0 V以上の場合は250 mVになるように設定します．

また，定電流充電中に電池電圧が4.1 Vになれば，定電圧充電に切り替わります．充電完了後に電池電圧が3.9 V以下を1.2秒間（$C_1 = 2.2\ \mu F$時）継続した時点で再充電を開始します．

● 温度検出部

T_{IN}端子により，電池温度を検出します．T_{IN}端子の電圧が1.64 V以上3.54 V以下であれば正常温度範囲と判断し，充電を開始します．

T_{IN}端子の電圧V_{TIN}が1.64 V以下および3.54 V以上の場合は電池温度異常と判断し，充電を禁止します．充電開始後にV_{TIN}が1.64 V以下となった場合は充電を停止しますが，この場合V_{TIN}が1.75 V以上に

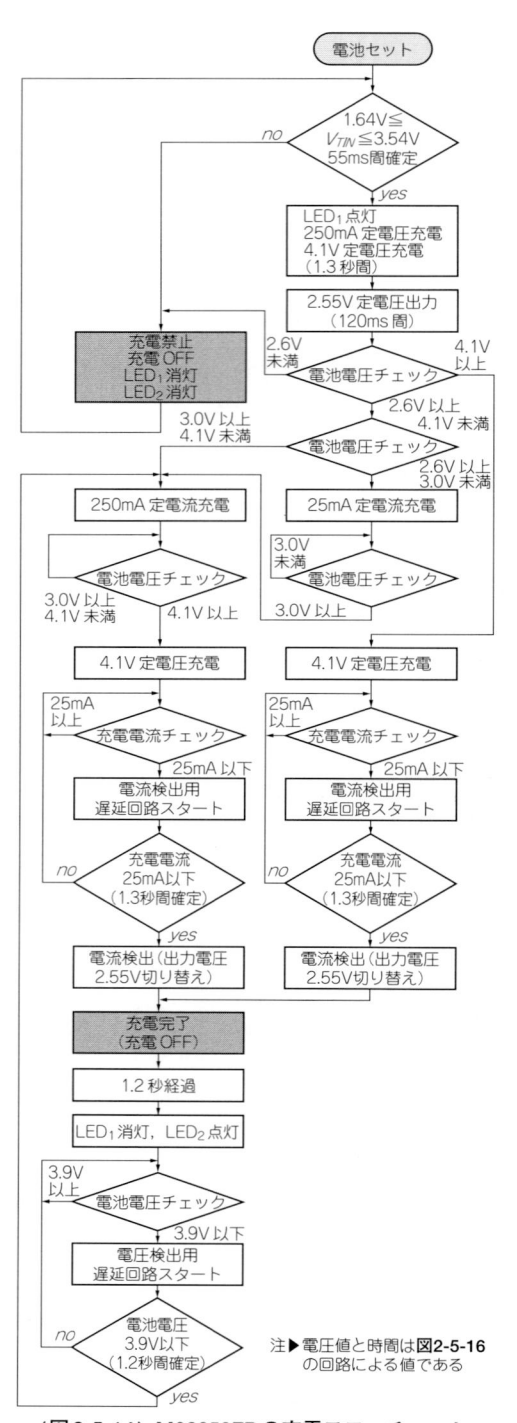

第2-5章　リチウム・イオン蓄電池用充電器の試作

〈図2-5-14〉M62253FPの充電フローチャート

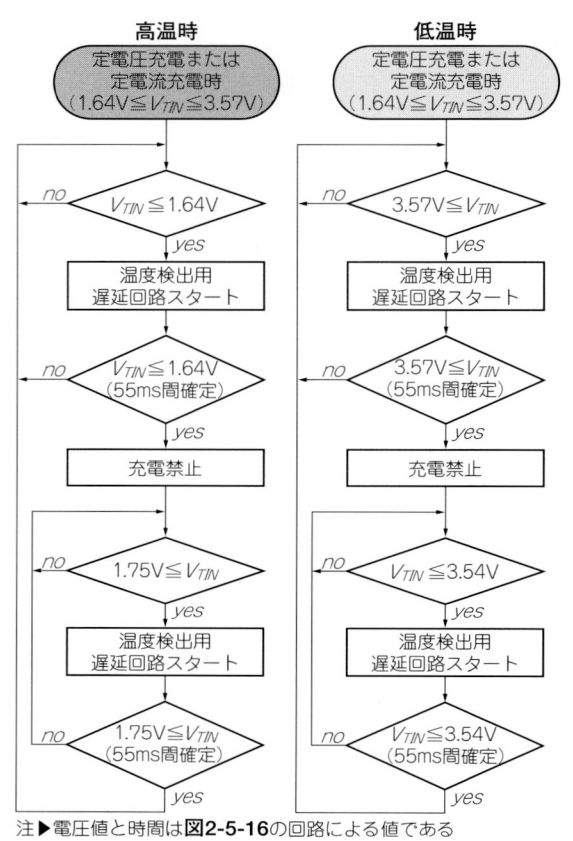

〈図2-5-15〉M62253FPの充電中の温度検出(温度ヒステリシス機能)のフローチャート

注▶電圧値と時間は図2-5-16の回路による値である

なるまで充電停止を保持します．電池温度にして2.5℃相当のヒステリシスをもっています．温度検出は，検出電圧が50 ms間（$C_3 = 0.1\ \mu F$時）継続した時点で確定します．

● **LED部**

充電状態を二つのLEDを使って表示できます．出力は定電流出力となっており，標準で約10 mAの電流が流れ出てきます．LED_1ピンは充電状態でONとなり，LED_2ピンは充電完了時にONとなります．いずれもONでLEDが点灯します．

LEDが充電中の表示から充電完了の表示に切り替わるのに必要な時間は充電完了を検出してから2.5秒後（$C_2 = 2.2\ \mu F$時）です．

● **動作タイムチャートと充電制御フロー**

全体の充電制御を表すタイムチャートを図2-5-13に示します．M62253FPで行っている充電制御フ

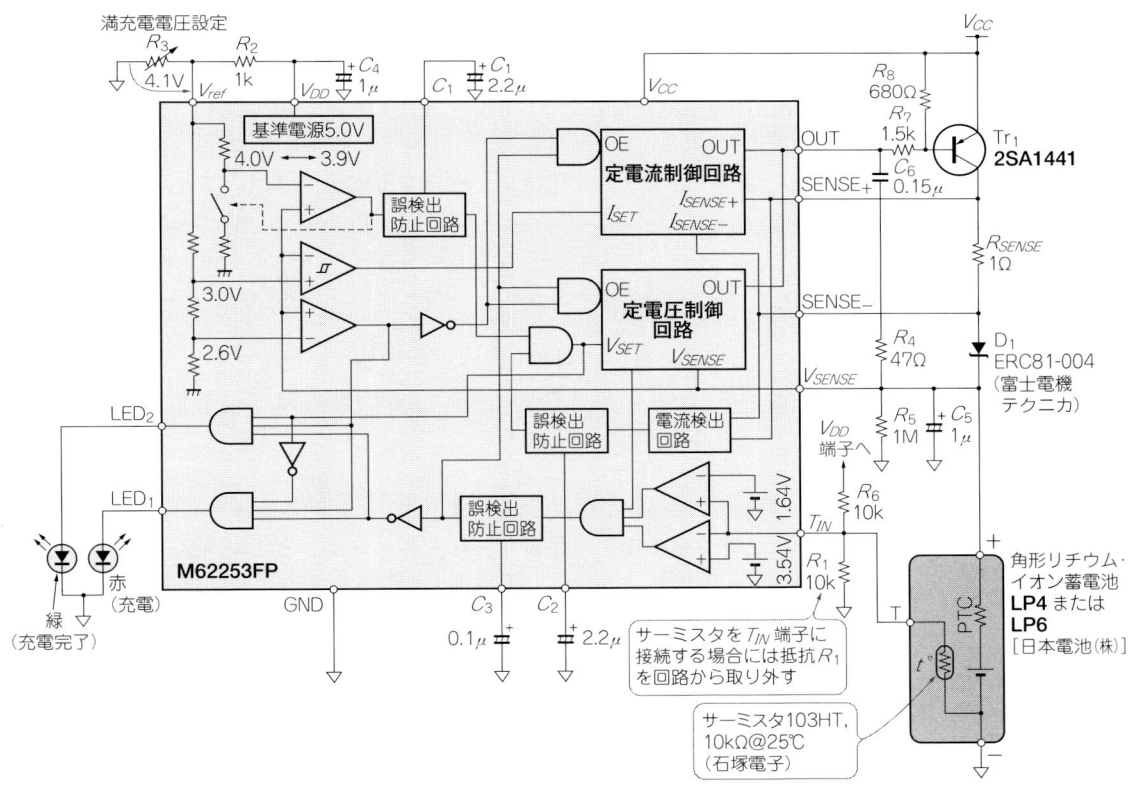

〈図2-5-16〉リチウム・イオン蓄電池充電器の回路

〈表2-5-2〉角形リチウム・イオン蓄電池LPシリーズ ［日本電池㈱］

型名	公称電圧 [V]	定格容量 [mAh]	外形寸法 [mm]			質量 [g]	最大放電電流	充電方式	最大充電電流	使用温度範囲 [℃]	エネルギ密度	
			厚さ	幅	長さ						Wh/ℓ	Wh/kg
LP4	3.6	470	6.4	22.2	46.0	19	2CmA	定電流定電圧，4.1±0.03 V	1CmA	充電：+5～+45℃ 放電：-20～+60℃	259	89
LP6		600	7.8	22.2	46.5	23					268	94

ローを図2-5-14と図2-5-15に示します．

リチウム・イオン蓄電池用充電器の試作

図2-5-16は，M62253FPを使ったリチウム・イオン蓄電池充電器の回路図です．充電する電池は表2-5-2に示す定格です．試作基板を写真2-5-2に示します．以下に各部を説明します．

● 急速充電電流値の設定

最初は定電流で急速充電します．この電流値は抵抗R_{SENSE}の値によって次式で設定します．

$I_c = 250/R_{SENSE}$

ただし，I_c：充電電流［mA］，R_{SENSE}：設定抵抗［Ω］

リチウム・イオン蓄電池の容量に合った許容充電電流以下に設定します．

● 満充電電圧の設定

V_{ref}端子に加える電圧により設定します．基準電圧出力端子V_{DD}をR_2とR_3により抵抗分割して入力してください．電池セルの通常使用領域を越えないように設定します．図2-5-16では4.1 Vに設定します．

● 充電終了電流の設定

定電流定電圧制御方式で充電を行っています．充電終了を検出する電流は急速充電電流の1/10です．

● IC周辺部

Tr_1の特性や基板のレイアウトによっては，安定した定電圧定電流が得られないことがあります．これは周辺回路との整合がとれず，内蔵アンプが発振していることが原因と考えられます．アンプの位相補償を行うC_6とR_4を変更して，動作が安定するようにしてください．

SENSE$_+$，SENSE$_-$端子は電流測定時に電流を消費します．充電完了後に電池からの電流消費を防止するため逆流防止用のショットキー・バリア・ダイオードD_1を必ず付けるようにしてください．

■ さいごに

M62253FP以外にも同じような機能をもつICがあるので，表2-5-3に示しておきます．

リチウム・イオン蓄電池は，マンガン系や錫(すず)系の登場もあり，各メーカごとに特性が異なります．また，安全性に対する考え方についても電池パック内に二重三重の保護を行うものや，過充電になった場

〈写真2-5-2〉
M62253FPを使って試作した充電器

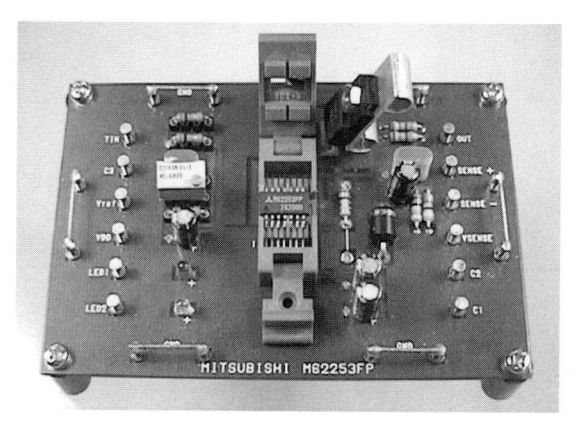

〈表2-5-3〉リチウム・イオン蓄電池の充電用IC ［㈱ルネサステクノロジ］

型　名	外　形	プロセス	特　徴
M62253FP	14ピンSOP	バイポーラ (3 μm)	・定電圧，定電流回路内蔵． ・過充電，過放電，温度保護機能内蔵． ・2系統のLEDにより充電状態を表示．
M62253AGP M62253BGP	16ピンSSOP		
M62244FP	20ピンSSOP	Bi-CMOS (0.8 μm)	・定電圧，定電流回路内蔵． ・過充電，過放電，充電過電流，温度保護などの多彩な保護機能内蔵． ・過充電を防止する安全タイマ内蔵． ・サーミスタを内蔵していないリチウム・イオン蓄電池にも対応可
M62245FP	16ピンSSOP		
R2S20031SP	20ピンSSOP	Bi-CMOS (0.8 μm)	・定電圧，定電流回路内蔵． ・過充電，過放電，充電過電流，温度保護などの多彩な保護機能内蔵． ・過充電を防止する安全タイマ内蔵． ・従来は外付けが必要だった制御トランジスタを内蔵し周辺部品を削減．

合に再生不可とするものなど，多岐にわたっています．

ここで説明した充電器は，あくまでも一例です．リチウム・イオン蓄電池の特性と保護回路の動作を十分検討してから充電器の製作にあたるようお願いします．

◆参考・引用＊文献◆

(1) リチウム・イオン蓄電池の制御と残量表示手法，日本工業技術センター，セミナ資料，1997年4月．
(2) 2次電池の技術と応用，日経エレクトロニクス，1996年10月，日経BP社．
(3) 松下電器㈱；電池総合カタログ1986．
(4) ＊ 向　和夫；リチウムイオン電池の充電器の設計法，日本工業技術センター，セミナ資料，1997年4月．

★本章はトランジスタ技術1999年12月号の記事を加筆・再編集したものです．〈編集部〉

■電池と科学する心

ノーベル賞を化学分野で2001年に名古屋大学の野依教授，2002年に島津製作所の田中耕一さん，同じく物理分野で小柴東大名誉教授と続けて受賞し，日本の科学技術における研究水準の高さを世界に示しました．とくに田中さんは民間会社に勤務しているだけに，一般技術者に大きな元気と勇気を与えてくれました．田中さんは小学生のころから実験中に物事をよく見，深く考えていたエピソードがいくつか紹介されています．

この「科学する」ことに関して，欧州の電機会社に勤務する研究者とのつきあいの中で出会った印象的な出来事を紹介しましょう．

古い友人の彼が，あるとき「君の会社には手作り乾電池キットというのがあるそうだな，1セットくれないか」というのです．私はアレ？，どこで知ったのかなと思いましたが，入手してプレゼントしました．数か月後，次に会ったとき彼が話してくれたことは，今も強く記憶に残っています．

彼はオランダに戻った後，小学生の娘にそれをあげて，皆に見せてあげたらといったようです．それで彼女はそのキットを学校に持って行き，先生に話をしたようです．すると先生は，理科の授業を「乾電池の製作」に早速切り替え，クラスで乾電池を組み立てて，みんなで議論したんだそうです．

1人の生徒が持ってきた小さなキットで，理科の時間を切り替えて実験し，議論するなど私には考えられませんでした．まさにカルチャー・ショックでした．

教育に重きを置くオランダとはいえ，このような柔軟性と科学する姿勢の中から，将来のノーベル賞を受ける子供が育つのではと，改めて思いました．

〈江田　信夫〉

◆ 第2-6章

高エネルギ密度の電池を安全に大切に使う

リチウム蓄電池の保護用IC

菊地 直樹
Naoki Kikuchi

2次電池保護の概要

　リチウム・イオン蓄電池は，ニカド蓄電池やニッケル水素蓄電池に比べて高電圧・高容量であるため，安全性向上を目的として，電池パック内に複数の保護機構が内蔵されています．

　保護機構としては，電池に取り付けられているメカニック的な安全装置（電池内圧力解放用の安全弁など）や，電池パック内部に取り付けられている電気的な安全装置（保護回路，電流ヒューズなど）があり，これらの保護機構を電池パックに内蔵することにより，高エネルギ密度でありながら，安全な電池として今日の普及を遂げているといえます．

　ここでは，電気的な安全装置の重要制御部である保護回路用ICについて紹介します．

保護回路用IC

■ 保護機能

　リチウム・イオン蓄電池の基本的な保護機能は，大きく❶過充電保護，❷過放電保護，❸過電流保護の三つに分類されます．

● 過充電保護機能

　リチウム・イオン蓄電池の充電では，満充電後も電池電圧が上昇し，過充電状態になると，内部溶媒の分解などが発生し，発火や破裂の危険性があります．したがって充電は定電流定電圧で行い，電池電圧の充電制御が必要です．

　しかし，故障した充電器や異機種の充電器で充電された場合は，上記の過充電状態に陥ることが想定されます．そこで電池電圧を検出し，規定電圧以上では充電制御FETをOFFすることによって，充電を禁止する機能を過充電保護機能といいます．

● 過放電保護機能

　ニカド蓄電池やニッケル水素蓄電池では，浅い充放電を繰り返すことによる電池能力低下，いわゆる

メモリ効果があるため，最後まで放電させた後で充電を行うことにより，電池寿命を延ばしていました．
　一方，リチウム・イオン蓄電池はメモリ効果がなく，2次電池としては理想的なのですが，最後まで放電させると，電池内部の構成物質が変質し電池寿命を低下させることがあります．そこで，電池電圧を検出し，規定電圧以下になったら放電制御FETをOFFすることにより，放電電流を遮断する機能を過放電保護機能といいます．

● 過電流保護機能

　電池を保管したり持ち歩く際に，貴金属などの導電物で端子間(＋，－)をショートさせてしまったり，接続機器の故障により，ショート状態に陥った場合は大電流が流れ，電池の発火や破裂の危険性があります．このような場合に，負荷電流を検出し，規定電流以上で放電制御FETをOFFすることにより，放電電流を遮断する機能を過電流保護機能といいます．
　負荷電流の検出は，制御FETの電圧降下により等価的に負荷電流を検出する方法が一般に多用されています．この場合，検出設定値は使用するFETの最低動作電圧でのON抵抗およびON抵抗値のばらつきと検出電流により定まります．

■ 動作説明

　リチウム・イオン蓄電池関連ICとして，1直〜4直保護および充電制御ICなどがあります．これらを表2-6-1に示します．
　ここでは，1直保護用ICのMM1491シリーズ(写真2-6-1)を例にとり，保護用ICの基本動作を説明します．ブロック図を図2-6-1に，タイムチャートを図2-6-2に，それぞれ示します．

〈表2-6-1〉リチウム・イオン蓄電池の関連IC

(a) 1次保護IC

直列セル数	過充電検出精度			
	±25 mV		±30〜±50 mV	
1直用	MM1491	MM1421	MM1446	MM1301
2直用	MM1412	—	MM1302	MM1292
3直用	MM1414	—	MM1293	
4直用	MM1414	—	MM1294	

(b) 小型1次保護IC

直列セル数	型名	パッケージ	特徴
1直用	MM1521	MCP	FET 2チャネル内蔵，TSOP-10
	MM57××	COB	小型化・薄型化．水没に強い．

(c) 充電制御IC

直列セル数	充電電圧精度					
	25〜30 mV			35〜50 mV		
	タイマ内蔵			タイマなし		
1直用	MM1433	MM1475	MM1485	MM1438	MM1332	MM1333
2直用	MM1433	—	—	—	MM1332	—
3直用	—	—	—	—	MM1332	—

(d) 2次保護IC

直列セル数	型名
1直用	MM1457
2直用	MM1451
3直用	MM1451，MM1373
4直用	MM1373

(e) その他

直列セル数		特徴
1直用	PST75××	遅延付き過電圧検出
3直用	PST76××	遅延付き過電圧検出
3直，4直用	MM1471	最小電池電圧モニタ
2〜4直用	MM1380	高精度電流検出アンプ

第2-6章 リチウム蓄電池の保護用IC

● 通常モード

　電池電圧が過放電検出電圧以上，過充電検出電圧以下で，VM-GND間の電圧が過電流検出電圧以下の状態をいいます．この場合，放電制御FET(Q_1)，充電制御FET(Q_2)はともにON状態であり，充放電が可能です．

〈写真2-6-1〉リチウム・イオン蓄電池の1次保護IC MM1491［ミツミ電機㈱］

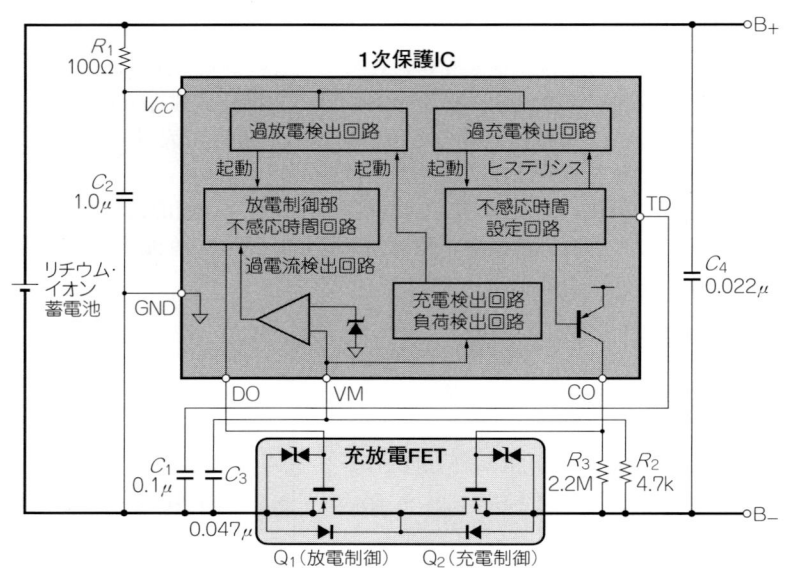

〈図2-6-1〉保護ICのブロック図

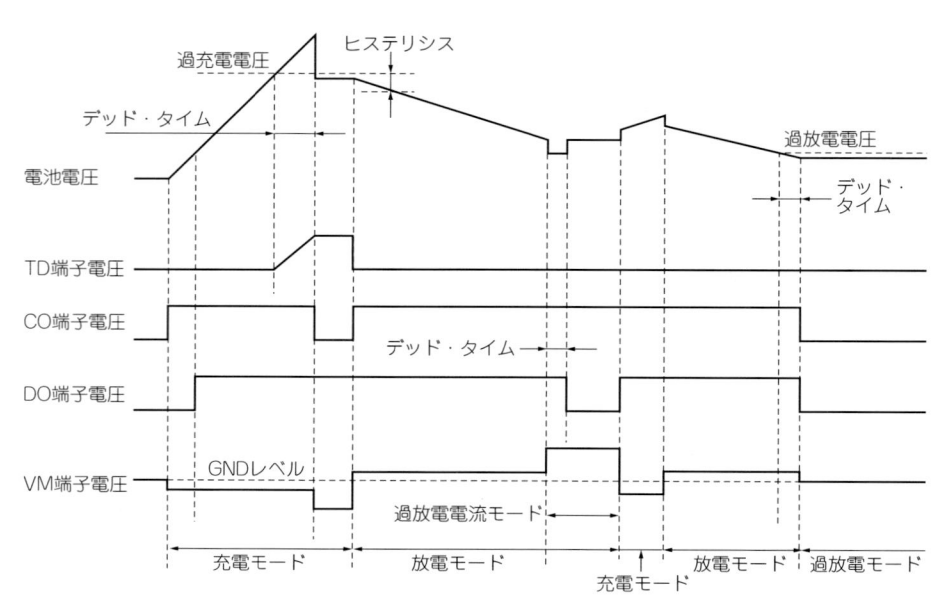

〈図2-6-2〉動作タイムチャート

● 過充電モード

電池電圧が過充電検出電圧以上になると，過充電検出回路が動作し，不感応時間設定回路が起動します．これによりTD端子に接続されたコンデンサ(C_2)が充電され，電圧がしきい値を越えると，CO端子出力をLレベルとし充電を禁止します．このとき，放電は充電制御FET(Q_2)のボディ・ダイオード経由で可能です．過充電モードから通常モードへの復帰は，電池電圧が過充電復帰電圧以下となった場合です．

● 過放電モード

電池電圧が過放電検出電圧以下となると，過放電検出回路が動作し，不感応時間設定回路が起動します．これにより，不感応時間(IC内部設定で約10 ms)後にDO端子出力をLレベルとし，放電を禁止します．

このとき充電は，放電制御FETのボディ・ダイオード経由で可能です．

過放電モードから通常モードへの復帰方法は，再充電により電池電圧が過放電復帰電圧を越えた場合(電圧復帰)に復帰するタイプと，再充電により電池電圧が過放電検出電圧を越えた場合(充電復帰)に復帰する2タイプがあります．

● 過電流モード

放電時の過電流検出は，通常モードおよび過充電モード時に可能です．負荷電流が放電・充電制御FETのON抵抗に流れることにより生じる電圧をVM端子で検出しています．VM-GND間電圧が過電流検出電圧を越えると，過電流検出回路が動作し，不感応時間設定回路が起動します．これにより，不感応時間(IC内部設定で約10 ms)後にDO端子出力をLレベルとし，放電を禁止します．

上記の過電流検出とは別に，過電流検出不感応時間を待たず，数百μsで放電制御FETをOFFするショート検出機能も設けてあります．この機能により，ショート時に流れる大電流(10 A以上)によってFETがダメージを受けるのを回避します．過電流モードからの復帰は，充電または負荷開放した場合です．

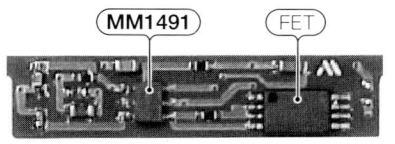

(a) 従来型モジュール (25.0×5.5mm)

(b) MCP (20.0×4.0mm)

(c) COB (17.8×3.9mm)

〈図2-6-3〉パッケージの違いと外観

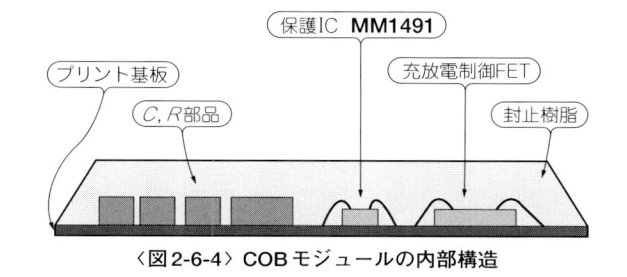

〈図2-6-4〉COBモジュールの内部構造

製品展開

携帯機器の小型・軽量化に伴い，電池の薄型化が急速に進んでいます．新開発のリチウム・ポリマ蓄電池に至っては，電池厚4.0 mm以下となり，保護回路も電池の薄型化に対応した形状が求められています．このようなニーズに対応するため，とくに1直保護用IC関連として図2-6-3に示すような数種を提案しています．

● **保護用ICの小型パッケージ化**

従来の保護機能はそのままに，ICチップにおける配線微細化技術の導入などにより，チップ・サイズを縮小化し，小型パッケージへのシフトを実現しています．最新のMM1491シリーズではSOT-23-6ピン・パッケージです．

● **COB**

COB(Chip On Board)モジュールは，従来型1直用保護モジュールの回路構成をベースとして，すべての部品を樹脂封止したものといえます．その内部は，プリント配線板上にC, Rおよびサーミスタなどのはんだ付け部品と，保護ICおよびFET(充電・放電制御用)ベア・チップ品が実装されており，ハイブリッドIC構造(図2-6-4)です．保護ICおよびFETベア・チップへの配線接合は，汎用性の高い金ワイヤ・ボンディング方式を採用しています．

図2-6-5にCOBの回路例を，図2-6-6に外形例を示します．特徴は以下のとおりです．

❶ 小型・軽量

保護用ICとFETをベア・チップで搭載し，モールド・パッケージ内外の金属製リード・フレーム材が不要となると同時に，端子接続用の半田材も不要となり，軽量化を実現しています．また，ベア・チップを直接プリント配線板に実装することにより，基板のスペース効率が高まり，基板サイズの縮小が可能です．

❷ 耐水性および絶縁性

回路部品をすべて樹脂封止しているため，水没しても保護機能が働きます．また，従来は回路構成部品が露出していたため，電池接合時に絶縁を考慮する必要がありましたが，COBで使用している樹脂はICパッケージで多用されている樹脂と同様のエポキシ系絶縁材です．

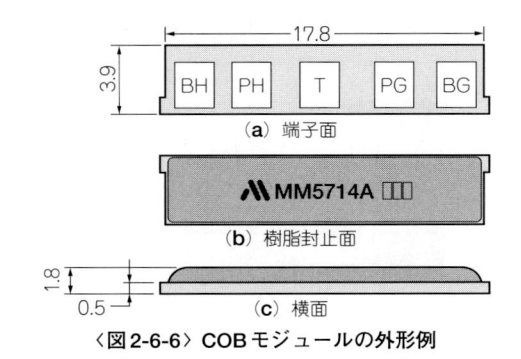

❸ 2次実装不良低減

COBモジュールの場合，モジュールの端子付けなど，モジュール2次実装時の熱ストレスによ

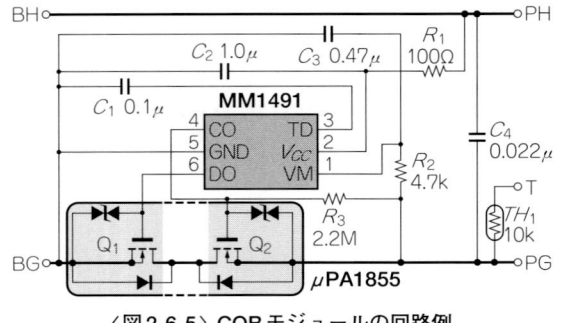

〈図2-6-5〉COBモジュールの回路例

〈図2-6-6〉COBモジュールの外形例

〈図2-6-7〉MCPモジュールのブロック図

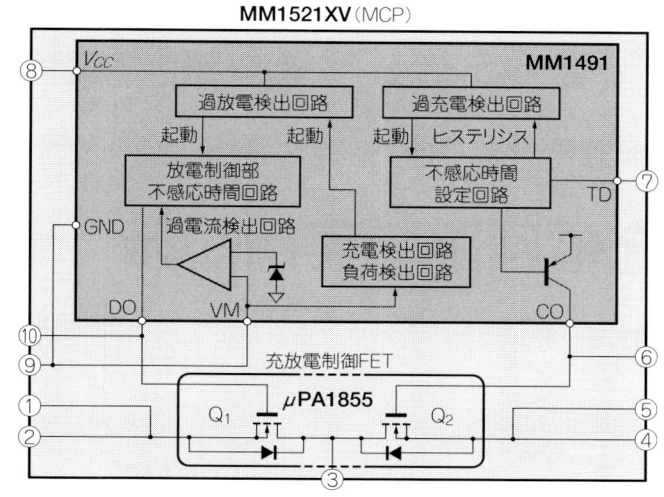

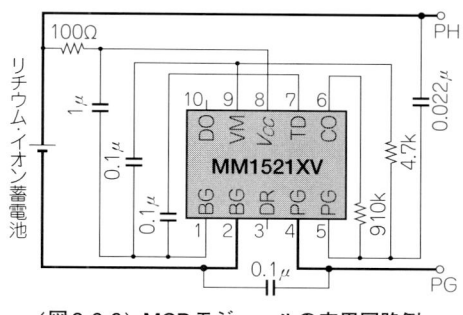

〈図2-6-8〉MCPモジュールの応用回路例

るC，R部品の脱落，位置ずれなどの心配がないため，2次実装不良の低減が可能です．

● **MCP**

図2-6-7にMCP（Multi Chip Package）のブロック図を，図2-6-8に応用回路例をそれぞれ示します．

MCPは，保護ICとFET（充電・放電制御）を1パッケージ化したマルチ・チップ・パッケージ品です．特徴は次のとおりです．

❶ 保護ICとFETを1パッケージ（TSOP-10）に収納し，小型・軽量化を実現しています．

❷ パッケージ短辺を最大3.7 mmとし，薄型電池にも内蔵可能です．

❸ パッケージ内部インナ・リードで保護ICとFET相互の配線引き回しを行うことにより，出力端子数を低減しています．

❹ 従来のパッケージ品と同等の取り扱いが可能であり，プリント基板や外付け部品の定数などの設計変更が容易です．

■ **まとめ**

電池の容量アップ，使用機器の増加，機器の小型化に伴う電池の小型・軽量化により，保護回路の構成や機能も年々変化しています．

1直保護用では，保護回路の簡略化と低コスト化，多直保護用では，ガス・ゲージ機能などの機能付加や複合IC化による高付加価値化など，多様なニーズが生まれています．

このようなユーザ・ニーズに対応すべく，これまで蓄積してきた設計資産，技術開発力をベースとし，保護回路の新たな形を提案し続けていきたいと思います．

◆参考文献◆

(1) 東島泰久；ミツミ電機㈱半導体技報，Vol. 6～8.

★初出：トランジスタ技術1999年12月号

第2-7章

ニカド電池互換の高エネルギ蓄電池を100％充放電するための
ニッケル水素充電回路の実用知識

小澤 秀清
Hidekiyo Ozawa

　2次電池は，その正極を電源回路の正極に，負極を電源回路の負極に接続すれば，充電電流が流れ込みます．後は，電池が充電されて満杯になるのを待つだけです．
　しかし，電池の種類に合った正しい方法で充電を行わないと，電池が異常発熱したり，破裂したり，または発火します(p.129参照)．これは，ニッケル水素蓄電池も同様です．安全に電池の性能を100％引き出すには充電回路の正しい設計法がとても大切です．

満充電を検出する基本テクニック

■ 一般的な検出方法

● 電池電圧の低下を検出する方法
　図2-7-1は，ニッケル水素蓄電池を充電したときの充電電流と電池電圧の特性例です．
　充電が進むにつれて電池電圧が上昇し，100％充電されると電池の電圧が減少し始め，ピーク時の電

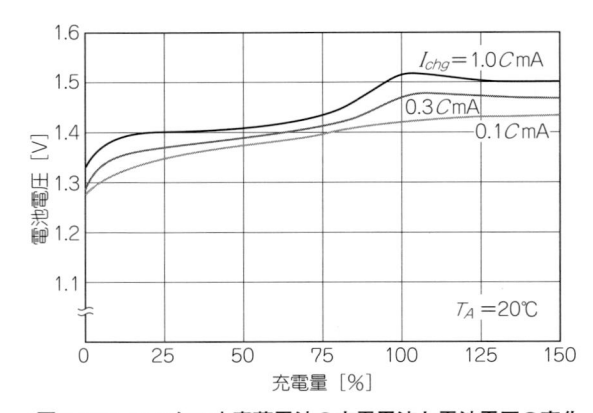

〈図2-7-1〉ニッケル水素蓄電池の充電電流と電池電圧の変化

圧に比べてセル当たり約15 mV程度下がります．

　電池電圧が上昇から減少に転じたことを利用して，充電終了のタイミングを検出する方法を$-\Delta V$検出といいます．

　充電電流が一定に保たれず増減すると，その変化によって電池電圧が変動して，$-\Delta V$の検出が難しくなります．ですから，ニッケル水素蓄電池の充電では充電電流が一定になるように，定電流での充電を行います．

● 電池の温度上昇率の変化を検出する方法

　多くの充電回路は$-\Delta V$検出よりも，満充電時に電池の温度上昇率が変化するポイントを検出する$\Delta T/\Delta t$検出を採用しており，2℃/分を越えたときに充電完了としています．この場合も，充電電流を一定に保つ定電流充電がキーになります．

　電池メーカのカタログには充電可能温度が記載されており，ニカド蓄電池，ニッケル水素蓄電池，リチウム・イオン蓄電池を充電できる温度は，0～45℃です．

■ その他の方法

　ニッケル水素蓄電池は，$-\Delta V$や$\Delta T/\Delta t$を検出して充電を完了するのが一般的ですが，充電電流が少ないときや環境温度の変化が激しいと検出できないことがあります．充電完了の検出漏れを防ぐには，そのほかの方法を併用して確実に充電を終了させる必要があります．

● 最大時間制御

　最大充電時間を決めて，時間が経過したら無条件に充電を停止する方法です．充電開始時の電池内の残量によって，充電不足や過充電が発生するという欠点がありますが，時間が経過すると確実に充電が停止するので，安全性が向上します．

● 可変時間制御

　充電開始時の電池残量に応じて，充電時間を可変する方法です．最大時間制御の欠点を補います．電池の残量をあらかじめ把握しておく必要があります．

● 最大温度制御

　電池の温度が指定温度以上になったら充電を終了する方法です．ニッケル水素蓄電池は充電すると発熱します．環境温度の影響を受けますが，60℃以上になっても充電を続けるのは電池によくないので，充電を停止したほうがよいでしょう．

ニッケル水素/ニカド充電回路の動作

■ 基本は定電流制御

● 定電流による充電

　充電回路の基本構成は，ニカド蓄電池もニッケル水素蓄電池もリチウム・イオン蓄電池もみな同じです．リチウム・イオン蓄電池は，電流制御のほかに電圧も制御する定電圧定電流で充電しますが，ニカド蓄電池とニッケル水素蓄電池は定電流で充電し，電圧制御は行いません．

　ニッケル水素充電回路に定電圧制御を追加して，定電圧定電流出力型にすれば，リチウム・イオン蓄電池を充電できます．逆に，リチウム・イオン電池充電回路の出力電圧と出力電流を調整すれば，ニッ

ケル水素蓄電池やニカド蓄電池を充電できます．

● 効率の良いスイッチング方式の定電流電源が一般的

図2-7-2に示すリニア方式の定電圧出力DC-DCコンバータは，負荷電流が変化したり，入力電圧が変化しても，負荷抵抗R_Lに加わる電圧が常に一定になるように動作します．負荷と入力電源の間にあるパワーMOSFET Tr_1がクッションの役目を果たしています．

確実にこの安定化動作をするには，Tr_1のドレイン-ソース間に1V程度以上の電圧が常に加わっている必要があります．Tr_1には，負荷とほぼ等しい大きな電流が流れて，大きな損失が発生します．ただし，入出力間電圧差が小さい場合，例えば3.3Vから2.5Vを得るような場合は，リニア・レギュレータ方式でも効率はそれほど悪くありません．

前述のように充電回路の出力電流は一定ですが，2次電池の充電量によって電池の電圧が大きく変化しますから，充電の開始時と終了時で効率がぜんぜん違ってきます．電池電圧の低い充電開始時は，とても効率が低い状態です．そこで，実際の充電回路の多くは，リニア方式ではなく，スイッチング方式で定電流出力のDC-DCコンバータを採用しています．

● 定電流DC-DCコンバータの原理

図2-7-2に示す定電圧出力のDC-DCコンバータをアレンジして，図2-7-3に示す回路に変更すると，出力電流が一定の定電流充電回路になります．

図2-7-2の回路は，出力電圧V_{out}を検出してV_{out}を一定に保ちますが，図2-7-3の回路は，負荷に直列に接続した抵抗R_Sで負荷に流れる電流I_{out}を検出して，出力電流I_{out}を一定に保ちます．

R_Sには負荷と同じ電流が流れるので，R_Sの両端には負荷電流に比例した電圧V_{RS}が発生します．エラー・アンプは，V_{RS}が一定になるようにTr_1のドレイン-ソース間のオン抵抗を可変します．

● 定電圧制御は本当に不要？

図2-7-4に示すのは，スイッチング方式の定電流定電圧制御型DC-DCコンバータの基本回路です．

制御IC内のアンプは，R_S両端の電圧を増幅してエラー・アンプ①に入力します．

エラー・アンプ①は，基準電圧V_{ref1}と比較して，出力電流が小さいときはPWM比較器に指令信号を出して，Tr_1のON時間を長くして出力電圧を上昇させます．

エラー・アンプ②は，基準電圧V_{ref2}と出力電圧を比較して，出力電圧が低いときはTr_1のON時間を長くして，出力電圧を上昇させるようPWM信号生成回路に指示します．D_2は，充電回路の電源がなくなったときに，電池から充電回路に電流が逆流するのを防止します．

ニッケル水素蓄電池は，定電流制御だけで電圧制御は不要なので，エラー・アンプ②による電圧制御

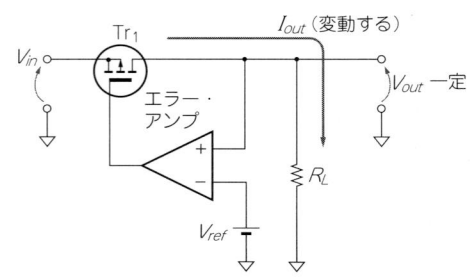

〈図2-7-2〉リニア方式の定電圧出力DC-DCコンバータの基本回路

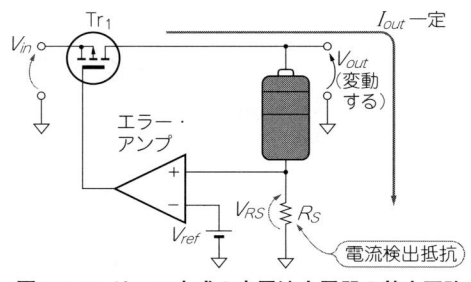

〈図2-7-3〉リニア方式の定電流充電器の基本回路

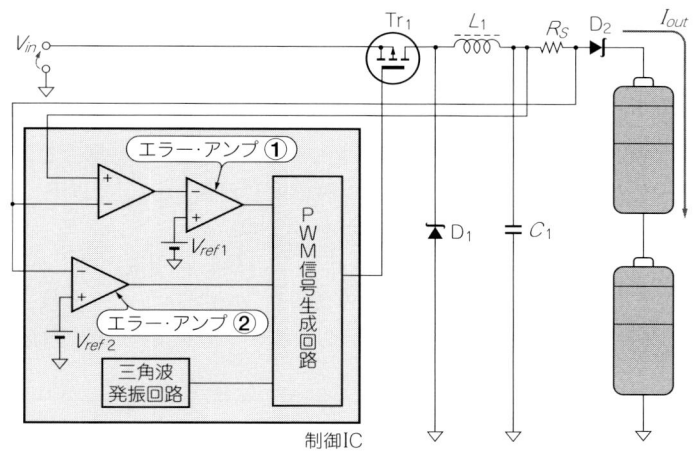

〈図2-7-4〉スイッチング方式の定電流定電圧DC-DCコンバータの基本回路

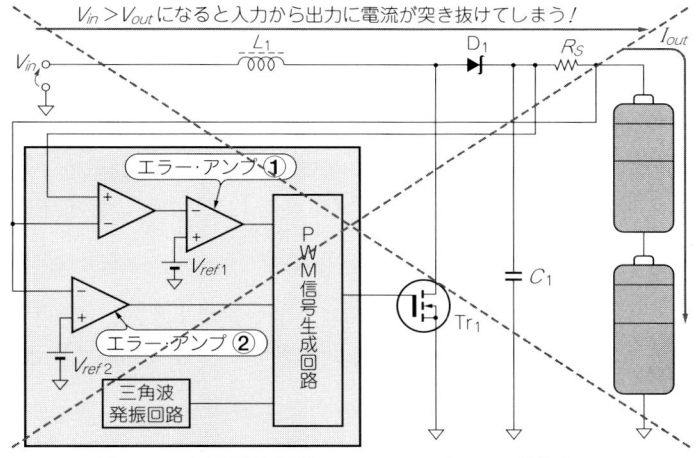

〈図2-7-5〉昇圧型定電流DC-DCコンバータは使えない！

は必要ありませんが，充電中に充電回路から電池が取り外されると，充電電流が流れなくなるので，制御ICは定電流が流れるまで出力電圧をどこまでも上昇させます．

このような異常動作時に，充電回路の出力電圧が急激に上昇するのを防止するために，出力電圧制限回路を入れておくほうが回路としては正しいわけです．

■ 昇圧型の定電流DC-DCコンバータは充電回路に使えない

● 過充電の可能性大

図2-7-5に示すように，低い電圧から高い電圧に昇圧するステップ・アップ型の定電流DC-DCコンバータも作ることができます．D_1は，出力が入力に逆流することを防止する保護回路として動作します．

このチョーク・コイル方式の昇圧型DC-DCコンバータは，入力電圧が出力電圧より高いとき，D_1が順方向動作となります．高い入力電圧がそのまま出力されて，電池に大電流が流れる可能性があります．この回路方式は決して採用してはいけません．

電池電圧は，充電完了時最大になり，放電終了時に最小になります．ニッケル水素蓄電池の場合は，充電完了電圧は1.2～1.7 V/セル，放電終了電圧は0.9 V/セルです．したがって，図2-7-5に示すステップ・アップ・コンバータの場合，V_{in}は0.9 Vにセル数を乗じた値（$0.9 V_{cell}$）以下でないと，入力電圧が電池電圧よりも高くなり，突き抜けが生じる可能性があります．

ここで，$0.9 V_{cell}$はあくまで「そこまでは放電させてよい」という電圧でしかありません．現実にあり得る最低放電終了電圧は0 Vです．電池電圧が0 Vで，V_{in}が0 V以上のときは，ニッケル水素蓄電池にV_{in}が直接加えられ，大電流で充電される可能性があります．したがって，図2-7-5に示す回路は現実的ではありません．

実験で見るニッケル水素電池の充放電特性

■ 充電特性

● 充電電圧の変化

定格容量4000 mAhのニッケル水素蓄電池を8本直列に接続して，リチウム・イオン蓄電池用のCVCC充電回路で充電してみました．充電電圧は12.6 V，充電電流は1300 mAです．

図2-7-6に電池電圧と温度の変化を示します．充電電流1300 mAは0.33 C ですから，充電完了までに約3時間要しています．$-\Delta V$が発生する前の最大電圧は約12.2 Vです．定電圧充電は行われていません．ニッケル水素蓄電池は，問題なく充電されました．

● 100％充電するための電圧は1.7V/セル

次に電池を1本追加して，9本直列に接続して，同じ電圧で充電するとどうなるのでしょうか．

図2-7-7に示すのは，充電特性のシミュレーション結果です．最大充電電圧は，約13.8 V（12.2 V ÷ 8 × 9 ≒ 13.7 V）必要です．

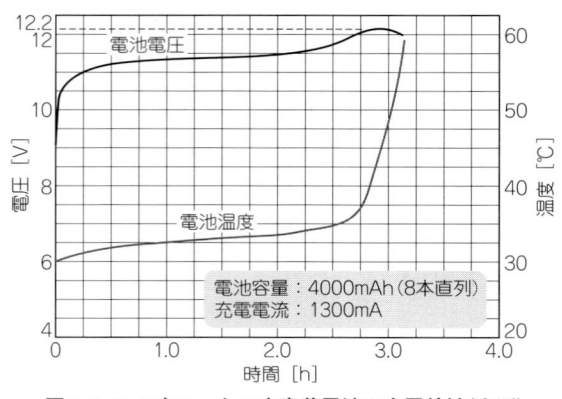

〈図2-7-6〉8直ニッケル水素蓄電池の充電特性（実測）

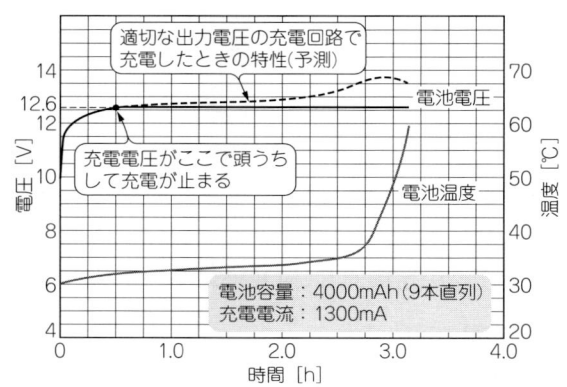

〈図2-7-7〉図6と同じ充電条件による9直ニッケル水素蓄電池の充電特性（シミュレーション）

充電回路の出力電圧は最大12.6 Vなので，充電電圧が不足しており，充電開始後30分ほどで，電池電圧が頭打ちして充電が止まります．電池は完全に充電されず，1本当たりの充電電圧は1.4 V（12.6 ÷ 9 = 1.4 V）になります．

ここで電池1本当たりに全容量の何%充電されたか，概算してみましょう．

図2-7-6において，電池1本当たりの充電電圧が1.4 Vに達するまでの時間から，電池の充電量を推測できます．充電特性線が11.2 V（= 1.4 V × 8）に達する時間は約40分です．

適切に充電すれば，3時間充電して満杯になりますから，時間で比例配分すると，9本を充電したときの電池の利用効率は22.2 %（≒ 40分 ÷ 180分）となります．ニッケル水素蓄電池の最大電池電圧は1.7 V程度になると考えて，充電回路の最大出力電圧を設定しなければなりません．

● 充電前後で電池温度は30℃も変化する

図2-7-6からわかるように，充電中は電池温度はあまり変化しませんが，充電が完了する20分くらい前から急激に電池の温度が上昇します．充電開始時の温度は約30℃ですが，充電完了時には約60℃にも上昇します．

このように，ニッケル水素蓄電池は充電により発熱するので，充電回路は電池の充電熱によるあおりを受けないような場所に実装しなければ，$\Delta T/\Delta t$回路が正しく動作しないことがわかります．

● 充電電流が大きいほど発熱量が大きい

図2-7-8に示すのは，充電電流を1300 mAから400 mAに減らして充電したときの電池電圧と電池温度の変化です．充電には10時間要します．

$-\Delta V$が発生する前の最大充電電圧は，約12.0 Vで1300 mAで充電したときよりも少し低くなります．また，充電完了時の最高温度は50°で，1300 mAで充電したときに比べると約10℃低いです．このように，ニッケル水素蓄電池を充電したときの発熱量は，充電電流の大きさに依存します．

■ 放電特性

● 実際の回路は定電力放電

図2-7-9は，ニッケル水素蓄電池を定電力放電したときの電池電圧と電池温度の変化です．放電は，電池電圧が8.5 Vになったところで止めました．

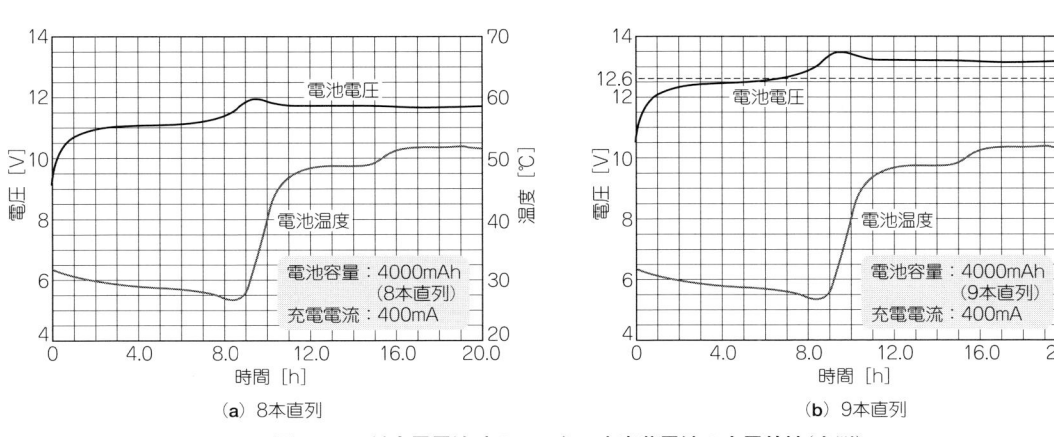

(a) 8本直列

(b) 9本直列

〈図2-7-8〉低充電電流時のニッケル水素蓄電池の充電特性（実測）

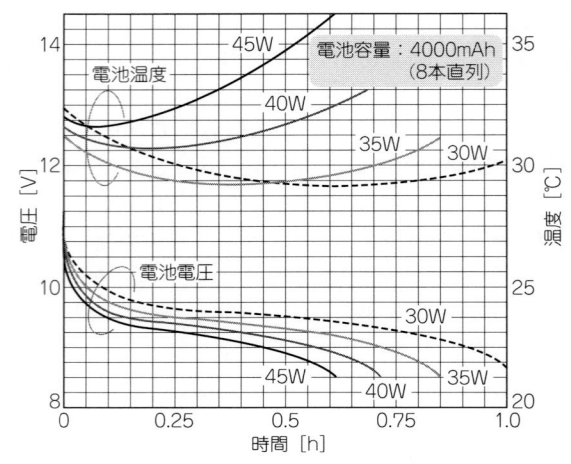

〈図2-7-9〉ニッケル水素蓄電池の定電力放電特性(実測)

　電池メーカが示している放電特性グラフの多くは定電流による放電が条件ですが，実際の回路では，負荷電圧も負荷電流もほぼ一定ですから，電池は電力一定で放電されます．

● 電池電圧の変化と放電時間

　8直のニッケル水素蓄電池の全容量 Q_X は，
　　$Q = 4000 \text{ mA} \times 1.2 \text{ V} \times 8 = 38.4 \text{ Wh}$

ですから，40 W で放電すると，放電終了まで約1時間のはずですが，45分で終了してしまいました．

　これは，放電終了電圧の設定に問題があったからです．ニッケル水素蓄電池の場合，1本当たり0.9 V（8本で7.2 V）以下まで放電できるので，8.5 V は少し高すぎです．約20％程度の使い残しが出ます．

　図2-7-9において電池電圧は，放電開始直後に11.2 V から9.6 V に低下していますが，ニッケル水素蓄電池の定格電圧は1.2 V/セルなので，特におかしな現象ではありません．

● 電池温度の変化

　放電時も電池温度が上昇します．これは内部抵抗による発熱現象です．

　ニッケル水素蓄電池の内部抵抗は，リチウム・イオン蓄電池に比べると数倍低いですが，1セル当たりの電圧が低いため，リチウム・イオン蓄電池と同じ電圧を出力するには，直列接続する電池の数が3倍にもなります．ニッケル水素蓄電池の内部抵抗は，直列接続する電池の数を見て判断する必要があります．なお，ニカド蓄電池の内部抵抗はニッケル水素蓄電池より低く，1/2倍以下です．

◆参考文献◆
(1) 小澤秀清；2次電池駆動回路の基本構成と課題，電子技術，1999年11月号，日刊工業新聞社．
(2) 小澤秀清；ノート・パソコンの充電回路用DC-DC，電子技術，2001年4月号，日刊工業新聞社．
(3) 小澤秀清；疑似UPS機能をもつ多段接続可能な充電回路，電子技術，2001年2月号，日刊工業新聞社．

★本章はトランジスタ技術2002年7月号の記事を加筆・再編集したものです．〈編集部〉

第2-8章

急速充電回路からスイッチング型の高効率充電回路まで

ニカド/ニッケル水素充電回路の設計

木村 好男/小澤 秀清
Yoshio Kimura/Hidekiyo Ozawa

本稿では，実際のニカドまたはニッケル水素蓄電池の充電回路をいくつか紹介します．
一つは，0.5～1Cの充電電流で1時間から2時間程度かけて充電を行う急速充電回路です．もう一つは，リチウム・イオン蓄電池も充電できるスイッチング方式の高効率なCVCC充電回路です．

2直セルを2時間で充電する急速充電回路

■ 急速充電回路の基本構成と機能

図 2-8-1に示すのは，ニッケル水素蓄電池の急速充電回路の一般的なブロック図です．出力0.5～1Cの定電流回路，$-\Delta V$検出回路，$\Delta T/\Delta t$検出回路，タイマ回路などで構成されます．

● $-\Delta V$検出回路

図 2-8-2に，ニッケル水素蓄電池の急速充電時の電池電圧の特性例を示します．
電池が満充電状態にあるときの電池電圧の低下($-\Delta V$)は，ニカド蓄電池よりニッケル水素蓄電池のほうが小さく，ニッケル水素の場合10 mV程度です．低下分は，充電電流が小さいほど少なくなる傾

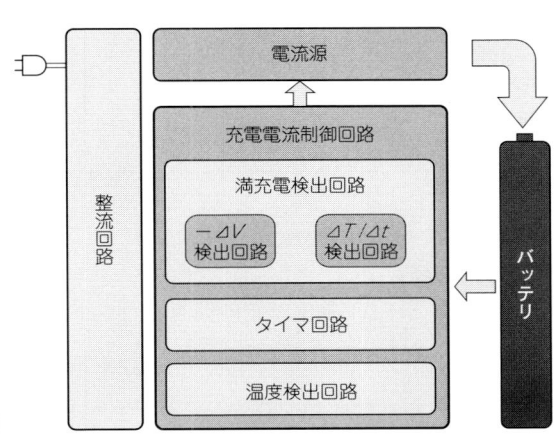

〈図 2-8-1〉一般的なニッケル水素充電回路のブロック図

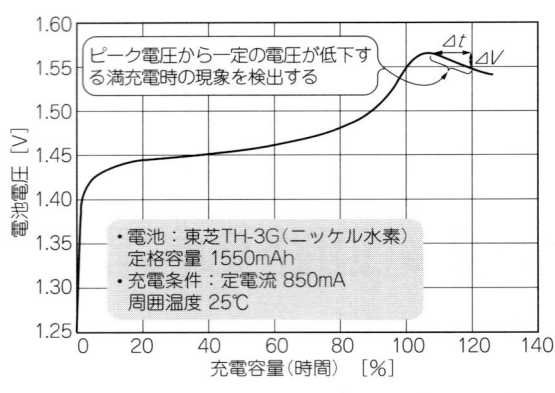

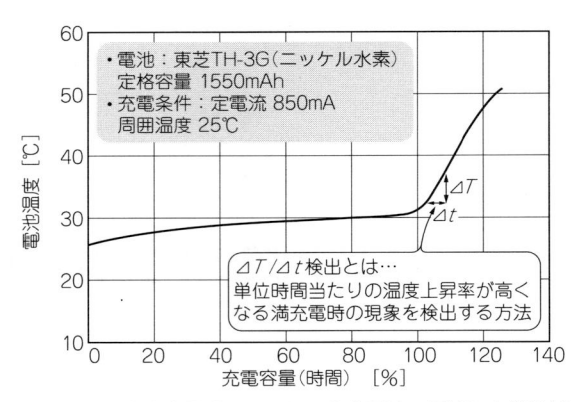

〈図2-8-2〉急速充電時のニッケル水素電池の充電電圧特性例　〈図2-8-3〉急速充電時のニッケル水素電池の電池温度特性例

向にあり，電池温度によっても変化します．詳細は電池メーカの資料を参照してください．
● $\Delta T/\Delta t$検出回路
　図2-8-3に，ニッケル水素蓄電池を急速充電したときの電池温度の特性例を示します．
　通常1～2℃/分で満充電と判断します．正確に電池温度を測定するには，温度センサを電池に密着させる必要があります．
● 保護回路
　$-\Delta V$検出回路や$\Delta T/\Delta t$検出回路が動作しない場合でも過充電が発生しないように，急速充電回路には，タイマ回路，温度検出回路，過電圧検出回路といった保護機能が必須です．異常時には，電流源をシャットダウンします．
▶温度検出回路
　電池の温度管理はとても重要です．充電効率の良い周囲温度は10～30℃といわれています．過充電が続くと電池の温度が上昇してくるので，異常な温度上昇を検出してシャットダウンします．電池メーカの資料に記載されているカットオフ温度で，急速充電を停止させる必要があります．
▶過電圧保護回路
　タイマ回路と温度検出回路以外に電池電圧も監視して，異常電圧を検出する必要があります．
　ニッケル水素蓄電池の公称電圧は1.2 V/セルですが，充電中は公称電圧よりも高い電圧になります．充電電流にもよりますが，1.8 V/セル程度まで上昇することがあります．
　ところが，電池が異常状態に陥り，内部抵抗が増大したりすると，電池電圧が異常な値（2 V以上）まで上昇します．このような場合，異常電池と見なして急速充電を停止させる必要があります．電池が内部でショート状態になり，充電電流を流しても電池電圧が上昇しない場合についても同様の処理が必要です．
▶タイマ回路
　充電時間と$-\Delta V$検出禁止時間をカウントしています．充電時間の上限を決めるもので，設定時間を越えたらシャット・ダウンします．

■ 急速充電専用のニッケル水素蓄電池

急速充電を行う場合には急速充電に対応した電池を使用します．

標準充電なら，タイマなどによる充電管理でも行き過ぎた過充電の可能性は低いですが，急速充電の場合は充電電流が大きいため，その可能性が高くなり，電池の寿命短縮，液漏れ，発熱，破裂などが発生します．

■ 2直セル対応，充電時間2時間のニッケル水素急速充電回路

● 仕様

次に示す仕様の急速充電回路を製作します．

- 対象電池：ニッケル水素蓄電池（急速充電タイプ，1500 mAh/セル）
- 充電本数：2本（直列接続）
- 充電電流：870 mA
- 入力電圧：12 V
- 満充電検出：$-\Delta V$検出
- 最大充電時間：120分

全回路を図 **2-8-4** に示します．

$V_{in}=12V, V_{cell}=1.5V, V_F=0.7V,$
$I_{chg}=0.87A, R_3=5\Omega$のとき，
$P_C=3.4W$
よって，ヒートシンクが必要である

- Tr_3のコレクタ損失 P_C は次式で求める．
$P_C=(V_{in}-2V_{cell}-V_F-R_3 I_{chg})I_{chg}$
ただし，V_{in}：入力電圧 [V]
V_{cell}：1セル当たりの電圧 [V]
V_F：D_2の順電圧 [V]
I_{chg}：充電電流 [A]
- 急速充電電流 I_{chg} は次式で決まる．
$$I_{chg}=\frac{V_{out}-V_{BE}}{R_3}$$
ただし，V_{Oreg}：IC_3の出力電圧 [V]
V_{BE}：Tr_3のベース-エミッタ間電圧 [V]
- 急速充電停止時（トリクル充電時）の充電電流 I_{tric} は次式で決まる．
$$I_{tric}=\frac{V_{in}-V_F-2V_{cell}}{R_2}$$

急速充電時ハイ・インピーダンス，充電停止時"L"

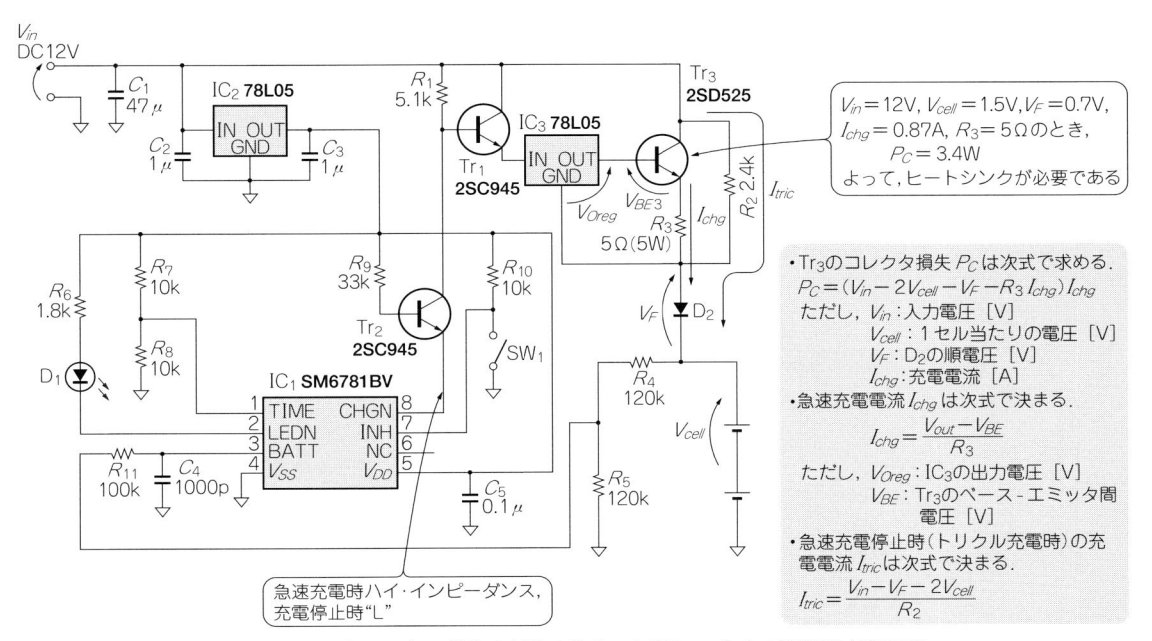

〈図 2-8-4〉2直セルを2時間で充電できるニカド/ニッケル水素急速充電回路

充電制御ICの概要

● 特徴

制御ICには，**写真2-8-1**に示すSM6781BVを使います．ニカド蓄電池とニッケル水素蓄電池の両方に対応しています．**図2-8-5**に内部ブロック図を，**表2-8-1**と**表2-8-2**に端子説明と主な電気的特性を示します．

〈写真2-8-1〉充電制御IC SM6781BVの外観［日本プレシジョン・サーキッツ㈱］

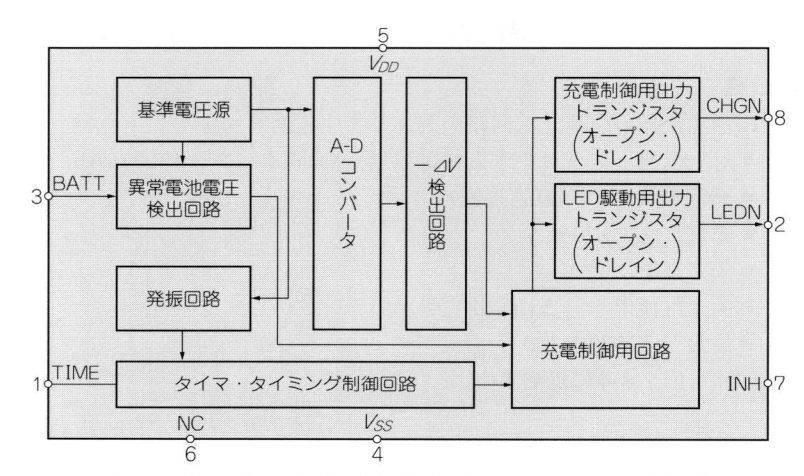

〈図2-8-5〉ニカド/ニッケル水素蓄電池の充電制御IC SM6781BVの内部ブロック図

〈表2-8-3〉TIME端子によるタイマ時間の設定

TIME端子電圧	最小	標準	最大	単位
V_{DD}	192	240	288	分
$V_{DD}/2$	96	120	144	分
0	64	80	96	分

〈表2-8-1〉充電制御IC SM6781BVの端子機能説明

端子番号	端子名	機能名	備考
1	TIME	タイマ・モード選択入力端子	"V_{DD}"，"$V_{DD}/2$"，"0"のいずれかに設定する．表2-8-3参照
2	LEDN	充電状態表示LED駆動用出力端子	オープン・ドレイン出力．急速充電モード時"L"を出力．充電時の異常電圧検出時とINH端子が"H"のとき，約1Hzのパルスを出力．充電終了時ハイ・インピーダンス
3	BATT	電池電圧検出用入力端子	1セル当たりの電圧を入力する．複数セルの場合は，抵抗で分圧する
7	INH	急速充電中断入力端子	"H"で急速充電停止．"L"で充電を停止した状態から動作を再開する
8	CHGN	急速充電制御用オープン・ドレイン出力端子	充電時ハイ・インピーダンス．充電停止時"L"

〈表2-8-2〉充電制御IC SM6781BVの電気的特性

項目	端子名	記号	条件	最小	標準	最大	単位
電源電圧	V_{DD}	V_{DD}	—	4.0	5.0	5.5	V
タイマ設定電圧	TIME	V_{IH}		$V_{DD}-0.5$	—	—	V
		V_{IM}		$(V_{DD}/2)-0.5$	—	$(V_{DD}/2)+0.5$	V
		V_{IL}		—	—	0.5	V
スタンバイ制御電圧	BATT	V_{batt}	—	$V_{DD}-1.5$		$V_{DD}-0.5$	V
消費電流	V_{DD}	I_{DD}	$V_{DD}=5.0\text{V}$，無負荷時	—		0.5	mA
スタンバイ電流	V_{DD}	I_{STB}	$V_{DD}=5.0\text{V}$，無負荷時 $V_{batt}=V_{DD}$	—		1	μA
シンク電流	LEDN CHGN	I_{OL}	$V_{OL}=V_{SS}+0.8\text{V}$	10			mA

$-\Delta V$検出電圧は-4 mV，$-\Delta V$検出禁止時間は15分です．タイマ時間（最大充電時間）は，**表2-8-3**に示すTIME端子の電圧設定で，80/120/240分の3段階に設定できます．電池の定格容量と急速充電電流の情報をもとに適切な時間に設定します．

● **動作**

図2-8-6にSM6781BVの動作フローチャートを示します．

▶ **初期化**

電源投入やスタンバイ・モードが解除されると初期化が始まります．初期化が終了すると，BATT端子とINH端子の入力電圧を確認します．**図2-8-4**に示すように，BATT端子には電池電圧を外部の抵抗器で分圧して，1セル当たりの電圧を入力します．

▶ **電池電圧のチェック**

初期化が終わると常時BATT端子の入力電圧V_{batt}を確認します．V_{batt}が許容範囲から外れたら急速充電を停止します．許容範囲は次に示すとおりです．

$0.6\,\text{V} < V_{batt} < 2.0\,\text{V}$

この範囲以外のときは，タイマ回路も停止します．

BATT端子電圧V_{batt}が許容範囲内にあれば，急速充電とタイマのカウントが再開します．

なお，V_{batt}を電池から切り離してV_{DD}に接続するとスタンバイ・モードに入ります．

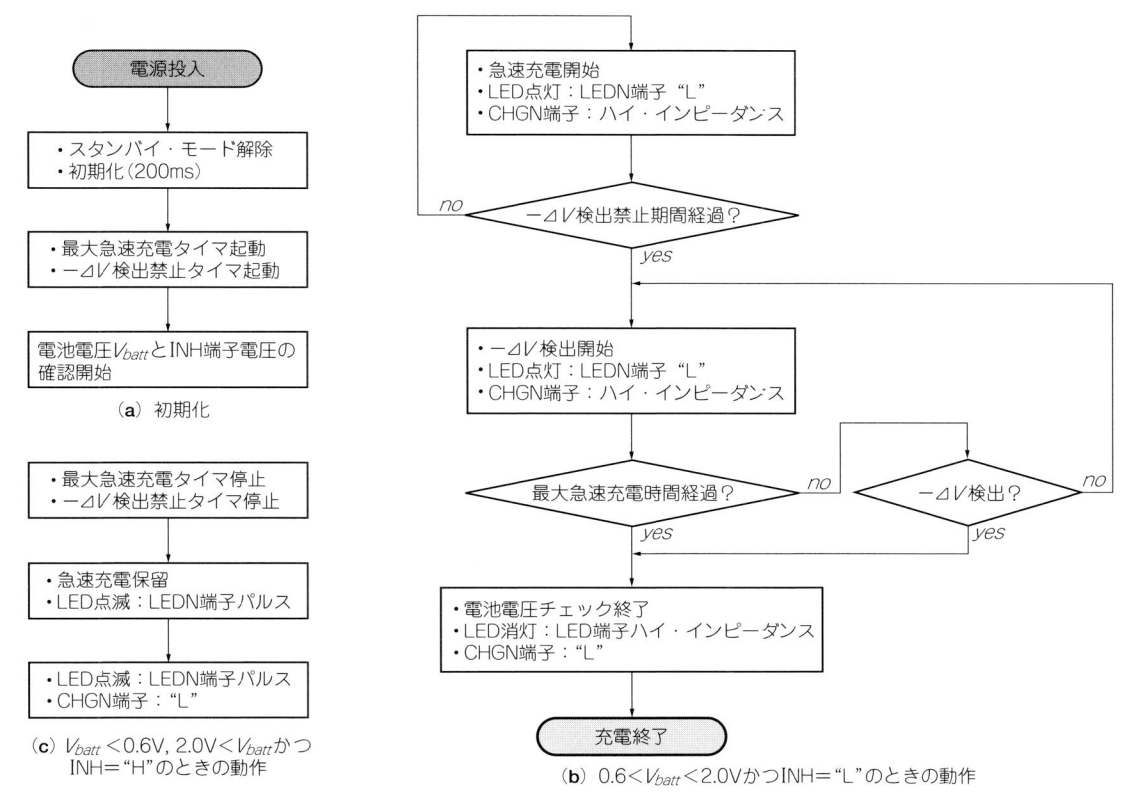

〈図2-8-6〉充電制御IC SM6781の動作フローチャート

▶ $-\Delta V$検出

10ビット分解能のA-Dコンバータを内蔵しており，BATT端子の入力電圧を約2.34秒ごとにサンプリングしています．

$-\Delta V$検出とピーク電圧検出は，8回のサンプリング・データの平均値を算出して行います．$-\Delta V$検出回路は，電池電圧が2回連続してピーク電圧より$4\,\mathrm{mV_{typ}}$以上低下したときに動作し，満充電と判断します．

動作開始から15分間は$-\Delta V$検出禁止時間ですから，ピーク電圧は検出しません．

▶ 充電の中断

INH端子をHレベルにすると，急速充電が停止され，図2-8-6(c)の右側の動作フローに移行します．この端子に温度スイッチICを接続すれば，温度制御が可能になります．

▶ 五つの充電モード

SM6781BVには，表2-8-4に示す五つの動作状態があります．BATT端子とINH端子の電圧，および急速充電終了か否かの条件によってモードが決まります．内部タイマは，急速充電モード時だけカウントし続けます．

$-\Delta V$検出回路は，急速充電モード時だけ電池電圧の検出とピーク・ホールドを行います．ピーク電圧は，次の条件のときリセットされます．
- INH端子が"H"のとき
- 急速充電中断と電池チェックNGによる急速充電保留時

● 最大充電時間の設定

最大充電時間t_{Cmax}[h]は電池の定格容量Q_x[mAh]と充電電流I_{chg}[mA]から，

$$t_{Cmax} = \frac{Q_x}{I_{chg}} = \frac{1500\,\mathrm{mAh}}{870\,\mathrm{mA}} \fallingdotseq 1.72\,\mathrm{h}(約103分)$$

と求まります．TIME端子電圧を$V_{DD}/2$にして，タイマ時間を120分に設定します．

● 充電セル数の設定

本回路は2セル用なので，図2-8-4に示すようにR_4とR_5で電池電圧を分圧して，BATT端子に入力します．$-\Delta V$検出回路は，mVオーダの微小な電圧を検出しなければならないので，R_{11}とC_4によるLPFでノイズを除去します．

〈表2-8-4〉充電制御IC SM6781BVの五つの動作モード

充電モード	動作条件		CHGN端子出力	LEDN端子出力	内部タイマ	ピーク電圧値
	INH端子	電池チェック				
急速充電	L	OK	Hi-Z	L(点灯)	カウント	ホールド
急速充電保留	L	NG	L	1 Hz(点滅)	ホールド	リセット
急速充電中断	H	—	L	1 Hz(点滅)	ホールド	リセット
急速充電終了	—	—	L	Hi-Z(消灯)	リセット	リセット
スタンバイ	—	—	Hi-Z	Hi-Z(消灯)	リセット	リセット

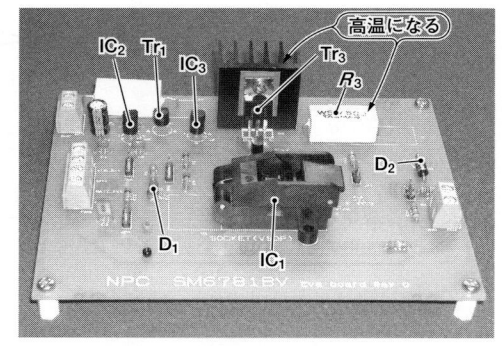

〈写真2-8-2〉急速充電回路の基板の外観

■ 定電流回路

定電流回路はシリーズ・レギュレータIC_3で作りました．IC_3のOUT端子-GND端子間は5Vに安定されているので，充電電流I_{chg}［A］は次のように求まります．

$$I_{chg} = \frac{V_{Oreg} - V_{BE3}}{R_3} = \frac{5 - 0.65}{5} = 0.87 \text{ A}$$

ただし，V_{Oreg}：IC_3の出力電圧(5)［V］，V_{BE3}：Tr_3のベース-エミッタ間電圧(0.65)［V］

急速充電可能な状態では，CHGN端子はハイ・インピーダンス出力になります．このとき，Tr_2はOFFし，Tr_1はONします．

充電終了または充電中断時は，CHGN端子は"L"，Tr_2はON，Tr_1はOFF，Tr_3はOFFになります．このとき，V_{in}からR_2経由でトリクル充電電流が流れます．2次電池は，負荷を接続していない状態でも，自己放電により電池容量が徐々に低下します．この容量低下を補う充電をトリクル充電といいます．

■ 充電動作の確認

試作基板の外観を**写真2-8-2**に示します．

電池をセットし電源V_{in}を投入します．BATT端子電圧V_{batt}が許容範囲内にあり，INH端子電圧がLレベルであれば，LEDのD_1が点灯して急速充電が始まります．

V_{batt}が許容範囲外だったり，INH端子電圧がHレベルの場合は，D_1は点滅して充電が停止します．$-\Delta V$検出または最大充電時間が経過した場合も，LEDが消灯して急速充電が停止します．

充電中に，電池を外すとスタンバイ・モードになり，D_1は消灯します．再び電池を接続するとスタンバイ・モードが解除され，初期化が始まりICは動作を開始します．

図2-8-7に，本器の充電特性を示します．

■ 急速充電回路の性能を引き出すためのワン・ポイント

● 接触抵抗に注意

電池ケースや電池自身の電極の汚れは，接触抵抗の増大につながります．

電極の接触抵抗が大きいと，充電電流が流れたとき，大きな電圧降下が発生します．その結果，この電位差に電池電圧を加えた電圧がIC側に入力されて，電池は正常なのにも関わらず，異常と判断され

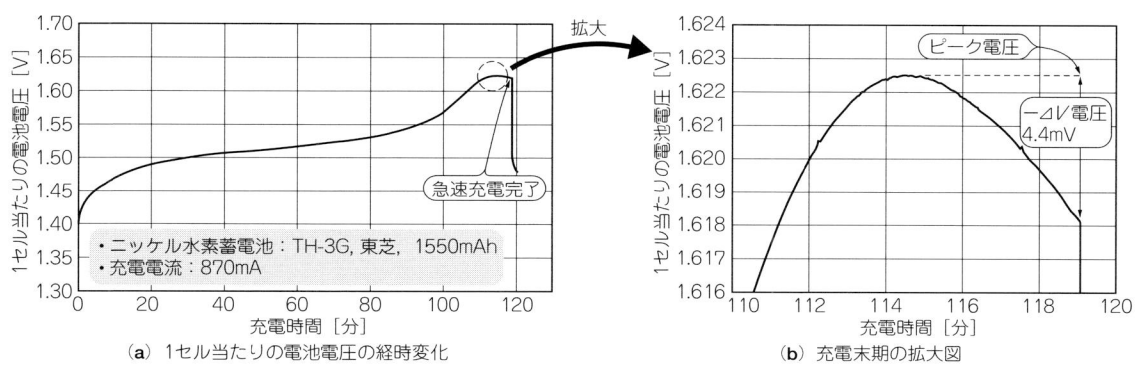

(a) 1セル当たりの電池電圧の経時変化

(b) 充電末期の拡大図

〈図2-8-7〉図2-8-4の回路の充電特性

ることがあります．また，振動が加えられると接触抵抗が変化するので，$-\Delta V$検出回路が動作して充電が止まってしまうこともあります．

接触抵抗は，放電時にも影響を与えます．充電した直後なのに，機器側は電池電圧が不足していると判断することがあります．

● いったん充電が終了したら再度充電しない

電池電圧が不安定な充電開始から数分間は，$-\Delta V$検出が動作しませんから，いったん充電完了した電池を再び本器にセットすると，最低でも数分間は過充電されるので危険です．

● 容量ばらつきの小さい電池を組み合わせる

$-\Delta V$検出回路は全電池の平均値をもとに判断します．電池を直列接続して充電する場合，各電池の空き容量がばらついている場合は，一部の電池が過充電される可能性があります．放電時には，一番容量の少ない電池が転極を起こして，破損することがあります．　　　　　　　　　　　〈木村　好男〉

◆参考文献◆
(1) トワイセル 密閉型ニッケル水素電池 技術資料，1999年，三洋電機㈱．
(2) ニッケル水素電池テクニカルハンドブック，2000年，松下電池工業㈱．
(3) SM6781BVデータシート，2001年，日本プレシジョン・サーキッツ㈱．

スイッチング方式で高効率のDC-DCコンバータによる充電回路

■ 汎用電源ICで作るCVCC制御のニカド/ニッケル水素/リチウム・イオン充電回路

● 回路の概要

図2-8-8(p.212)に示すのは，汎用のDC-DCコンバータ・コントローラ MB3759(**写真2-8-3**)を使用した充電回路です．ニッケル水素/ニカド/リチウム・イオン蓄電池に対応します．

次に仕様を示します．
- 出力電圧：12.6 V（可変）
- 出力電流：1300 mA/400 mA（切り換え）
- セル数：直列8本まで（ニッケル水素蓄電池），直列3本まで（リチウム・イオン蓄電池）

出力電圧はR_{87}，R_{88}，VR_1で設定します．出力電圧を上げるにはR_{88}の値を大きくします．

出力電流は，MAINCHG信号をON/OFFすることで，1300 mAと400 mAに切り替えられます．R_{82}，R_{83}，R_{84}，R_{85}，R_{86}で調整できますが，あまり簡単ではありません．

MB3759は次に示す特徴をもっています．
① エラー・アンプの両方の入力がIC外部に出ている
② V_{ref}は5.0 Vと高いが，IC外部に出ているため，抵抗分割で低い基準電圧を得ることができる
③ 同じ構成のエラー・アンプが2個あり，定電流制御と定電圧制御が同時にできる

これらが，汎用の電源制御ICで定電流のDC-DCコンバータを作れる理由になっています．

● 定電流DC-DCコンバータを作れる制御ICの条件

定電圧出力のDC-DCコンバータは，抵抗で出力電圧を分圧してエラー・アンプにフィードバックして，出力電圧を安定化しています．

制御ICは，エラー・アンプの入力電圧が，内部の基準電圧と等しい電圧になるように動作します．

〈写真2-8-4〉スイッチング型充電専用コントローラ MB3813A［富士通㈱］

〈図2-8-9〉MB3759の内部ブロック図

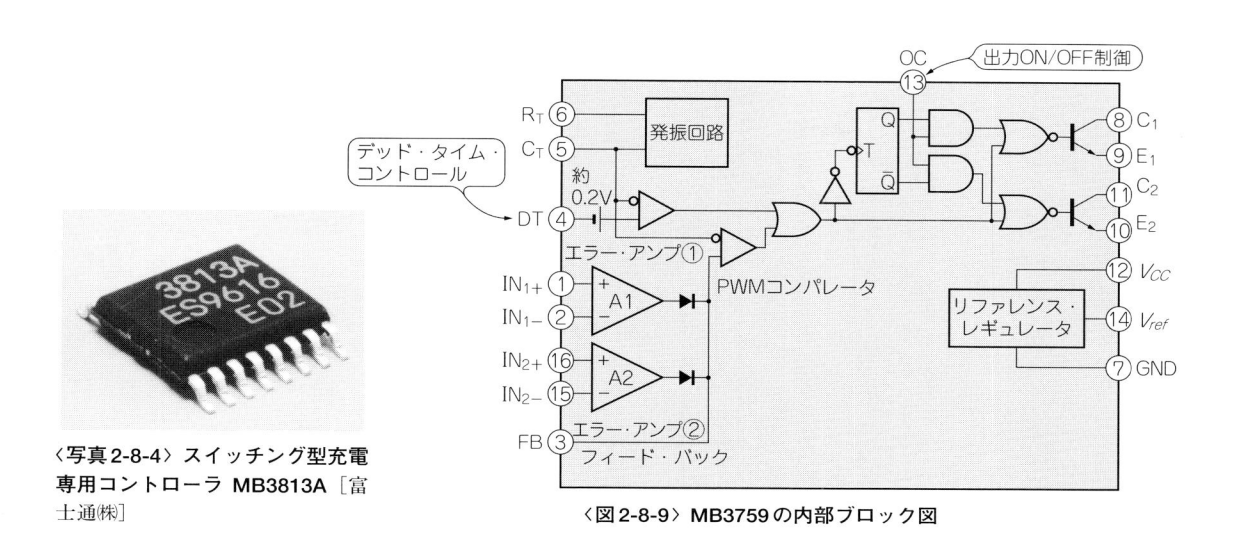

基準電圧は，低いもので1.25 V程度です．このような制御ICで作った定電流DC-DCコンバータは，電流検出抵抗の両端電圧が1.25 Vになるように動作します．

検出抵抗での損失は，出力電流が1 Aのとき1.25 Wにもなります．許容できる電力損失とエラー・アンプの電圧検出精度を考えると，電流検出抵抗で検出する電圧は100 mV以下にするのが適当です．

図2-8-9に示すように，MB3759は独立したレギュレータを内蔵しており，14番端子から基準電圧が出力されています．この出力を抵抗で分圧すれば，1.25 V以下の基準電圧を作れますから，電流検出抵抗に電力ストレスを加えることなく，高精度な電流検出が可能です．

■ 専用ICで作るCVCC制御のニカド/ニッケル水素/リチウム・イオン充電回路

図2-8-10(p.213)は，リチウム・イオン蓄電池の充電IC MB3813A(写真2-8-4)を使用した充電回路です．次に仕様を示します．

- 出力電圧：12.6 V(固定)
- 出力電流：1300 mA/400 mA(切り替え)
- セル数：直列8本まで(ニッケル水素蓄電池)，直列3本まで(リチウム・イオン蓄電池)

最大出力電流I_{Omax}は，V_{in2}端子に加える電圧で可変できます．次式で求まります．

$$I_{Omax} = \frac{V_{in2}}{25R_S}$$ ただし，R_S：電流検出抵抗［Ω］

図2-8-8に示す回路よりもシンプルですが，動作はまったく同じです．ニッケル水素/ニカド/リチウム・イオン蓄電池に対応しています．

MB3813Aは，定電圧定電流制御を目的として作られた充電回路専用の制御ICです．特徴は，定電流制御用エラー・アンプ(エラー・アンプ①)用の基準電圧を可変すると，出力電流を自由に変えられることです．例えば，V_{in2}端子にD-Aコンバータを接続すれば，出力電流をディジタル制御できます．

〈小澤　秀清〉

★本章はトランジスタ技術2002年7月号の記事を加筆・再編集したものです．〈編集部〉

212   第2-8章　ニカド/ニッケル水素充電回路の設計

〈写真2-8-3〉汎用DC-DCコンバータ・コントローラ MB3759BV の外観 [富士通(株)]

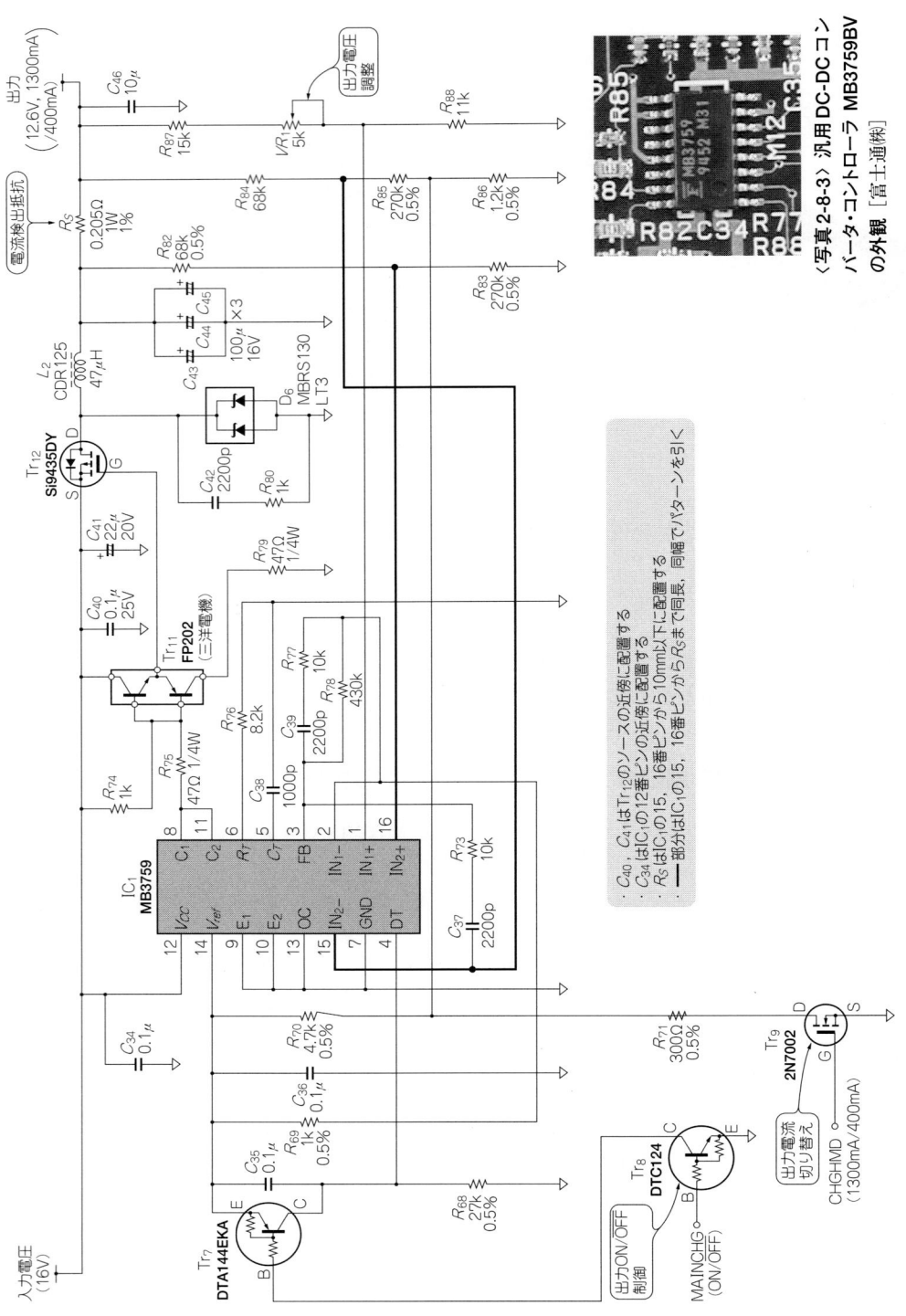

〈図2-8-8〉汎用のDC-DCコンバータ・コントローラ MB3759で作るニカド/ニッケル水素/リチウム・イオン充電回路

- C_{40}, C_{41}はTr_{12}のソースの近傍に配置する
- C_{34}はICの12番ピンの近傍に配置する
- R_SはICの15, 16番ピンから10mm以下に配置する
- 太線部分はICの15, 16番ピンからR_Sまでで同長, 同幅でパターンを引く

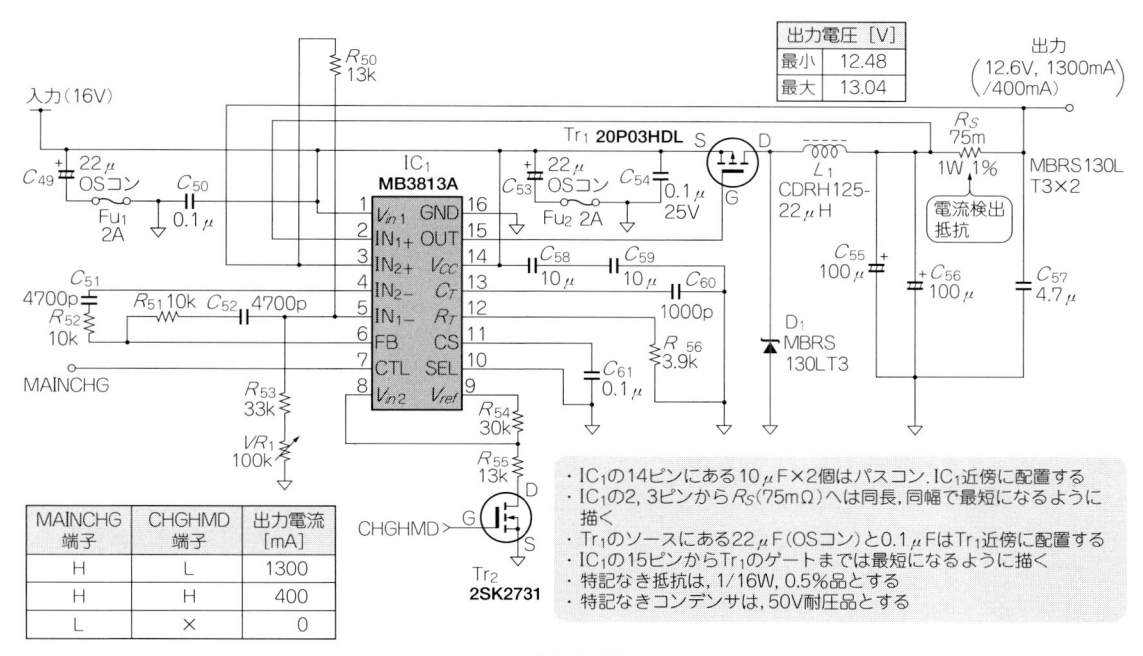

スイッチング方式で高効率のDC-DCコンバータによる充電回路　213

出力電圧 [V]	
最小	12.48
最大	13.04

MAINCHG 端子	CHGHMD 端子	出力電流 [mA]
H	L	1300
H	H	400
L	×	0

- IC_1の14ピンにある$10\mu F \times 2$個はパスコン．IC_1近傍に配置する
- IC_1の2, 3ピンからR_S(75mΩ)へは同長, 同幅で最短になるように描く
- Tr_1のソースにある$22\mu F$(OSコン)と$0.1\mu F$はTr_1近傍に配置する
- IC_1の15ピンからTr_1のゲートまでは最短になるように描く
- 特記なき抵抗は, 1/16W, 0.5%品とする
- 特記なきコンデンサは, 50V耐圧品とする

(a) 全回路

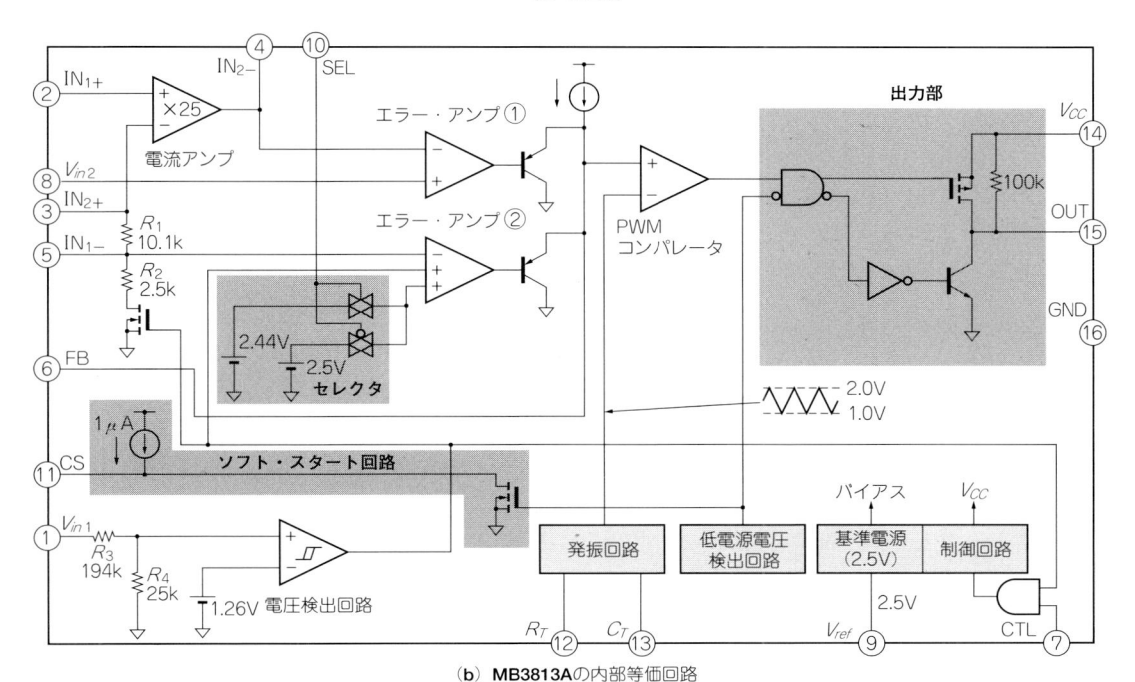

(b) MB3813Aの内部等価回路

〈図2-8-10〉専用IC MB3813Aで作るニカド/ニッケル水素/リチウム・イオン充電回路

第2-9章

PWM制御のスイッチング・レギュレータ・コントローラ
NJM2340による

充電スタンド用CVCC電源回路の試作

高橋 資人／高木 円
Yoshihito Takahashi/Madoka Takagi

　車のシガー・ライタから出力されるDC12Vを利用できる携帯電話専用の充電用CVCC電源回路を作りました．本機は，携帯電話に充電電力を供給するもので，充電電圧や充電電流の調整は携帯電話に内蔵の充電制御回路が行います．危険ですので，本機の出力をリチウム電池パックには絶対に接続しないでください．

　蛇足ですが，携帯電話メーカは指定の充電器で充電するように指定しています．実験は皆さんのリスクで行ってください．

■ 概要

　携帯電話の充電スペックを参考に，次のような仕様のDC-DCコンバータを試作しました．

- 入力電圧：12 V
- 出力電圧：5.5 V ± 2％
- 出力電流：680 mA ± 5％
- 電力効率：70％以上
- セル数：1

(a) 表面 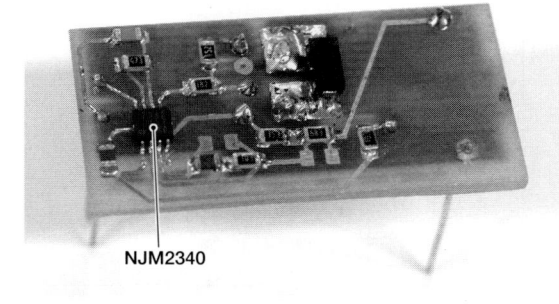　　(b) 裏面

〈写真2-9-1〉試作したCVCC電源基板の外観

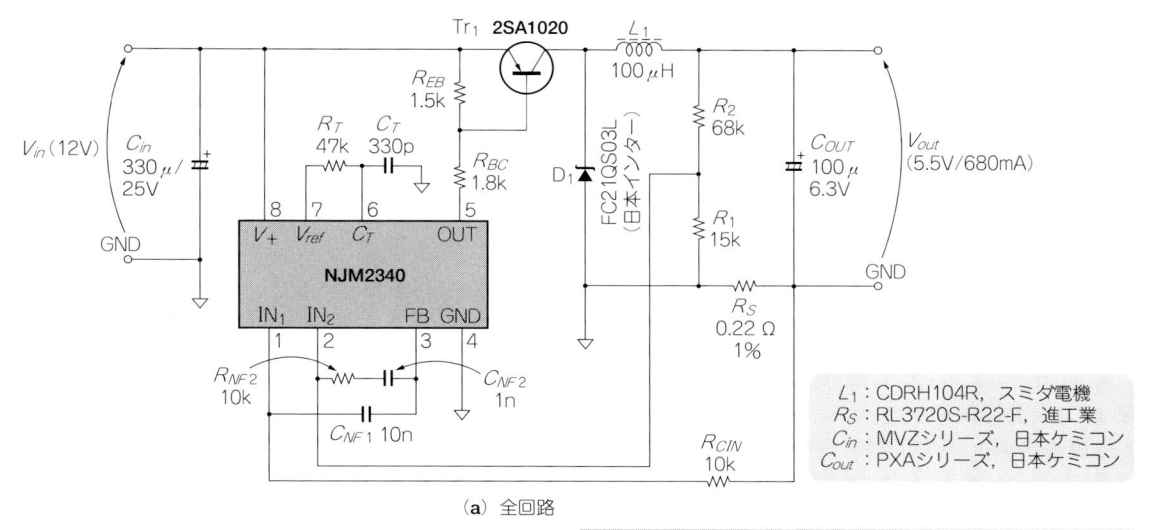

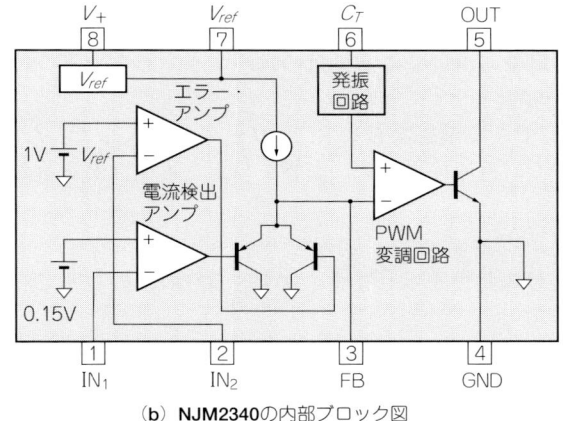

〈図2-9-1〉出力5.5 V 680 mA出力の充電スタンド用CVCC電源回路

(a) 全回路

(b) NJM2340の内部ブロック図

〈表2-9-1〉NJM2340の主な定格・特性

項目	条件	値など	単位
電源電圧範囲		3.6〜32	V
発振周波数	C_T, R_Tで可変	20〜500	kHz
PWMの制御範囲		0〜100	%
出力シンク電流		15	mA
電流検出基準電圧		150±4%	mV
電圧検出基準電圧		1±1.5%	V
平均電源電流	無負荷,オン・デューティ50%	1.5	mA_{typ}

図2-9-1に全回路を，写真2-9-1に試作した基板の外観を示します．基板サイズは34×17×15 mmです．
約10機種の携帯電話の電池と充電器を調べてみたところ，電池容量は580 m〜700 mAh，各社の充電回路の定格電流は580 m〜700 mAでしたから，部品の定数を変更すれば，すべての携帯電話に対応できます．

■ NJM2340の特徴

NJM2340は，PWM制御型のCVCC電源用コントローラです．高精度の電圧・電流制御回路を内蔵しています．表2-9-1に主な電気的仕様を示します．
　一番の特徴は，内蔵のPWM変調回路のデューティ比が100％まで変化することです．このため入出力間電位差が小さくても，効率良く入力電圧を変換でき，試作回路では入力電圧を6 V程度に下げても

安定した出力を得ることができました．また，内蔵の電圧リファレンスは1V±1.5％と低電圧・高精度であり，充電器のほかに低電圧生成にも応用可能です．

■ CVCC電源回路の設計

● 出力電圧の設定

図2-9-1に示す抵抗R_1とR_2で出力電圧V_{out}［V］を設定します．次式で与えられます．

$$V_{out} = \left(1 + \frac{R_2}{R_1}\right) V_{in2} \quad \cdots\cdots\cdots\cdots\cdots\cdots\cdots\cdots\cdots\cdots\cdots\cdots\cdots\cdots\cdots\cdots\cdots\cdots\cdots\cdots\cdots\cdots\cdots (2\text{-}9\text{-}1)$$

ただし，V_{in2}：IN_2端子の電圧(1)［V］

実際には，携帯電話までのケーブルの直流抵抗によって多少電圧が落ちますから，必要な出力電圧より少し高めに設定すると良いでしょう．今回は，R_1 = 15kΩ，R_2 = 68kΩとしました．

● 出力電流の設定

電流検出抵抗R_Sで，最大出力電流I_{Omax}［A］を設定します．次式で与えられます．

$$I_{Omax} = \frac{0.15}{R_S} \quad \cdots\cdots\cdots\cdots\cdots\cdots\cdots\cdots\cdots\cdots\cdots\cdots\cdots\cdots\cdots\cdots\cdots\cdots\cdots\cdots\cdots\cdots\cdots\cdots\cdots\cdots\cdots\cdots\cdots\cdots\cdots\cdots (2\text{-}9\text{-}2)$$

0.22Ωという低抵抗に発生する微小な電圧を検出するため，抵抗の許容差が1％以下の精度の良いものを使います．面実装の抵抗を使う場合は，はんだの盛りぐあいによる抵抗のばらつきも影響することがあります．

今回は，はんだ付け部分が広く，接触抵抗を小さくできる進工業社のRLシリーズを選択しました．セメント抵抗は，巻き線構造のためノイズを拾いやすく，電流検出誤差に影響を与える可能性があるので，できれば避けます．

● スイッチング周波数

図2-9-2に，NJM2340の発振周波数対タイミング容量の特性を示します．20k～500kHzの範囲で設定できます．

周波数を上げると，インダクタやコンデンサの容量を小さくできるため，小型化できますが，反面Tr_1の立ち上がりと立ち下がり時に発生する損失が大きくなります．今回は160kHzに設定します．

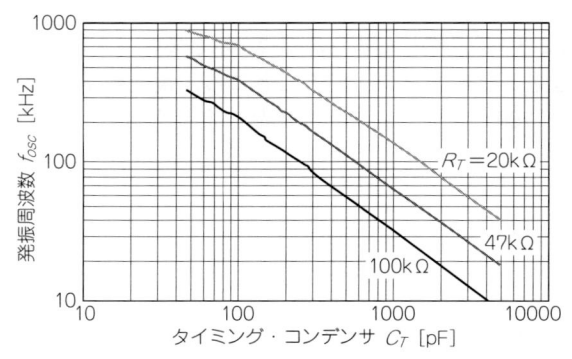

〈図2-9-2〉タイミング・コンデンサC_Tの容量と発振周波数特性

● インダクタ

L_1 [H] は，前述のリプル電流を出力電流の10〜20％となるように設計します．次式で求まります．

$$L_1 = \frac{V_{in} - V_{CE(sat)} - V_{out}}{\Delta I_L} t_{on} \quad \cdots\cdots\cdots\cdots\cdots\cdots\cdots\cdots\cdots\cdots\cdots\cdots\cdots\cdots\cdots\cdots\cdots\cdots\cdots\cdots\cdots\cdots\cdots\cdots\cdots (2\text{-}9\text{-}3)$$

$$t_{on} = \frac{V_{out}}{V_{in} f_{osc}} \quad \cdots\cdots\cdots\cdots\cdots\cdots\cdots\cdots\cdots\cdots\cdots\cdots\cdots\cdots\cdots\cdots\cdots\cdots\cdots\cdots\cdots\cdots\cdots\cdots\cdots\cdots\cdots\cdots\cdots\cdots\cdots\cdots\cdots\cdots\cdots\cdots\cdots\cdots (2\text{-}9\text{-}4)$$

ただし，$V_{CE(sat)}$：Tr_1のコレクタ-エミッタ間飽和電圧 [V]，f_{osc}：発振周波数 [Hz]，V_{out}：出力電圧 [V]，V_{in}：入力電圧 [V]，t_{on}：Tr_1のON時間 [s]，ΔI_L：L_1のリプル電流 [A]

$V_{in} = 12$ V，$V_{CE(sat)} = 0.3$ V，$V_{out} = 5.5$ V，$\Delta I_L = 0.14$ A（I_{out}の20％）とすると，式(2-9-3)(2-9-4)から $t_{on} = 2.86$ μs，$L_1 ≒ 127$ μH と求まります．実際の回路では $L_1 = 100$ μH としました．

● 出力コンデンサ

等価直列抵抗 R_{ESR} の低いものを使うと，出力リプル・ノイズ電圧が小さくなります．R_{ESR} [Ω] と出力リプル・ノイズ V_R [V_{PP}] には，次のような関係があります．

$$R_{ESR} = \frac{V_R}{\Delta I_L} \quad \cdots\cdots\cdots\cdots\cdots\cdots\cdots\cdots\cdots\cdots\cdots\cdots\cdots\cdots\cdots\cdots\cdots\cdots\cdots\cdots\cdots\cdots\cdots\cdots\cdots\cdots\cdots\cdots\cdots\cdots\cdots\cdots\cdots\cdots\cdots\cdots\cdots\cdots\cdots (2\text{-}9\text{-}4)$$

今回は，日本ケミコン社の低ESRコンデンサ PXAシリーズを使用しました．外形6.6×6.6×5.7 mmと小型ながら，100 μF でも R_{ESR} は32 mΩ です．

● 発振対策

出力コンデンサに低ESR品を使用すると，リプルが小さくなる代わりに不安定になり，発振しやすくなります．発振すると，出力に数kHzの大きなリプルが発生したり，インダクタが共振して音を出したりします．

発振対策は，一般的にエラー・アンプの入出力にコンデンサを追加して対策します．状況を見ながら，NJM2340の2ピンと3ピンの間に，10 p〜100 pFのコンデンサを追加したり，電圧分割抵抗 R_2 と並列に100 p〜1000 pFを追加して対策してください．

■ CVCC特性の確認

図2-9-3に，出力電流対変換効率を示します．効率は，70〜80％程度です．放熱器がなくても問題

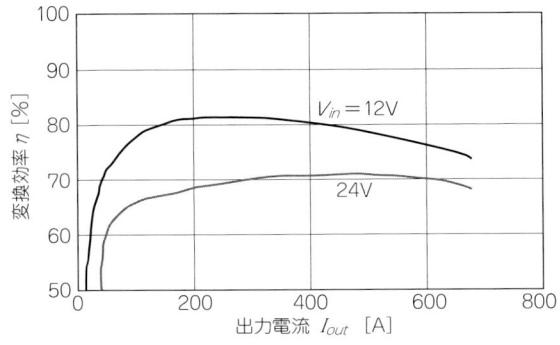

〈図2-9-3〉図1の電源回路の出力電流-変換効率特性

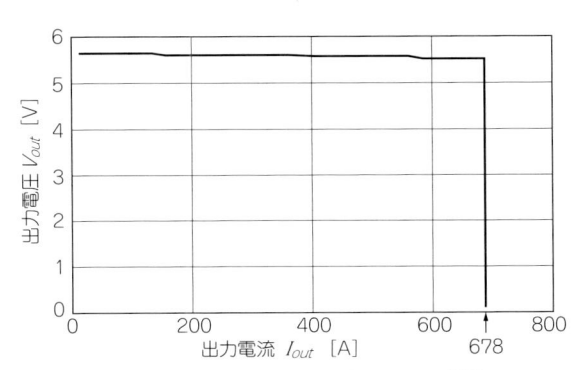

〈図2-9-4〉図1の電源回路のCVCC特性

はありません.

図2-9-4にCVCC特性を示します．良好な定電流特性が確認できました．

■ 携帯電話の充電制御のようす

　携帯電話に本機を接続し，電流検出抵抗の両端の電圧をテスタで測定すると，電話器内部の充電制御のようすをモニタできます．

　手元にある携帯電話機の例では，充電開始から最初の30分間は約600 mAの定電流充電をした後で定電圧充電に切り替わり，40分間で300 mA，さらに20分強で100 mAといった具合に充電電流が減少します．こうして，開始から1時間半で充電を完了しました．

　電池パック内部の保護回路が動作している電池を充電する場合，初期充電（プリチャージ）で電池電圧が上がってくるまで充電表示のLEDが点かないことがあります．この場合，電流を測定しながら充電すると，故障なのか初期充電状態なのかを判定できます．

◆参考文献◆

(1) NJM2340データシート，新日本無線㈱．
(2) リチウム・イオン電池テクニカルハンドブック・データ・ブック，松下電池工業㈱．

★本章はトランジスタ技術2002年7月号の記事を加筆・再編集したものです．〈編集部〉

■電池の日とバッテリの日

　海の日や発明の日など，さまざまな記念日がありますが，「電池の日」と「バッテリの日」があるのはご存じですか．

　電池の日は1986年（昭和61年）に，バッテリの日は1984年（昭和59年）に，当時の(社)日本乾電池工業会と(社)日本蓄電池工業会によってそれぞれ制定されました．その理由をご紹介しましょう．

　まず電池の日ですが，電池はプラス（＋）とマイナス（－）からできているので，＋－，＋－から十一月十一日，つまり11月11日に制定されました．

　ところで電池の記事には，「素電池」，「単電池」，「セル」，「バッテリ」という単語が出てきますが，これらはどのように違うのでしょうか？実は素電池や単電池，セルはすべて同じもので，乾電池のように1個で＋極と－極を備えた最小単位のものを指します．

　一方，バッテリとは複数個の素電池（単電池，セル）を組み合わせたものを指す言葉です．しかし，一般には全部が総称的に電池と呼ばれています．自動車用の電池だけがバッテリと通称されているのは，内部が複数個の素電池からできているために定義どおりに呼ばれてきたものです．

　バッテリといえば野球の投手と捕手のことになりますが，彼らの背番号は1と2ですから，ここでも12，12，つまり12月12日がバッテリの日となったわけです．自動車用のバッテリはとくに冬季に買い替え需要が多くなるので，お宅のは大丈夫ですかというタイムリな注意喚起にもなっています．

　ちなみに11月11日（電池の日）から12月12日（バッテリの日）までを電池月間としています．

　なお，(社)日本乾電池工業会と(社)日本蓄電池工業会は1997年に統合されて，現在は(社)電池工業会となっています． 〈江田　信夫〉

第3部　電池動作のための回路

◆第3-1章

スイッチング&シリーズ・レギュレータ
電池動作用電源レギュレータICの概要と使いかた

南部 英明／矢野 公一／高井 正巳
Hideaki Nambu／Kohichi Yano／Masami Takai

リチウム・イオン蓄電池1セル用の昇降圧スイッチング・レギュレータUCC3954の応用

■ 携帯機器の電源回路の動向

　「手のひらサイズ」の携帯型機器では，リチウム・イオン蓄電池から3.3Vのメイン電源を得るケースが多く見られます．普通，リチウム・イオン蓄電池から3.3Vを出力する電源回路は複雑になりがちなのですが，ここでは少し変わった，シンプルで高効率な回路のアイデアを紹介します．

■ 問題点

　リチウム・イオン蓄電池から3.3Vを出力する電源回路が複雑になる理由は，電池電圧と出力電圧の大小関係にあります．リチウム・イオン蓄電池の放電電圧はおよそ4.2V（放電開始時）から3.0V（放電終止時）の範囲で，電池電圧が出力電圧の3.3Vに比べて高い場合と低い場合があります．
　電池電圧と出力電圧の大小関係にかかわらず出力電圧を一定にするためには，昇圧／降圧兼用で少し複雑な「昇降圧」回路が必要です．

■ 昇降圧回路を作るには

　昇降圧回路の代表的な例を二つ紹介します．
● 昇圧と降圧のカスケード接続
　2段構成で，回路は図3-1-1のとおりです．この方法は電源2回路分の部品を必要とするため，マキシム社のMAX1672などの専用ICを使用できない場合はコストとサイズが問題となります．また，V_{BAT}変動に対する効率が平坦ではなく，とくにV_{BAT}とV_{OUT}の差が大きいと効率が低くなります．
● SEPIC回路
　SEPIC（Single-Ended Primary Inductance Converter）回路はフライバックに似た回路です．回路は図3-1-2のとおりで，普通の昇圧用ICを1個使用します．V_{BAT}変動に対する効率は平坦ですが，比較的低効率です．磁性体はトランス1個でもインダクタ2個でもかまわないのですが，どちらにしても磁

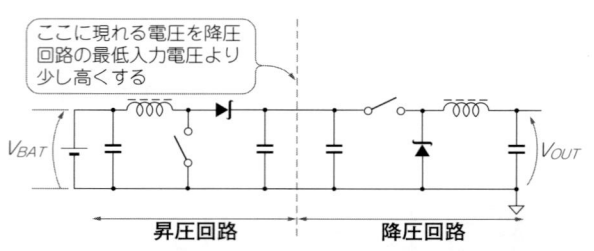

〈図3-1-1〉昇降圧コンバータの回路例1（昇圧と降圧のカスケード接続）

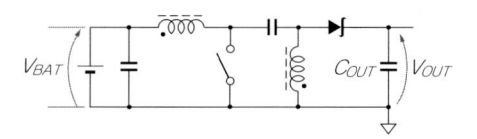

〈図3-1-2〉昇降圧コンバータの回路例2（SEPICコンバータ）

性体の大きさが回路サイズを大きくしてしまいます．

カスケード接続とSEPIC，どちらの方法も効率と回路サイズが問題点として挙げられます．効率と回路サイズ，これら二つの問題を解決できるアイデアとして，昇圧に似た回路を使う方法もあります．

● 配線をつなぎかえると，昇圧コンバータが負-正コンバータになる

図3-1-3(a)は，昇圧回路をデフォルメしたものです．昇圧回路は，スイッチOFF期間にインダクタのエネルギがC_{OUT}を充電することによって出力電圧を上昇させます．ただしこの回路は昇圧専用で，降圧を行うことはできないので，配線を少しつなぎ変えてみます．電池とGNDとの接続位置をV_{BAT-}ではなくV_{BAT+}へ変更すると，回路図は図3-1-3(b)のようになります．電源回路の構造がほとんど変化していないことを納得いただけますか？

配線の変更によって，電源回路が負電圧へ移動したため，結果的に出力電圧を入力電圧範囲の上方へ追い出すことに成功しました．したがってこの回路は，昇圧型の回路構造を維持したまま昇降圧を行うことができます．この回路構造は「負から正の昇降圧コンバータ」と呼ばれています．

■ 設計

● インダクタの条件はインダクタンスと電流定格

インダクタの選定条件は，おもにインダクタンス値Lと電流定格です．性能に過不足のないインダクタを選ぶためには，以下二つの条件を満たすインダクタを使用します．

▶ 条件1　電流定格はピーク・インダクタ電流$I_{L(PEAK)}$の100〜120％程度
▶ 条件2　インダクタ電流のリプル成分ΔI_Lは，ピーク・インダクタ電流$I_{L(PEAK)}$の10〜30％程度

$$I_{L(PEAK)} = I_{OUT} \frac{V_{BAT} + V_{OUT}}{V_{BAT}} + \frac{1}{2} \Delta I_L$$

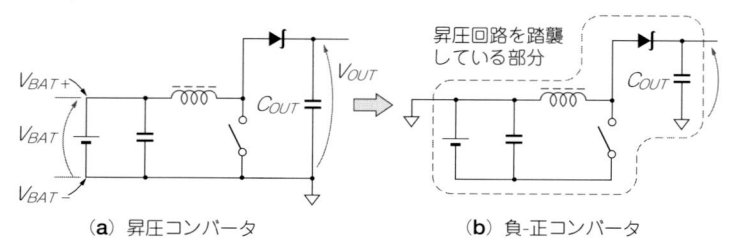

〈図3-1-3〉昇降圧コンバータの回路例3（負から正の昇降圧コンバータ）

(a) 昇圧コンバータ　　(b) 負-正コンバータ

ただし，$\Delta I_L = \dfrac{V_{BAT} V_{OUT}}{fL(V_{BAT} + V_{OUT})}$

● ダイオードの条件は平均順電流と電圧降下

ダイオードはスイッチOFF期間に順バイアスされ，インダクタからC_{OUT}へエネルギを移動させます．ダイオードの条件として，平均順電流I_F，順方向電圧降下V_F，尖頭逆電圧V_{RRM}，動作速度が挙げられます．

▶ 平均順電流I_F

ダイオード電流のピーク値はインダクタ電流のピーク値と同じで，約$2I_{OUT}$です．平均値はI_{OUT}と同じです．ダイオードの電流定格I_Fは，I_{OUT}の1.5倍程度に見積もると良いでしょう．

▶ 順方向電圧降下V_F

V_Fは効率と密接な関係をもつため，小さいほど望ましいです．

▶ 尖頭逆方向電圧V_{RRM}と動作速度

V_{RRM}はスイッチON時に加えられる逆電圧($V_{BAT} + V_{OUT}$)より大きければ大丈夫で，これを満たすことは簡単です．動作速度については，ショットキー・バリア・ダイオードを使用すれば問題ありません．

■ 負-正コンバータには昇圧用のICを流用できる

先ほど書いたとおり，負-正コンバータと昇圧コンバータは似ているため，昇圧用ICを流用できます．回路を図3-1-4に示します．ただし帰還回路に細工が必要で，出力分圧抵抗にPNPトランジスタを追加してレベル・シフトを行い，入力電圧の変動が出力電圧の誤差となることを防ぎます．

もしトランジスタのV_{BE}の温度ドリフトが問題となる場合は，温度補償回路を追加する必要があります．

■ 負-正コンバータ専用IC UCC3954

1本のリチウム・イオン蓄電池から＋3.3 Vを出力するための専用IC UCC3954(**写真3-1-1**)がテキサス・インスツルメンツ社(旧Unitrode社)から発売されています．構造は昇圧用ICとほぼ同じなのですが，図3-1-5のように基準電圧器が負電圧－1.1 Vを出力するため，分圧抵抗のトランジスタが不要な点が昇圧型ICよりも便利です．**表3-1-1**に電気的特性を示します．

$I_C \fallingdotseq I_E$ から　$\dfrac{V_{FB}}{R_2} = \dfrac{V_{OUT} - V_{BE}}{R_1}$

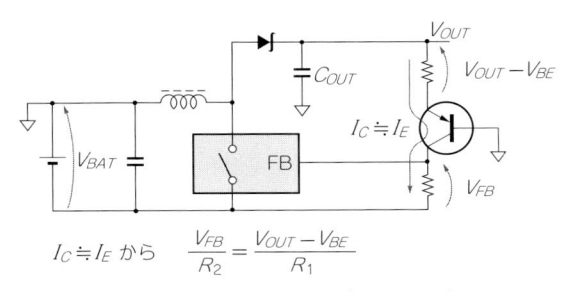

〈図3-1-4〉昇圧用ICによる負-正コンバータ

〈写真3-1-1〉リチウム・イオン蓄電池1セル用DC-DCコンバータIC UCC3954［写真提供：㈱マクニカ］

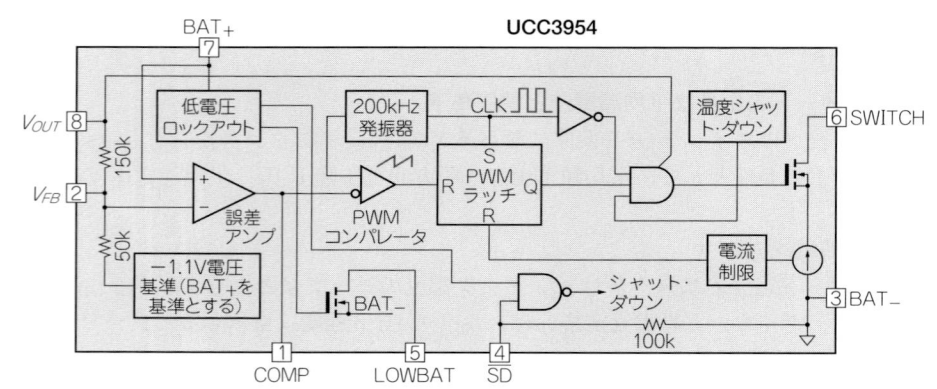

〈図3-1-5〉UCC3954の内部回路

〈表3-1-1〉UCC3954の定格と特性

項　目	記　号	値	単位
電源電圧（最大）	$V_{BAT(MAX)}$	4.5	V
電源電圧（ターン・オン）	$V_{BAT(TURN-ON)}$	3.13	V
電源電圧（ターン・オフ）	$V_{BAT(TURN-OFF)}$	2.75	V
出力電圧	V_{OUT}	3.3	V
ピーク・スイッチ電流	I_{SW}	2.0	A
スイッチング周波数	f_{OSC}	200	kHz
動作温度	T_A	$-20 \sim +70$	℃

■ UCC3954による3.3 V，0.5 A昇降圧コンバータ

回路を図3-1-6に，試作した実験基板を写真3-1-2に，それぞれ示します．また実測した効率特性と出力電圧特性を図3-1-7と図3-1-8に示します．

■ 配線と部品配置

配線と部品配置を最適化することのメリットは，部品代を上乗せすることなくスイッチング・ノイズ

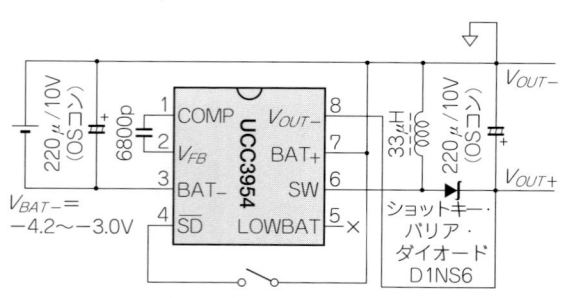

〈図3-1-6〉UCC3954によるリチウム・イオン蓄電池1セルから3.3Vへの昇降圧コンバータ

〈写真3-1-2〉製作した負-正コンバータ基板

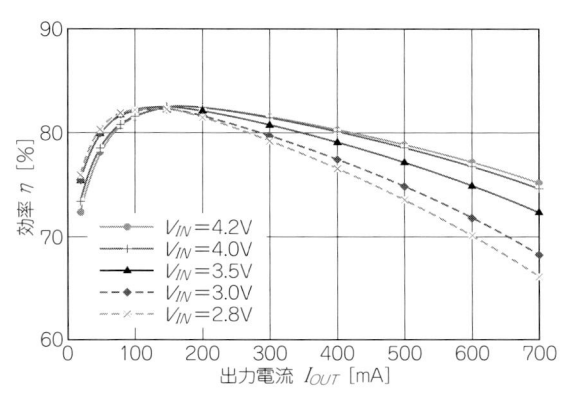

〈図3-1-7〉製作した負-正コンバータの効率特性

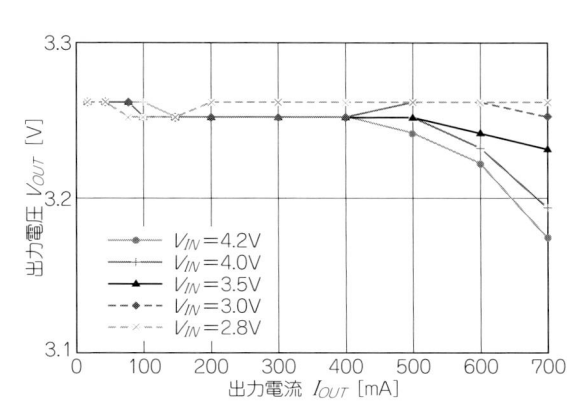

〈図3-1-8〉製作した負-正コンバータの出力特性

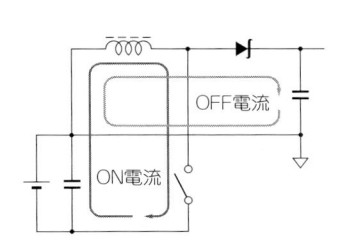

〈図3-1-9〉パルス電流の流れる経路

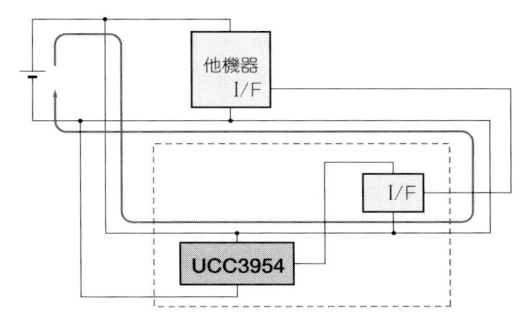

〈図3-1-10〉他の機器との接続でショートが発生する

が減少する点です．

　最適化を行うためには，パルス電流の流れる経路を太く短くします．

　パルス電流の経路を説明するために，回路図を**図3-1-9**のように描き直してみました．二つの矢印が，それぞれスイッチのON/OFF期間に流れるパルス電流の経路です．

■ 残された問題

　他機器と通信ケーブル経由で接続するとショートする問題があります．負-正コンバータを電源回路とする機器は，外部電源入力の正極を基準電位として動作します．この機器が外部電源入力の負極を基準電位として動作する機器とヘッドホンやシリアル・インターフェースのような非絶縁のケーブルで接続されると，GNDラインを経由して外部電源がショートします．このようすを**図3-1-10**に示します．

　この問題を解決するためには，ACアダプタなどで機器間の電源端子を絶縁するか，インターフェースを絶縁するか，または負電圧による充電回路を使用する必要があります． 〈南部　英明〉

◆参考文献◆

(1) Unitrode社 UCC3954データ・シート
▶ http://www.unitrode.com/

★初出：トランジスタ技術1999年12月号

高効率PWM方式降圧DC-DCコンバータR1223Nシリーズ

■ CMOSタイプの降圧DC-DCコンバータ

　携帯機器の普及に伴い電池も多種多様になり，それに応じて電池動作の電源制御ICの需要も高まり，数多く開発されてきました．さらに電池を長時間駆動するために消費電力の軽減が重要になり，それまで主流であったバイポーラ・タイプから消費電力の小さいCMOSタイプの電源制御ICへ移行してきています．
　また，携帯機器に内蔵するため，電池動作用電源ICには小型軽量化も求められています．
　CMOSタイプで小型のDC-DCコンバータとリニア・レギュレータを中心に説明します．

■ 開発のトレンド

　広義でのDC-DCコンバータは，方式の違いにより多くの種類が存在しますが，電池動作用DC-DCコンバータのほとんどは昇圧型でした．その理由として，電池電圧より高い電圧が必要とされる回路やデバイスが存在し，昇圧回路にはDC-DCコンバータが必須だったからです．
　一方，降圧型DC-DCコンバータは大電流を必要とする回路の電源として使われていましたが，リニア・レギュレータと比較して外付け部品が多く，リプル・ノイズも発生するため，比較的消費電流の少ない電池駆動のアプリケーションには，あまり縁のない存在でした．

〈表3-1-2〉DC-DCコンバータ製品一覧　[㈱リコー]

型名	動作	VFM/PWM	動作周波数(1)	パッケージ	ドライバ	動作電圧	出力電圧	その他
RN5RY	昇圧	VFM	180 kHz	SOT-23-5	外	0.9～10 V	2.0～6.0 V	電圧設定可能タイプあり
RS5RM	昇降圧(2)	PWM	50 kHz	SOP-8	内/外	1.2～10 V	1.5～6.0 V	
RS5RJ	昇降圧(2)	VFM	100 kHz	SOP-8	内/外	1.2～10 V	1.5～6.0 V	
RN5RK	昇圧	VFM	100 kHz	SOT-23-5	内/外	0.9～8 V	2.0～5.5 V	
R1210N	昇圧	PWM	100 k/180 kHz	SOT-23-5	内/外	0.9～8 V	2.2～6.0 V	
R1211D/N	昇圧	PWM	300 k/700 kHz	SON-6 SOT-23-5	外	2.5～5.5 V	注(3)	
R1212D	昇圧	PWM	700 k/1.4MHz	SON-8	外	2.2～5.5 V	注(3)	1.5 V固定VR付き
R1221N	降圧	PWM	300 k/500 kHz	SOT-23-6W	外	2.3～13.2 V	1.5～5.0 V	
R1223N	降圧	PWM	300 k/500 kHz	SOT-23-5	外	2.3～13.2 V	1.5～5.0 V	出力電圧監視VD付き
R1224N	降圧	PWM	180 k/300 k/500 kHz	SOT-23-5	外	2.3～18.5 V	1.2～6.0 V	電圧設定可能タイプあり
R1225N	降圧	PWM	180 k/300 k/500 kHz	SOT-23-6W	外	2.3～18.5 V	1.2～6.0 V	
R1230D	降圧	PWM	500 k/800 kHz	SON-8	内	2.4～5.5 V	1.2～3.3 V	同期整流タイプ
R1250V	反転	チャージ・ポンプ	280 kHz	TSSOP-8	内	2.7～5.5 V	−2.0～−4.0V	
R1280D	昇圧・反転	PWM	200 k/700 kHz	SON-8	外	2.5～5.5 V	注(3)	1.5 V固定VR付き
R5210D/N	降圧	PWM	800 kHz	SOT-23-5 HSON-6	内	2.7～5.5 V	1.5～3.3 V	VR(200 mA)，入力電圧監視VD付き

注▶ (1) VFM品の周波数は最大周波数を示す．
　　(2) 昇降圧は昇圧DC-DCコンバータ出力をシリーズ・レギュレータで受けて出力する．
　　(3) 出力電圧は外付け抵抗で設定可能である．
　　(4) VR：ボルテージ・レギュレータ，VD：ボルテージ・ディテクタ

ところが最近では，省エネや電池寿命の延長，回路の低電圧化による入出力電圧差の拡大から，電池駆動の製品でもリニア・レギュレータよりも効率を稼げる降圧型DC-DCコンバータが着目され始めています．電源IC開発でも電池駆動用DC-DCコンバータの主流は昇圧型から，降圧型になりつつあります．

■ 製品ラインナップ

既存製品は昇圧型DC-DCコンバータがほとんどで，リニア・レギュレータとの組み合わせやボルテージ・ディテクタとの組み合わせ，反転型DC-DCコンバータと昇圧型DC-DCコンバータの組み合わせなどがあります．R1223Nシリーズは新しい降圧型DC-DCコンバータです．

■ 電気的特性と定格

R1221NとR1223Nを**写真3-1-3**に，電気特性および定格の一覧を**表3-1-2**にそれぞれ示します．
R1223Nは，スイッチング周波数を300 kHzか500 kHzに選択でき，出力電圧も1.5～6.0 Vまでの0.1 Vステップで2％精度が保証されています．動作入力電圧範囲は2.3～13.2 Vです．チップ・イネーブル（CE）端子をHレベルにすると動作状態になり，Lレベルにするとスタンバイ状態になり消費電流をほとんど0 μAに抑えます．効率は数百mA負荷で90％前後です．

保護機能は，最大デューティ比を一定時間連続して検出することにより出力を止める「ラッチ型保護機能」と，検出後にソフト・スタートを再始動させる「リセット型保護機能」の2種類から選択できます．

また，軽負荷時にはスイッチング回数を間引いて消費電力を節約する「VFM切り替え回路」の有無も選択できます．出力電圧を監視し，一定値以下になれば信号を出力するR1221Nシリーズもあります．

■ 応用回路例

回路例を**図3-1-11**に，評価基板を**写真3-1-4**にそれぞれ示します．1 A以下の負荷であれば，この回路構成で使用できます．

1 A以上になるとダイオードやコイルの定格を越えてしまい，さらには効率の向上にパワーMOSFETのオン抵抗やダイオードのV_F，コイルやコンデンサの抵抗成分を小さくするために回路構成を変更する必要があります．電池駆動のアプリケーションなら，1 A以上の電流はあまり必要ないでしょうから，ここでは説明を省きます．

〈写真3-1-3〉R1221NとR1223Nの外観
[㈱リコー]

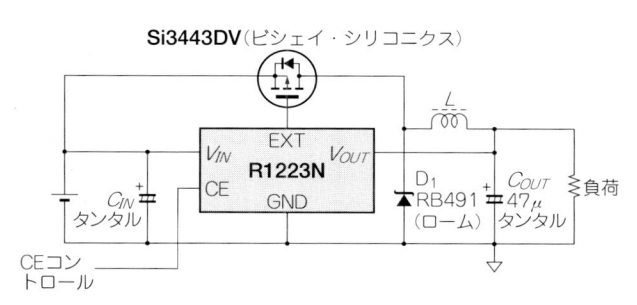

〈図3-1-11〉R1223Nによる降圧スイッチング・レギュレータ回路の構成例

〈写真3-1-4〉R1223Nの評価基板

■ 使用上の注意点

　外付け部品は，できるだけICの近くに置き，配線を短くしてください．とくにV_{OUT}端子に接続されているコンデンサは最短距離で配線してください．また，電源配線とグラウンド配線を十分強化してください．電源配線，コイル，および出力配線にはスイッチングによる大電流が流れます．電源配線のインピーダンスが高いと，ICの電源電位がスイッチング電流により変動し，動作が不安定になることがあります．

　保護回路は，最大デューティ比が保護回路の遅延時間以上続いた場合に動作するので，入出力電圧差が小さい場合には小さな負荷電流によっても動作することがあります．

　また，ラッチ型保護回路内蔵の場合，入力電圧の立ち上がり時間が遅い場合は，立ち上がり中に保護回路が動作し，出力電圧が出ないことがあります．対策としては，本ICをスタンバイ状態（CE = "L"）にした状態で入力電源を立ち上げ，入力電圧が出力設定電圧以上になった後，アクティブ状態（CE = "H"）にすることで回避できます．

■ 特性の考察

● 効率特性

　図3-1-12に2.5 V-300 kHz品の効率-負荷特性を，図3-1-13に1.8 V-300 kHz品の効率-負荷特性をそれぞれ示します．これらは実測したデータです．軽負荷時に効率が低くなっていますが，高負荷時には無視できたパワーMOSFETのスイッチング損失が低負荷時には大きく影響しているからです．

　効率特性を向上するには，V_Fが低くスイッチング速度が速いダイオードと，オン抵抗が低くスイッチング速度が速いパワーMOSFETと直流抵抗成分が小さなコイルを選択しなければなりません．ただし，パワーMOSFETのゲート容量が大きいとスイッチング損失が増え，またチップの駆動能力が追いつかずに逆にエネルギ損失が増えて効率を落とします．高負荷の場合は，バッファ・ドライバを使用して駆動能力を上げることで効率を改善できることもあります．

　また，入力電圧の高い条件で効率が悪くなっているのは，スイッチング損失がそのまま反映されていると考えられます．参考までに500 kHz品5 V入力でゲート容量1nFのパワーMOSFETのスイッチング損失P_Lを計算すると，

$$P_L = fC_g V_{in}^2$$
$$= 500\text{k} \times 1\text{n} \times 5 \times 5 = 12.5 \text{ mW}$$

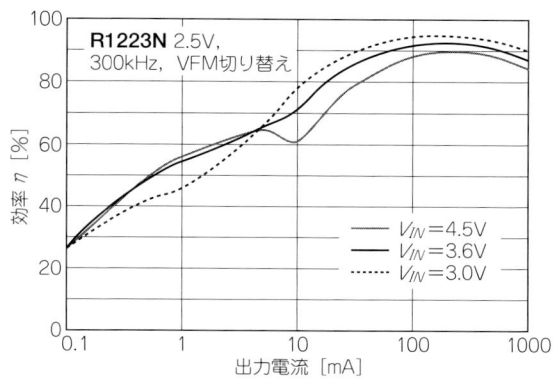

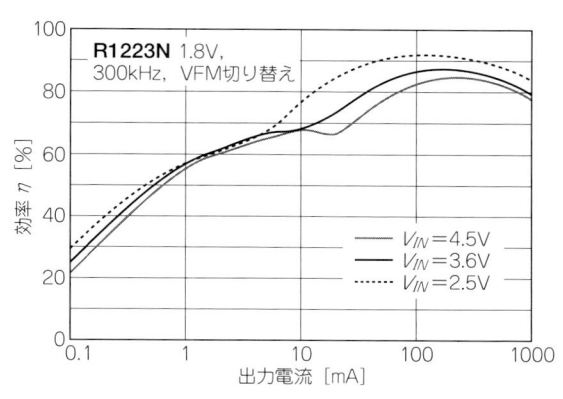

〈図3-1-12〉R1223Nの効率-負荷特性（設定出力電圧2.5V）　〈図3-1-13〉R1223Nの効率-負荷特性（設定出力電圧1.8V）

ただし，f：スイッチング周波数 [Hz]，C_g：ゲート容量 [F]，V_{in}：入力電圧 [V]
となります．このように入力電圧の2乗で効くので，とくに入出力電圧差の大きい場合は出力電力との相対比から効率が悪くなります．また，この数値は純粋なスイッチングによる損失で，ゲート立ち上がり時の中間状態のMOSFETのオン抵抗のジュール熱による損失は含まれません．

図3-1-12と図3-1-13では，効率特性が10mA付近に谷間をもつような形になっていますが，この点より低負荷側でPWMモードから周波数可変のVFMモードに切り替わって効率が向上したためです．

● リプル特性

図3-1-14に出力電圧のリプル特性を示します．リプル電圧は入力電圧，出力電圧，発振周波数，コイルのインダクタンス値と出力容量の容量値とESR（Equivalent Series Resistance；等価直流抵抗成分）により決まります．

一般的にはESRの少ない出力容量を使ってリプル電圧を小さくするのですが，回路の位相余裕が少なくなり異常発振する場合もあります．そのため出力電流が小さい場合は，コイルのインダクタンス値を大きくするか，発振周波数を高くすることでリプル電圧を小さくする方法をとることがあります．

● 負荷過渡応答特性

図3-1-15と図3-1-16に負荷過渡応答特性を示します．この応答特性は内蔵アンプの応答速度に依存

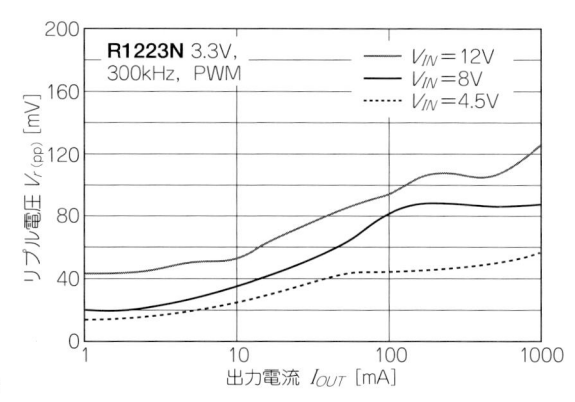

〈図3-5-14〉
R1223Nのリプル電圧特性

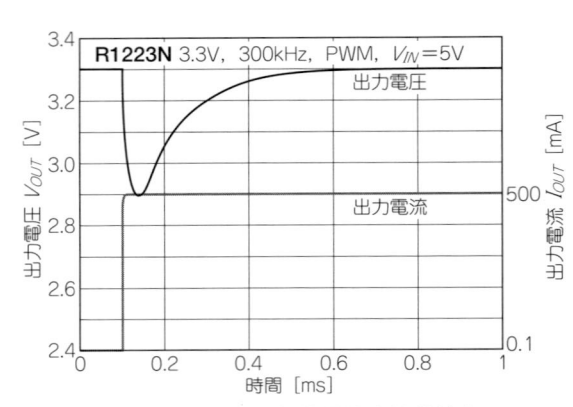

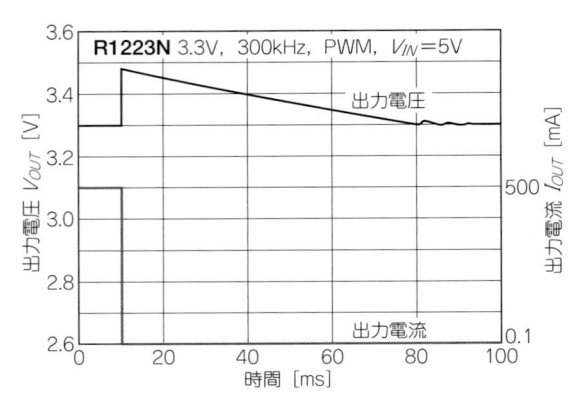

〈図3-1-15〉R1223Nの負荷過渡応答特性（0.1 mA → 500 mA）

〈図3-1-16〉R1223Nの負荷過渡応答特性（500 mA → 0.1 mA）

し，このIC固有ですが，出力容量の容量値を大きくするか出力容量のESRを低くすると，ある程度は改善します．

また300 kHz品と500 kHz品を比較すると，500 kHz品のほうが応答速度が速く，PWMタイプとVFM切り替えタイプでは，VFM切り替えタイプのほうが応答速度が速くなっています．

■ 今後の展開

一般的にDC-DCコンバータへの一番の要求事項は効率改善です．しかし，出力精度の向上や低リプル，応答特性の改善，安定動作，回路構成の簡素化や小型化などの要求も同じように存在し，アプリケーションによっては多少の効率低下には目をつぶって，ほかの項目を重視することもあります．また，PL法の関係から，過電流やショート時の安全性を確保するための保護機能に対する要求も出てきています．

これからは，さらに用途に応じて比較的軽負荷（500 mA～1 Aまで）にはMOSFET内蔵で，それ以上の高負荷用途にはドライバ外付けで駆動能力を向上し，同期整流型を採用するというように，住み分けがよりはっきりしていくと考えられます．

また汎用品は，バランスを取りながら効率や動作安定性，応答特性などの全体的な特性を向上させていくものと考えられます．そして今後も外付け部品であるコイル，コンデンサ，ダイオード，パワーMOSFETなどの特性が向上すると考えられるので，より良いDC-DCコンバータ回路が構成できます．

機器の小型化，携帯化，コードレス化などにより電池駆動のアプリケーションが増加していくなかで，DC-DCコンバータの役割は一層大きくなっていくものと思います．　　　　　　　　　　〈矢野 公一〉

低電圧で動作するCMOS低ドロップ型リニア・レギュレータIC

■ CMOS低ドロップ型レギュレータの種類と特徴

携帯機器に最適な低ドロップ型レギュレータのラインナップを表3-1-3に示します．これらのレギュレータはCMOS技術の特徴である小型，低電圧，低消費電流で動作する特性をベースに，最近とくに

〈表3-1-3〉電池動作用シリーズ・レギュレータの主な電気的特性 [㈱リコー]

項 目	記 号	単位	R1160X	R1180X	R1113Z	R1114X/R1115Z
基準電圧供給条件	V_{in}	V	1.8	2.8	2.8	2.8
出力電流	I_{out}	mA	200	150	150	150
出力電圧精度	V_{out}	V	0.8±30 mV	1.8±2.0%	1.8±2.0%	2.0±2.0%
最大動作入力電圧	V_{in}	V	6	6	6	6
消費電流	I_{SS}	μA	40(低速モード:3.5)	1	100	75
入力安定度	$\Delta V_{out}/\Delta V_{in}$	%/V	0.05	0.05	0.05	0.02
負荷安定度	$\Delta V_{out}/\Delta I_{out}$	mV	20(1 m〜200 mA)	20(1 m〜150 mA)	20(1 m〜80 mA)	22(1 m〜150 mA)
リプル除去率	RR	dB	70($f=1$ kHz)	35($f=1$ kHz)	80($f=1$ kHz)	70($f=1$ kHz)
ドロップ・アウト電圧	V_{dif}	V	0.4($I_{out}=200$ mA)	0.5($I_{out}=150$ mA)	0.34($I_{out}=100$ mA)	0.32($I_{out}=150$ mA)
チップ・イネーブル機能	—	—	Hアクティブ Lアクティブ	Hアクティブ, Lアクティブ	Hアクティブ, Lアクティブ	Hアクティブ, Lアクティブ
面実装パッケージ	—	—	SOT-23, SON-6	SOT-23, SC-82-AB, SON-1612	WLCSP-4P1	SOT-23, SC-82-AB, SON-1612, WLCSP-4P4
項 目	記 号	単位	R1111N18/R1121N18	RN5RF18	RQ5RW18	RX5RZ20
基準電圧供給条件	V_{in}	V	2.8	2.8	3.8	3.0
出力電流	I_{out}	mA	150	1000(2SB766A使用)	35	100
出力電圧精度	V_{out}	V	1.8±2.0%	1.8±2.0%	1.8±2.0%	2.0±2.0%
最大動作入力電圧	V_{in}	V	8.0	10.0	8.0	8.0
消費電流	I_{SS}	μA	35	30($I_{out}=0$ mA)	1.5	20
入力安定度	$\Delta V_{out}/\Delta V_{in}$	%/V	0.05	0.05	0.05	0.05
負荷安定度	$\Delta V_{out}/\Delta I_{out}$	mV	12(1 m〜80 mA)	60(1 m〜100 mA)	30(1 m〜35 mA)	20(1 m〜80 mA)
リプル除去率	RR	dB	70($f=1$ kHz)	60($f=1$ kHz)	40($f=1$ kHz)	55($f=1$ kHz)
ドロップ・アウト電圧	V_{dif}	V	0.6($I_{out}=100$ mA)	0.1($I_{out}=100$ mA)	0.06($I_{out}=1$ mA)	0.2($I_{out}=60$ mA)
チップ・イネーブル機能	—	—	Hアクティブ, Lアクティブ	Hアクティブ, Lアクティブ	Hアクティブ, Lアクティブ, なし	Hアクティブ, Lアクティブ, なし
面実装パッケージ	—	—	SOT-23	SOT-23	SC-82-AB	SOT-23, SOT-89
項 目	記 号	単位	RX5RT20	RX5RL20	RH5RE20	RN5RG20
基準電圧供給条件	V_{in}	V	3.0	4.0	4.0	3.0
出力電流	I_{out}	mA	25	25	40	1000(2SB766A使用)
出力電圧精度	V_{out}	V	2.0±2.0%	2.0±2.5%	2.0±2.5%	2.0±2.5%
最大動作入力電圧	V_{in}	V	8.0	10.0	10.0	8.0
消費電流	I_{SS}	μA	4.0	1.0	1.0	50
入力安定度	$\Delta V_{out}/\Delta V_{in}$	%/V	0.15	0.05	0.1	0.1
負荷安定度	$\Delta V_{out}/\Delta I_{out}$	mV	40(1 m〜40 mA)	30(1 m〜35 mA)	40(1 m〜50 mA)	60(1 m〜100 mA)
リプル除去率	RR	dB	—	—	—	30($f=1$ kHz)
ドロップ・アウト電圧	V_{dif}	V	0.3($I_{out}=40$ mA)	0.06($I_{out}=1$ mA)	0.5($I_{out}=30$ mA)	0.1($I_{out}=100$ mA)
チップ・イネーブル機能	—	—	Lアクティブ	なし	なし	Lアクティブ
面実装パッケージ	—	—	SOT-23	SOT-23, SOT-89	SOT-89	SOT-23

要求の高い環境対応型低消費電流モード，高リプル除去率，低ノイズ，高出力電流(SOT-23で200 mA)，低電圧出力(0.8 V)，低ドロップ・アウト電圧，過渡応答特性に優れたものやSC-82-ABパッケージやWLCSP(ウェハ・レベル・チップ・サイズ・パッケージ)，SON-1612パッケージによるさらに小型の製品(**表3-1-4**)まで幅広くラインナップされています．

● **低電圧で動作する高性能レギュレータ**

2 V以下の低電圧で動作する高性能CMOSレギュレータを3シリーズ紹介します．また，出力電圧を

〈表3-1-4〉面実装パッケージのラインナップ

項　目	WLCSP-4P4	WLCSP-4P1	SON-1612-6	SON-6	SC-82-AB	SOT-23-5	SOT-89
パッケージ外形							
サイズ [mm]	0.97×0.97	0.79×1.29	1.6×1.6	3.0×1.6	2.0×2.1	2.9×2.8	4.5×4.25
厚み [mm]	0.6	0.48	0.6	0.85	0.9	1.1	1.5
実装面積 [mm²]	0.94	1.02	2.56	4.8	4.1	8.12	19.1
重量 [mg]	1.41	1.04	2.9	8	6	15	50

1.8 Vに設定したときの特性例を後述します。

▶ R1111/R1121シリーズ

オーディオや無線機などの電源電圧変動の影響を受けやすい回路に電力を供給するのに適しています．R1111シリーズはナショナル セミコンダクター社製レギュレータに，R1121は東光製レギュレータにピン配置を合わせています．

▶ RQ5RWシリーズ

超小型パッケージ（SC-82-AB）の製品で，自己消費電流も小さく，常時電力を必要とする回路に電力を供給するのに適しています．

▶ RN5RFシリーズ

低電圧で500 mA程度の電流を安定に供給する必要のある回路に適しています．PNPトランジスタを外付けドライバとして駆動するブースト・タイプのレギュレータです．

■ 低リプル低飽和形150 mAレギュレータ　R1111/R1121シリーズ

● 特徴

R1111/R1121は35 $\mu A_{typ.}$の低消費電流であるにもかかわらず，高リプル除去率，低入出力電圧差，低ノイズ特性に優れた高性能レギュレータです．また，メーカへの発注時に1.5 Vから5.0 Vまで0.1 Vステップで出力電圧を指定でき，低電圧動作を必要とするシステムを構成するうえで最適です．

▶ CMOSによる低消費電流

図3-1-17は動作時消費電流です．CMOSの特徴である低消費電流を実現するとともに，出力電流に依存せず，低消費電流を維持します．チップ・イネーブル機能によりスタンバイ時の電流は0.1 μAになります．

▶ 電源立ち上がり速度が速い

R1111/R1121シリーズは図3-1-18の等価回路に示すように1 pF程度のノイズ低減容量C_Nを内蔵しているため，チップ・イネーブルによる電源立ち上げ時の速度は，外付け容量の大きさだけに依存します．

一般に低ノイズ特性をうたっているレギュレータは，IC内リファレンスのノイズ低減のためリファレンスに外付け容量を接続するためのノイズ低減端子を設けており，電源立ち上げ時にこの容量にチャージするための時間がかかり，出力電圧の立ち上がり速度が遅くなっています．

▶ 150 mAの出力電流

出力電流I_{OUT}は，設定出力電圧V_{OUT}より1 V高い入力電圧を加えた場合，

　　● 1.5 V ≦ V_{OUT} ≦ 1.7 Vのとき…I_{OUT} = 100 mA

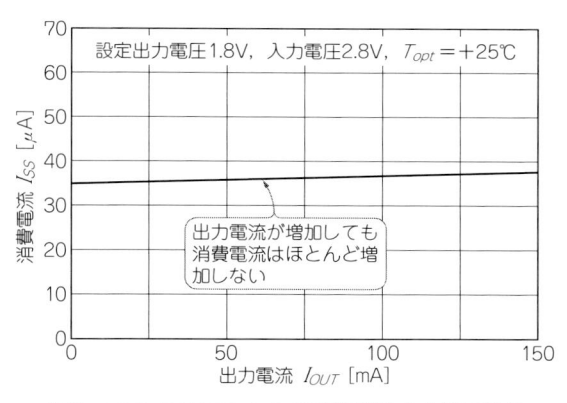

〈図3-1-17〉R1121N181Bの消費電流-入力電圧特性

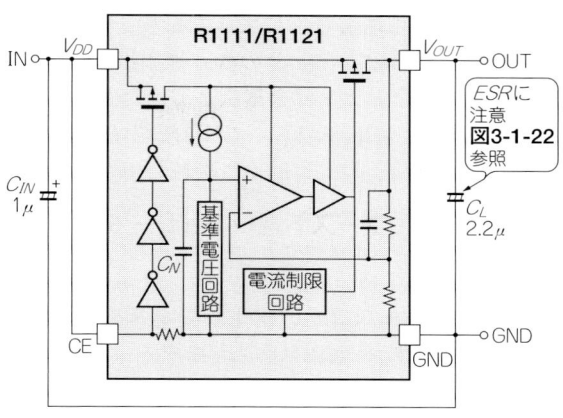

〈図3-1-18〉R1111，R1121シリーズの等価回路と基本回路

- $1.8\ V \leq V_{OUT} \leq 5.0\ V$のとき…$I_{OUT} = 150\ mA$

となります．R1121N181B（$V_{OUT} = 1.8\ V$品）の入出力電圧差を**図3-1-19**に示します．

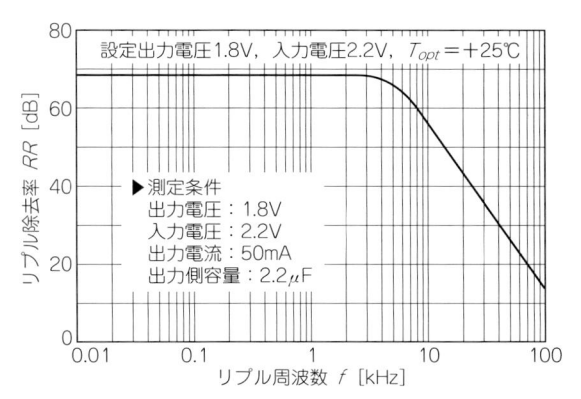

▶ 高リプル除去率

R1121N181Bのリプル除去率を**図3-1-20**に示します．消費電流35μAという低消費電流でありながら$f = 1\ kHz$で約70 dB，$f = 10\ kHz$でも約55 dBのリプル除去率を実現しており，とくに電源ノイズに影響を受けやすい回路に最適です．

▶ 低ノイズ特性（低出力雑音電圧）

CMOSトランジスタがバイポーラ・トランジスタに比べてノイズ特性に劣っていることはよく知られています．しかし，R1111/R1121シリーズはCMOSプロセス技術と回路技術の工夫により，CMOS技術で製造しているにもかかわらず，**図3-1-21**のような低ノイズ特性を実現しています．

● 低飽和型レギュレータの使い方

過渡応答特性や高周波応答の優れた低飽和型レギュレータは回路構成上，出力に接続されるコンデン

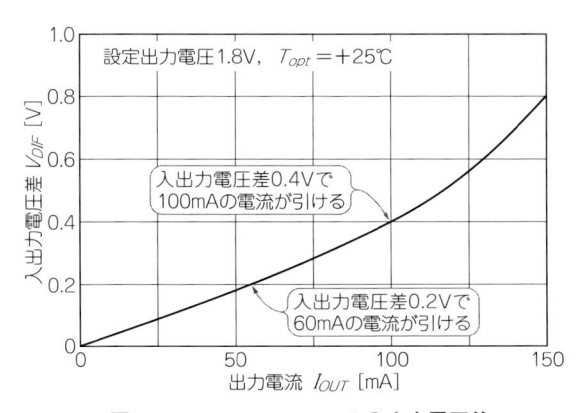

〈図3-1-19〉R1121N181Bの入出力電圧差

〈図3-1-20〉R1121N181Bのリプル除去率

サの特性が位相補償特性に大きな影響を与えます．ノイズ・レベルが40 μV以下になる負荷電流と出力に接続されるコンデンサの直列等価抵抗（ESR）の関係を図3-1-22に示します．網かけ部で示した安定領域にあるコンデンサを選択してください．

また，基板実装時のV_{DD}，GND配線インピーダンスをできるだけ低くし，V_{DD}-GND端子間に1 μF程度の容量を端子のすぐ近くに接続してください．

■ 低リプル・ブースト型レギュレータ　RN5RFシリーズ

● 特徴

RN5RFシリーズは，PNPトランジスタを外付けドライバとして駆動するブースト専用の低飽和型レギュレータです．PNPトランジスタをドライバとするため，低電圧動作でも小さな入出力電圧差で大電流を駆動でき，リプル除去率も優れているため，低電圧入力で動作する携帯機器に最適です．

現在はメーカ発注時に1.8 Vから6.0 Vまで0.1 Vステップで出力電圧を指定できます．

等価回路と基本回路を図3-1-23に示します．

▶ 入出力電圧差

RN5RF18B（設定出力電圧1.8 V）の入出力電圧差を図3-1-24に示します．外付けドライバに2SB766Aを使用した場合，0.2 Vの入出力電圧差で400 mAの負荷電流を供給できることがわかります．

▶ 優れたリプル除去率

図3-1-25にRN5RF18Bのリプル除去率を示します．f = 1 kHzで55 dBの特性を得ています．

▶ 消費電流

RN5RFシリーズの自己消費電流は30 μAと小さいのですが，負荷電流I_{OUT}とともに外付けトランジスタのベースにI_{OUT}/h_{FE}の電流が流れるため，消費電流がI_{OUT}とともに増加します．

● 使用上の注意点

（1）出力端子に接続するコンデンサにより位相補償を行っているため，10 μF以上のタンタル・コンデンサを使用してください．

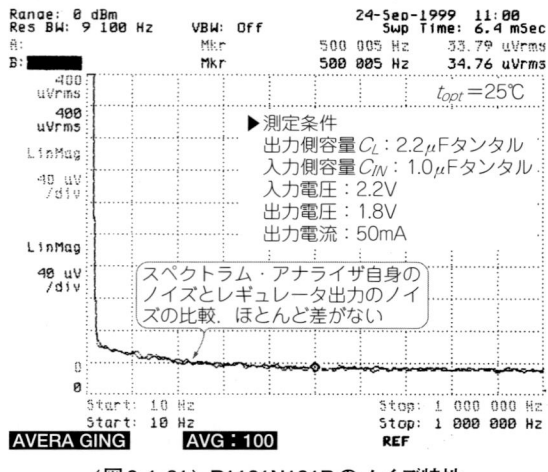

〈図3-1-21〉R1121N181Bのノイズ特性

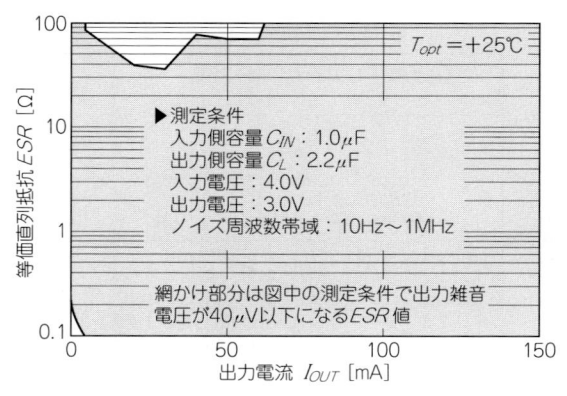

〈図3-1-22〉R1121N301BのコンデンサC_LのESRと安定領域

(2) 大電流を扱うため，V_{DD}とGNDラインを強化する必要があります．また，V_{DD}-GND端子間に10μFのタンタル・コンデンサを端子のすぐ近くに接続してください．

(3) 外付けPNPトランジスタは，低飽和タイプでh_{FE}が100〜300のトランジスタを推奨します．

■ 超小型面実装タイプ　RQ5RWシリーズ

● 特徴

等価回路と基本回路を図3-1-26に示します．

このシリーズは表3-1-4に示したように，従来の小型パッケージ(SOT-23-5)に対して，実装面積比で50％，重量比で40％という超小型パッケージ(SC-82-AB)でRX5RLシリーズ(リコー)と同等の特性を実現しています．パッケージ厚も0.9 mmと薄く，携帯機器に最適な電源を構成できます．

チップ・イネーブル(CE)信号はHアクティブ，Lアクティブ，チップ・イネーブルなしの3シリーズがそろっています．出力電圧は1.8 Vから6.0 Vまで0.1 Vステップで発注時に指定できます．また，IC

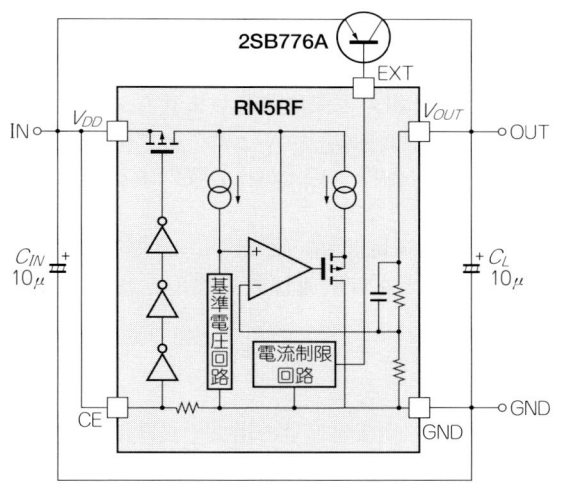

〈図3-1-23〉RN5RFシリーズの等価回路と基本回路

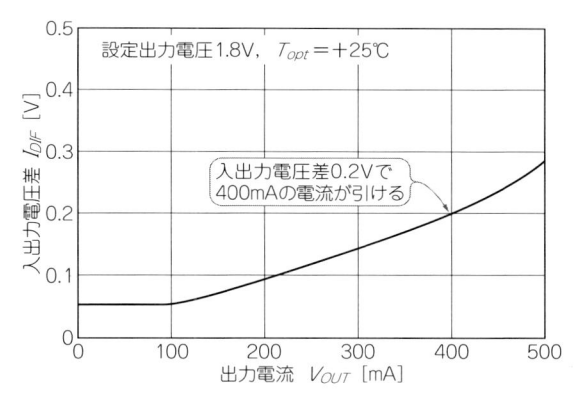

〈図3-1-24〉RN5RF18Bの入出力電圧差

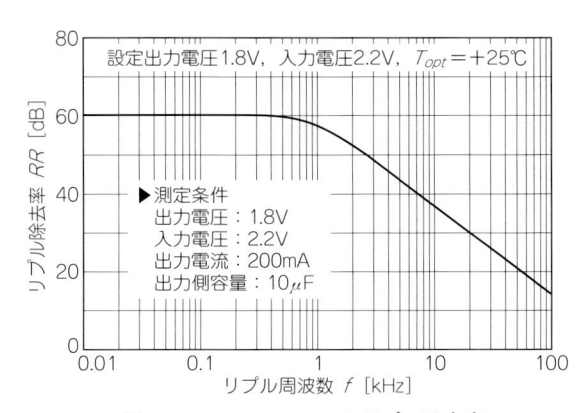

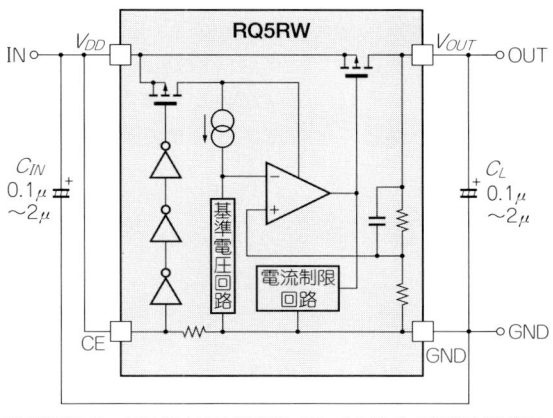

〈図3-1-25〉RN5RF18Bのリプル除去率

〈図3-1-26〉RQ5RWシリーズの等価回路と基本回路

〈図3-1-27〉RQ5RW18Bのリプル除去率

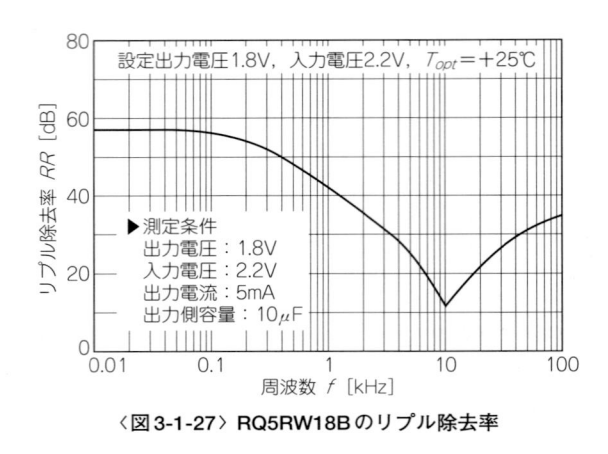

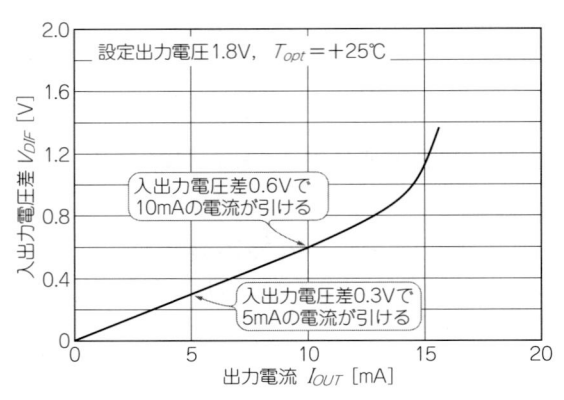

〈図3-1-28〉RQ5RW18Bの入出力電圧差

内部で完全位相補償されているため，入力および出力端子に外付けするコンデンサの種類を選びません．

● 消費電流

　CMOSプロセスの特徴を生かし，消費電流は1.5 μAと少なく，出力電流に依存しません．チップ・イネーブル機能付きの製品は，レギュレータ動作時，IC内部で接続されているプルアップ抵抗またはプルダウン抵抗（4 MΩ）に電流が流れるため，常時レギュレータを動作させておく必要のある回路にはチップ・イネーブルのないRQ5RW××Cシリーズを使うといいでしょう．

● 設定出力電圧1.8 Vの特性

　RQ5RW18B（設定出力電圧1.8 V）のリプル除去率を図3-1-27に，入出力電圧差を図3-1-28に示します．$f=1$ kHzで40 dB以上のリプル除去率が得られています．

■ 今後の展開

　電池を電源とする携帯機器およびポータブル機器などにおいて，情報処理量の増大や長時間動作，小型軽量化の要求がますます高まってきており，さらなる低電圧化，低消費電力化，高速化，小型化に対応した製品開発に取り組んでいます．

　一方，携帯機器やポータブル機器を構成する部品は，ディジタルIC，アナログIC，メモリ，LCDパネルなど，それぞれの部品が必要とする駆動電圧の違いや消費電流，応答特性の違いから，それぞれに最適な電力を供給できる電源も今まで以上に必要になってきており，今後もシリーズ展開を図っていく予定です．

〈高井 正巳〉

★本章はトランジスタ技術1999年12月号の記事を加筆・再編集したものです．〈編集部〉

◆第3-2章

電池のエネルギを根こそぎ抜き出す最新電源ICの研究
バッテリ駆動DC-DCコンバータICのいろいろ

小澤 秀清
Hidekiyo Ozawa

● DC-DCコンバータの効率が長時間動作のかぎ

　買ったばかりの1次電池や満充電状態の2次電池は電圧が高いですが，使っていくうちに電池の残量が少なくなり，電圧が下がります．電子回路の主要部品であるIC類は，一定の電源電圧で動作させる必要がありますから，多くの携帯機器では，電池と負荷の間にDC-DCコンバータ（以下，DC-DC）を挿入しています．

　長時間動作のためには，このDC-DCの効率が高いことがとても重要です．例えば，DC-DCの効率が100％なら，消費電力1 Whの回路は，容量10 Whの電池で10時間動作します．しかし50％だとしたら，稼働時間は5時間に半減してしまいます．

　本稿では，電池駆動用DC-DCの種類と回路の動作を説明したのち，市販の制御ICを実際に動作させて，効率をはじめとする特性を評価してみます．

バッテリ駆動DC-DCコンバータの一般知識

● 昇圧型または昇降圧型のDC-DCを使う

　多くの電子回路が使用している電圧には次のものがあります．
- 5.0 V…モータ駆動回路またはインターフェース系
- 3.3 V…一般の半導体IC
- 2.5 V…最新のメモリIC

　一方，これらに電源を供給するニッケル水素蓄電池やニカド蓄電池の電圧は1.4～0.9 V（平均電圧は1.2 V）なので，2本直列だと2.8～1.8 Vです．3本直列だと4.8～2.7 Vです．リチウム・イオン蓄電池は4.25～2.7 Vで3.0 Vで終了ということもあります．

　一般的なDC-DCは，高い電圧から低い電圧を得る降圧型が最も効率が高く，96％という高い効率を達成しているものもあります．多数の電池を直列に接続すれば，5 V以上の電圧が得られ，これら高効率なDC-DCと組み合わせて使うことができるでしょう．しかし，電池で動作させたい機器は小型な場合が多いですから，たくさんの電池を使うのは好ましくありません．

　5 V未満の電池電圧から5.0 Vを得るためには，昇圧型のDC-DCが必要です．また，3.3 Vを得たいと

きにリチウム・イオン蓄電池のように，電池電圧が3.3Vをまたいで変化する場合は，昇圧と降圧の二つの動作が可能な昇降圧型のDC-DCが必要です．

● チョーク・コイルを使う昇圧型DC-DC

図3-2-1に示すのは，チョーク・コイルを使う昇圧型のDC-DCの基本回路です．

スイッチであるパワーMOSFET Tr_1がONの期間，チョーク・コイルL_1に電流が流れてエネルギが蓄えられます．次にTr_1がOFFすると，L_1に電流が流れ続けるので，ON期間に蓄えられたエネルギが放出されます．入力電圧V_{in}に，L_1のエネルギ放出によって発生した電圧が加算された電圧は，整流ダイオードD_1のアノード側に伝わり，出力コンデンサCが充電されます．V_{in}にL_1で発生した電圧を加算して昇圧するため，入力電圧が高いほど変換効率は上がります．

● トランスを使うフライバック方式の昇降圧型DC-DC

図3-2-2に基本回路を示します．

Tr_1がONのとき，V_{in}から流れ出した電流がトランスT_1の1次側コイルL_1に流れます．Tr_1がOFFするとT_1の2次側コイルL_2に電流が流れて出力されます．

L_1とL_2の巻き数が等しいと仮定すると，L_1に蓄えられたエネルギとL_2が放出するエネルギは等しいので，出力電圧V_{out}は次式で表されます．

$$V_{out} = \frac{t_{on}}{t_{off}} V_{in} \quad \cdots\cdots\cdots (3\text{-}2\text{-}1)$$

ただし，t_{on}：Tr_1のON時間［s］，t_{off}：Tr_1のOFF時間［s］

式(3-2-1)からわかるように，Tr_1のON時間とOFF時間の割合で，出力電圧を入力電圧よりも高くしたり低くできます．

● コイルを使わないチャージ・ポンプ方式の昇降圧型DC-DC

コイルではなくコンデンサを使って昇降圧する方法です．低コストで出力電流の小さい用途に適しています．

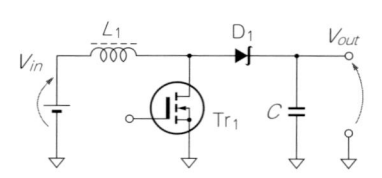

図3-2-3に基本回路を示します．まず，Q_2とQ_3をON（Q_1とQ_4はOFF）すると，V_{in}からC_{pump}に充電

〈図3-2-1〉チョーク・コイルを使う昇圧型DC-DCコンバータの基本回路

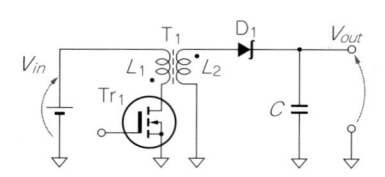

〈図3-2-2〉フライバック方式の昇降圧型DC-DCコンバータの基本回路

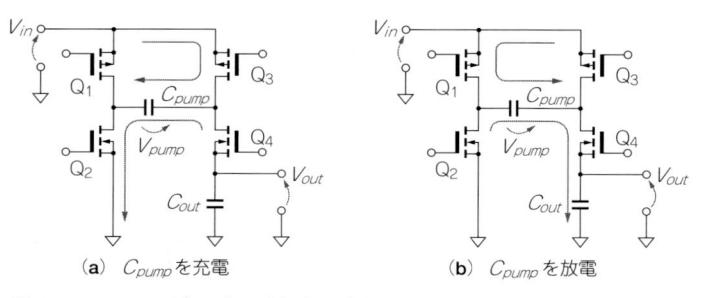

(a) C_{pump}を充電

(b) C_{pump}を放電

〈図3-2-3〉チャージ・ポンプ方式の昇降圧型DC-DCコンバータの基本動作

電流が流れ，C_{pump}の両端に電圧V_{pump}が発生します．次にQ_1とQ_4をON(Q_2とQ_3はOFF)します．すると，C_{pump}の負極がV_{in}に接続され，C_{pump}の正極の電位は，$V_{in}+V_{pump}$になり，この電圧がC_{out}に移動します．

C_{pump}が十分充電されV_{pump}がV_{in}と等しくなれば，C_{out}の両端電圧つまり出力電圧V_{out}は，V_{in}の2倍になります．

出力5 V/100 mA，効率90%以上の昇圧型DC-DC

マキシム社の電源制御IC MAX1675とMAX1832で，チョーク・コイルを使った昇圧型のDC-DCを試作し，性能を評価してみました．

● **MAX1675とMAX1832の概要**

どちらもメイン・スイッチング用と同期整流用のパワーMOSFETを内蔵しており，チョーク・コイルを外付けするだけで，簡単に昇圧型のDC-DCを作れます．もちろん，トランスを使ってフライバック方式や後述するSEPIC方式の昇降圧型のDC-DCも作ることができます．

両ICは，PFM(周波数変調制御方式)を採用して高効率を実現しています．PFM方式の制御ICは，負荷電流が大きくなると，スイッチング周波数を上げて，出力電流を増やします．

MAX1832は，電池の逆挿しによるICの破壊を保護するためのパワーMOSFETを内蔵しています．

写真3-2-1に試作した基板(MAX1675)の外観を，図3-2-4と図3-2-5に回路図を示します．入力電圧の変動1.1〜5.5 Vに対して5.0 Vを出力します．

● **動作波形と特性**

▶ MAX1675

図3-2-6に，V_{in} = 3.6 VのときのLX端子，入力，出力の電圧波形を示します．

負荷が軽いI_{out} = 1 mAのときのスイッチング周波数は500 Hzです．I_{out}が10 mAになると5 kHzに，100 mAでは50 kHzに周波数が上がっており，PFM制御のようすがわかります．

I_{out} = 1 m〜10 mAの波形はとてもきれいですが，I_{out} = 100 mAになるとチョーク・コイルL_1がつな

〈写真3-2-1〉試作した昇圧型DC-DCコンバータ基板の外観

238　第3-2章　バッテリ駆動DC-DCコンバータICのいろいろ

　(a) 回路　　　　　　　　　　　　　　　　　(b) MAX1675の内部ブロック図

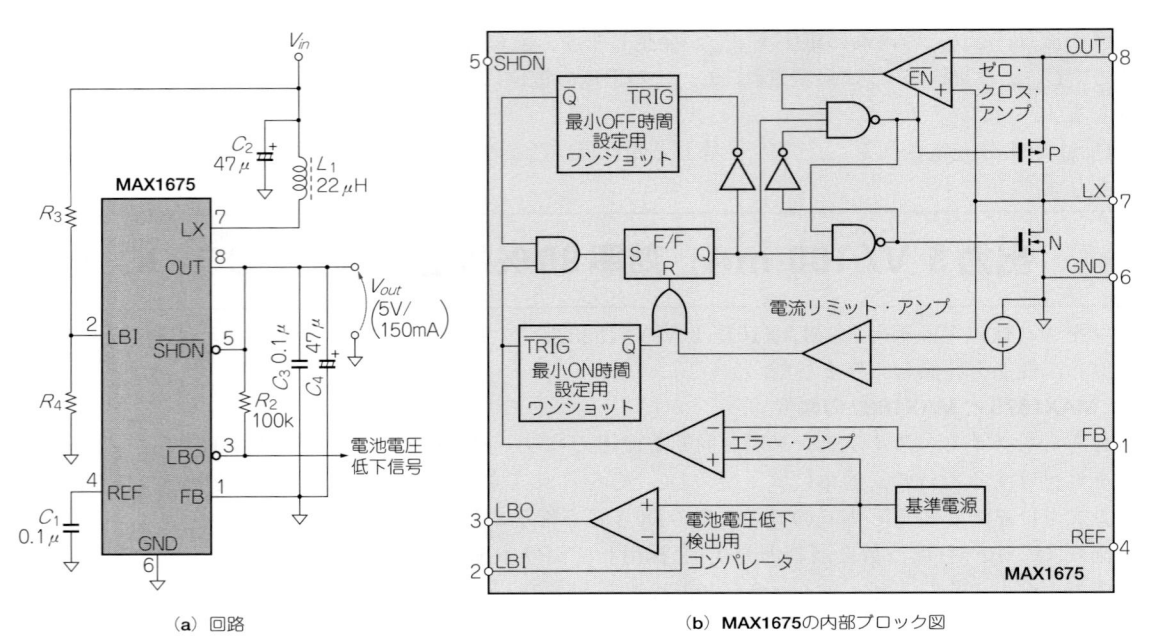

〈図3-2-4〉MAX1675を使った昇圧型DC-DCコンバータ（入力1.1～5.5 V，出力5 V/130 mA@V_{in} = 3.6 V）

　(a) 回路　　　　　　　　　　　　　　　　　(b) MAX1832の内部ブロック図

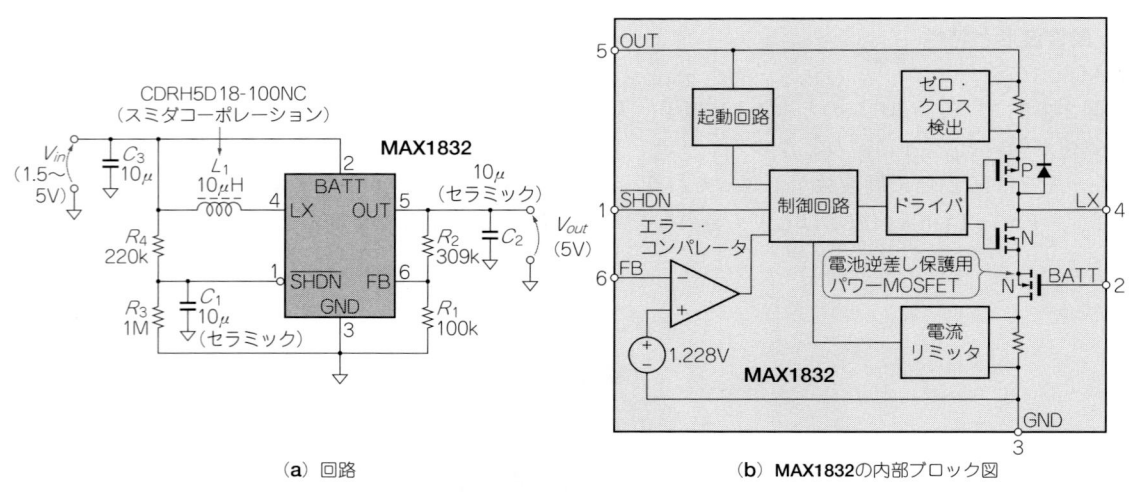

〈図3-2-5〉MAX1832を使った昇圧型DC-DCコンバータ（入力1.5～5.5 V，出力5 V/40 mA@V_{in} = 3.3 V）

がるLX端子にリンギングが発生します．同シリーズのMAX1676は，このリンギングを抑える回路を内蔵しています．

　図3-2-7(a)に出力電流-効率特性を，図3-2-7(b)に出力電流に対する電圧変動率を示します．前述のように，V_{in}が高いほうが効率が高い結果になりました．また，V_{in} = 3.6 Vでは出力電流100 mAまで電圧変動は小さく抑えられています．

出力5V/100mA,効率90%以上の昇圧型DC-DC 239

(a) 出力電流1mA(1ms/div.)　　(b) 出力電流10mA(40μs/div.)　　(c) 出力電流100mA(4μs/div.)

〈図3-2-6〉図3-2-4の昇圧型DC-DCコンバータのLX端子,入力,出力の各波形(V_{in} = 3.6 V)

(a) 出力電流-効率特性　　(b) 出力電流-出力電圧特性

〈図3-2-7〉図3-2-4の昇圧型DC-DCコンバータの出力特性

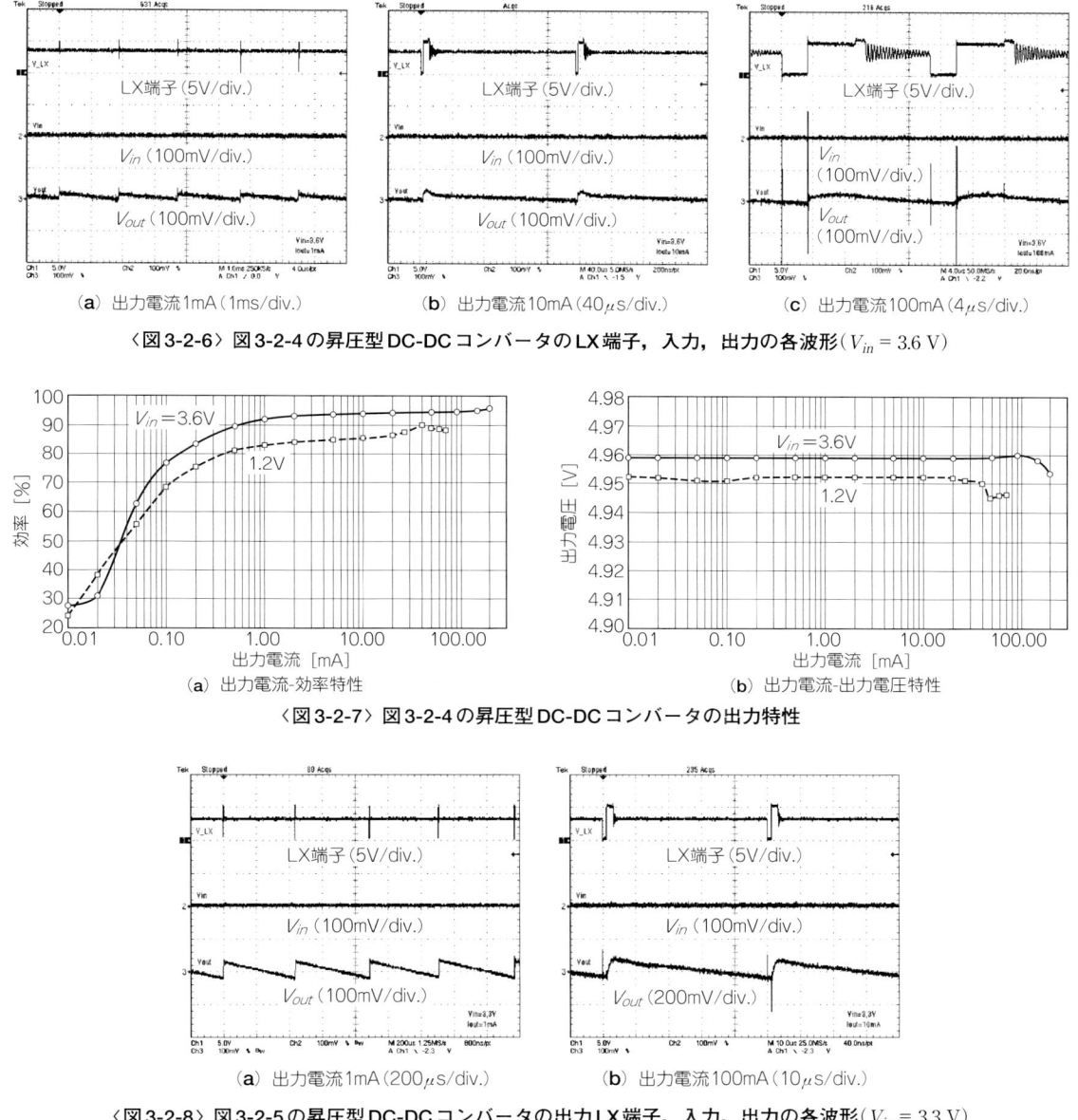

(a) 出力電流1mA(200μs/div.)　　(b) 出力電流100mA(10μs/div.)

〈図3-2-8〉図3-2-5の昇圧型DC-DCコンバータの出力LX端子,入力,出力の各波形(V_{in} = 3.3 V)

▶ MAX1832

図3-2-8に,V_{in} = 3.3 VのときのLX端子,入力,出力の電圧波形を示します.MAX1675と同様,PFM制御されているため,出力電流が大きくなるとスイッチング周波数が上がっています.

図3-2-8(b)からわかるように,I_{out} = 100 mAのとき,リプル電圧が100 mV近くあります.C_2と並列に100 μFの高分子コンデンサと0.1 μFのセラミック・コンデンサを接続すると,**図3-2-9**に示す程

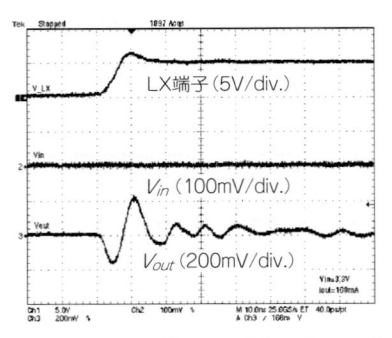

〈図3-2-9〉コンデンサの追加によるノイズの低減（I_{out} = 100 mA，10 ns/div.）

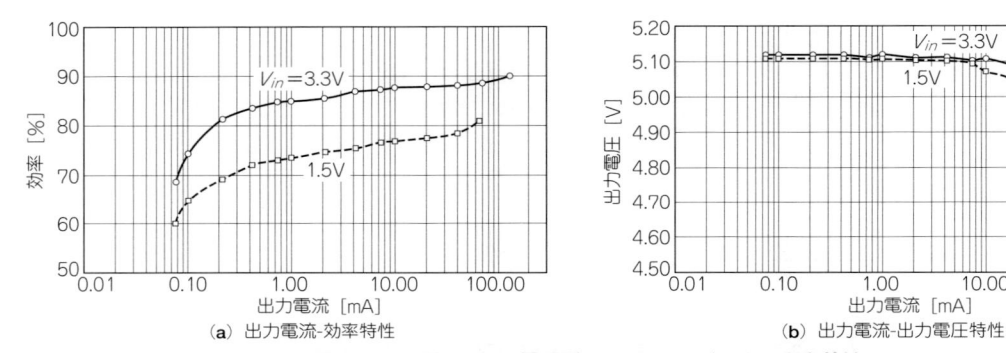

(a) 出力電流-効率特性

(b) 出力電流-出力電圧特性

〈図3-2-10〉図3-2-5の昇圧型DC-DCコンバータの出力特性

度までリプル・ノイズを低減できます．

図3-2-10(a)に出力電流-効率特性を示します．前述のように，V_{in}が高いほうが効率が高い結果になりました．図3-2-10(b)に示すのは，出力電流に対する出力電圧の変動率です．出力電流が10 mA以上で出力電圧の降下が始まります．

チャージ・ポンプ方式の昇降圧型DC-DC

● REG710NA-5とREG711EA-5の概要

どちらも，テキサス・インスツルメンツ社の2倍昇圧型のチャージ・ポンプ方式によるDC-DCです．入力電圧2.7〜5.5 Vから出力電圧5.0 Vを得ることができます．

両者は出力電流とピン・レイアウトが異なります．REG710NA-5（以下，710）は6ピンの10 mAタイプ，REG711EA-5（以下，711）は8ピンの50 mAタイプです．710/711の消費電流は，動作時100 μ/100 μA_{max}@I_{out} = 0 A，シャットダウン時2 μ/1 μA_{max}です．それ以外の仕様はほぼ同じです．

図3-2-11に711の評価基板の回路図を示します．

● 基本動作

▶昇圧時

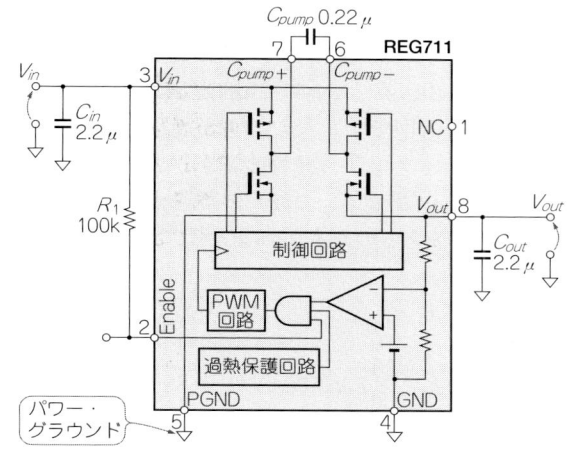

〈図3-2-11〉REG711によるチャージ・ポンプ方式の昇降圧型DC-DCコンバータ(入力2.7～5.5 V, 出力5 V/50 mA @ V_{in} = 3～5.5 V)

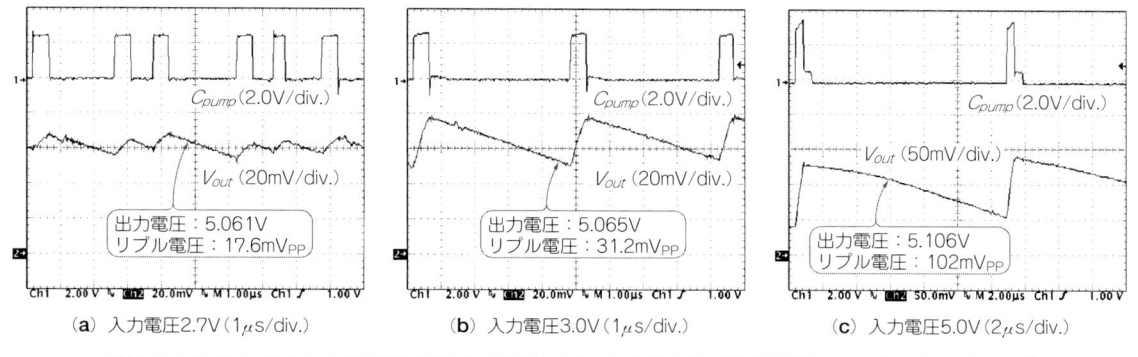

(a) 入力電圧2.7V(1μs/div.)
(b) 入力電圧3.0V(1μs/div.)
(c) 入力電圧5.0V(2μs/div.)

〈図3-2-12〉REG710による昇降圧型DC-DCコンバータの出力リプル波形(V_{out} = 5 V, I_{out} = 10 mA)

前出の図3-2-3(b)を見てください．V_{in}をC_{pump}に充電し，次にC_{pump}に蓄えた電荷でC_{out}を充電します．

図3-2-11に示すように，C_{pump}とC_{out}の容量比を1:10に設定すると，1回のチャージで出力電圧が入力電圧の10分の1だけ上昇します．負荷の軽重に応じてクロック・サイクルを間引くことで，出力電圧を制御します．

▶降圧時

出力電圧よりも入力電圧が高いときは，C_{pump}の充電回路をバイパスして，入力から直接C_{out}を充電して出力しますが，バイパス用スイッチ回路を可変周波数でスイッチングして出力電圧を制御しています．

● 710の動作と特性

▶動作波形

図3-2-12にC_{pump}の電圧波形とリプル電圧の波形を示します．

C_{pump}の充電時間は，内蔵の発振器の周波数1 MHzで決まる500 nsです．入力電圧が大きくなると，クロックが間引かれるようすが観測されています．

例えば，入力電圧2.7 Vのときは，10 μsに6回の(1 MHzでは10回)充電サイクルですが，3.0 Vでは3回にまで間引かれ，5.0 Vではわずか2回です．入力電圧が高くなるほど，チャージ・ポンプが動作する回数が減るように動作しています．その結果，リプル電圧が大きくなります．

少し気になるのは，V_{in} = 2.7 VのときのC_{pump}の波形の間隔が一定でないことです．出力電圧5.0 V，入力電圧2.7 Vという動作条件に無理があるのかもしれません．

▶出力電流-効率特性

図3-2-13(a)に示します．出力電流が1 mA以上では，入力電圧が低いほうが効率が高い結果が得られました．

I_{out} = 2 m～10 mAの領域では，V_{in} = 2.7 Vのとき82～89％の効率が得られます．I_{out} = 10 m～30 mAの領域では，V_{in} = 3.0 Vのとき83％前後の効率が得られます．しかし，V_{in} = 5.0 Vまで上がると効率は50％にまで低下します．

▶入力電圧と効率/リプル電圧特性

出力電流を10 mA固定にして，V_{in} = 2.7～5.5 Vまで変化させたときの効率とリプル電圧の変化を測定しました．結果を図3-2-13(b)に示します．

入力電圧が2.7 Vのときは90％弱あった効率は，入力電圧が高くなると低下し，V_{in} = 3.0 Vでは82％，さらに上昇して5.0 Vでは50％，5.5 Vでは46％にまで低下します．入力電圧の上昇に伴ってリプル電圧も増大します．

● 711の動作と特性

▶動作波形

図3-2-14にC_{pump}の電圧波形とリプル電圧の波形を示します．710と同様に，入力電圧が上がるとクロックが間引かれていくようすが観測されています

710は条件によって不安定な動作が少し見えましたが，711は全体的に安定した動作をしており，V_{in} = 2.7 VのときのC_{pump}の電圧波形もきれいです．

▶出力電流-効率特性

図3-2-15(a)に結果を示します．710と同様に，入力電圧が低く出力電流が大きいほど，効率が高い結果が得られました．チャージ・ポンプ方式は一般に出力容量が小さいので，出力の割にDC-DCの固

(a) 出力電流-効率特性

(b) 入力電圧-効率/リプル特性

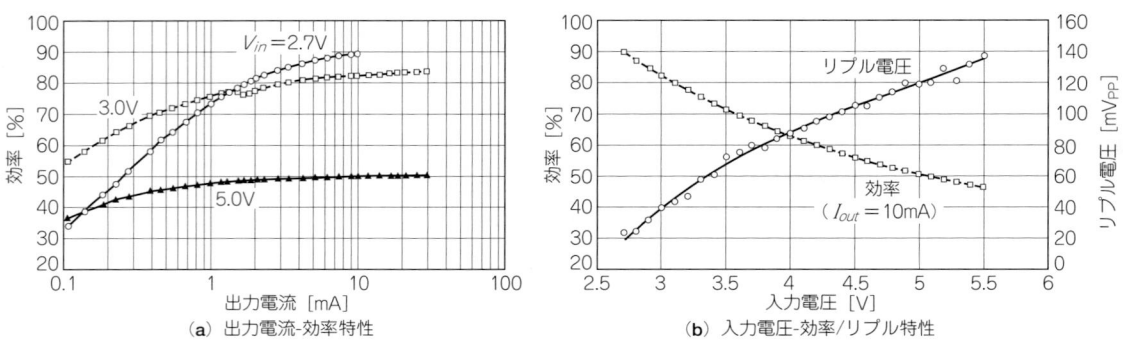

〈図3-2-13〉REG710による昇降圧型DC-DCコンバータのDC-DCコンバータの入出力特性(V_{out} = 5V)

(a) 入力電圧2.7V（1μs/div.）　　(b) 入力電圧3.0V（1μs/div.）　　(c) 入力電圧5.0V（2μs/div.）

〈図3-2-14〉図3-2-11の昇降圧型DC-DCコンバータの出力リプル波形（$V_{out} = 5$ V，$I_{out} = 10$ mA）

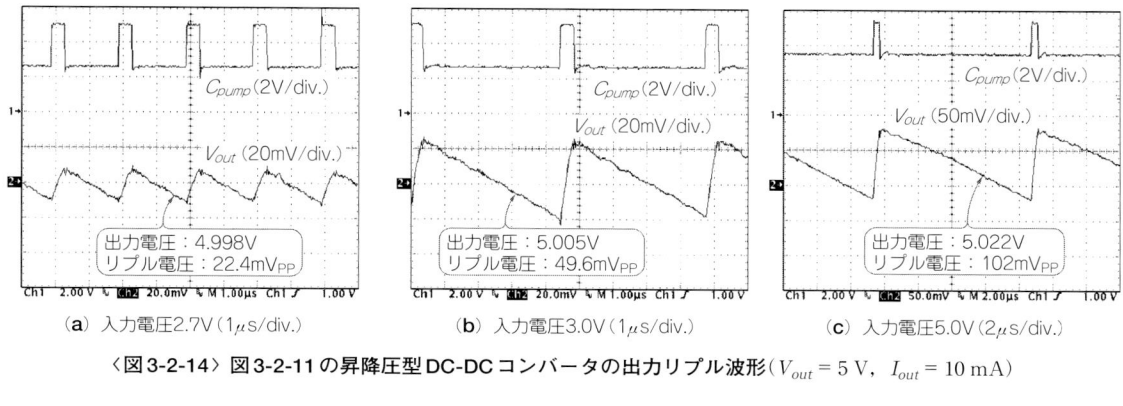

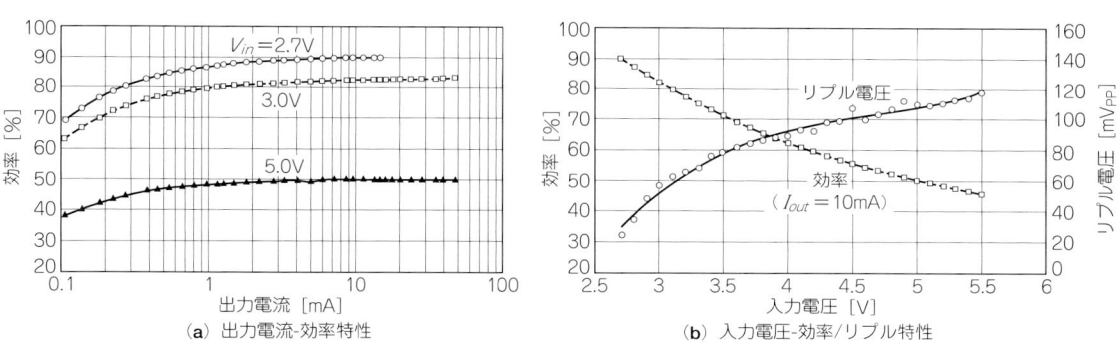

(a) 出力電流-効率特性　　(b) 入力電圧-効率/リプル特性

〈図3-2-15〉REG711による昇降圧型DC-DCコンバータのDC-DCコンバータの入出力特性（$V_{out} = 5$ V）

定損が大きく見えます．そのため出力電流が小さいと見かけ上の効率も悪くなります．

▶入力電圧と効率/リプル電圧特性

　出力電流を10 mA固定にして，入力電圧を変化させながら効率とリプル電圧の変化を観測しました．結果を**図3-2-15(b)**に示します．$V_{in} = 2.7$ Vのとき90％弱あった効率は，入力電圧が高くなると低下し，$V_{in} = 3.0$ Vでは82％，5.0 Vでは50％，5.5 Vでは46％にまで低下します．またリプル電圧も大きくなっています．この傾向は，710とほぼ同じです．

*

　チャージ・ポンプ方式の昇圧型DC-DCは，入力電圧を2倍や3倍などの整数倍に昇圧する用途に適しており，昇降圧型にはあまり適しません．

SEPIC方式の昇降圧型DC-DC

● SEPICとは

　SEPICは，Single-Ended Primary Inductance Converterの略です．

　図3-2-16に基本回路を示します．フライバック型DC-DCのトランスにコンデンサC_Xを追加したような構成で，フライバック方式よりもこちらのほうが一般的です．昇圧型の制御ICで作ることができ

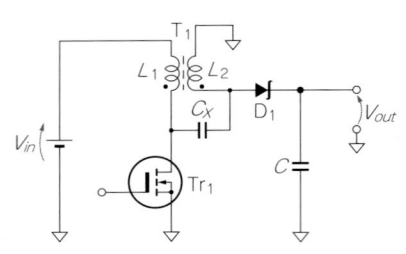

〈図3-2-16〉SEPIC方式の昇降圧型DC-DCコンバータの基本回路

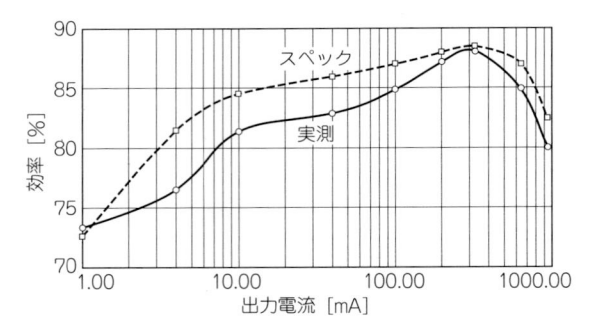

〈図3-2-18〉図3-2-17のSEPIC方式昇降圧型DC-DCコンバータの入出力特性

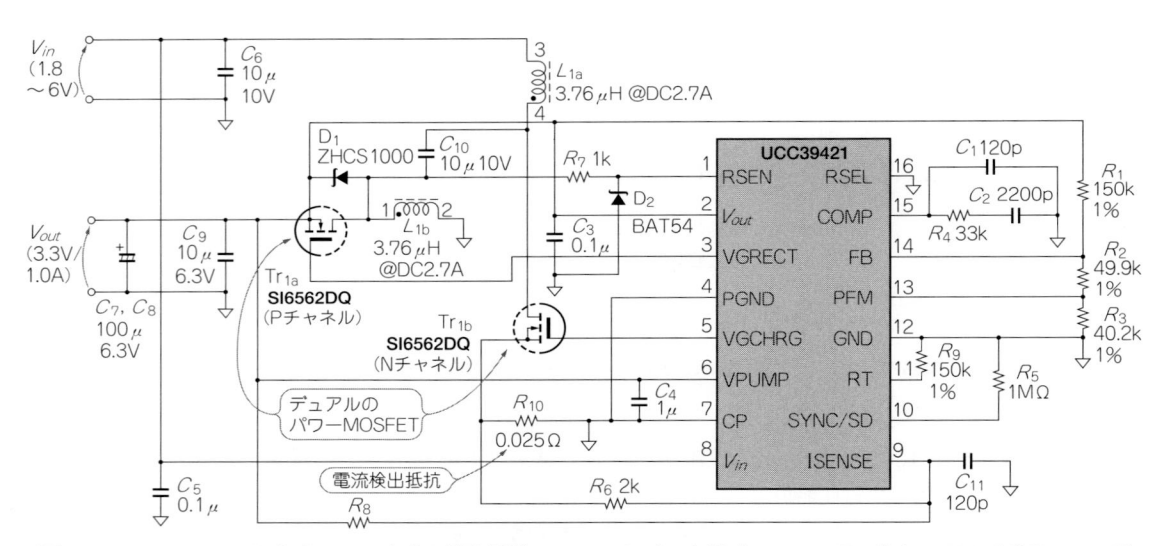

〈図3-2-17〉UCC39421によるSEPIC方式の昇降圧型DC-DCコンバータ（入力1.8～6.0 V，出力3.3 V/1 A@V_{in} = 2.5 V）

ます．

　フライバック方式は，Tr_1がONのときL_2に電流が流れず，出力電流が断続的です．L_1とL_2は物理的に離れているため，高周波のスパイク電圧が発生してノイズを放射するという欠点があります．SEPICは，Tr_1がONのときもC_Xを通して2次側に電流が流れるので，出力電流が連続的になります．

● 実際のSEPIC方式DC-DC

　昇圧型PWM制御IC UCC39421（テキサス・インスツルメンツ社）の評価基板を動作させてみました．**図3-2-17**に評価基板の回路を示します．UCC39421の消費電流は，動作時60 μA_{max}，シャットダウン時4 μA_{max}です．V_{in} = 1.8～6.0 Vから，安定化された3.3 Vを出力できます．**図3-2-18**にV_{in} = 2.5 Vのときの出力効率を実測した結果を示します．

★初出：トランジスタ技術2002年7月号

第3-3章

CMOSロジックICの選択方法から応用回路まで！
バッテリ駆動ロジック回路の低電力設計

石川 俊正
Toshimasa Ishikawa

■ はじめに

　近年，携帯機器が急速に普及し，バッテリ駆動の長時間動作や軽量化を実現するため，ICへの低消費電力化の要求が高まっています．また，バッテリ動作の機器だけでなく，IC全般で高速化や低電圧化が推し進められています．

　バッテリ駆動デバイスといえば，CMOSデバイスが代表的です．本章では，ディジタル回路設計の基本となるCMOS標準ロジックをテーマに，低電力ロジック回路の設計術や動作限界点を学びます．後半ではCMOSロジックの諸特性を理解したうえで，CMOSロジックの選択方法やその応用について解説します．

● 低電力設計にはCMOSロジックICが良い

　CMOSロジックICの特徴はスタンバイ電流がゼロであることと，3.3V電源だけでなく，さらに低い

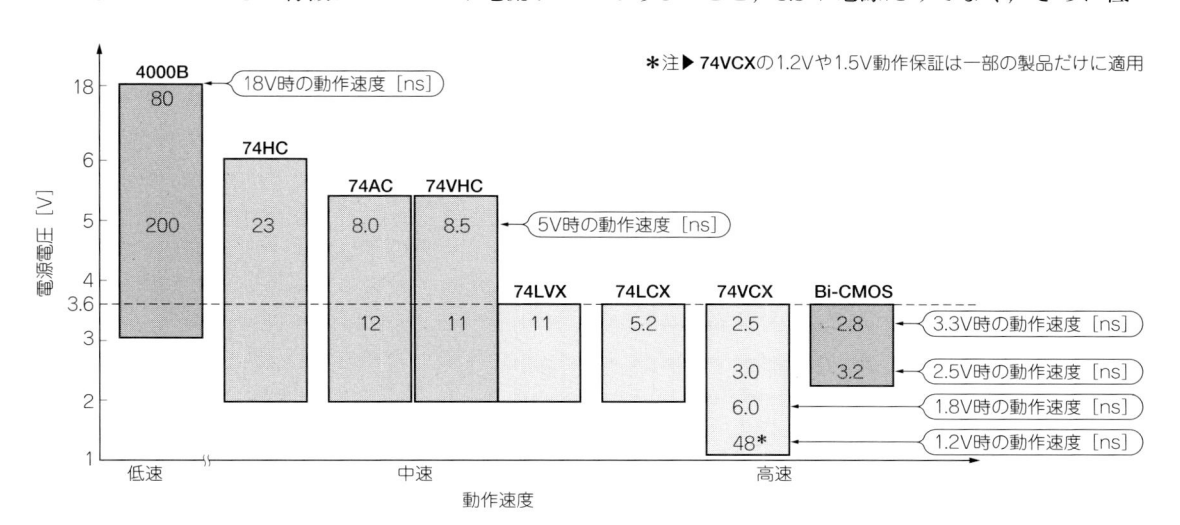

〈図3-3-1〉CMOSロジックICの電源電圧とスピードの関係

電圧範囲で動作することです．

図3-3-1に動作電源電圧範囲とスイッチング・スピードの関係を示します．中でも最高速シリーズの74VCXは3.3 V Bi-CMOSに比べて，1.2 Vを動作保証しスタンバイ電流は$I_{CC} = 0.02\ \mu$Aと，バッテリ動作に適しています．

各シリーズは，1ゲート・ロジックをライン・アップしているため，設計者の選択肢が豊富といえるでしょう．

低電力ロジック回路の設計術

■ 四つの肝を押さえよう！

バッテリ駆動で使われるCMOSデバイスの消費電力は動作周波数と負荷容量によって大きく変わります．CPUや周辺LSIでも低消費電力設計が盛んに行われています．ここでは，CMOSロジックICを使った低電力回路設計の基本を紹介します．

● その1：ゲート信号による動作停止

図3-3-2はゲート信号によって，動作を停止させてしまう回路です．システム上動作が不要な期間では，クロックを間欠的に止めることにより，CMOS ICの消費電力を低減します．

なぜ，クロックを停止することで消費電力を低減できるのでしょうか．

▶ 周波数が高いほど消費電力が増える

図3-3-3に電源電圧V_{CC}［V］と，入力周波数f［Hz］と，CMOSロジック消費電力P_D［W］の関係を示します．CMOSロジックの消費電力は，周波数に比例しています．クロックを止めることは周波数を0にすることですから，CMOS ICを低消費電力化できることがわかります．

$$I_{CC} = f(C_{pd} + C_L)V_{CC} + I_{CC}$$
$$P_D = I_{CC} V_{CC}$$

ただし，C_{pd}：等価内部容量(20 p〜25 pF程度)，C_L：負荷容量，I_{CC}：静的消費電流［A］

▶ 電源電圧が低ければ消費電力は小さい

図3-3-3で電源電圧V_{CC}と消費電力P_Dの関係に着目すると，V_{CC}が5 Vから3.3 VとなることでP_Dは33％に低減し，V_{CC}が5 Vから2 VとなることでP_Dは12.5％に低減することがわかります．

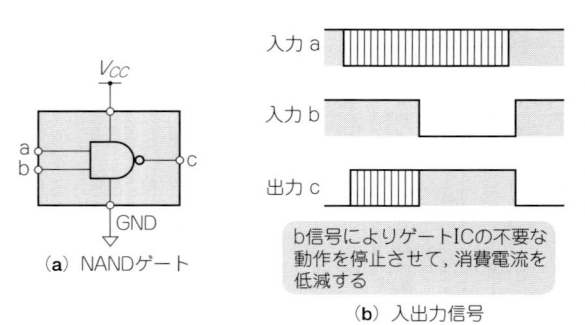

〈図3-3-2〉ゲートによる動作停止

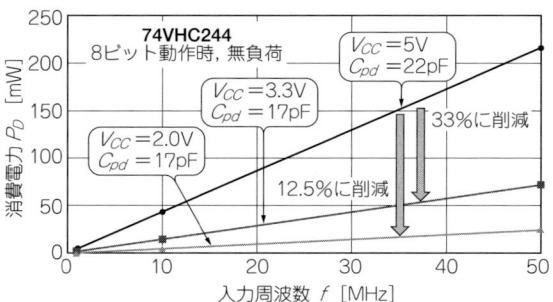

〈図3-3-3〉消費電力の周波数/電源電圧依存特性

〈図3-3-4〉バス信号の切り離し
(a) 回路
(b) 等価回路と真理値表

$\overline{OE}$	スイッチ
L (0V)	ON
H (5V)	OFF

$\overline{OE}$信号により，バス・ラインを切り離す

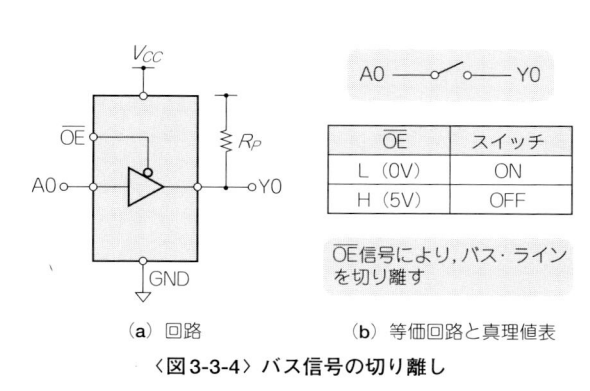

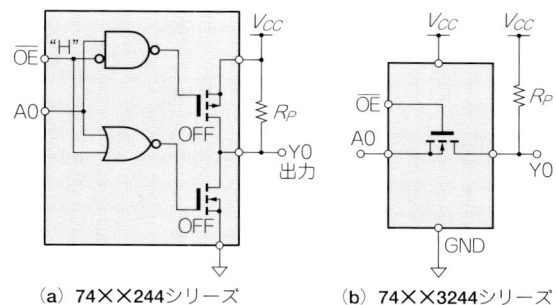

〈図3-3-5〉3ステート・バス・バッファとバス・スイッチの内部等価回路
(a) 74××244シリーズ
(b) 74××3244シリーズ

● その2：バス信号を切り離す

図3-3-4に示すのは，バス信号を切り離すためにバス・スイッチを挿入した回路です．バスに接続している負荷の数を低減することにより，バス信号の高速動作と低消費電流化が可能となります．図3-3-5(a)にCMOSロジック74××244シリーズの内部等価回路，(b)に74××3244シリーズの内部等価回路を示します．

● その3：不要な回路の電源をOFFする

CMOSロジックや，バス・スイッチ以降の電源を切ることで，システムの消費電流を低減できます．

ロジックICの中には入力/出力から電源への入力保護や出力寄生ダイオードのないパーシャル・パワー・ダウン機能をもったICがあります．この機能により，バスの電圧が電源電圧より高いときでも，入力端子や出力端子から電源に向かって電流が流れなくなります．

これは電源が供給されていないときでも同様です．言いかえればV_{CC} = 0 V時でも，入出力に5.5 V，または3.6 Vの電圧を加えられます．特にバス・スイッチは，CMOSデバイスがもつスイッチング・スピードの高速性（t_{pd} = 0.25 ns）と，パーシャル・パワー・ダウン機能を備えることから幅広く使われ始めています．

表3-3-1にパーシャル・パワー・ダウン機能をもつ製品を示します．

● その4：バス・ホールド機能内蔵のICを使う

74VCXHはバス・ホールド回路を内蔵しているため，スタンバイ時も動作時も消費電流を軽減でき，

〈表3-3-1〉パーシャル・パワー・ダウン機能製品一覧

項 目	標準ロジック				バス・スイッチ	
	74VHC	74VHCT	74LCX	74VCX	7MB/WB/SB	7WBL125
電源電圧 [V]	2～5.5	4.5～5.5	2～3.6	1.2～3.6	4.5～5.5	2～3.6
最大スイッチング・スピード [ns]	8.5	9.5	6.5	3.5	0.25	0.31
出力電流 [mA]	±8	±8	±24	±24	±8	―
パーシャル・パワー・ダウン時の入出力許容電圧 [V]	入力5.5	入出力5.5	入出力5.5	入出力3.6	入出力5.5	機能なし

低電圧タイプの7WBLの出力段はPチャネルとNチャネルが並列接続されており，出力インピーダンスが低い．Nチャネル方式の5Vバス・スイッチに比べ，"H"信号の電圧レベル低下が小さく，消費電流が少ない．バス・スイッチ製品はドライブ能力を必要とする場合は使用できない．

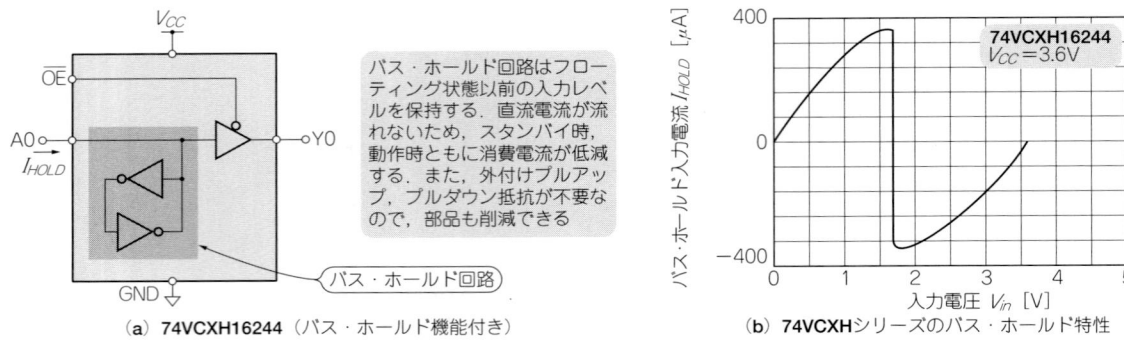

〈図3-3-6〉バス・ホールド回路

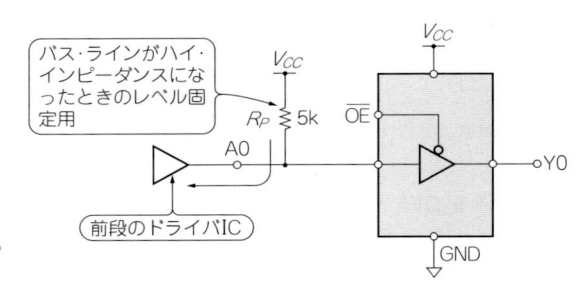

(a) 74VCXH16244（バス・ホールド機能付き）

(b) 74VCXHシリーズのバス・ホールド特性

〈図3-3-7〉プル・アップ抵抗によるバス・ラインのレベル固定

外付け抵抗の数を減らせます．

　図3-3-6(a)にバス・ホールド回路を，(b)にバス・ホールド電流特性を示します．バス・ホールド回路によりバス信号が"L"または"H"状態からハイ・インピーダンス状態となっても，"L"または"H"レベルが保持されます．

　バス・ホールド機能がない場合は，図3-3-7のように外付けのプルアップやプルダウン抵抗によって，入力レベルを固定するため，前段ドライバICの出力との間に直流電流が流れます．したがって，バス・ホールド製品はスタンバイ時，動作時ともに消費電流を低減できます．

■ さらに知ってレベル・アップ

● CMOSは入力中間レベルで消費電流が増大する

　図3-3-8(a)で示したOPアンプとのインターフェース例や，前段ICによる負荷抵抗駆動などのアプリケーションは，CMOSロジックの入力が中間レベルとなるため，入力初段で図3-3-8(b)のように貫通電流が流れます．

　図3-3-8(c)から，$V_{CC}=5$ Vでは$I_{CC}=2$ mA@$V_{in}=1.5$ Vの大きな電流が流れます．$V_{CC}=3.3$ Vでも$I_{CC}=0.3$ mA@$V_{in}=2$ Vが流れるため，バッテリ駆動には無視できない大きな電流になっています．

　負荷抵抗値を大きくするなど，対策が必要ですが，後述のスロー入力に対する配慮が必要です．最適値を選択して，貫通電流I_{CC}を低減する設計が必要です．

● シュミット・トリガICはスロー入力時に消費電流が増大

　図3-3-9(a)に示すスイッチのチャタリング防止回路やフォト・カプラからのインターフェースなど

低電力ロジック回路の設計術 249

(a) OPアンプとのインターフェース例

ⓐ点の振幅が電源電圧までフルスイングしない場合がある

(b) 入力電圧 V_{in} が中間レベルにあるときの動作

貫通電流が流れる

(c) 入力電圧に対する静的消費電流

$V_{CC}=3.3V$
$I_{CC}=0.3mA@V_{in}=2.0V$
$I_{CC}=0.1mA@V_{in}=0.8V$

$V_{CC}=5V$
$I_{CC}=1mA@V_{in}=3.5V$
$I_{CC}=2mA@V_{in}=1.5V$

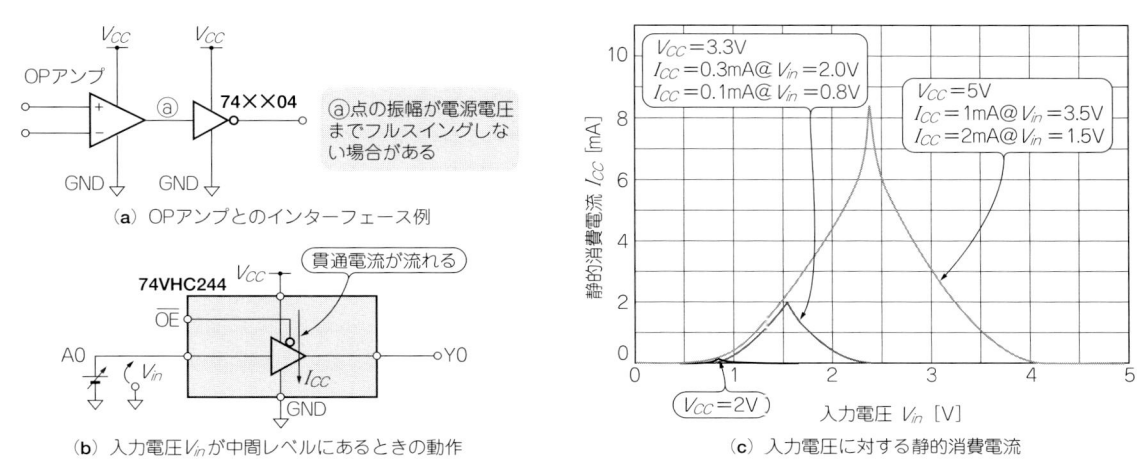

$V_{CC}=2V$

〈図3-3-8〉入力中間レベルで消費電流増大

(a) チャッタリング防止回路と動作

シュミット・トリガIC

(b) 74AC14と74VHC14の I_{CC}

(c) 74LCX14と74VHC14の I_{CC}

(d) シュミット・トリガICのスロー入力に対する消費電流

74VHC14
入力周波数100kHz固定
無負荷

$t_r=t_f=10\mu s$のとき0.2mA@$V_{CC}=5V$, 0.04mA@$V_{CC}=3.3V$流れる

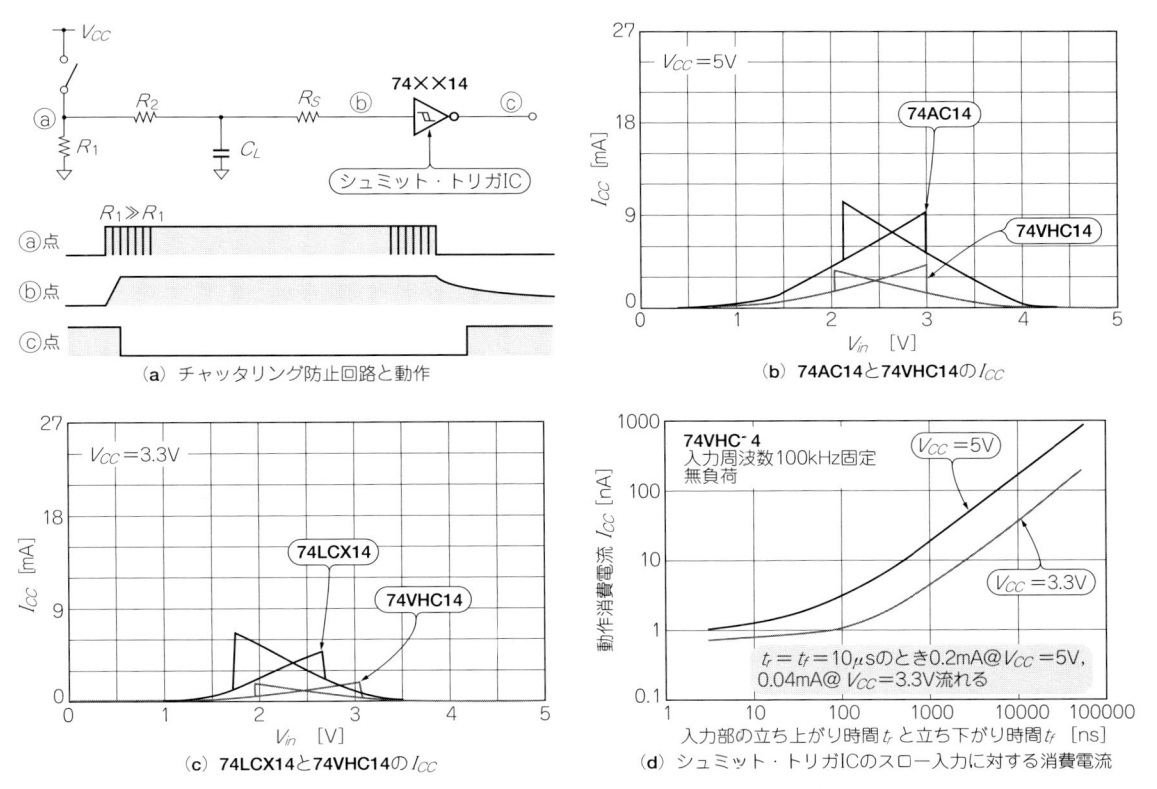

〈図3-3-9〉スロー入力発生メカニズムと消費電流

スローな立ち上がり／立ち下がり信号が加えられる場合，シュミット・トリガICで受けるのが一般的です．

シュミット・トリガICにスロー入力が加えられると，前述のCMOSロジック入力に中間レベルの信号が加えられるのと同じ状態が過渡的に発生し，無視できない消費電流が流れます．

図3-3-9(b)と(c)にシュミット・トリガICの入力電圧に対する静的消費電流を示します．図から74VHC14は，5V動作でI_{CC} = 4mA，3.3V動作でI_{CC} = 2mAのピーク電流が流れます．5Vでは74ACシリーズより74VHCシリーズのほうが，3.3Vでは74LCXシリーズより74VHCシリーズのほうがI_{CC}電流が少ないです．一般的には，74VHCシリーズを使うのが良いでしょう．

図3-3-9(d)に74VHC14のスロー入力に対する動作消費電流(I_{CC})を示します．電流値はt_r = t_f = 10μsポイントでは，ピーク電流の20分の1，50分の1程度（@V_{CC} = 5V, 3.3V）となりました．貫通電流を低減するには，最適な回路定数の設定や設計検討が必要です．

動作の低電圧限界を知ろう！

■ 2V以下の低電圧動作限界を調べる

バッテリ・システムの多くは，通常DC-DCコンバータを使って安定化した電源を回路に供給しています．

しかし，中にはバッテリ直結の回路もあります．低電圧動作限界を知っておいて損はありません．

2V以下の低電圧動作限界を調べてみましょう．ただし，2V以下という低電圧動作については，特性の変動も大きく，サンプルによるばらつきも大きくなります．

● V_{CC} = 0.8Vのときのスイッチング・スピードは74VCXで100ns

図3-3-10に低電源電圧時の，電源電圧とスイッチング・スピードの関係を示します．

5Vロジックの74HC，74AC，74VHCは1Vで200～400ns，74LCXは0.8Vで600ns，74VCXは0.8Vで100nsと高速です．

74××244は8ビットのバス・バッファで内部4段構成の製品です．CMOSロジックのスイッチング・スピードは，内部のFETが各段の寄生容量および出力負荷容量を充放電する時間です．

一般的に，CMOSロジック出力で一つのCMOS入力ロジックICを駆動する場合，信号ラインの配線容量も含めて，30pFを見積もれば十分でしょう．

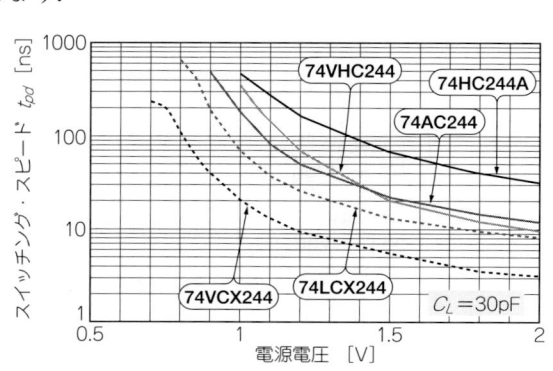

〈図3-3-10〉低電圧動作限界とスピード

動作の低電圧限界を知ろう！　251

● V_{CC}＝1.5Vのときの駆動能力は74VHC244で1.5mA以上

　バス信号は，信号の切り替えを行う期間，信号が衝突しないように，いったんハイ・インピーダンス状態にします．そのとき，バス・ラインの電位が不定となり，消費電流の増加や誤動作が生じます．これを回避するため，バス・ラインのレベル固定用にプルアップ/プルダウン抵抗を付けるのが一般的です．CMOSデバイスには，これらプルアップ/プルダウン抵抗を駆動する能力が求められます．

　図3-3-11(a)に実際の回路例を示します．ここではV_{CC}＝1.5Vで，プルアップ抵抗R_P＝5kΩとすると0.3mA以上の駆動能力が必要になります．**図3-3-11**(b)から，74VHC244は1.5mA以上＠V_{OL}＞0.2Vの駆動能力をもつことがわかるので，この回路には74VHC244が使えます．プルダウン抵抗時の必要な駆動能力も同様に見積もります．

▶各電源電圧での駆動能力

　駆動能力と電源電圧の関係をまとめたのが**表3-3-2**です．74VHCや74ACは1.2Vまで，74LCXや74VCXは1Vまでと，飽和電流値で数mA程度の十分な駆動能力をもっています．

● 74LCXは容量に対するスピード変化が少ない

　図3-3-12に示すように，スイッチング・スピードの容量依存性は，飽和電流I_{OH}やI_{OL}と負荷容量C_Lとの積分回路となるため計算で求めることができます．

　スイッチング・スピードの負荷容量特性は，出力段MOSFETの飽和電流I_{OH}やI_{OL}と負荷容量C_Lとの充放電時間で決まります．

　74LCXは，I_{OH}やI_{OL}の少ない74VHCに比べ，負荷容量に対するスイッチング・スピードの低下が少ないという特徴があります．

〈表3-3-2〉各ロジックでの電源電圧と駆動能力の関係

型名	記号	電源電圧条件					単位
		1.0V	1.2V	1.5V	1.8V	2.0V	
74VHC	I_{OH}	—	−0.4	−0.9	−3.6	−5	mA
	I_{OL}	—	0.9	2.5	5	7.5	mA
74AC	I_{OH}	—	−2	−5	−10	−14	mA
	I_{OL}	—	4	11	21	28	mA
74LCX	I_{OH}	−0.5	−4	−10	−20	−26	mA
	I_{OL}	1	3	10	19	27	mA
74VCX	I_{OH}	−1	−4	−10	−20	−26	mA
	I_{OL}	5	10	24	35	45	mA

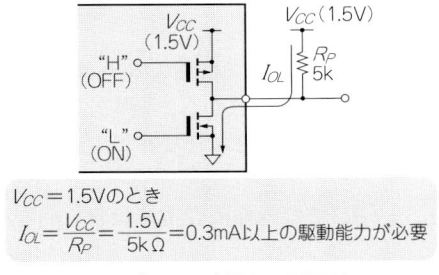

(a) プルアップ抵抗の駆動電流

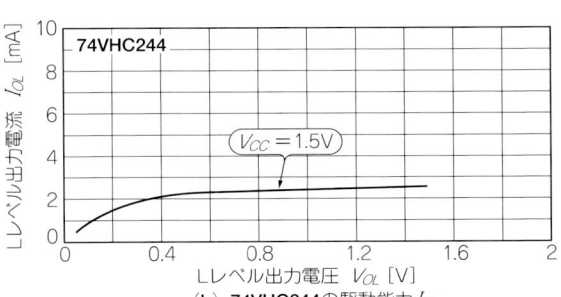

V_{CC}＝1.5Vのとき
$I_{OL} = \dfrac{V_{CC}}{R_P} = \dfrac{1.5\text{V}}{5\text{kΩ}} = 0.3\text{mA}$以上の駆動能力が必要

(b) 74VHC244の駆動能力I_{OL}

〈図3-3-11〉74××244のプルアップ抵抗と駆動能力

(a) 74××244の測定回路

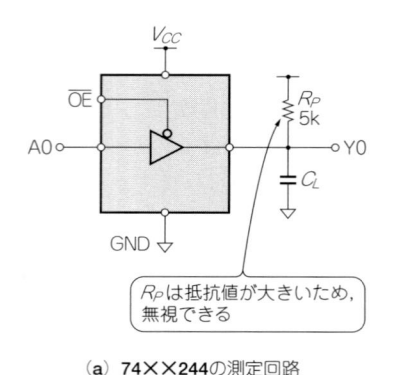

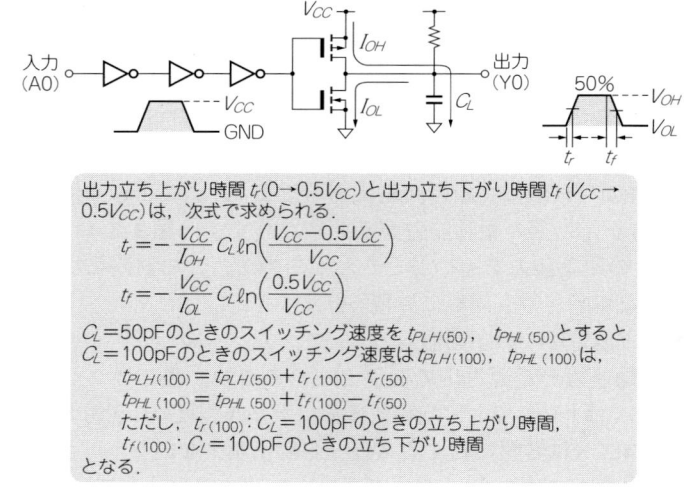

出力立ち上がり時間 $t_r(0 \to 0.5V_{CC})$ と出力立ち下がり時間 $t_f(V_{CC} \to 0.5V_{CC})$ は,次式で求められる.

$$t_r = -\frac{V_{CC}}{I_{OH}} C_L \ln\left(\frac{V_{CC} - 0.5V_{CC}}{V_{CC}}\right)$$

$$t_f = -\frac{V_{CC}}{I_{OL}} C_L \ln\left(\frac{0.5V_{CC}}{V_{CC}}\right)$$

$C_L = 50\text{pF}$ のときのスイッチング速度を $t_{PLH}(50)$, $t_{PHL}(50)$ とすると
$C_L = 100\text{pF}$ のときのスイッチング速度は $t_{PLH}(100)$, $t_{PHL}(100)$ は,
$t_{PLH}(100) = t_{PLH}(50) + t_r(100) - t_r(50)$
$t_{PHL}(100) = t_{PHL}(50) + t_f(100) - t_f(50)$
ただし,$t_r(100)$:$C_L = 100\text{pF}$ のときの立ち上がり時間,
$t_f(100)$:$C_L = 100\text{pF}$ のときの立ち下がり時間
となる.

(b) スイッチング・スピード t_r, t_f の計算

〈図3-3-12〉駆動能力と負荷容量からスイッチング・スピードを求める

CMOSデバイスの出力に駆動すべきICが複数個ある場合や,信号ラインの配線容量が大きい場合などには,駆動能力の大きなシリーズを選択してください.スイッチング・スピードの低下分が少なくなります.

諸特性を知ってCMOSロジックを選ぶ

いよいよCMOSロジックを具体的に選択する段階になりました.次の三つのアドバイスを理解したら,いよいよロジックを選択します.

■ 三つのアドバイス

● スピード重視ならVCXとLCXが良い

図3-3-13に電源電圧とスイッチング・スピードの関係を示します.
74VHCや74ACのスイッチング・スピード(標準値)は5Vから3.3Vで1.5倍,5Vから2Vで2.5倍遅くなります.
74LCX,74VCXのスイッチング・スピード(標準値)は3.3Vから2Vで1.7倍遅くなります.なお,低電圧動作ではサンプルによるばらつきが大きくなるので注意が必要です.しかし,低電圧ロジックの場合はその高速性を確保するため,ばらつきは5Vロジックと比べ小さく抑えられています.

● 動作消費電流の少ないVHC

図3-3-14に入力周波数と動作消費電流の関係を示します.74VHCでの動作消費電流は5Vから3.3V化で50%に,5Vから2V化で30%に減少します.
表3-3-3に示すように,各シリーズの等価内部容量 C_{pd} は17～28pF程度です.74VHCは駆動能力こそ少ないですが,等価内部容量が低いので,消費電流も少なく低電力回路設計に有利です.

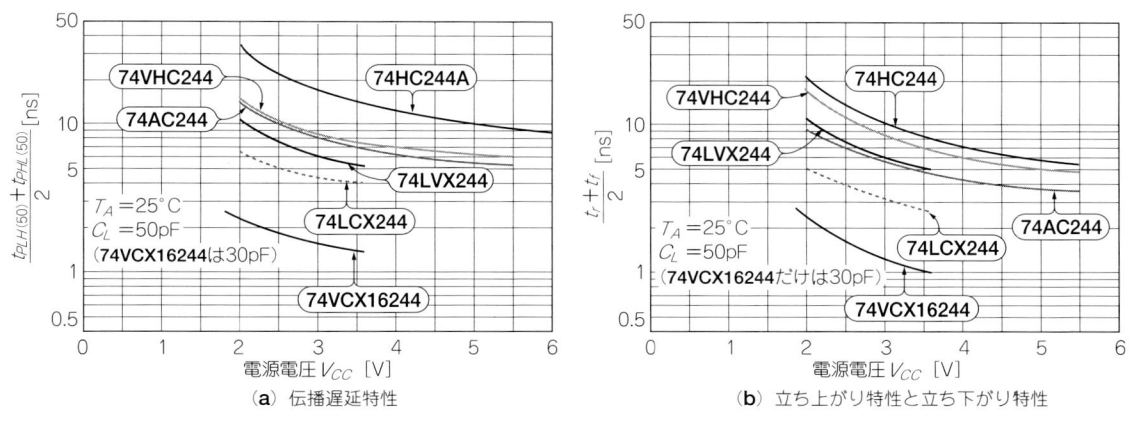

〈図3-3-13〉スイッチング・スピードの電源電圧依存特性
(a) 伝播遅延特性
(b) 立ち上がり特性と立ち下がり特性

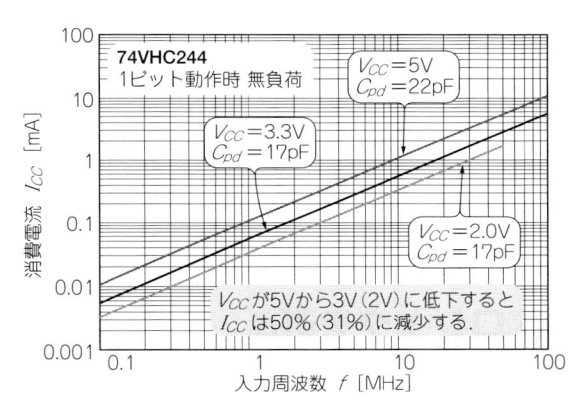

〈図3-3-14〉動作消費電流の入力周波数依存特性

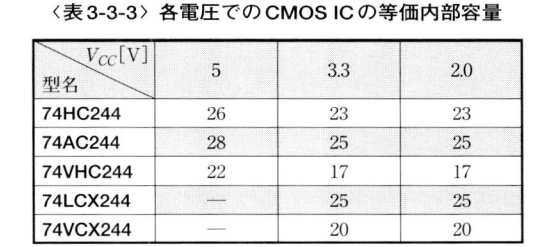

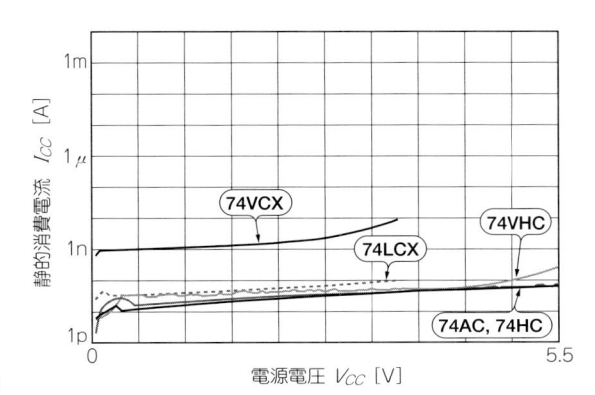

〈表3-3-3〉各電圧でのCMOS ICの等価内部容量

V_{CC}[V] 型名	5	3.3	2.0
74HC244	26	23	23
74AC244	28	25	25
74VHC244	22	17	17
74LCX244	—	25	25
74VCX244	—	20	20

〈図3-3-15〉電源電圧と静的消費電流の関係

● CMOSロジックは静的消費電流10 p〜10 nAと微少

図3-3-15に電源電圧と静的消費電流の関係を示します．各シリーズの静的消費電流(標準値)は微少

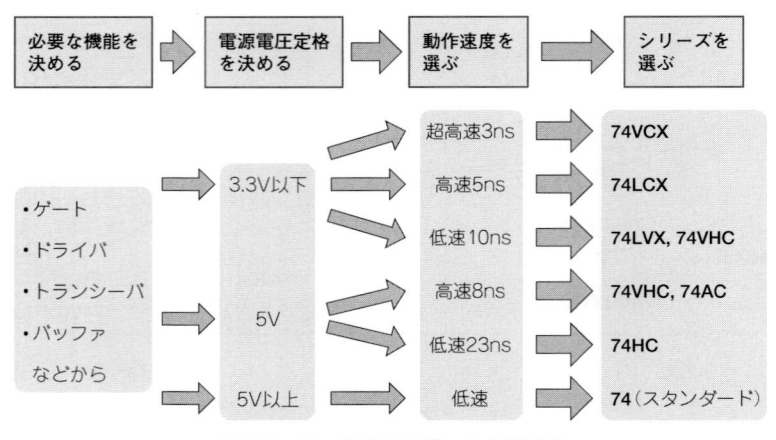

〈図3-3-16〉CMOSロジックの選び方

リークであり，動作消費電流と比べると無視できるといえます．
　CMOSロジックの場合，端子への入力電流 I_{in} と端子からの出力オフ・リーク電流 I_{OZ} の大きさは静的消費電流 I_{CC} 以下のリーク電流です．
▶温度条件を考慮すること
　ただし，74HCシリーズを例に上げると，温度係数は25℃から85℃で40倍であり，温度条件を十分考慮してください．

■ CMOSロジックの選び方

　図3-3-16にCMOSロジックの電源電圧と動作速度の概要を示します．前述までのことと，使用電源電圧，要求されるスピード，負荷駆動能力を考慮して最適なデバイスを選択します．
　近年，動作速度の向上により，現在では74VHCシリーズが主流です．大きな負荷容量を駆動する場合には，駆動能力の大きな74ACシリーズや74LCXシリーズが適します．
　ただし，高速で必要以上の駆動能力をもつデバイスの選択は，設計対象の回路に不必要なノイズを放出します．言いかえれば高性能なデバイスを使えば良いということではないのです．設計する回路の特性を十分理解し，最適なロジックを選択することが必要です．中速，低速のバスには，74HCや4000シリーズが適します．

多電源回路を攻略！ レベル変換ICの活用

　バッテリ駆動システムでは，複数の電源を混載する場合がよく見られます．ここでは低消費電流設計のためのレベル変換ICの設計上の注意と選択方法を説明します．

● 異電源間での電流流れ込みが起きないトレラント回路
▶トレラントは「耐性がある」という意味
　入力トレラント回路とは入力電圧が電源電圧より高いときでも，入力から電源に向かって電流が流れない回路です．電源が供給されていないときでも同様です．

出力トレラント回路とは出力がディセーブルのとき，または電源が供給されていないときに，出力電圧が電源電圧より高い場合でも，出力から電源に向かって電流が流れない回路です．

この入力/出力トレラントによって，入力や出力端子に5Vを加えることが可能となりました．また，電源を切ったときもICが破壊から保護されます．また，これをパワー・ダウン・プロテクション機能（パーシャル・パワー・ダウン機能）とも呼びます．

2電源の投入順序により定格を越える場合には，トレラント品を使えば気にする必要はありません．**表3-3-4**は各ICごとのトレラント機能をまとめたものです．

● レベル変換IC 三つの約束事

図3-3-17に74LCX245を使って，CPUとメモリ間で5V⇔3.3V双方向インターフェースを行った例を示します．図はCPUが5V，メモリが3.3Vで動作しています．このような5V系と3.3V系のインターフェース回路を設計をするときには，次の点を念頭に置いて設計します．

① 2電源の投入順序により，入力電圧の定格を越えていないか．越える場合は入力トレラント機能，出力トレラント機能の採用を考える．
② 入力しきい値レベルを満足しているか．
③ 入力が中間レベルのときの貫通電流I_{CC}に注意する．

● 単方向レベル変換の方法

図3-3-18に単方向レベル変換ICの選び方を示します．

〈表3-3-4〉各ロジックでのトレラント機能一覧

項 目	2.5Vロジック	3.3Vロジック		5Vロジック			
	74VCX	74LCX	74LVX	74AC/ACT	74VHC	74VHCT	74HC/HCT
入力トレラント電圧範囲 [V]	3.6	5.5	5.5(1)	—	5.5(1)	5.5	—
出力トレラント電圧範囲 [V]	3.6	5.5	—	—	—	5.5	—
電源電圧範囲 [V](2)	1.8〜3.6	2.0〜3.6	2.0〜3.6	2.0〜5.5	2.0〜5.5	2.0〜5.5	2.0〜6.0

注▶ (1)245タイプは除く，(2)Tタイプは4.5〜5.5V，(3)"—"はトレラント機能なし

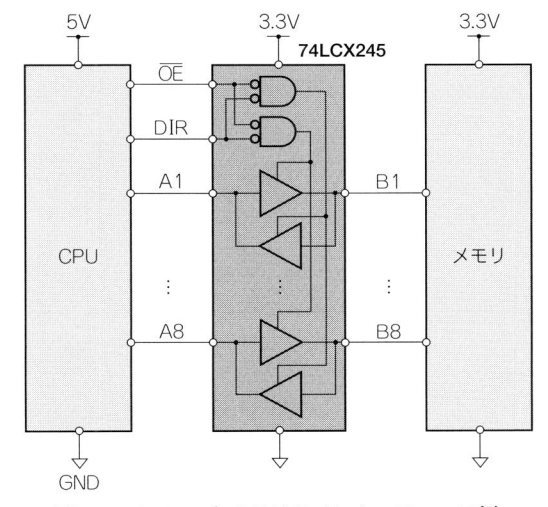

〈図3-3-17〉CPUとメモリのインターフェース例

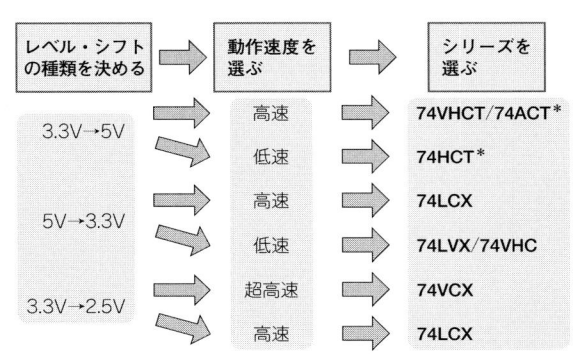

*注▶ **74ACTと74HCT**は入力トレラント機能がないため，2電源投入順序に注意が必要．電源V_{CC}より高い入力電圧が加えられないかどうか，確認する必要がある

〈図3-3-18〉単方向レベル変換ICの選び方

第3-3章 バッテリ駆動ロジック回路の低電力設計

▶5 V⇒3.3 Vには入力トレラント品を使う

5 V⇒3.3 Vレベル変換の場合は，2系統ある電源の投入順序を気にする必要はありません．

▶3.3 V⇒5 Vには入力TTLレベル品を使う

図3-3-19に単方向レベル変換の例を示します．入力がTTLレベル品であれば，74VHCT，74HCT，74ACT以外でも直接インターフェースできます．

74HCT，74ACTは，入力トレラント機能がないため，ICの電源が3.3 V以下に下がるような場合には，前段3.3 V系のCPU出力を"L"にするなどの対応が必要です．

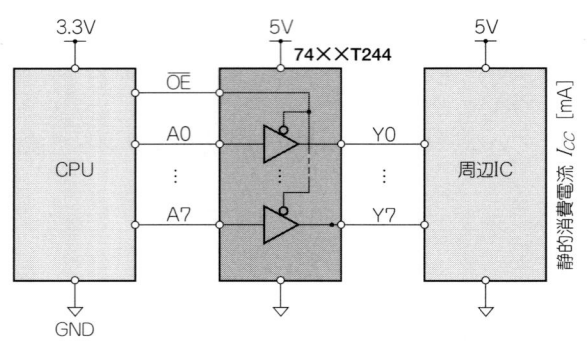

〈図3-3-19〉単方向（3.3 Vから5.5 Vへ）レベル変換例

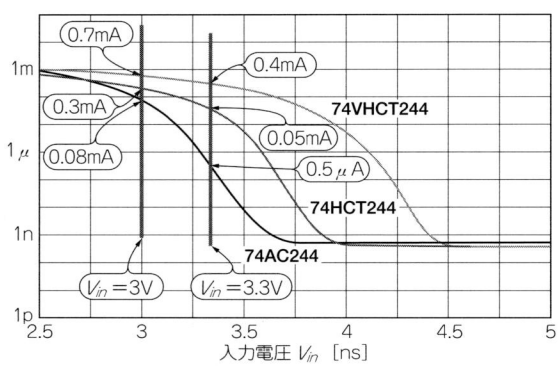

入力の振幅が中間レベルになると，TTL入力レベル（V_{IH}=2.0V，V_{IL}=0.8V）品でも1mA以下の電流が流れるため，スタンバイ時は入力が"L"になるよう配慮したい．周辺ICがTTL入力レベルの場合，直接インターフェースも可能であるが，入力初段の貫通電流に注意が必要

〈図3-3-20〉単方向レベル変換時の静的消費電流

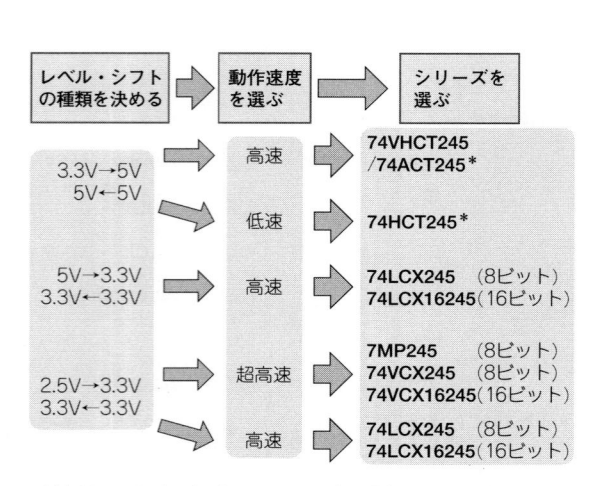

＊注▶V_{CC}=5Vにインターフェースする場合，3.3V側のICには5V入出力トレラント機能が必要．74HCTと74ACTは二つの電源の投入順序に注意が必要

〈図3-3-21〉双方向レベル変換ICの選び方

注▶コントロール入力$\overline{OE}$，DIRとなる電源を先に投入する必要がある

2電源方式レベル・トランスレータはレベル・コンバータを内蔵し，2電源システムの低消費電流化と，スタンバイ電流レス化を可能とする

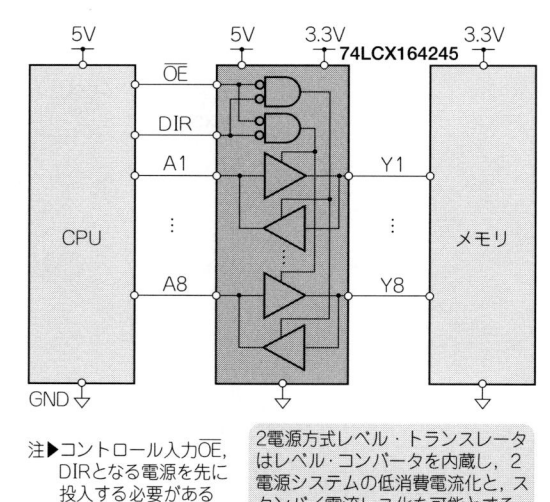

〈図3-3-22〉2電源方式レベル・トランスレータを使った双方向レベル変換例

前段3.3 V系のCPU出力が"H"のとき，CPUの出力電圧はおよそ3.3 ± 0.3 Vになるため，5 Vロジックの入力から見れば中間レベルになります．したがって図3-3-20に示すように，1 mA以下の貫通電流（静的消費電流）が流れます．CMOSロジックを使用せず，電源電圧の異なるデバイスどうしを直接接続する場合にも，貫通電流に注意してください．

● 双方向レベル変換の方法

図3-3-21に双方向レベル変換ICの選び方を示します．
デバイスの電源電圧を越える電圧がバスから入力されるので，ICにはトレラント品を使うことが前提です．

▶ 3.3 V⇔5 Vには2電源方式レベル・トランスレータを使う

3.3 V系と5 V系のIC双方でデータをやりとりする場合，前述のとおり5 V系IC内部では，入力中間レベルによる貫通電流が流れます．

低消費電力であることが必須のバッテリ駆動回路には図3-3-22に示すような2電源方式レベル・トランスレータを使いましょう．ただし，2系統ある電源の投入順序に制約があります．

図3-3-23には2電源方式レベル・トランスレータの選び方を示します．

理解を深める二つの低電力ロジック回路例

● バス・ラインを切り離しデータ・バス信号を高速化

図3-3-24にCMOSロジックを使った，バス信号の切り離しによるSDRAMインターフェースのブロック図を示します．

SDRAMは100 M/133 MHz動作だけではなく，さらなる高速化が進められています．図はCPUの高速動作を引き出すため，CMOSロジックを挿入してバスラインの負荷を低減した回路です．これによりSDRAMの高速動作と，高速バス・ラインの動作消費電流の低減も可能となります．

● SRAM/DRAMをバッテリでバック・アップ

図3-3-25にCMOSロジックのレベル変換機能を使ったバッテリ・バックアップの回路例を示します．
バッテリ・バックアップ回路の代表例は，SRAM/DRAM回路など，電源V_{CC}をOFFしたときにメモリ保持を目的としてバッテリ駆動を行う回路です．

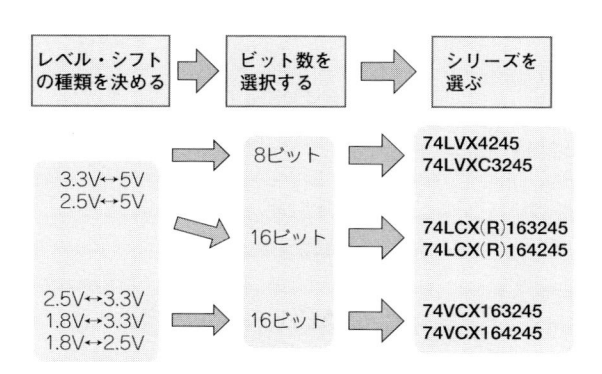

〈図3-3-23〉2電源方式レベル・トランスレータの選び方

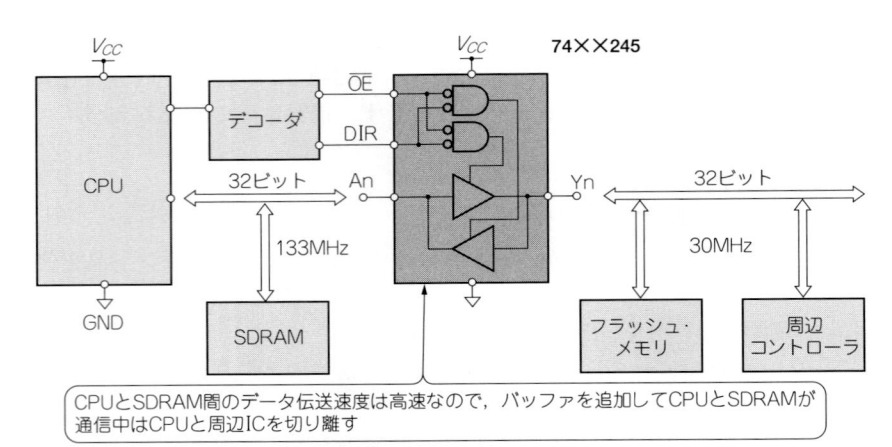

〈図3-3-24〉CMOSロジックを使ったバス信号切り離し例

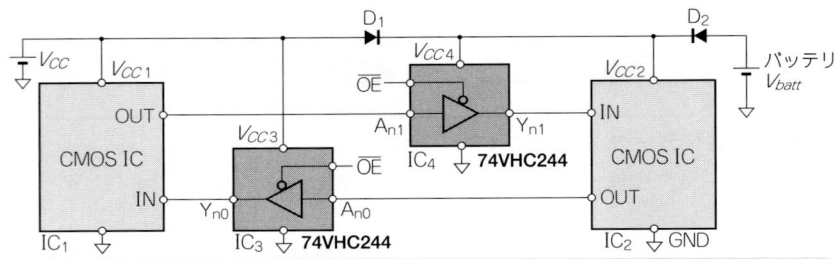

・V_{CC}動作時のIC$_4$はIC$_2$の入力を保護する．IC$_1$のV_{CC1}に比べ，IC$_2$のV_{CC2}はD$_1$があることにより0.7V低い．したがってIC$_1$からのバス入力が，IC$_2$の入力定格$V_{in}=V_{CC2}+0.5$Vを越える場合に，IC$_4$を挿入する．
・V_{batt}動作時のIC$_3$はIC$_1$の入力を保護する．IC$_1$のV_{CC1}は0Vである．IC$_2$からの入力がIC$_1$の入力定格$V_{in}=V_{CC1}+0.5$Vを越える場合に，IC$_3$を挿入する．

〈図3-3-25〉レベル変換ICによるバッテリ・バックアップ回路例

　現状では，電源を切ったときのメモリ保持には，不揮発性メモリの1K～64Kビット・シリアルE^{2}PROMやフラッシュ・メモリを使用するのが一般的です．
　この回路は異電源インターフェースの代表例といえるでしょう．

◆参考文献◆
(1) 石川俊正/大幸秀成；確実に動作するCMOS標準ロジックの応用技法，トランジスタ技術，1998年3月号，pp.275～299，CQ出版㈱．
(2) 大幸秀成；トランジスタ技術SPECIAL No.58，特集 基本・C-MOS標準ロジックIC活用マスタ，1997年初版，CQ出版㈱．

★初出：トランジスタ技術2002年7月号

◆ **第3-4章**

消費電流/ダイナミック・レンジ/
スイッチング特性のトレードオフを徹底検証

OPアンプのバッテリ駆動法

石井 博昭
Hiroaki Ishii

■ はじめに

　遠い昔，OPアンプは±15 Vの両電源を使うのがあたりまえでしたが，軽薄短小の波はOPアンプにも押し寄せ，一部の応用を除いて12/±5/5 Vの電源で使うことが一般的になっています．

　本稿では，電源電圧が低いことに起因したトラブルなど，よく質問を受けることが多い基本的な事柄について解説しましょう．乾電池2本(1.8～3.0 V)でOPアンプを動作させたり，ディジタルICと同じ3.3 V系の電源で動作させる場合に役に立ちます．最初に入出力電圧の範囲，次に消費電流とトレードオフになる特性について検討します．最後は，計測用途で使うことの多い差動アンプの入力電圧範囲と電源電圧の関係について考察してみます．

　電池を電源とするシステムでは，低消費電力特性が重視されますが，回路が正常に動作することが先決で，闇雲に消費電流の少ないOPアンプを選択すればよいというわけではないのです．

広い入出力ダイナミック・レンジを得るために

■ 同相入力電圧による入力オフセット電圧の変化

● 精度が必要な場合は同相信号除去比がかぎ

　電源電圧が高い場合は，入力電圧範囲は電源電圧までなくても用が足りましたが，電池を電源とするような低電源電圧の応用では，いかに広い入力電圧範囲を確保するかがとても重要です．

　現在は出力電圧だけではなく，入力も電源電圧の範囲まで可能なレール・ツー・レール入出力(rail-to-rail input/output)のOPアンプ(以下，RRIO型OPアンプ)があり，電源電圧の範囲内全域で入出力できるボルテージ・フォロアが利用できます．ただし，高分解能D-Aコンバータの後段にバッファとして使う場合などには，OPアンプの同相信号除去比(CMRR)を考慮して選ぶ必要があります．

● 同相信号除去比とは

　OPアンプが正常に増幅動作しているときは，反転入力端子IN$_-$の入力電圧v_{in-}と非反転入力端子IN$_+$の電圧v_{in+}はほぼ同じです．この両端子とグラウンドとの電圧差を同相入力電圧v_{IC}，端子間の電

〈図3-4-1〉非反転増幅回路

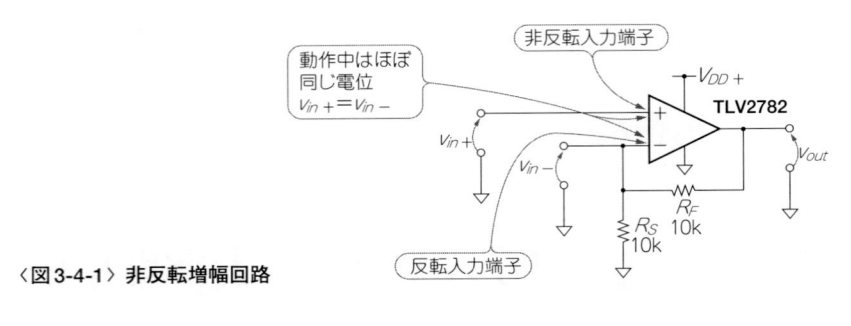

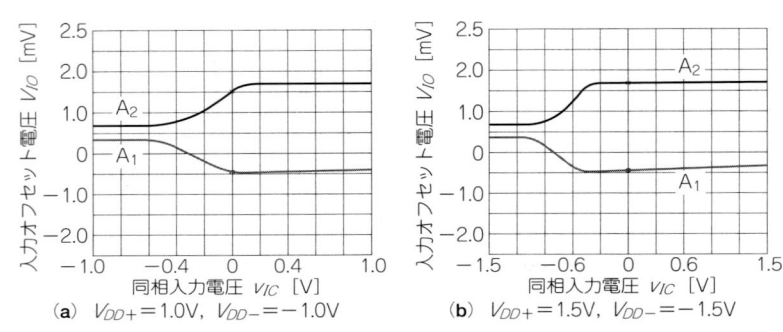

〈図3-4-2〉RRIO型OPアンプTLV2782の入力オフセット電圧特性(実測)
(a) $V_{DD+}=1.0V$, $V_{DD-}=-1.0V$
(b) $V_{DD+}=1.5V$, $V_{DD-}=-1.5V$

圧差を入力オフセット電圧 v_{IO} といいます．つまり，**図3-4-1**に示すOPアンプを使った非反転増幅回路です．ここで，

$$v_{IC} = \frac{v_{in+} + v_{in-}}{2}$$

$$v_{IO} = v_{in+} - v_{in-}$$

が成り立ちます．

　同相入力電圧を変化させると入力オフセット電圧が変動しますが，その割合がCMRRとしてデータシートに記載されています．例えば，CMRRが80dB(10000倍)の場合は，同相入力電圧が3V変わると，入力オフセット電圧が0.3mV変動します．これは，13～14ビットの精度に相当します．

● RRIO型OPアンプの入力オフセット電圧の変動

　RRIO型OPアンプは，差動入力段が並列に接続されていて，入力電圧の低い領域と高い領域を別々の差動入力段が担当しますから，差動入力段が切り替わる電圧で入力オフセット電圧が大きく変動します．RRIOでないOPアンプは，同相入力電圧範囲の両端で入力オフセット電圧が大きく変動します．

　図3-4-2に，同相入力電圧範囲が $-0.2 \sim V_{DD}+0.2$ のRRIO型OPアンプ TLV2782の入力電圧を可変したときの入力オフセット電圧の変化のようすを示します．この変動のようすは，製品によっても異なります．

　図3-4-3に測定回路を示します．2本の50Ω抵抗を通して，IN+端子とIN-端子に同相の信号 v_{IC} を入力し，出力の変動を測定します．その測定値をゲイン101倍で除算すると入力オフセット電圧 V_{IO} が求まります．

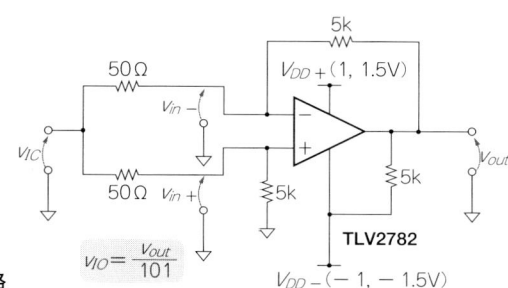

〈図3-4-3〉入力オフセット電圧の評価回路

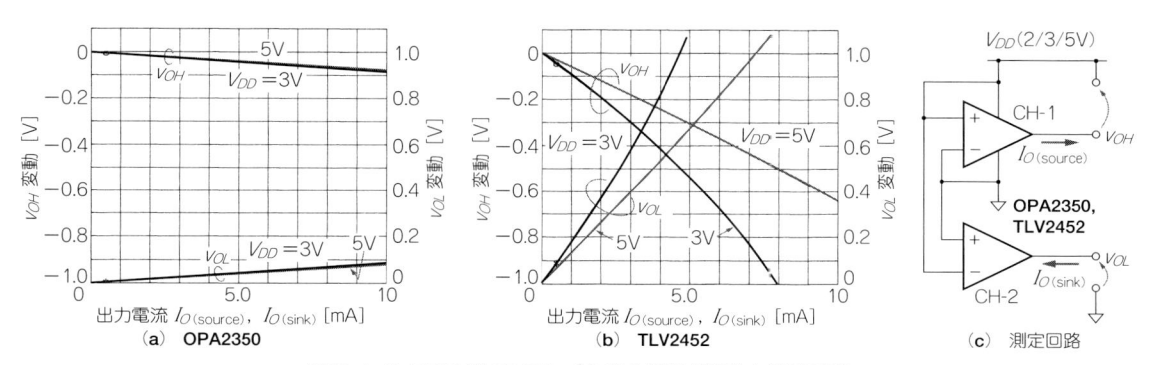

〈図3-4-4〉RRIO型OPアンプの出力特性（実測）と測定回路

　ボルテージ・フォロアのような非反転型の増幅回路は，入力電圧の大きさによって同相入力電圧が変化しますが，反転アンプなら入力電圧が変化しても同相入力電圧が変化しません．

　CMRRの影響を最小限にするためには，利得が1倍の反転増幅器を2段直列に接続します．ただし，帰還抵抗と信号源抵抗の比がゲイン誤差になるため調整が必要です．また入力インピーダンスが低下します．

■ 電源電圧いっぱいまで振幅できる？

● 電源電圧，出力電流と出力振幅の変化

　単電源で使用した場合に，0Vから電源電圧まで出力できるレール・ツー・レール出力型（rail-to-rail output）が，電池を電源とするOPアンプの定番になっています．

　OPアンプ全般に言えることですが，出力端子に接続した負荷インピーダンスによって，出力できる振幅は変わります．電流を出力するときは出力電圧が降下し，引き込むときは上昇します．図3-4-4に実際のOPアンプ OPA2350とTLV2452で測定した出力特性を示します．同じ出力電流でも，電源電圧が低下すると出力振幅が小さくなることがわかります．

● 出力電流の大きいOPアンプが有利

　図3-4-4を見ると，OPA2350は電源電圧の変動に対する変化が小さく，10mA程度の出力電流でも出力電圧の変化がほとんどありません．このように，数十mAもの電流を出力できるOPアンプは，より大きな出力振幅が必要な場合にも有効なことがわかります．

　OPアンプの出力電流は，負荷抵抗や回路の後段だけに流れるわけではありません．図3-4-1に示す

典型的な非反転アンプでは，帰還抵抗R_Fと信号源抵抗R_SがOPアンプの負荷になります．反転アンプでも同様です．できるだけR_SとR_Fを大きくすると，出力電流を低減できます．ただし，入力バイアス電流や熱雑音の影響が大きくなるため，双方のバランスを考える必要があります．

消費電流と帯域幅の関係

■ 消費電流と特性はトレードオフ

● OPアンプによる消費電流の変化のようす

電池システムでは，低消費電流であることが動作時間を延長するためにとても重要です．しかし，OPアンプの消費電流と周波数特性や雑音電圧はトレードオフの関係にあります．

OPアンプの電源電圧を下げていくと，ある電源電圧で消費電流が急激に減少します．データシートには，この電圧よりも少し高い電圧が最低動作電圧として規定されています．

図3-4-5に示すのは実際のOPアンプ TLV2452，TLV2782，TLC272の電源電圧-消費電流特性です．測定回路を図3-4-6に示します．TLV2452は，電源電圧が1.8 Vから2.2 Vの間に，消費電流が急激に増大する領域があります．これは最低動作電圧よりも低い電源電圧で，出力段が不安定になることが原因であると考えられます．

消費電流は出力電圧によって値が変わり，出力電圧が電源電圧の中点電位付近のとき最大になります．これは出力段がプッシュ・プルで構成されており，両方のトランジスタがONした状態になって貫通電

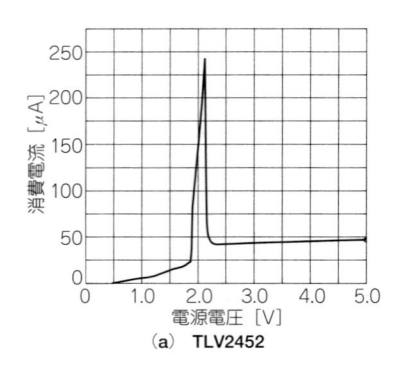

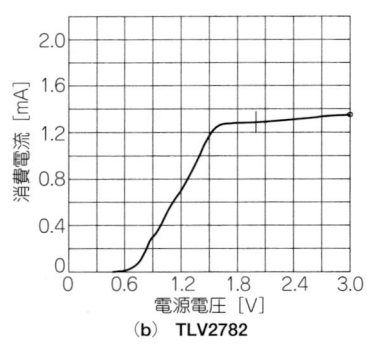

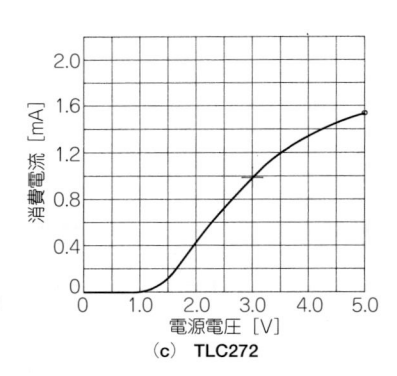

(a) TLV2452　(b) TLV2782　(c) TLC272

〈図3-4-5〉RRIO型OPアンプの電源電圧-消費電流特性（実測）

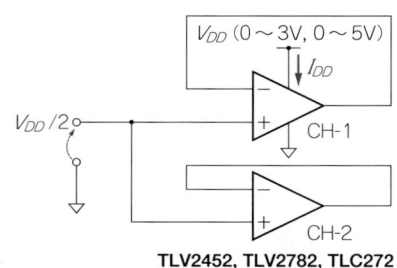

〈図3-4-6〉消費電流の測定回路

TLV2452, TLV2782, TLC272

消費電流と帯域幅の関係

流が流れるからです．ロジックICの貫通電流とは意味が少し違います．

● 電源電圧が低いと利得帯域幅が狭くなる

電源電圧を下げると消費電流が減少するように，単一利得帯域幅も狭くなります．特に，消費電流の減少が激しいOPアンプほど，この帯域幅が大きく変化します．

図3-4-7と**図3-4-8**に示すのは，実際のOPアンプ TLV2452とTLC272のオープン・ループ・ゲインと位相の周波数特性です．

図3-4-5(c)と**図3-4-8**からわかるように，TLC272は電源電圧が5Vから3Vに低下すると，消費電流が36％減少し，単一利得帯域幅は37％狭くなります．一方，TLV2452は，**図3-4-5(a)**のように消費電流が7.5％しか減少していないため，単一利得帯域幅の減少幅は6.6％とわずか(**図3-4-7**)です．

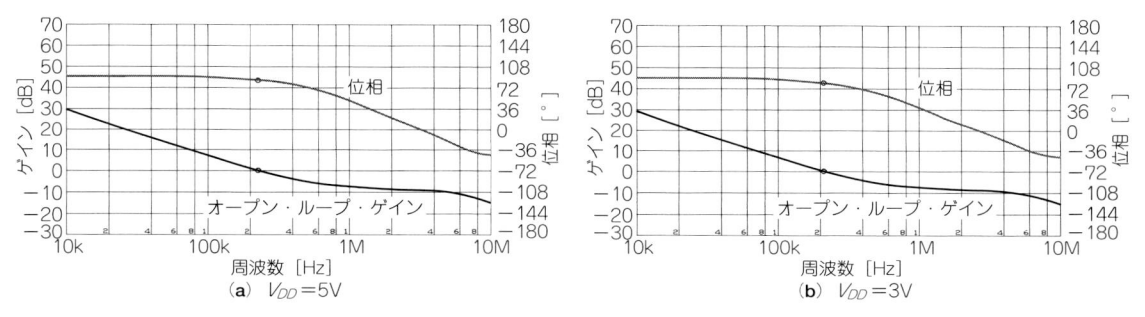

〈図3-4-7〉RRIO型OPアンプTLV2452のオープン・ループ・ゲインと利得の周波数特性(実測)

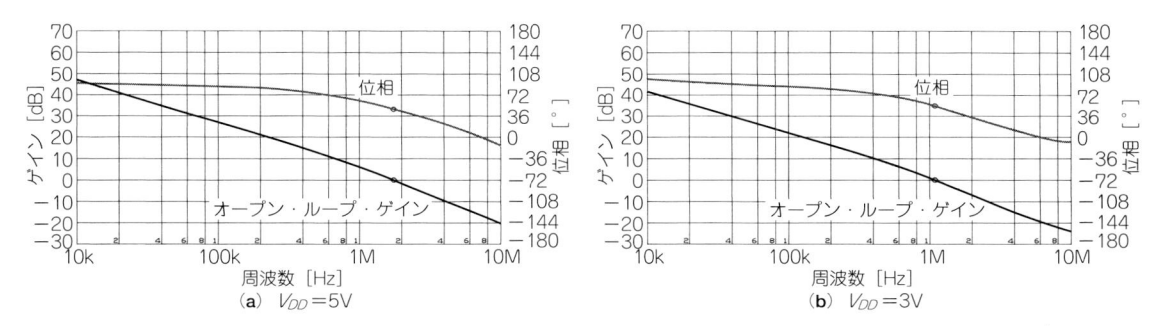

(a) $V_{DD}=5V$　　(b) $V_{DD}=3V$

〈図3-4-8〉RRIO型OPアンプTLC272のオープン・ループ・ゲインと利得の周波数特性(実測)

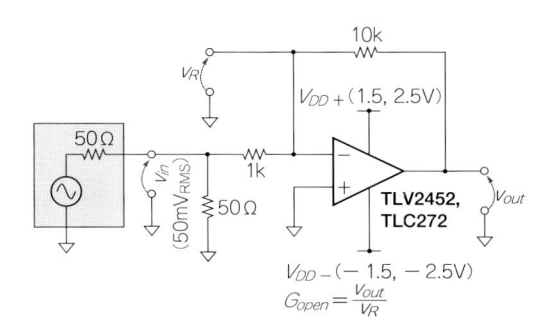

(a) $V_{DD}=5V$　　(b) $V_{DD}=3V$

〈図3-4-9〉オープン・ループ・ゲイン周波数特性の測定回路

$V_{DD}+(1.5, 2.5V)$
$V_{DD}-(-1.5, -2.5V)$
TLV2452, TLC272
$G_{open}=\dfrac{V_{out}}{V_R}$

このように，電源電圧を変えても消費電流があまり変わらないOPアンプは，周波数帯域やスルー・レートの電源電圧に対する依存性が少ない製品です．直接OPアンプに電池を接続する場合のように，安定化された電源が利用できないシステムには，TLV2452のようなタイプのOPアンプが最適でしょう．

● 単一利得帯域幅の測定

図3-4-9に，図3-4-7と図3-4-8の測定回路を示します．利得10倍の反転増幅器です．信号源の出力インピーダンスに合わせて，50Ωの終端抵抗を接続します．入力電圧は，出力電圧が飽和しない範囲でできるだけ大きくして，雑音の影響を小さくします．今回は$50\,mV_{RMS}$です．

反転入力端子を基準にして，出力端子の利得と位相を測定するため，反転入力端子にプローブを接続します．高速OPアンプは，入力端子にプローブを接続すると発振することがあります．その場合は利得を大きく（1000倍以上）設定し，反転入力端子ではなく回路の入力を基準にします．

スイッチング速度と電源電圧の関係

● 電源電圧によるスイッチング特性の変化

図3-4-10～図3-4-12は，ボルテージ・フォロアに$1\,V_{P-P}$の矩形波を入力し，電源電圧を変えながら観測した出力応答波形です．

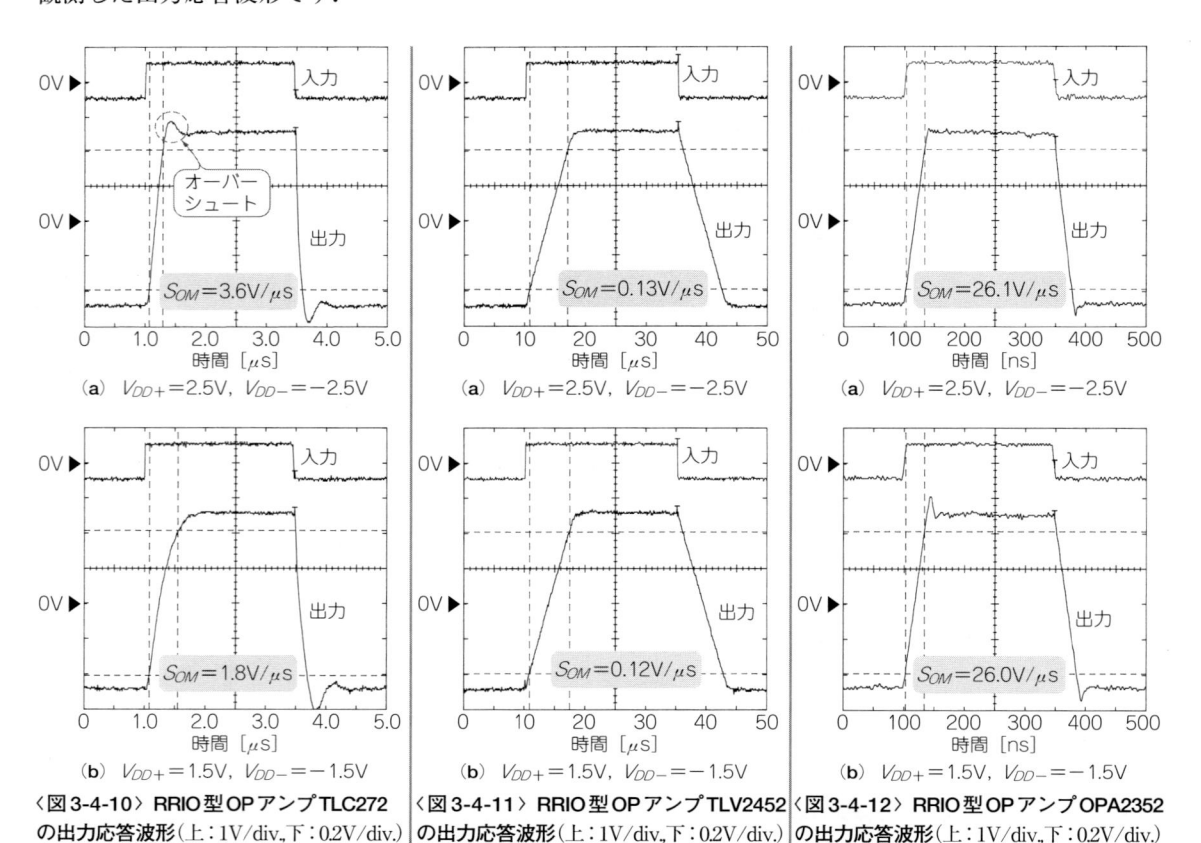

〈図3-4-10〉RRIO型OPアンプTLC272の出力応答波形(上：1V/div.，下：0.2V/div.)

〈図3-4-11〉RRIO型OPアンプTLV2452の出力応答波形(上：1V/div.，下：0.2V/div.)

〈図3-4-12〉RRIO型OPアンプOPA2352の出力応答波形(上：1V/div.，下：0.2V/div.)

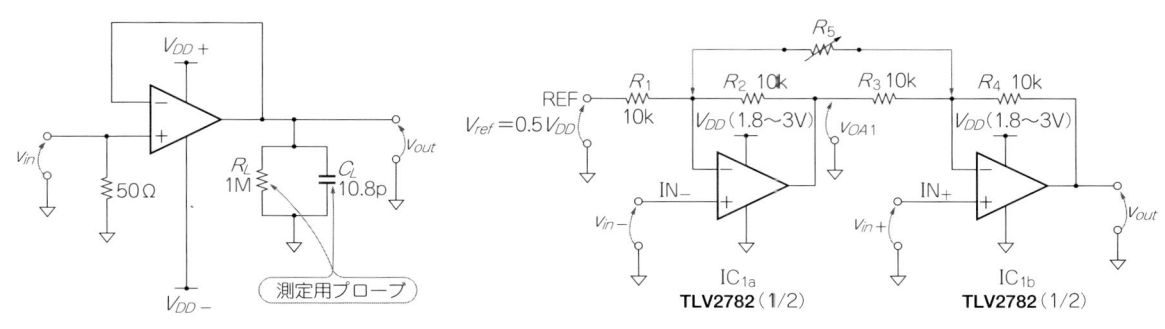

〈図3-4-13〉スルー・レートの測定回路　　〈図3-4-14〉2OPアンプ方式の計測用差動アンプ

　TLC272は，図3-4-10のように電源電圧が下がるとスルー・レートが半分になりますが，オーバーシュートがなくなります．これは図3-4-8からわかるように，位相余裕が大きくなったからです．また出力段の構成がコンプリメンタリではないために，立ち上がりと立ち下がりのスルー・レートが異なっています．

　図3-4-11のTLV2452はスルー・レートが4.8％低下していますが，オーバーシュートがなく，立ち上がりと立ち下がりのスルー・レートも，ほとんど同じです．OPA2352（図3-4-12）は，スルー・レートが0.6％だけしか変わりませんが，オーバーシュートが観測されています．立ち上がりと立ち下がりのスルー・レートは，ほぼ同じです．

　電源電圧を下げた場合に，消費電流が減少する割合よりも，スルー・レート（単一利得帯域幅）が低下する割合が小さければ，位相余裕が減少する傾向があることがわかります．位相余裕がなくなると回路が発振します．

● 消費電流とスルー・レートの関係

　乱暴ないい方をすると，スルー・レートはOPアンプ内部のコンデンサをどのくらい速く充放電できるかということで決まります．IC内部のコンデンサの値は，電源電圧にはほとんど依存しませんが，消費電流，つまりコンデンサの充放電電流が変わります．

　したがって，電源電圧を変えると消費電流が大きく変化するOPアンプは，スルー・レートも大きく変化します．

● スルー・レートの測定

　図3-4-13にスルー・レートの測定回路を示します．50Ωの終端抵抗を接続しています．

　単電源にしてオフセットをもたせる場合や入力電圧振幅が大きい場合は，終端抵抗の電力容量を越えないようにします．50Ωに5Vを加えると0.5Wの電力を消費しますから，1/4Wの抵抗器では焼損することがあります．

計測用差動アンプの入力電圧範囲の確保

　最近は，帰還抵抗や信号源抵抗を内蔵した計装用の増幅ICが入手できます．しかし手軽に利用できる反面，動作を理解していないと，不具合があったときに対処できません．ここでは，電池駆動の低電源電圧回路で計測アンプを動作させる場合に，よく問題になるOPアンプの入力電圧範囲に焦点をあてて解説しましょう．

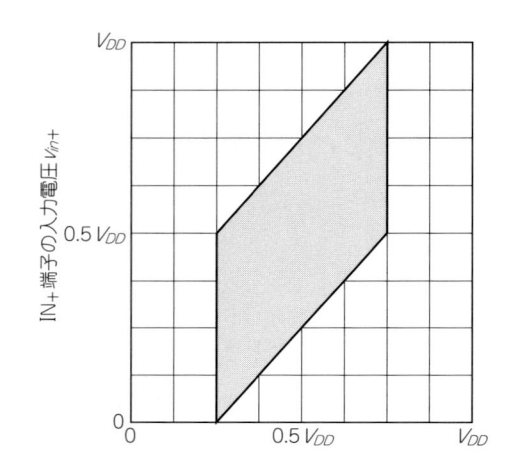

〈図3-4-15〉2OPアンプ方式の計測用差動アンプの入力電圧範囲

■ 2OPアンプ方式の計測用差動アンプの低電圧駆動

● 2OPアンプ方式の差動アンプとは

差動アンプはOPアンプ1個でも構成できますが，回路の入力インピーダンスが信号源抵抗で制限されたり，CMRRが抵抗のマッチングだけではなく，信号源の出力インピーダンスの影響を受けたりします．

このようなときは，図3-4-14に示すように非反転アンプを2段にすると，OPアンプの高い入力インピーダンスを低下させずに差動アンプを構成できます．ただし，R_2とR_4を0Ωにできないため，利得は1倍にできません．またCMRRは抵抗$R_1 \sim R_4$のマッチングに左右されます．

図3-4-14を見ると，反転入力端子（IN$_-$）への入力信号は2回増幅されて出力されるため，高周波になると後段で位相差が生じます．OPアンプ単体でも高周波ではCMRRが悪化しますが，この回路の場合は高周波で，単体よりもっとCMRRが悪化します．

利得を可変したい場合は，R_5を追加します．$R_1 = R_4$，$R_2 = R_3$とすると回路の利得Gは，

$$G = 1 + \frac{R_4}{R_3} + \frac{2R_4}{R_5} \quad \cdots\cdots(3\text{-}4\text{-}1)$$

になり，入力電圧v_{in+}とv_{in-}と出力電圧には次の関係があります．

$$v_{out} = \left(1 + \frac{R_4}{R_3} + \frac{2R_4}{R_5}\right)(v_{in+} - v_{in-}) + V_{ref} \quad \cdots\cdots(3\text{-}4\text{-}2)$$

● 入力電圧範囲は初段のOPアンプで制約を受ける

図3-4-14の回路のOPアンプにRRIO型を使用しても，必ずしも電源電圧範囲いっぱいまで信号を入力できるわけではありません．

例えば$R_1 = R_2 = R_3 = R_4$，$R_5 = \infty$に設定し，REFを電源電圧の中点電位に接続したとしましょう．すると，入力電圧範囲は図3-4-15のようになります．この原因は，IC_{1a}の最大出力が電源電圧範囲で制限を受けるからです．

IN$_-$端子の入力電圧範囲v_{in-}は，IC_{1a}の出力電圧をv_{OA1}とすると次のように算出できます．

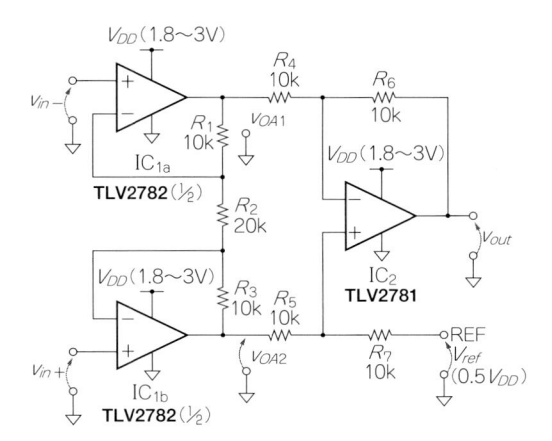

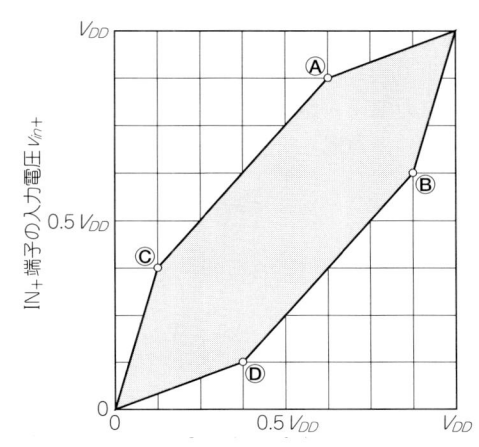

〈図3-4-16〉3OPアンプ方式の計測用差動アンプ　　〈図3-4-17〉3OPアンプ方式の計測用差動アンプの入力電圧範囲

$$v_{in-} = V_{ref} + (v_{OA1} - V_{ref}) \frac{R_1}{R_1 + R_2} \quad \cdots\cdots(3\text{-}4\text{-}3)$$

この式のv_{OA1}に，データシートなどを参照してIC$_{1a}$の出力電圧の最大値と最小値を入力すれば，入力可能な最大電圧と最小電圧が求まります．

v_{in+}は，式(3-4-2)と式(3-4-3)から求まる次式で算出できます．

$$v_{in+} = v_{in-} + \frac{v_{out} - V_{ref}}{1 + R_4/R_3 + 2R_4/R_5} \quad \cdots\cdots(3\text{-}4\text{-}4)$$

この式から，連続的に利得を可変する必要がない場合は，R_5を追加せず，$R_1 \sim R_4$だけでゲインを設定したほうが，入力電圧範囲が広くなることがわかります．

■ 3OPアンプ方式の本格計測アンプ

● 3OPアンプ方式の差動アンプ

最も高性能な差動アンプが，図3-4-16に示すOPアンプを3個使用した回路です．入力電圧範囲を広くしたい場合は，2OPアンプ方式よりこの3OPアンプ方式のほうが簡単です．この回路の利点は次の二つです．

①初段をボルテージ・フォロアにすることで利得を1倍にもできる
②初段の抵抗の比がCMRRに影響しない
③反転入力と非反転入力の位相差がほとんどないため，CMRRの周波数特性が初段で悪化しない

③は，初段での利得を大きくするほど回路全体のCMRRが良くなることを意味しています．ただし，周波数帯域を最大にするためには，初段と後段の利得を均等にする必要があります．これは利得を大きくするほど，周波数帯域が狭くなるためです．

● 入力電圧範囲は？

2OPアンプ方式と同様に，初段OPアンプICの最大出力電圧が入力電圧範囲を制限します．ただし，差動入力電圧$|v_{in+} - v_{in-}|$が0Vの場合だけは，初段の利得設定とは関係なく，電源電圧の範囲すべてにおいて正常に動作します．

$R_1 = R_3$，$R_2 = 2R_1$，$R_4 = R_5 = R_6 = R_7$で，REFを電源電圧の中点電位に接続した場合は，入力電圧

範囲は**図 3-4-17**のようになります．

▶ 点Ⓐと点Ⓓの電圧座標

IC_{1b}の出力電圧が飽和レベルに達したときの，v_{in+}端子とv_{in-}の入力電圧範囲は次のように求めます．IC_{1a}とIC_{1b}の出力電圧をv_{OA1}，v_{OA2}，REF端子の入力電圧をV_{ref}とします．

$$v_{in+} = v_{OA2} - (v_{out} - V_{ref}) \frac{R_4}{R_6} \frac{R_3}{R_1 + R_2 + R_3} \quad \cdots\cdots (3\text{-}4\text{-}5)$$

$$v_{in-} = v_{OA2} - (v_{out} - V_{ref}) \frac{R_4}{R_6} \frac{R_2 + R_3}{R_1 + R_2 + R_3} \quad \cdots\cdots (3\text{-}4\text{-}6)$$

式(3-4-5)と式(3-4-6)のv_{OA2}とv_{out}に，データシートを参照してIC_{1a}とIC_2の最大出力電圧v_{OH}を代入すると，点Ⓐの電圧が求まります．同様に，$v_{OA2} = v_{out} = v_{OL}$を代入すると点Ⓓの電圧を求めることができます．

▶ 点Ⓑと点Ⓒの電圧座標

IC_{1a}の出力電圧が飽和レベルに達した場合の入力電圧は，次式で求まります．

$$v_{in+} = v_{OA1} + (v_{out} - V_{ref}) \frac{R_4}{R_6} \frac{R_1 + R_2}{R_1 + R_2 + R_3} \quad \cdots\cdots (3\text{-}4\text{-}7)$$

$$v_{in-} = v_{OA1} + (v_{out} - V_{ref}) \frac{R_4}{R_6} \frac{R_1}{R_1 + R_2 + R_3} \quad \cdots\cdots (3\text{-}4\text{-}8)$$

式(3-4-7)と式(3-4-8)に，$v_{OA1} = v_{OH}$と$v_{out} = v_{OL}$を代入すると点Ⓑの電圧が，$v_{OA1} = v_{OL}$と$v_{out} = v_{OH}$を代入すると点Ⓒの電圧が求まります．

■ おわりに

OPアンプについてはさまざまな文献で説明されており，さらに詳しい内容について調べる場合は，書店やインターネットで簡単に探すことができます．計測アンプについては，テキサス・インスツルメンツ社の「計測/絶縁アンプのアプローチ，1995年11月，BBJ960210K」というアプリケーション・ノートに詳しい説明が記述されています．参考にしてください．

◆参考文献◆

(1) 電子情報技術産業協会(JEITA)；リニア集積回路測定方法(演算増幅器およびコンパレータ)，ED-5103．

★初出：トランジスタ技術 2002年7月号

◆第3-5章

限られた電源電圧で最高の性能を引き出す！

バッテリ駆動 A-D 変換回路の設計

中村 黃三
Kozo Nakamura

● CMOS IC の誕生とアナログ回路の低電圧化の流れ

　A-D コンバータ（以下，ADC）は，積分型で20年以上の歴史があります．高速変換可能な逐次比較型の登場は14年ぐらい前でしょうか．

　これらには CMOS プロセスが採用され，単に単電源で動作するだけでなく，消費電力も小さいという特徴があり，一般工業用途に加え，電池駆動用途にも期待がもたれました．現在では，8ピン SSOP で単一3V 駆動のものもありふれた存在になりつつあります．

　実はアナログ回路の低電源電圧化は，副次的なものでした．低電圧化をリードしてきたのは CPU を含むロジック回路です．チップの小型化と高集積化は5Vから3Vのように電源耐圧の低下を招き，それに連れて CPU とダイレクトに接続されるコンバータと前段アンプ回路も低電圧化が要求されました．特に電池駆動の機器では，電源電圧の種類の1本化と，インターフェースの簡素化は，省エネと省スペースの観点から自然な流れといえます．

　アナログ IC の低電圧化と低消費電力化は，回路の直線性や SN 比とのトレードオフのうえで成り立つものですから，性能優先の応用では，工業用電源（±15V）を使う場合に比べて，より多くの創意工夫が必要です．本章では，こうした現状を踏まえ，思い切って電源電圧1.8Vで動作する ADC 基板を試作し，特性を改善しながら，低電源電圧動作での問題点や解決法について解説します．

$V_{CC} = 1.8 \sim 3.6V$，入力レンジ $5V_{PP}$ の ADC 回路を設計する

● 回路の仕様と主な部品の概要

　図 3-5-1 に示すのは，0～5V の入力電圧 v_{in} を A-D 変換する回路です．回路は単純なものですが，実際の応用で使用頻度が極めて高いものです．この回路を例題にして，実験で特性を確認しながら，不具合点を改良していきます．仕様を表 3-5-1 に示します．

　電源はマンガン乾電池2本を想定し，電池出力で直接 ADC を駆動します．乾電池の初期電圧（3.6V）から終止電圧（1.8V）まで，非安定化電源でも動作する IC を選択します．使用した IC のピン配置図を図 3-5-2 に，代表的な仕様を表 3-5-2 に示します．

　抵抗は入手性を考えて，1/4W，F級（1％精度）の E24 シリーズを使用します．

第3-5章 バッテリ駆動 A-D 変換回路の設計

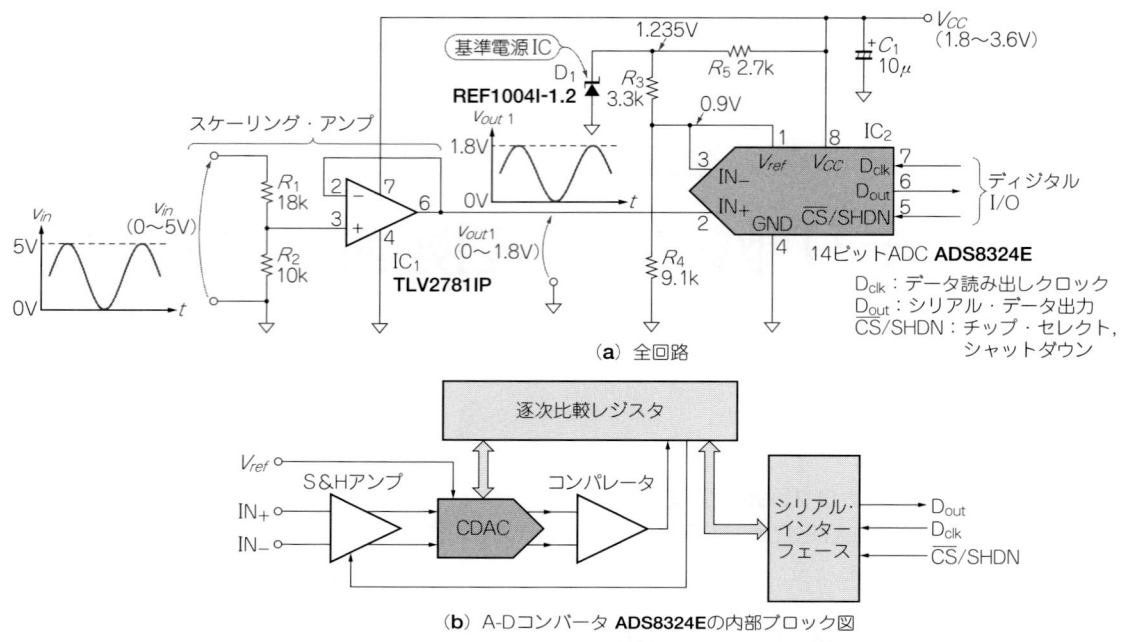

〈図3-5-1〉入力電圧範囲0〜5V，電源電圧1.8V動作のA-D変換回路

(a) 全回路

(b) A-DコンバータADS8324Eの内部ブロック図

〈図3-5-2〉使用したICのピン配置

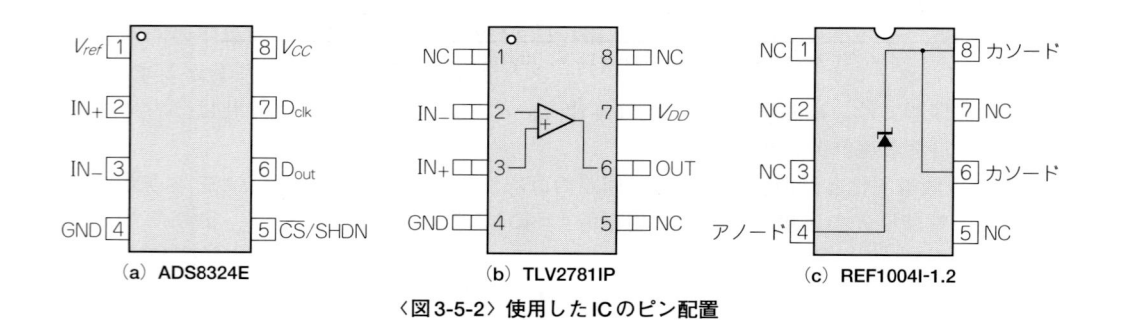

(a) ADS8324E
(b) TLV2781IP
(c) REF1004I-1.2

〈表3-5-1〉試作するA-D変換回路の仕様

項　目	目標値	単位
電源電圧範囲	1.8〜3.6	V
入力レンジ	0〜5	V
総合直線性	0.024	%FSR*
初期誤差	CPUで補正	—
電源変動安定性	0.03	%FSR*
−3dB信号周波数範囲	DC〜1	kHz

＊：%FSRは入力レンジ5Vをフルスケールとする．電源変動安定性は1.8〜3.6Vでのゲイン＋オフセットのシフト量

$V_{CC}=1.8～3.6V$，入力レンジ $5V_{PP}$ の ADC 回路を設計する

〈表3-5-2〉使用する主なICの電気的特性

項　目		記号	条　件	最小	標準	最大	単位
分解能				−	14	−	ビット
動作電源電圧範囲				1.8	−	3.6	V
定格電源電圧		V_{CC}		−	1.8	−	V
消費電流		I_Q	平均値	−	1.4	1.7	mA
基準電圧入力範囲		V_{ref}		0.5	−	$V_{CC}/2$	V
アナログ入力電圧範囲		v_{Idif}	差動入力端子間	$-V_{ref}$	−	$+V_{ref}$	V
	IN_+端子	v_{in+}	グラウンド基準	−0.1	−	$V_{CC}+0.1$	V
	IN_-端子	v_{in-}	グラウンド基準	0.8	−	1	V
積分直線性		INL		−	−	±3	LSB
同相モード除去比		k_{CMR}	DC入力	−	74	−	dB
サンプリング・レート		f_S		−	−	50	kHz

注▶特記のない場合 $T_A=-40～+85℃$，$V_{ref}=0.9V$，$V_{in-}=0.9V$，$f_S=50kHz$

(a) A-Dコンバータ ADS8324E

項　目	記号	条　件	最小	標準	最大	単位
動作電源電圧範囲			1.8	−	3.6	V
定格電源電圧	V_{CC}		−	1.8	−	V
自己消費電流	I_Q		−	650	770	μA
同相モード入力範囲	V_{ICM}	k_{CMR}の規定範囲	0	−	V_{CC}	V
同相モード除去比	k_{CMR}	$V_{ICM}=0V～V_{CC}$	50	76	−	dB
入力オフセット電圧	V_{IO}	$V_{ICM}=V_{CC}/2$	−	0.25	3	mV
ゲイン帯域幅	f_T	$G=0dB$	−	8	−	MHz
スルー・レート	S_{OM}	立ち上がり	3.3	4.3	−	V/μs
		立ち下がり	2.1	2.8	−	V/μs

注▶特記のない場合 $T_A=+25℃$，$V_{CC}=1.8V$，出力電圧：$V_{CC}/2$

(b) OPアンプ TLV2781

項　目	記号	条　件	最小	標準	最大	単位
ブレーク・ダウン電圧	V_{BR}	$I_R=100μA$	1.225	1.235	1.239	V
ブレーク・ダウン電圧の温度係数	$α$	$10μA≦I_R≦20mA$	−	20	−	ppm/℃
最小リバース電流	$I_{R(min)}$		−	8	10	μA
$\varDelta I_R$ 対 V_{BR}		$10μA≦I_R≦1mA$	−	−	1	mV

注▶特記のない場合 $T_A=+25℃$

(c) 基準電源 REF1004I-1.2

■ 設計の詳細

最初に使用するICの仕様を考察します．低電圧回路では，特に電源レールに対する直流的な入出力範囲の考察が重要です．

● ADC の DC 条件を満たす設計

▶ IN_-端子の電圧を設定

図3-5-1に示すADC回路は差動入力ですから，ADCから見た入力電圧は，グラウンド基準ではなく，IN_+端子とIN_-端子との差電圧 $v_{Idif}(=v_{in+}-v_{in-})$ です．

表3-5-2の三つの仕様表を眺めると，(a)のv_{in-}の入力電圧範囲がとても狭いことに気づきます．

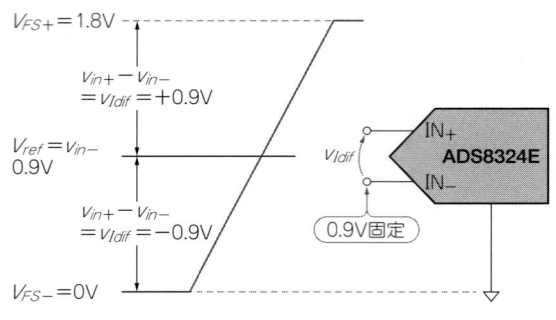

〈図3-5-3〉ADS8324Eの入力電圧範囲の検証

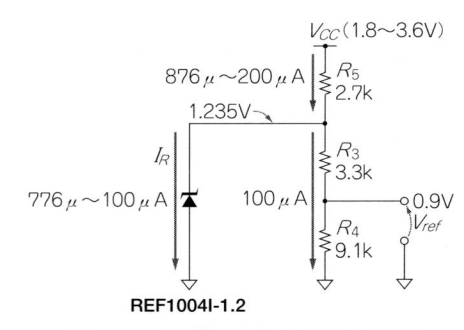

〈図3-5-5〉基準電圧回路の電流分配設定

(a) I_R の変化に対する V_{BR} の変化

(b) I_R による内部インピーダンスの変化

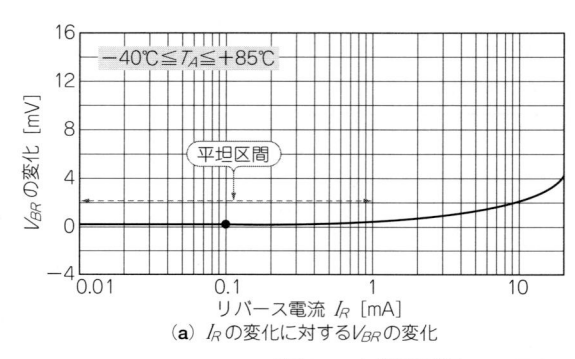

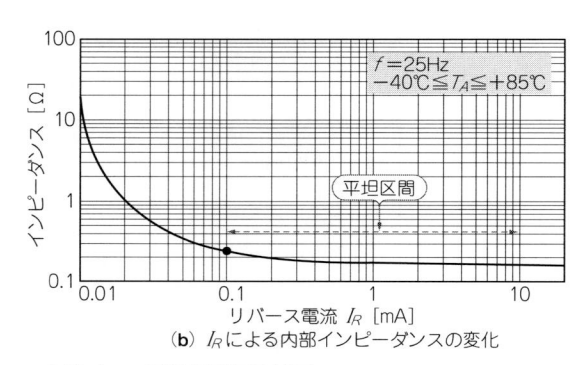

〈図3-5-4〉基準電源IC REF1004I-1.2のリバース電流検討用特性図

　IN$_+$端子の入力範囲は，グラウンド基準で−0.1Vから電源電圧V_{CC}＋0.1Vまでですが，IN$_-$端子はほとんど自由度がなく，グラウンド基準で＋0.8Vから＋1.0V（中心値0.9V）です．そこで図3-5-1に示すように，IN$_-$端子を0.9Vに固定し，IN$_+$端子を入力としたシングル・エンド入力形式にします．

▶入力レンジV_{ref}の設定

　表3-5-2(a)に示すように，入力レンジv_{Idif}はV_{ref}端子に入力する電圧で決まります．つまり，正のフルスケール・レンジはV_{ref}に，負は−V_{ref}になります．

　V_{ref}は，v_{Idif}が電源レールの範囲（1.8V）内に入るように設定しなければなりません．さもないとドライブ用OPアンプが途中で飽和して，ADCの全入力レンジをカバーできなくなります．

　これらの関係を詳しく見るには，図3-5-3のような図を描きます．差動入力の検討は，作図が最もわかりやすい方法です．IN$_-$端子は0.9V固定ですから，V_{ref}も0.9Vに設定します．そうすれば，IN$_+$端子のフル・スケール・レンジは，v_{in-}を基準に±0.9V，つまりグラウンド基準で0〜1.8Vの範囲に設定されます．

● REF1004I-1.2に流す電流の設定

　REF1004I-1.2の型名の1.2は，ブレーク・ダウン電圧V_{BR}を表します．実際は1.2Vではなく，1.235Vと半端です．

　リバース電流I_Rは図3-5-4(a)と(b)に示す特性図から求めます．

　図3-5-4(b)は，V_{BR}が揺さぶられる原因となる内部インピーダンスの変化をI_Rを基準にしてプロットしたものです．図3-5-4(a)のV_{BR}の安定性と合わせてみると，I_Rは100μAから1mAの間に設定し

たいところです.

図3-5-5に示すように電池電圧が1.8Vのとき，I_Rに100μA，V_{ref}設定抵抗R_3とR_4に100μAの合計200μAの電流が流れるようにR_5を設定しました．

● スケーリング・アンプの設計

0～5Vの入力電圧v_{in}は，R_1とR_2でスケーリングして0～1.8Vへレベル・シフトします．ゲインは1でよいので，TLV2781IPをボルテージ・フォロア接続して受けます．

OPアンプは入出力レール・ツー・レール型である必要があります．

試作した ADC 基板の評価方法

● 概要

ADS8324Eのような8ピンのADCを評価できる評価システムです．これを利用すれば，手軽にADCを評価実験できます．評価システムは，
- DEM-CIB（Computer Interface Board，以下CIB）
- DEM-ADS-MSOP8（以下，DEM-ADS）
- 評価用ソフトウェア

からなります.

● ハードウェア

DEM-ADSは，ADC回路以外に被試験用デバイス用のソケットと，必要最小限の周辺アナログ回路およびディジタル・インターフェースICを実装しています．CIBはDSP，メモリ，FPGAなどを実装し，パソコンとDEM-ADSをインターフェースします．

残念なことに，既存のDEM-ADSとCIBとのロジック・レベルは5V系なので，ADS8324EをDEM-ADS（**写真3-5-1**）に実装しても評価できません．今回は，**図3-5-6**に示すロジック・レベル変換回路を追加しました．

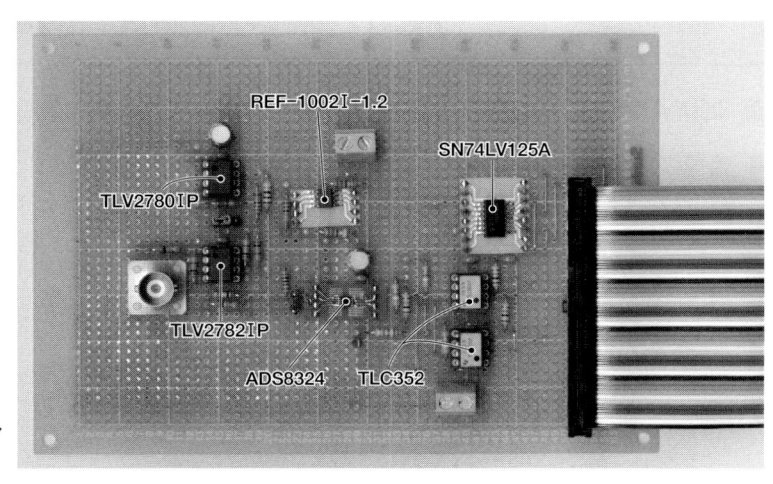

〈写真3-5-1〉ADCとロジック・レベル変換回路DEM-ADSの外観

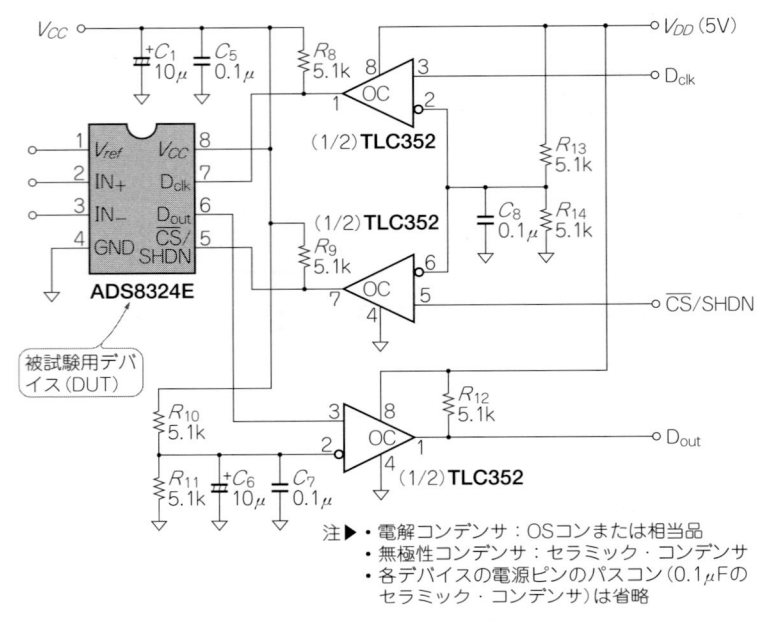

〈図3-5-6〉ロジック・レベル変換回路

● ソフトウェア

　評価用ソフトウェアのメニューからADCの製品名を選択すると，ADCに必要な制御タイミングがCIBにダウンロードされます．CIBはこれをDEM-ADS上のADCに送信し，変換データをDEM-ADSから吸い上げ，自分のメモリ内に収集します．

　DSPで処理したデータはパソコンにアップ・ロードして，ソフトウェアのGUIによってFFT解析結果などを表示します．

ADC基板の直線性と問題点

■ 試作ADCの評価結果

● 目標の直線性には程遠い

　直線性などのDC特性を評価する測定機類は，基準電圧発生器とモニタ用のディジタル・マルチメータです．同じマルチメータで基準器出力とOPアンプ出力を交互に測ります．

　評価は電源電圧1.8Vと3.6Vで行い，実験で得た生データからエンド・ポイント法による偏差を求めて，これを表3-5-3に示しました．得られた直線性性能は，表3-5-1に示す目標性能（0.024％）に遠くおよびません．

　直線性を厳密に調べる場合，データがノイズでふらつくと正しく評価できません．前述の評価システムには，取ったデータを平均化する機能があり，各測定ポイントに対して256回平均化しています．

〈表3-5-3〉図3-5-1の回路（改良前）の直線性

図3-5-1の v_{in} [V]	v_{in} 換算のADCの入力電圧（注）[V]	誤差[%]
0	0.0051	0.0000
0.5	0.4946	−0.4717
1.0	0.9866	−0.2302
1.5	1.4787	−0.1328
2.0	1.9710	−0.0790
2.5	2.4637	−0.0285
3.0	2.9568	0.0154
3.5	3.4487	0.0141
4.0	3.9406	0.0137
4.5	4.4325	0.0129
5.0	4.9238	0.0000

注▶評価ソフトウェアが表示するADCの入力レベル・データ（フルスケールの何%か）に5Vを乗じた値

● 希望の直線性が得られなかったわけは？

その理由は，ADCの入力レンジ設定（V_{ref}の値）が不適切だからです．入力電圧v_{in}が5Vのとき，ADCの入力レンジがOPアンプの正の電源レールをわずかですが越えているようです．

ADCの入力レンジを決定するV_{ref}の値を見ると，予定の0.9Vに対して5mVほど大きくなっていました．その結果，IN_+端子の入力レンジが−5mVから1.805Vとなって，OPアンプの電源レールを越しています．

V_{CC} = 1.8Vのような低電圧設計でマージンの小さい回路では，抵抗値のきざみがE24シリーズでは荒すぎることがわかります．

直線性の改善とノイズ対策

■ 改良その①

● OPアンプの出力電圧範囲を狭める

CMOSアンプの出力段は，大きな負荷電流さえ引き出さなければ，ほぼ電源レールまでスイングします．TLV2781の負荷電流は，ADCとOPアンプ自体の入力で両方合わせても1nA程度です．

そこで，図3-5-7のようにスケーリング抵抗R_1，R_2，R_{15}を変更して，OPアンプ出力v_{out}のスイングを各レールから40mV内側にします．ADCの入力レンジの端から端まで使わなくなりますが，14ビットの分解能があれば，多少振幅端が犠牲になっても微々たるものとあきらめます．アンプを飽和させるよりはましです．

図3-5-7に示すように，スケーリング抵抗はT型ネットワーク構成にしました．0～5Vのv_{in}に対して40m～1.76Vの出力が得られます．抵抗値は半端な値ですが，ゲイン精度を確保するためやむを得ません．2～3本の抵抗を組み合わせてしのぎます．これなら抵抗と基準電源ICの誤差により，多少V_{ref}が振れても吸収できます．

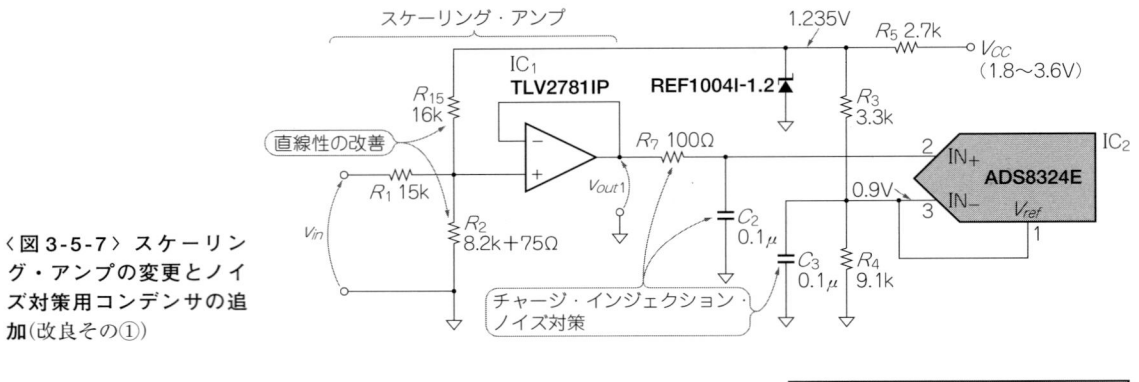

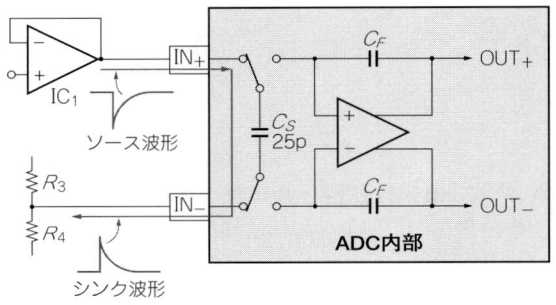

<図3-5-7> スケーリング・アンプの変更とノイズ対策用コンデンサの追加(改良その①)

<図3-5-8> スケーリングと回路の電圧配分

<図3-5-9> A-DコンバータADS8324Eの入力段等価回路

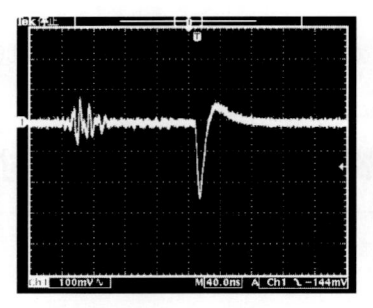

<写真3-5-2> 図1の入力アンプの出力に観測されるスパイク・ノイズ
(0.1 V/div., 40 ns/div., v_{out1} = 1.75 V)

私は，このような失敗を防ぐために，あらかじめ図3-5-8のような検討図を描き，回路全体のマージンを予測しています．

● スパイク・ノイズの発生とその理由

写真3-5-2に示すのは図3-5-1のOPアンプIC_1の出力波形です．このノイズは外来でなく，ADCの動作によって生じるもので，「チャージ・インジェクション・ノイズ」と呼びます．

図3-5-9は，ADCの入力部の等価回路を示したものです．スイッチの切り替えでC_Sに信号電圧を取り込んだ後，後段のコンデンサ帰還のアンプに伝達します．

チャージ・インジェクション・ノイズは，OPアンプがC_Sへチャージするときに発生するサージ電流です．約250 mV$_{PP}$と決して小さい値ではありません．抵抗で分圧されたIN$_-$端子にチャージ・インジェクション・ノイズが乗るのはわかりますが，低インピーダンスなはずのOPアンプ出力にもなぜ生じるのでしょうか？

TLV2781IPは，消費電流の割にはスルー・レート（立ち上がり）が4.3 V/μsとかなり速いタイプなのですが，ノイズの変化速度に応答しきれません．

OPアンプ出力は無条件に低インピーダンスと考えてはいけません．いったん揺さぶられた出力は，時間が経てば元の正しい電圧に復帰します．復帰時間は，スルー・レート特性や出力短絡電流などに依存します．要は，どれくらいの速さでC_Sをチャージ・アップできるかによります．

● チャージ・インジェクション・ノイズ対策

この問題を解決するには，IN$_+$端子の近くにコンデンサを配置して，OPアンプではなくこのコンデンサでサージ電流をまかなう方法があります．

図3-5-7で新たに追加したC_2が，このチャージ・インジェクション・ノイズ対策用の部品です．R_7は，大きな容量性負荷C_2によって，OPアンプが発振するのを防ぐ抵抗です．

R_7（100 Ω）は，内部スイッチの切り替え周期（サンプリング・レート）に見合わないほど大きな値にすると，チャージが間に合わなくなります．v_{in}を5 V一定にして，サンプリング・レートを上げながら変換データをモニタすると確かめられます．

12ビット程度の精度は確保したいので，C_2の容量はADS8324EのC_Sの容量である25 pFの2の12乗（0.1024 μF）で選びました．これなら25 pFへチャージしても，C_2の電荷消費は12ビットの1LSB分だけという安易な発想です．

● 改良後の評価結果

対策回路（**図3-5-7**）の評価結果を**表3-5-4**に示します．だいぶ改善されましたが，直線性はまだ目標に到達していません．

表中のOPアンプ出力の偏差に注目すると，v_{in} = 1 Vを境にして直線性が増減しています．これは，TLV2781IPのCMRR特性がv_{in} = 1 Vあたりから非直線的に悪くなるからです．CMOSのレール・ツ

〈表3-5-4〉図3-5-7に示す直線性を改善したA-D変換回路の性能

図3-5-7のv_{in} [V]	OPアンプIC$_1$の出力 v_{out1} [V]	誤差[%]
0	0.0405	0.0000
0.5	0.2124	−0.0622
1.0	0.3842	−0.0564
1.5	0.5562	−0.0428
2.0	0.7282	−0.0215
2.5	0.9004	0.0110
3.0	1.0727	0.0347
3.5	1.2446	0.0258
4.0	1.4164	0.0148
4.5	1.5883	0.0069
5.0	1.7602	0.0000

(a) OPアンプ出力

図3-5-7のv_{in} [V]	v_{in}換算のADCの入力電圧 [V]	誤差[%]
0	0.1125	0.0000
0.5	0.5892	−0.1076
1.0	1.0660	−0.0971
1.5	1.5430	−0.0797
2.0	2.0200	−0.0696
2.5	2.4984	−0.0091
3.0	2.9753	−0.0168
3.5	3.4526	−0.0126
4.0	3.9298	−0.0120
4.5	4.4070	−0.0098
5.0	4.8846	0.0000

(b) ADC出力

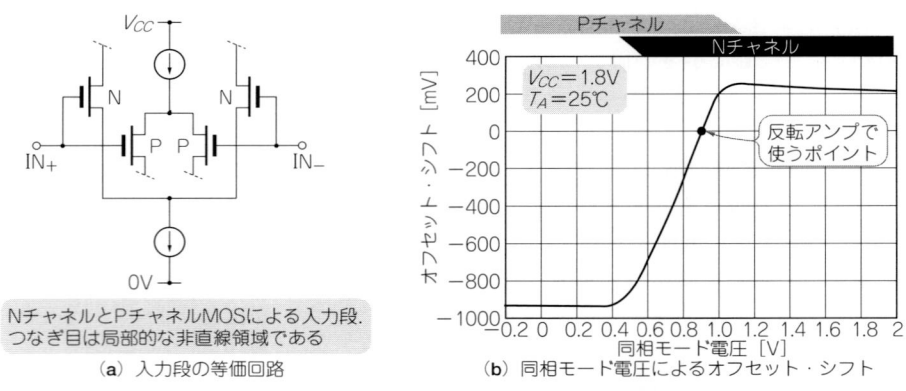

〈図3-5-10〉レール・ツー・レールOPアンプTLV2781IPの入力段等価回路とオフセット・シフト

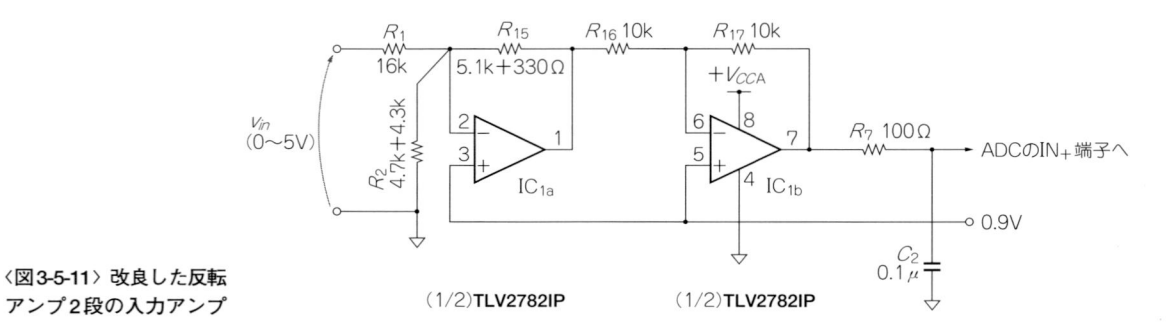

(a) 入力段の等価回路 — NチャネルとPチャネルMOSによる入力段．つなぎ目は局所的な非直線領域である

(b) 同相モード電圧によるオフセット・シフト（$V_{CC}=1.8$V，$T_A=25$℃，反転アンプで使うポイント）

〈図3-5-11〉改良した反転アンプ2段の入力アンプ

v_{in} (0〜5V)，R_1 16k，R_2 4.7k+4.3k，R_{15} 5.1k+330Ω，R_{16} 10k，R_{17} 10k，+V_{CCA}，IC$_{1a}$ (1/2)TLV2782IP，IC$_{1b}$ (1/2)TLV2782IP，R_7 100Ω，ADCのIN$_+$端子へ，0.9V，C_2 0.1μ

ー・レール入力のOPアンプでよく見かける特性です．
　CMOS型OPアンプの入力は，図3-5-10に示すように，PチャネルMOSとNチャネルMOSが接続されており，オフセット電圧が大きく変化する入力電圧ポイントがあります．

■ 改良その②

● 入力アンプを反転アンプ2段にする

　レール・ツー・レール入力レンジのすべてを使わないようにして，ADCに信号を入力すると，さらに直線性が改善されます．具体的には，図3-5-11のようにアンプ回路を非反転ゲイン1の構成から反転アンプ2段の構成に変更します．TLV2782IPは，TLV2781IPの2個入りタイプです．ただし，アンプが1個増えるため，そのぶんの消費電流の増加は避けられません．
　反転アンプ構成では，図のようにアンプのIN$_+$を0.9Vに固定すると，OPアンプの最も重要な作用であるバーチャル・ショートによって，v_{in}の変化に関わりなくIN$_-$が0.9Vに保たれます．その結果，図3-5-10(b)で示したレール・ツー・レール入力レンジの黒丸の部分だけを使うことになり，アンプの直線性は大幅に改善されます．表3-5-5に結果を示します．

〈表3-5-5〉入力アンプを差動入力に改良した図3-5-11の回路の性能

(a) $V_{CCA}=1.8\,V$

入力電圧 v_{in} [V]	v_{in}換算のADCの入力電圧[V]	誤差[%]
0	0.1250	0.0000
0.5	0.5985	−0.0055
1.0	1.0720	−0.0108
1.5	1.5458	0.0068
2.0	2.0193	0.0024
2.5	2.4930	0.0103
3.0	2.9668	0.0156
3.5	3.4403	0.0118
4.0	3.9138	0.0090
4.5	4.3870	0.0014
5.0	4.8605	0.0000

(b) $V_{CCA}=3.6\,V$

入力電圧 v_{in} [V]	v_{in}換算のADCの入力電圧[V]	誤差[%]
0	0.1013	0.0000
0.5	0.5795	−0.0056
1.0	1.0577	−0.0103
1.5	1.5360	−0.0059
2.0	2.0144	−0.0017
2.5	2.4930	0.0132
3.0	2.9714	0.0154
3.5	3.4493	0.0120
4.0	3.9279	0.0019
4.5	4.4059	0.0016
5.0	4.8841	0.0000

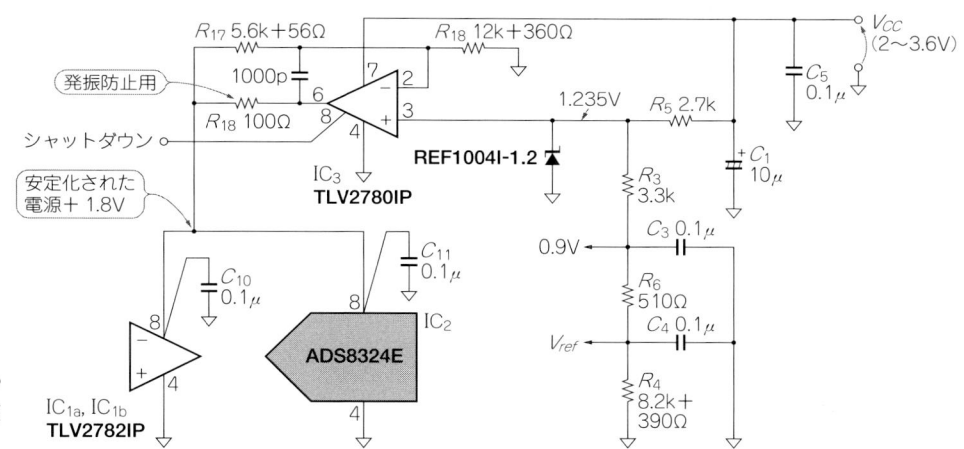

〈図3-5-12〉OPアンプによる電源の安定化

■ 改良その③

● フルスケールの電源電圧変動改善

　直線性の次は，電源電圧の変動に対するフルスケール(ゲイン＋オフセット)変動です．目標仕様を満たしてはいますが，用途によってはもう少し安定性がほしいこともあるでしょう．

　この特性はOPアンプとADC自体の電源変動除去比に依存するため，有効な対策は，やはり電源の安定化となります．

　図3-5-12に示すのは，レギュレータとしてTLV2780IP(IC_3)を追加したものです．IC_3は，TLV2781IPにシャットダウン機能を追加したもので，消費電流などほかの特性はすべて同じです．TLV2780IPでの出力ドロップ分0.2Vを計算にいれて，電池の終止電圧は2V(各1V)までとします．

　しかし悪い要素ばかりではありません．常時アナログ回路を動作させる必要のないシステムでは，シャットダウン機能を活用して回路電源をOFFすればトータルな低消費電力化が図れます．

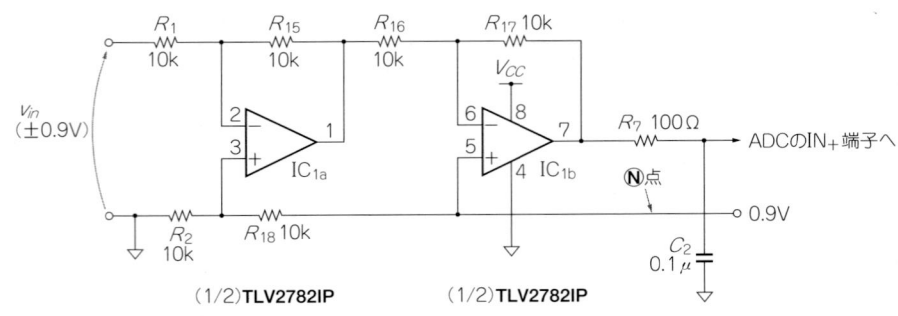

〈図3-5-13〉入力アンプを差動入力型に改良する

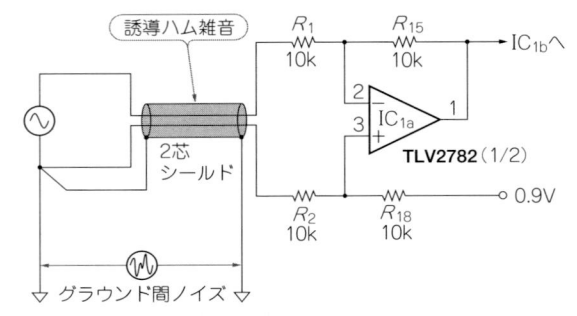

〈図3-5-14〉差動アンプによる同相ノイズの抑制

● スケーリング・アンプを差動入力型にする

図3-5-11のスケーリング・アンプを手直しして，図3-5-13のように差動入力型に変更します．この回路には，次の三つの利点があります．

▶ グラウンド基準(0V)で振幅する正負の信号を入力できる

単電源で負の電圧を扱えることは，DC直結でAC波形を見るための応用に最適です．この回路のゲインはIC_{1a}のスケーリング回路を含めて1です．

▶ 誤差電位やノイズ混入を軽減できる

入力段を見ると，IC_{1a}は差動アンプ構成です．これは，信号源が遠い場合でも図3-5-14に示すようなシールド線で配線を伸ばせば，信号源とこの回路のグラウンド間に多少のノイズ性の電位差があっても，同相電圧として抑えることができます．

信号配線に誘導する商用電源のハムにも同様の効果があります．抑えることができる度合い(同相モード除去比)は，差動アンプに使う抵抗精度に依存します．

▶ IC_{1b}の動作中心点が基準点と同じ方向にずれる

いつもアンプの動作中心点とADCの入力レンジの中心点とが一致するため，前述のようなシビアさがありません．

AC特性の評価

重要なAC特性の一つであるひずみ性能は，優れた直線性のうえに成り立ちます．ここまで苦労して

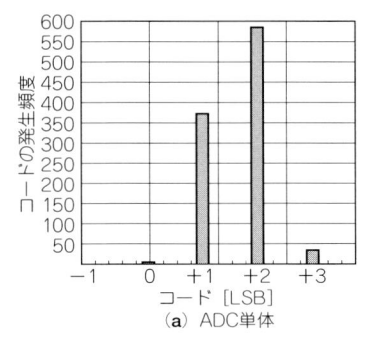

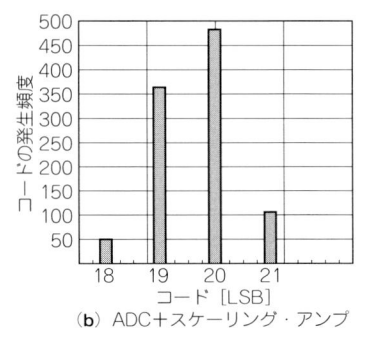

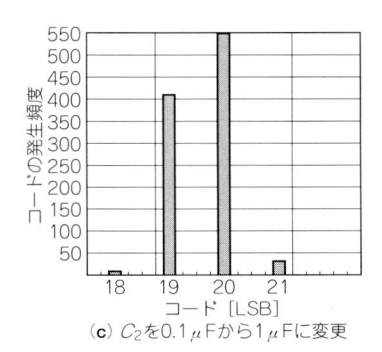

〈図3-5-15〉ヒストグラムによるADCの評価結果

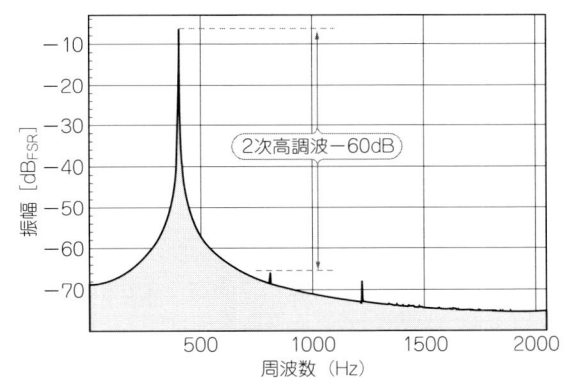

(a) ADC単体
(b) ADC+スケーリング・アンプ
(c) C_2を0.1μFから1μFに変更

〈図3-5-16〉完成したA-D変換基板のAC特性(評価ソフトウェアによるFFT解析結果)

改善してきた直線性性能になった試作回路のノイズ，ひずみ，ダイナミック・レンジを評価してみましょう．

● 無入力時のADC単体の変換精度

ADCのIN₊とIN₋をショートして，ADCの変換コードのヒストグラムを測定します．このテストでは，ノイズによるコードの暴れとオフセットのずれを定量的に観察できます．

図3-5-15に評価用ソフトウェアでの評価結果を示します．棒グラフの長さはコードの発生頻度を示します．入力ゼロの状態ですから，理想は0Vに相当するコード(0LSB)が1000回生じることです．図3-5-15(a)では0LSBではなく，+2LSBの出力が一番頻度が高くなっています．

棒グラフの左端と右端間の幅は，内部雑音とOPアンプの出力以外からの誘導雑音を加えた雑音の大きさを示しています．ADS8324Eの分解能は14ビットですから，現在の入力レンジ1.8Vから1LSBの重みは約110μVです．2LSBは220μVに相当します．

▶アンプ+ADCの変換精度

図3-5-15(b)はアンプとADCを含めた回路の変換精度の測定結果です．

図3-5-15(a)に対して増加した分が回路全体から発生しているノイズです．ノイズの低減策は，回路の帯域幅を制限することです．目標仕様の1kHz@-3dBに対してTLV2781IPのユニティ・ゲイン帯域幅は8MHzもあるため，不要な帯域幅を野放しにして高域ノイズを呼び込むのは得策ではありません．

図3-5-15(c)に示すのは，C_2を0.1 μFから1 μFに大きくして，帯域を狭めた結果です．ADC単体の評価とほぼ同じになりました．

● AC特性の総合評価

低ひずみ正弦波発生器を本回路に入力して，FFT解析によるAC特性の総合評価を行いました．結果を図3-5-16にします．

さらなる高精度化へのアプローチ

補足として最後に，より高精度なOPアンプであるOPA363Aと，基準電源REF3112を紹介しておきます．これらは「トランジスタ技術」2002年7月号の記事を書いた後で発表されたもので，バッテリ駆動でより高精度を要求する場合に適しています．

● オフセット・シフトがないOPアンプ OPA363A

これは図3-5-17(a)の等価回路に示すように，昇圧型DC-DCコンバータを内蔵しています．DC-DCコンバータの入力はOPアンプの正の電源ピンに接続されており，その出力電圧は電源電圧より1.8 V高く設定されています．この電圧で初段の差動対をドライブしているため，図のようにPチャネルMOSFETだけですべての入力レンジをカバーできるので，前出の図3-5-10(b)で示したPチャネルとNチャネルのつなぎ目におけるオフセット・シフトが図3-5-17(b)のように存在しません．これにより，非反転アンプ構成でも高い直線性が得られるため，設計自由度が従来品と比べ格段に向上します．

また，追加されたシャットダウン機能により待機消費電流を1 μAまで下げることができるので，間欠的な動作で事足りるポータブル測定器などで電池寿命を延ばすことが可能です．

OPA363AIの電気的特性を表3-5-6に，ピン配置の例を図3-5-18にそれぞれ示します．

● 温度特性が5 ppmの基準電源 REF3112

出力電圧の温度特性が前出のREF1004I-1.2の20 ppm(標準)に対して5 ppm(標準)と向上しています．また，図3-5-19のようにCMOSのOPアンプが内蔵されたため出力インピーダンスも低くなっています．これらの性能一覧を表3-5-7に，ピン配置の例を図3-5-20に示します．

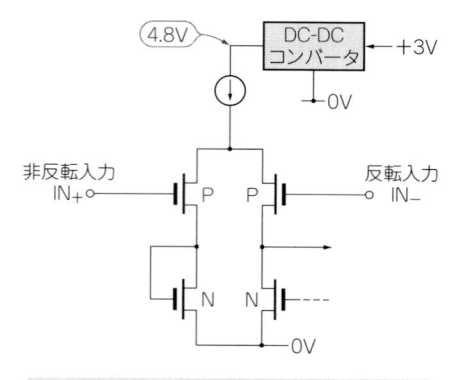

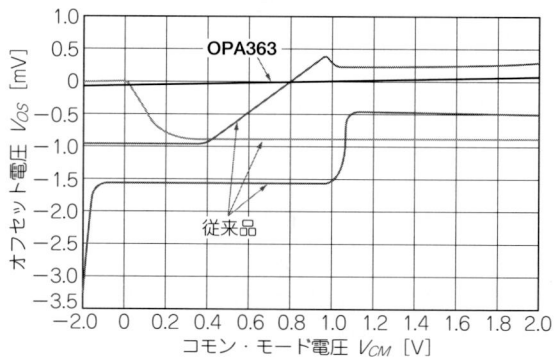

(a) 入力段等価回路の抜粋

DC-DCコンバータを内蔵しているため，PチャネルMOSだけで全入力レンジを扱うことができる．

(b) 同相モード電圧によるオフセット・シフト

従来品と比較し，PとNとの繋ぎ目がないためオフセットのシフト点が存在しない．

〈図3-5-17〉OPA363Aの入力段等価回路とオフセット・シフト

〈表3-5-6〉**OPA363AIの定格・特性**(テキサス・インスツルメンツ)

項　目	記号	条　件	最小	標準	最大	単位
動作電源電圧範囲	V_S		1.8	——	5.5	V
定格電源電圧	V_S		1.8	——	5.5	V
自己消費電力	I_Q	1.8 V動作時	——	650	750	μA
	I_{QSD}	シャットダウン時	——	——	0.9	μA
シャットダウンからの回復	t_{ON}	規定のオフセット電圧内まで	——	20	——	μs
同相モード入力範囲	V_{CM}	1.8 V動作時	−0.1	——	1.9	V
同相モード除去比	CMRR	V_{CM}の範囲内	74	90	——	dB
入力オフセット電圧	V_{OS}		——	1	2.5	mV
ゲイン帯域幅積	GBW		——	7	——	MHz
スルー・レート	SR	ゲイン$G=+1$	——	5	——	V/μs

注▶特記のない場合は$T_A=25$℃，$R_L=10$ kΩを$V_S/2$に接続，$V_{OUT}=V_S/2$，$V_{CM}=V_S/2$

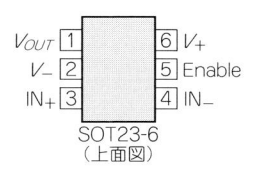

〈図3-5-18〉
OPA363AIのピン配置

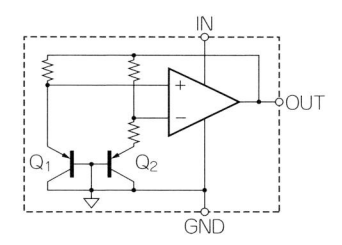

〈図3-5-19〉
REF3112の機能的等価回路

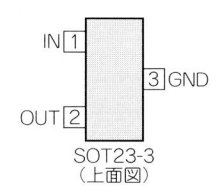

〈図3-5-20〉
REF3112のピン配置

〈表3-5-7〉**REF3112の定格・特性**(テキサス・インスツルメンツ)

項　目	記号	条　件	最小	標準	最大	単位
動作電源電圧範囲	V_S		1.8	——	5.5	V
出力電圧	V_{OUT}	$I_{LOAD}=0$ mA	1.2475	1.25	1.2525	V
出力電圧温度ドリフト	dV_{OUT}/dT	0～+75℃	——	5	15	ppm/℃
		−40～+125℃	——	10	20	ppm/℃
ロード・レギュレーション	dV_{OUT}/dI_{LOAD}	吐き出し，0 mA<I_{LOAD}<10 mA	——	10	30	μV/mA

注▶特記のない場合は$T_A=25$℃，$I_{LOAD}=0$ mA，$V_{IN}=5$ V

■ おわりに

　ADCとその周辺ということで解説してきましたが，お気づきになったように内容のほとんどがOPアンプに言及したものです．私は日本テキサス・インスツルメンツ社に席をおき，顧客向けの技術サポートを行っている関係で，ADCの不具合に関する問い合わせをよく受けます．その原因の大半が，前段OPアンプの使い方や選定ミスに起因しています．

　この記事から読者の皆さんが"How-to-Use ADC"は「How-to-Make前段OPアンプ回路」であることをご理解いただければ，私冥利に尽きます．

★本章はトランジスタ技術2002年7月号の記事を加筆・再編集したものです．〈編集部〉

第3-6章

従来型-ΔV検出方式の問題点を克服し，1セル独立充電を実現した

ニカド/ニッケル水素電池用急速チャージャの製作

木下 隆
Takashi Kinoshita

　扱いが簡単な2次電池として広く使われているニカド電池やニッケル水素電池（以下NiMH）は，さまざまな容量の製品が店頭に並んでいます．私の手元にも，いろいろな電池が増えてきたので，そろそろ市販ICを使って急速充電機を作ろうと思っていました．ところが，実験を始めてみると，それほど簡単ではないことがわかりました．

　試行錯誤の結果，接触抵抗による不安定な電圧測定の問題を解決し，さらに回路的な工夫によって各種容量の電池や，放電状態の異なる電池を1セル単位で充電可能な急速充電機"Activeチャージャ"（**写真3-6-1**）を製作したので紹介したいと思います．本機の仕様を**表3-6-1**に示します．

きっかけはメルトダウン

● 急速充電中に電池ホルダが溶けた！

　最大の難関は電池ホルダの接触抵抗です．買ったばかりの新品にもかかわらず，急速充電の実験中に電池ホルダのマイナス極側が過熱して，**写真3-6-2**のように溶けてしまいました．

　これは特例かもしれませんが，たとえメルトダウン事故に至らないまでも，接触抵抗による不安定な

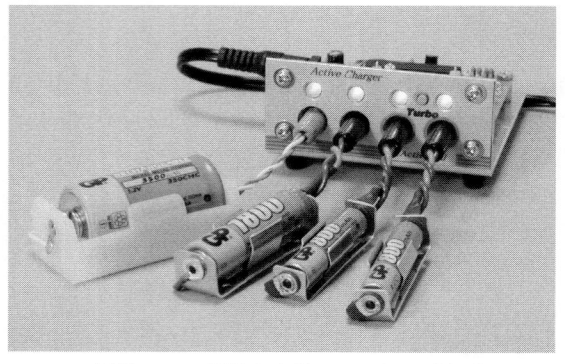

〈写真3-6-1〉製作した"Activeチャージャ"

〈写真3-6-2〉発熱で溶けた電池ホルダ

〈表3-6-1〉"Active チャージャ"の仕様

項　目	仕　様
電源入力	DC5 V±5％，2.1 A以上
電池種類	ニカドまたはニッケル水素
電池容量	1 Aの充電電流を流すことができる電池
充電電圧	公称値1.2 V
充電出力数	4セル独立（直列接続不可）
充電電流	● 通常モード：4セル各1 A ● ターボ・モード1：1セル単独充電時 1.6 A ● ターボ・モード2：2セル同時充電時 2 A
充電開始	専用のホルダに装填した電池を接続したときに自動検出
充電停止条件	● 電池取り外し ● $-\Delta V$検出 ● トータル・タイマのタイム・アップ（180分） ● ブレークスルー方式，dVカウント方式併用
検出分解能	フルスケール約2.18 Vに対して10ビット（2.1 mV）
検出間隔	1秒
予備充電	$-\Delta V$検出禁止時間（3分）
装填検出時間	1.5秒
状態表示	各セルに対応したLEDの点滅による
モニタ出力	シリアル信号により，主要内部変数を100 ms間隔で出力

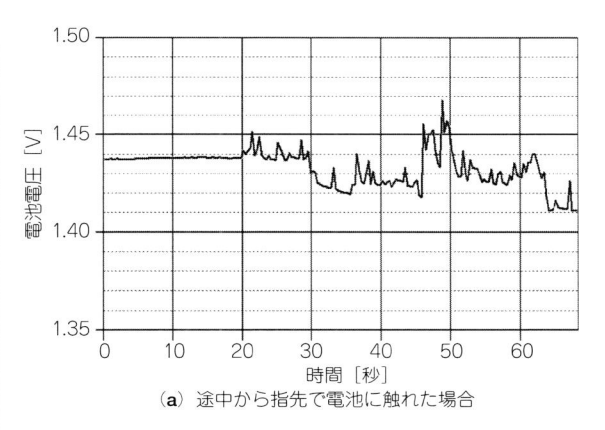

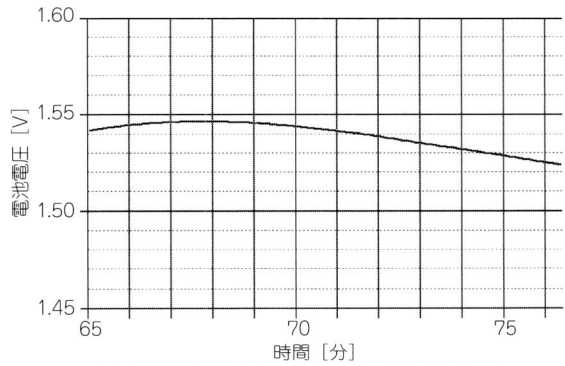

（a）途中から指先で電池に触れた場合

（b）静かに放置した場合の$-\Delta V$付近の電圧変化

〈図3-6-1〉電池ホルダ使用時の電池電圧の変化

電圧降下は，急速充電機の大きな障害になります．なぜなら，多くの急速充電機は，充電中の電池電圧を監視し，増加傾向から減少傾向に転じた時点で充電を停止する，いわゆる「$-\Delta V$方式」によって制御するからです．この変化量が極めて微小なため，電池電圧の測定値に接触抵抗などによる不安定な電圧が含まれると誤動作の原因になってしまうのです．

● 接触抵抗が充電中の電池電圧の測定値に及ぼす影響

　最初は$-\Delta V$方式を使う予定だったのですが，予期せぬメルトダウン事故をきっかけに，接触抵抗が電池電圧の測定値に及ぼす影響を調査したところ，図3-6-1(a)のようになりました．

　これは単3型 NiMH（1800 mAh）を$1C$（1.8 A）で充電し，途中から指先で電池に触れながら，ホルダ両端電圧をディジタル・マルチメータ（DMM）で連続的に観測したグラフです．データ収集にはEasyGPIB[1]を使用しています．静かに放置して$-\Delta V$近傍を観測した図3-6-1(b)と比較すると，電圧の乱れがいかに大きいかがわかります．両グラフとも垂直スケールは同じですから，これではまともな$-\Delta V$検出などできそうにありません．

二つのアイデア

　Activeチャージャは，トータル充電タイマと$-\Delta V$検出によって，充電完了を検知します．対応する電池の選択肢を広げるために前者の設定時間を長くしてあるので，主に$-\Delta V$検出に頼って充電を完了します．そのため$-\Delta V$検出の確実性が本機の実用性を大きく左右することになります．そこで，検出精度を高める手段として，次の二つの方式を考案しました．

■ 新アイデアその1：ブレークスルー方式

● 電圧測定時に充電電流を一時停止する

　電圧降下は，接触抵抗と充電電流の積で発生します．接触抵抗をゼロにすることが不可能ならば，充電電流をゼロにすれば電圧降下は原理的に発生しません．そこで**図3-6-2**のように電圧測定の前後で一時的に充電電流を停止する方式を「ブレークスルー方式」と呼ぶことにしました．その名のとおり，問題解決の糸口になったアイデアです．

　当初はMAX713（マキシム）などの専用ICを使用する予定でしたが，特殊な充電制御が必要になったので，8ビット・マイコンPIC16F876を使用しました．

● アイデアの検証

　図3-6-3は，**図3-6-1**で使用した電池をActiveチャージャで充電したときの特性グラフです．充電途中に電池を指先で動かして接触抵抗を変化させています．電圧はシステムDMMのR6551（アドバンテ

〈図3-6-2〉ブレークスルー方式の動作（電圧測定の前後で一時的に充電電流を停止する）

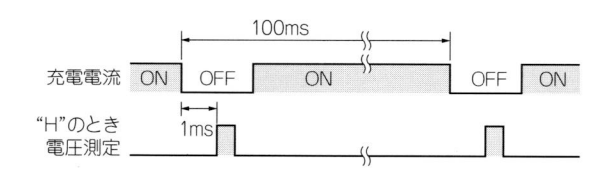

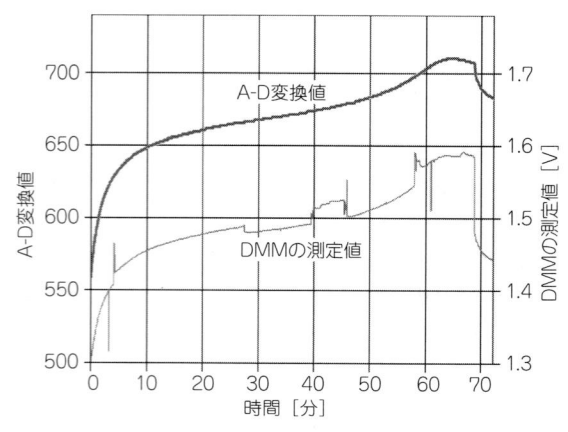

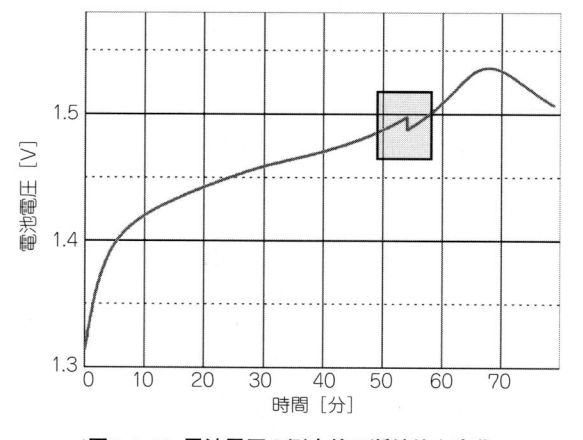

〈図3-6-3〉1.6 Aで充電したときのA-D変換値とDMMによる電池電圧の測定値

〈図3-6-4〉電池電圧の測定値の断続的な変化

スト）で自動測定しました．DMMの測定値には，ホルダやコネクタで発生する電圧降下が含まれているため，大きく変化していますが，PICマイコンのA-D変換値はまったく影響されません．ブレークスルー方式の採用によって電池電圧の変化が正確に取得されているようすがわかります．

● マイコンの内部変数をモニタする機能

ところで，本機はPICマイコンの内部変数の状態をシリアル信号で逐次出力する機能を備えているので，図3-6-3のようなPICマイコンの内部状態をパソコンで簡単にモニタできます．一方，DMMで測定した電圧をGP-IBを通してEasyGPIBで取り込むことによって，装置内外の状態をExcelで同時に観測することが可能になります．**写真3-6-3**がそのようすです．

EasyComm[3]やEasyGPIBは，このような使い方を前提として私が開発したフリー・ツールです．

■ 新アイデアその2：dVカウント方式

● モード切り替えによる誤動作を防ぐ

接触抵抗の影響はブレークスルー方式によって排除できますが，充電電流が変化すると電池電圧自体が変化してしまうので効果がありません．本機はモードによって充電電流が切り替わるので，別の対策が必要になります．

図3-6-4は電池の充電曲線の例ですが，モードの切り替えによって電池電圧が下方にシフトしています．このような変化が生じると，$-\Delta V$検出回路が誤動作して充電を停止することがあります．これを防ぐ目的で考案したのが「dVカウント方式」です．

● dVカウント方式の動作

測定値を前回の値と比較し，変化があればdVカウンタを±1します．前回より大きければ－1，小さければ＋1しますが，ゼロでカウントを停止し，ゼロ以下になることはありません．

図3-6-5(a)は正常時における電池電圧とdVカウンタの変化です．電圧の変化が増加傾向のときはdVカウンタはゼロのままですが，減少傾向に転じると測定ごとにカウントアップされていきます．ある値（本機では4）に達したときを$-\Delta V$検出として充電を完了します．

図3-6-5(b)は充電途中で測定値が下方へシフトしたときのdVカウンタの動作です．減少量のいかんによらずdVカウンタへの影響は1カウントなので，$-\Delta V$検出にはほとんど影響を与えません．も

〈写真3-6-3〉パソコン上で動作状態をモニタしているようす

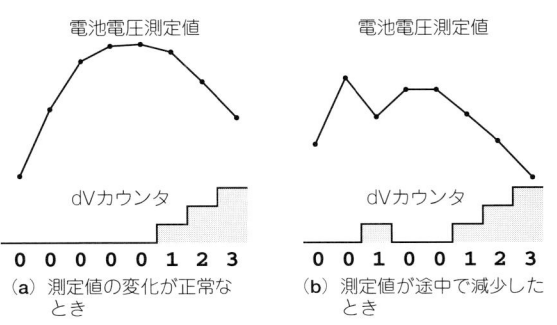

〈図3-6-5〉充電中の電池電圧とdVカウンタの動作
(a) 測定値の変化が正常なとき
(b) 測定値が途中で減少したとき

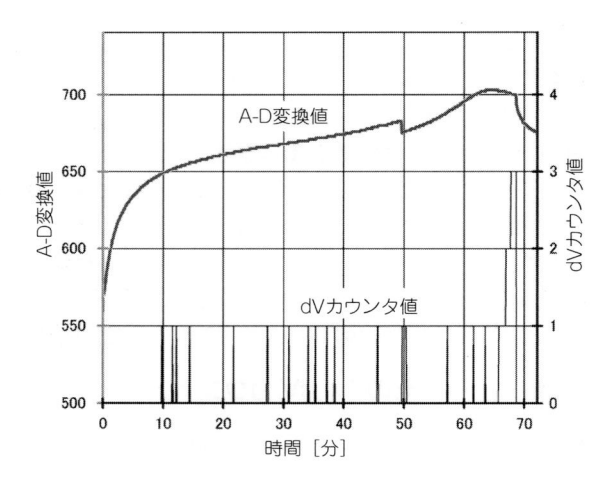

〈図3-6-6〉A-D変換値とdVカウンタの値

し，$-\Delta V$の検出を微分回路などで行ったら，**図3-6-5(b)**の状態で検出回路が誤動作してしまいます．dVカウンタは，検出電圧に大きな変化があっても±1に圧縮する効果があるのです．

● アイデアの検証

図3-6-6は実際の充電電圧（A-D変換値）とdVカウンタの値をグラフ化したものです．途中で充電電流を変化させたため下方シフトが発生していますが，dVカウンタへの影響はほとんどないことがわかります．

$-\Delta V$の近傍になるとカウント値が伸び上がって，4カウントに達した時点で停止します．本機は停止したあとに変数をリセットするので，最後の値はプロットされていませんが，dVカウンタの動作と効果が明確に現れています．

回路構成

■ 回路構成

図3-6-7が本機の全回路図です．PICマイコンを使用したので単純な回路構成ですが，通常の充電モードでも少し複雑な動作を行っています．

PICマイコン周辺に関しては「トランジスタ技術」誌で十分に紹介されているので省略します．右側にある二つの対称部分が本機の主要回路です．

■ 動作の説明

主要回路を簡略化したのが**図3-6-8**です．二つのブロックで構成されますが，動作は同じなのでブロック0について説明します．

Tr_5とTr_6は簡易定電流回路で，信号CHG12によって約2Aの充電電流をON/OFFします．Tr_5は放熱器が必要です．Tr_1(PASS1)とTr_2(PASS2)は電池が装填されていないときに充電電流をバイパスするためのFETです．例えばバッテリ2(B_2)が装填されていないときの充電電流の流れは**図3-6-9**のようになります．

回路構成

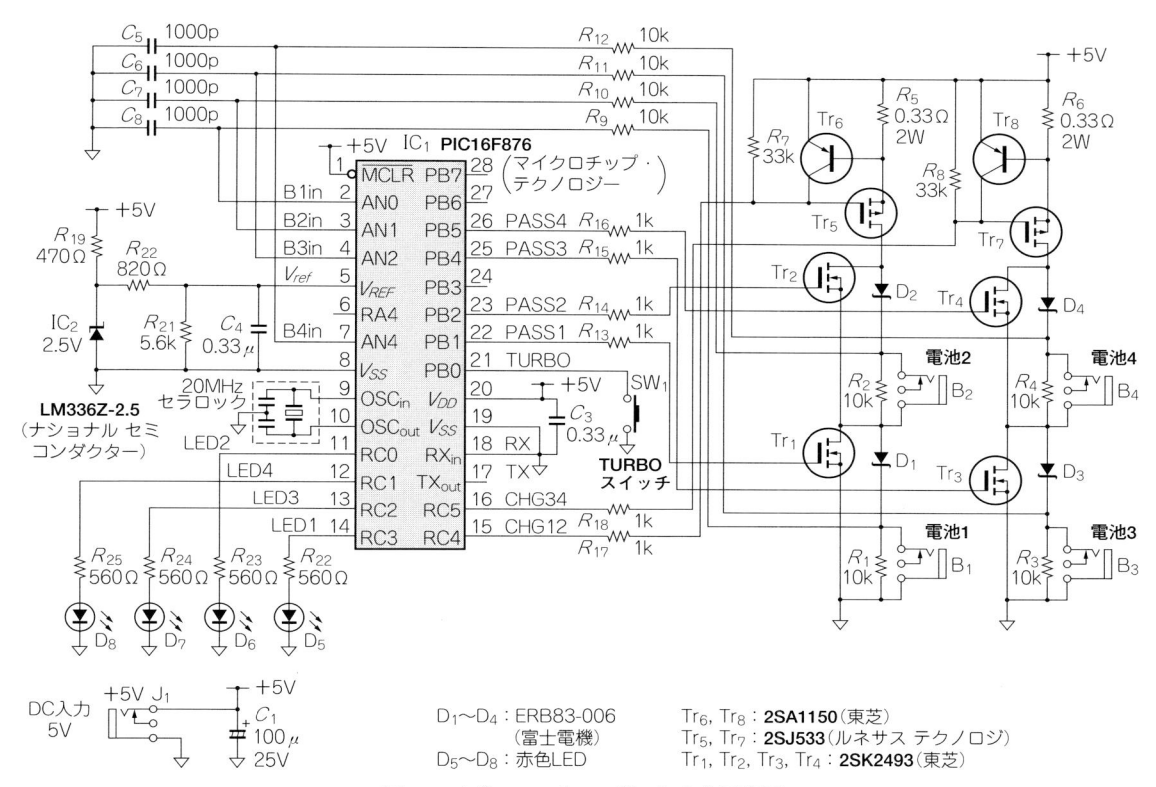

〈図3-6-7〉"Active チャージャ"の全回路図

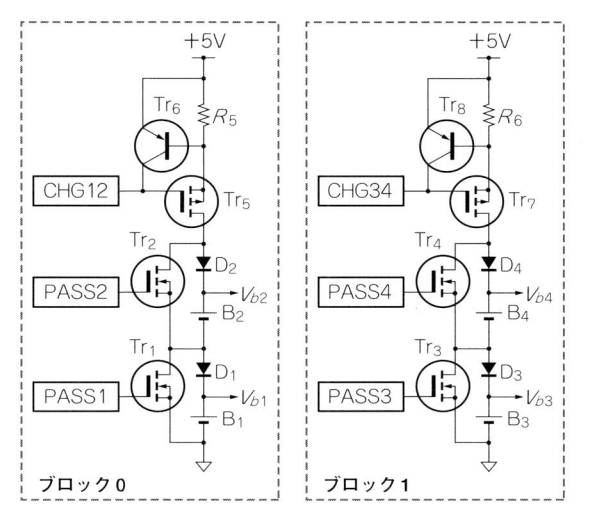

$D_1 \sim D_4$: ERB83-006（富士電機）
$D_5 \sim D_8$: 赤色LED
Tr_6, Tr_8 : 2SA1150（東芝）
Tr_5, Tr_7 : 2SJ533（ルネサス テクノロジ）
Tr_1, Tr_2, Tr_3, Tr_4 : 2SK2493（東芝）

〈図3-6-8〉主要部分を簡略化した回路

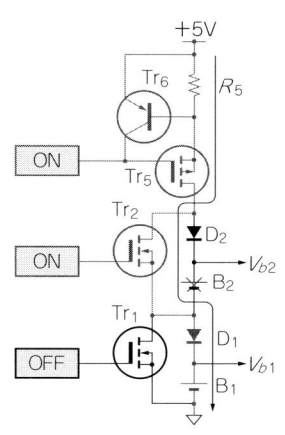

〈図3-6-9〉電池 B_2 を装填していないときの充電電流の流れ

〈表3-6-2〉各モードにおける電流配分

モード	ON時間	OFF時間	充電電流	電源電流	備考
ノーマル	50 ms	50 ms	1 A	2 A	1～4個を同時充電可能
ターボ1	40 ms	10 ms	1.6 A	1.6 A	電池3または電池4のいずれか一つ
ターボ2	連続ON		2 A	2 A	電池3と電池4を同時充電

また，ブレークスルー方式による電池電圧測定は，Tr_1とTr_2がONの状態で行われるため，B_1とB_2の電圧は共にGNDレベルを基準にして取得できます．

3種類の動作モード

■ ノーマル・モード

4セルを同時に充電するモードです．本機に電源を投入した直後は，このモードになります．ノーマル・モードでは各ブロックが50 ms間隔で交互にONになるので，平均充電電流は1 Aになります．

4個の電池それぞれに1 Aずつ，トータルで4 A流れます．しかし，電源には2 Aしか流れないので，市販のスイッチング・レギュレータ・タイプのACアダプタ(出力5 V2.3 A)を使用しています．なお，本機は5 Vに安定化された電源が必要です．

■ ターボ・モード1とターボ・モード2

正面パネルのTurboボタンを押すと，ターボ・モードになります．ターボ・モードには2種類あり，電池3と電池4のいずれか一つが装填されているときはターボ・モード1，両方とも装填されているとターボ・モード2になります．

ターボ・モード1は充電電流をFETでバイパスする必要があるため，ON時間を下げてFETの発熱を抑えています．各モードにおける電流配分を**表3-6-2**に示します．

製作上のポイント

■ 電池ホルダ

本機は単2，単3，単4，ガム型など，さまざまな形状の電池に対応するために，コネクタを通して1セルずつ個別に装填できるような構造にしました．

電池ホルダはしっかりとしたものを選ばないとメルトダウン事故を誘発しかねないので，十分注意して選んでください．私は，単3と単4型は秋月電子通商[4]で販売しているKeystone Electronics社の金属製ホルダを使用しました．このホルダは丈夫で熱にも強く，急速充電用としては最適です．しかし，中央部の電池を支える部分が強力すぎて電池の絶縁スリーブを傷めることがあるので，あらかじめ少し広げておいたほうが使いやすくなります．また，端子部やコネクタ内部でショートしないよう**写真3-6-4**のように熱収縮チューブで絶縁しています．

ガム型電池のホルダは入手できなかったので，**写真3-6-5**のように自作しました．スルーホール・タ

〈写真3-6-4〉露出した電極を熱収縮チューブで覆う

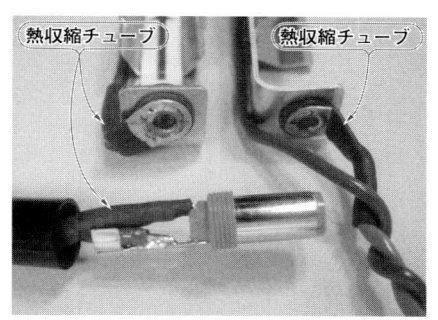

〈写真3-6-6〉Tr_5とTr_6はシャーシに取り付けて放熱する

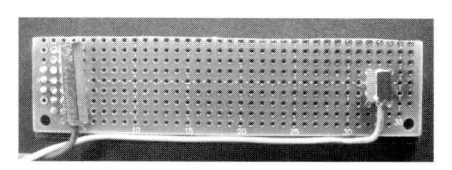

〈写真3-6-5〉ガム型電池の自作ホルダ

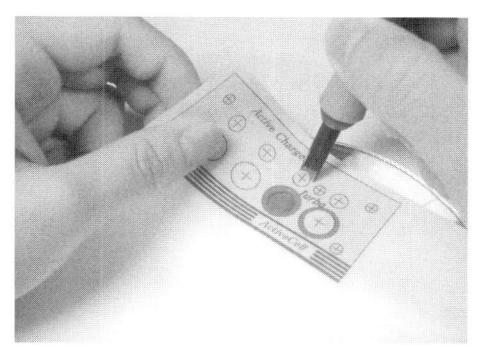

〈写真3-6-7〉バック・プリント・フィルムに印刷して彫刻刀などで穴をあける

イプのユニバーサル基板に，長さの異なる金属製の六角スタッドをはんだ付けしています．ただし，並行ではなく片方だけをわずかに傾けることによって電池の長さのばらつきを吸収しています．

単2電池用のホルダは，残念ながら脆弱なものしか手に入りませんでした．

■ パワー部品

Tr_5とTr_7は発熱するので，放熱器などを取り付ける必要があります．本機では**写真3-6-6**のように基板裏面に取り付けてアルミ・シャーシに固定して放熱しました．そのため基板はスルーホール・タイプを使いました．

Tr_1〜Tr_4は，2.5V駆動のパワーMOSFETです．低ゲート電圧でONになるFETを使わないと電流をバイパスできずに発熱することがあるので，代替品を使用するときは十分に注意してください．

D_1〜D_4は，2Aクラスのショットキー・バリア・ダイオードです．通常のシリコン・ダイオードは順電圧降下が大きいので使用できません．必ずショットキー・バリアを使用してください．

■ 外装

シャーシは1.2mmのアルミ板を使いました．板金図は「トランジスタ技術」で紹介したExDraw[2]を使って描画し，それをもとに加工しました．

板金図に手を加えて，バック・プリント・フィルムに印刷して化粧パネルを作ります．穴あけは，プリント基板のアート・ワーク用カッティング・コンパスや彫刻刀（**写真3-6-7**）を使いました．

ソフトウェア

■ プログラムの概要

　シーケンス的な動作なので基本的にはさほど複雑ではありません．しかし，4セルの電池をそれぞれ単独で監視しなければならないので，変数とその管理が多くなります．

　処理の多くは定時割り込み内で行います．割り込みは50 ms間隔で発生し，ブロック0とブロック1の処理を交互に行うので，一つのブロックは100 ms間隔で処理されることになります．割り込み処理の最後には，内部変数をシリアル・データとして送信する処理が含まれています．これをパソコンで拾い上げて内部状態をモニタします．

　プログラムはMPLABで制作しました．詳細は「トランジスタ技術」ダウンロード・サービス（TR0308C）に収録したソース・ファイルを参照してください．フローチャートや本稿に使用したグラフの元図，データ表やモニタ用受信プログラムなどもファイルに追加してあるので，EasyGPIBやEasyCommの使用例の一つとしても参考になると思います．

■ LEDによる状態表示

　充電器の状態は，セルごとにLEDの点滅で表示します．図3-6-10は充電器の状態と点滅パターンの関係です．

　「予備充電」とは，$-\Delta V$検出を行わないで強制的に充電する期間をいい，本機では電池装填を検出

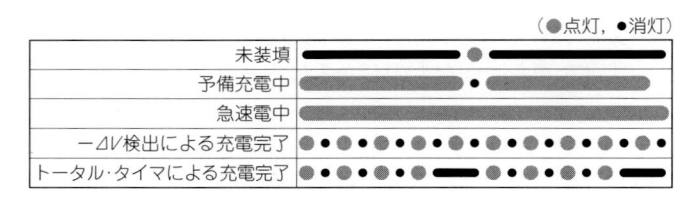

〈図3-6-10〉LEDの点滅パターン

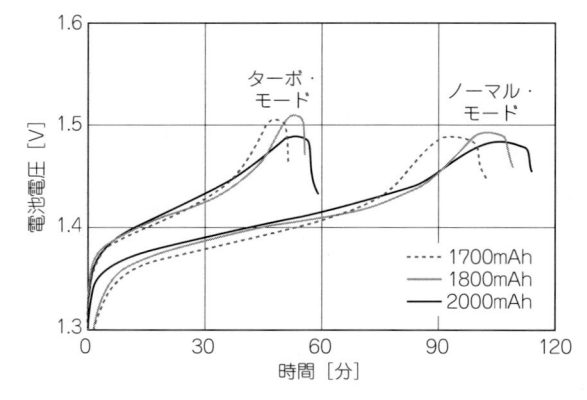

〈図3-6-11〉単3型NiMH電池の充電特性

してから3分間経過するまで続きます．長時間放置した電池を充電すると，充電初期に $-\Delta V$ 現象が発生することがあるので，停止しないための対策です．ただし，充電済みの単4電池をターボ充電すると，すぐに過充電になるので，安全のため3分にしてあります．

■ トータル・タイマ

本機は単2型電池の充電を考慮してトータル・タイマを180分に設定していますが，単3電池以下しか充電しないのなら，90分程度が安全かもしれません．ソース・リスト中の PRE_MAX_H，PRE_MAX_L はトータル・タイマの時間を秒単位で指定する2バイトの定数です．これを2A30hから1518hに変更してください．

■ 実測結果

本機による単3型NiMH電池の充電特性を図3-6-11に示します．ターボ・モードには2種類ありますが，測定は二つの電池を装填して，充電電流が最大(2 A)のモード2で行いました．

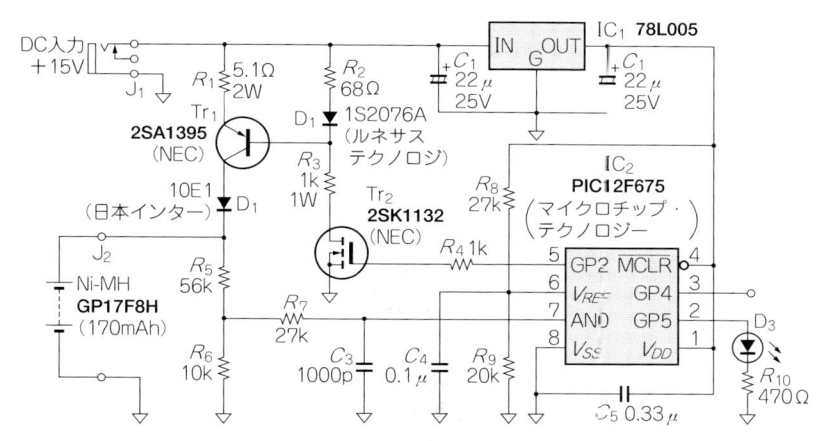

〈図3-6-12〉ブレークスルー方式の006P電池用充電回路

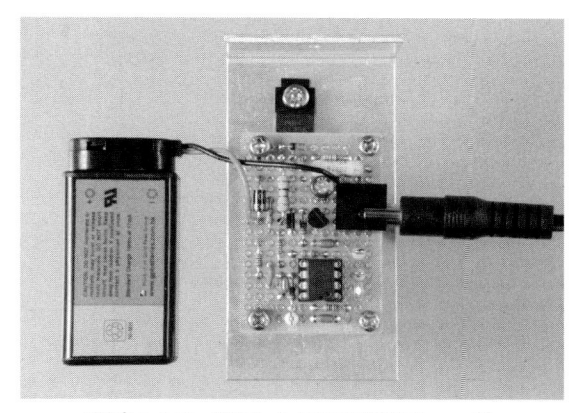

〈写真3-6-8〉製作した006P電池用チャージャ

006P型電池の充電回路

ブレークスルー方式とdVカウント方式の応用例として006P型電池用を紹介します. **図3-6-12**に回路図, **写真3-6-8**に試作品を示します.

最近入手できるようになった8ピンDIPでフラッシュ・タイプのPIC12F675を使いました. 10ビットのA-Dコンバータを内蔵しています. モニタ出力用のシリアル出力は内蔵UARTがないため, ソフトウェアで実現しています. まだピンが余っているので, 温度検出用のサーミスタ入力として使用すれば, 電池パック用の充電機としても使用できます. 入手した電池の容量に合わせて, 充電電流を170 mAに設定しました.

充電系統が一つだけしかないので, 特に複雑な処理は行っていません. ブレークスルー方式とdVカウント方式を使用しており, プログラムはActiveチャージャよりも簡単で見やすいはずです.

後日談──ブレークスルー方式について

● すでに特許になっていた！

充電をいったん停止して端子電圧を測定する方式は1991年に鳥取三洋電機㈱から出願され「特公平8-13169」で権利が確立されているため, 個人で使用する以外は権利者の承諾が必要なので注意してください.

Activeチャージャの記事が掲載された後, 上記特許の発明者である石黒一敏氏よりメールをいただきました. ブレークスルー方式がご自身のアイデアであり, すでに特許であることのご指摘が趣旨でしたが, 同時に開発当時の苦労話や現場の工夫などをお伺いすることができました. 現場の開発技術者にとって大変興味深い内容だったので, その一部を紹介させていただきます.

● ブレークスルー方式の開発の背景

当時はニッケル水素電池の発売開始と同時期だったため, 電池に少しでも負担をかけないようにするためにピーク電圧充電方式, つまり$-\Delta V$が発生する直前で充電を停止させる方式が開発のテーマだったそうです. しかし, ターゲットはノート・パソコンだったので, 充電回路には最小限の部品しか割り当てられておらず, 4ビット・マイコンと精度の良くないA-Dコンバータに加えて, 接触抵抗やケーブル抵抗の誤差が入るデータから, 電池電圧の微小変化を検出するのは不可能でした.

それを可能にしたのがブレークスルー方式だったのです. そして, 電池電圧の変化が正確に読み取れるようになると, 体温計などのようなピーク電圧に達する時間を予想するプログラムを取り入れることによって, 目的の性能をもつ充電器のめどがつきました.

● 充電中の電圧や温度などを部品を追加せずにモニタするアイデア

しかし, 実際に充電器として完成させるためには, 少し減った電池や過放電した電池などのさまざまな充電パターンを調査しなければなりません. 開発期間が短かったため, パソコンで充電シミュレーションを行ってアルゴリズムを完成させ, 4ビット・マイコンに移植するという手法をとりました.

実機での動作確認のためには, 充電中の電圧や温度などの内部状態をモニタする必要がありました. そこで石黒氏は, 充電器の動作表示用LEDにシリアル信号を重畳する方式を採用しました.

つまり人間の目で見るとただ点灯しているだけのように見えるLEDに, フォト・トランジスタによ

るセンサを近づけると，現在の電圧や温度などの内部変数を受信して，パソコンでモニタできるのです．そしてこのセンサ回路はシリアル・ポートを電源として動作するものでした．この機能は量産後も残しておいたそうで，出来上がったノート・パソコンの充電表示LEDにこっそりとセンサを近づけては，やれ今の電圧はどうだの，温度は何℃だのといって一人喜んでいたそうです．

　Activeチャージャにも内部変数のモニタ機能があり，動作状態を確認するのに大きな役割を果たしました．

　時期も場所も環境もまったく異なりますが，アイデアや工夫の押さえどころ，製品としての動作確認および実証手段など，開発のアプローチには共通点が多く，とても共感しました．

■ さいごに

　電池の充放電には長い時間がかかりますが，スムーズに効果を測定し，短時間で改良を加えながら開発を進められたのは，EasyCommやEasyGPIB，Excelの活用法，そして簡単なハードウェア・ツールがあったからです．ツールの活用例の一つとして，本稿およびソース・ファイルを参考にしていただければ幸いです．

◆参考文献など◆

(1) 木下 隆；EasyGPIBの制作と応用，トランジスタ技術，2003年1月号，pp.257～262，同2月号，pp.254～259，同3月号，pp.255～261，CQ出版㈱．
(2) 木下 隆；外観図や部品配置図を手軽に描く Excelで作った簡易作図CAD ExDraw，トランジスタ技術1998年10月号，pp.372～373，CQ出版㈱．
(3) 木下 隆；EasyComm for Excelの制作と応用，トランジスタ技術，2001年6月号，pp.304～309，同7月号，pp.310～318，同8月号，pp.297～305，CQ出版㈱．
(4) ㈱秋月電子通商　http://akizukidenshi.com/
(5) ㈱東芝 セミコンダクター社
　　http://www.semicon.toshiba.co.jp/
(6) 私のウェブ・サイトなど
　　http://activecell.jp/，kino@activecell.jp

■プログラムなどの入手方法　筆者のご厚意により，この記事の関連プログラムやデータを当社ホーム・ページからダウンロードして入手できます．
http://www.cqpub.co.jp/toragi/download/2003/TR0308C/TR0308C.htm

★本章はトランジスタ技術2003年8月号の記事を加筆・再編集したものです．〈編集部〉

■ 自作した絶縁型レベル変換アダプタ

PICマイコンの5VのCMOSレベル出力をパソコンのシリアル・インターフェースに接続するには，信号レベルを変換する必要があります．

今後も利用することを考えてフォト・カプラを使った簡易アダプタにまとめました．あまりにも簡単なので，9ピンDサブ・コネクタのケースに組み込んでしまいました．簡単とはいえ，電気的には十分な特性をもっています．

外観を**写真3-6-A**，内部のようすを**写真3-6-B**，回路を**図3-6-A**に示します．TLP351[5]は消費電流が少ないので最適ですが，発売されたばかりで入手しにくいようですから，TLP555[5]を使用した回路も示しておきます．

使い方は**図3-6-B**を参考にしてください．無電源で動作し，しかもパソコンとは電気的に絶縁されるので安心です．通信速度は115.2 kbpsでも十分に余裕があります．

フォト・カプラを2個使うと簡単に双方向のアダプタになりますが，接続本数が倍増するので，使いやすさとシンプルさは失われます．多少機能不足でも，使い方を工夫することによって，多くの目的を達成することが可能です．ハードウェア/ソフトウェアによらず，ツールとして最も大切なのは，そのシンプルさと基本性能だと思います．

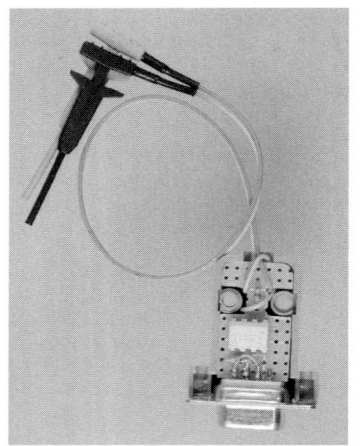

〈写真3-6-A〉製作した絶縁型レベル変換アダプタ

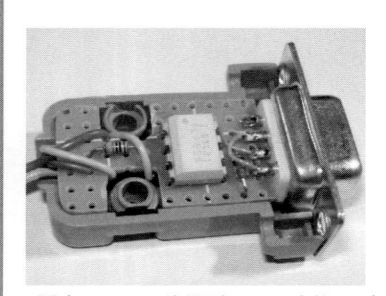

〈写真3-6-B〉絶縁型レベル変換アダプタの内部

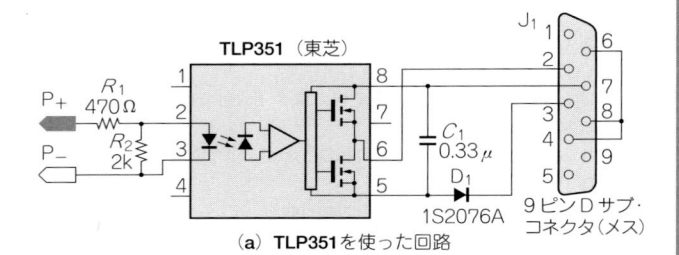

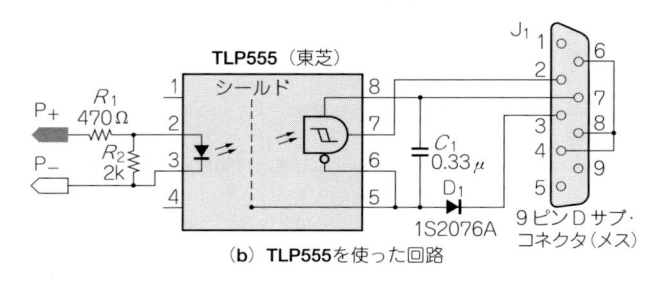

〈図3-6-A〉絶縁型レベル変換アダプタの回路

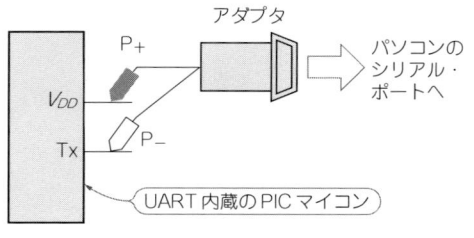

（a）TLP351を使った回路

（b）TLP555を使った回路

〈図3-6-B〉PICマイコンとの接続方法

◆ **第3-7章**

ニカド電池やニッケル水素電池のメモリ効果や
不活性状態を除去する

コンパクトな急速放電器の製作

小山 裕史
Hirofumi Koyama

■ 緒言

● 放電器はあまり市販されていない

　ニカド電池やニッケル水素電池などの蓄電池は，模型から家電製品まで広く使われています．とくにニッケル水素電池は高容量・大出力電流などの特徴をもっているため，ポータブルのAV機器やデジカメなどに多く使われています．

　最近，放電機能付きの急速充電器が登場していますが，放電に長い時間がかかり，放電機能付きでない機種よりも高価なようです．

● メモリ効果と不活性状態

　ニカド電池やニッケル水素電池は，マンガン電池やアルカリ乾電池などの1次電池と比べると高性能です．しかし，両電池はメモリ効果とニッケル水素電池は不活性状態という面倒な特性をもっています．メモリ効果とは，電池を使い切らずに継ぎ足し充電を繰り返すと，見かけ上の電池の充電容量がどんどん減っていき，電池の寿命がきていないのに短時間しか使用できなくなってしまう現象です．また，不

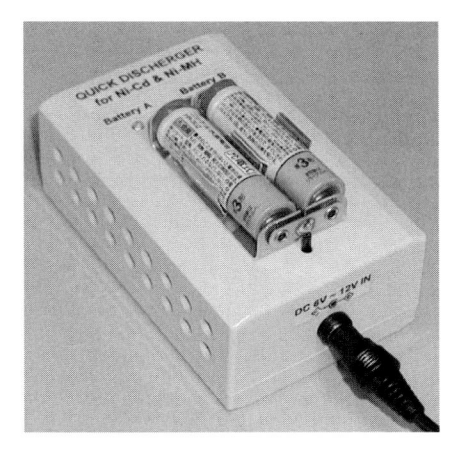

〈写真3-7-1〉製作した急速放電器の外観

活性状態とは，使用しないで長く放置すると，電池自体の自己放電により電池の内部電極表面に膜ができて電流が流れにくくなる現象です．

これらの現象を取り除くには，一般的に充放電を2～3回繰り返す必要があり，できるだけ速く放電させて正常な充電をするのが電池を長持ちさせたり，急な電池切れに直面しないために重要です．

放電器の製作記事は以前にもありますが，本稿は従来にはなかったアイデアを取り入れ，簡単に自作できる急速放電器(**写真3-7-1**)について説明します．

急速放電器を製作した背景

● **市販品やキットへの不満**

放電させるには，電池を入れた機器を動作させたまま放置すればよいのですが，長い時間がかかったり，無理に大電流を流し続けると電池寿命を縮めたりするほか，高機能の機器は電池の減電圧を検知して自動的にOFFしてしまったりします．これでは十分放電できませんから，電池寿命を縮めることなくできるだけ短時間で放電させて，急速充電をしたいという希望をもっていました．

市販品やキットを購入して試しましたが，放電電流が500 mA以下だったり，電池を直列にして放電させるものばかりでした．

直列放電がどうして問題かというと，充放電状態が異なる電池を直列にして放電すると，一部の電池に極性の逆転現象が起き，電池寿命に影響を与えるからです．急速充電器はすでにもっているため，技術的興味と必要性からどうしても放電器を自作したかったというのが，急速放電器を開発した背景です．

● **製作した放電器の特徴**

この急速放電器の特徴を以下にまとめました．
- 入手が容易な部品51点で構成した
- 公称電圧が1.2 Vの単3のニカド電池やニッケル水素電池を各2本まで同時放電できる
- 電池2本の充放電状態が異なっていても同一の放電状態にできる
- 電池1本当たり最大約1.9 Aまで放電でき，満充電された正常な電池でも55分以内に放電できる
- 放電回路に周波数を規制した弛張発振を使用しているので，放電終了に近づくにしたがってLEDが点滅し，放電終了で消灯する
- 放電終止電圧は無調整で1.08～1.12 V
- 回路の消費電力は約450 mWで，電源にほかの機器用のACアダプタを流用できる

回路の説明

■ **構成**

図3-7-1に急速放電器の基本ブロック図を示します．回路構成は簡単なのでブロック図にする必要はないくらいですが，基準電圧発生器，電圧比較器，電流スイッチ，電流制限器，そしてLEDドライバなどの回路ブロックは，充放電器には必要不可欠な回路ブロックです．

電圧降下器，整流器，フィルタなど仰々しい名前が付いていますが，電圧降下器は抵抗1個，整流器はダイオード/抵抗/コンデンサ各1個，フィルタはコンデンサ1個で構成されているにすぎません．

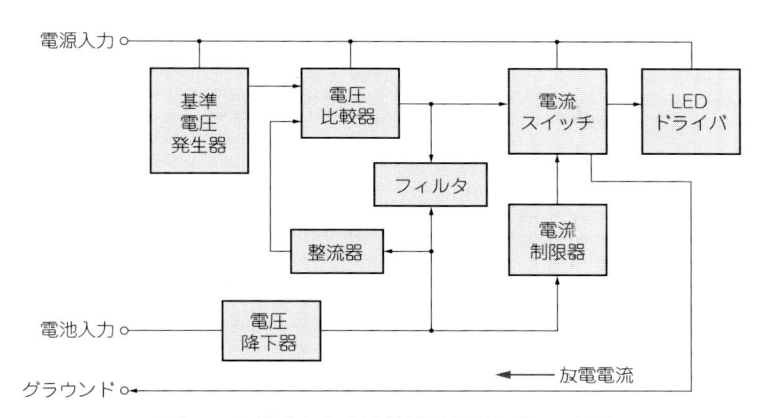

〈図3-7-1〉製作した急速放電器の基本ブロック図

　技術的に目新しいところは，基準電圧発生器とLEDドライバを除いた回路ブロックが，放電する電池を含めて発振器になっていることです．発振周波数は22 Hz以下ですが，電池から大電流を取り出して弛張発振を起こさせ，電池からパルス状の電流を放電させます．弛張発振というのは，電源のインピーダンスが十分小さくない電源から，大きな電流(重い負荷)を取り出すときに起きる現象で，数kHz以上になることがあり，本来はまったく歓迎されない現象です．

■ 各部の動作

　図3-7-2に回路図を示します．電池Aと電池Bの2系統がありますが，説明の都合上，電池A用の回路の参照番号で説明します．
　本器は直流出力6〜12 Vで300 mAクラスのACアダプタで動作します．一見複雑なようですが，5 Vの定電圧レギュレータ(IC_1)と基準電圧発生回路(R_1〜R_4，D_1，Tr_1，C_4)以外は，グラウンド・ラインを挟んで上下同じ回路です．ICと一部の回路定数を変更して5 V用のICを取り除けば，1.6〜1.8 Vの電源電圧で動作するさらに小型の放電器にもなります．

● 基準電圧

　5 Vの定電圧ICの出力電圧誤差は±0.25 Vありますし，電池の放電を停止させる基準電圧は0.69〜0.76 Vまでという微妙な電圧です．このためD_1の順方向電圧をTr_1のエミッタにつり上げ，これをR_3とR_4で分圧してIC_2の5番端子に供給しています．Tr_1のエミッタ電圧は約1.2 Vですが，R_5からの電流があるため，基準電圧はこの電圧をR_3とR_4で分割した電圧にはなりません．ちなみにR_5はOPアンプのばらつきを抑える抵抗で，正帰還による発振とは無関係です．この基準電圧発生方法は，電圧源のインピーダンスを下げる効果もあります．

● 放電終止電圧

　なお，ニカド電池やニッケル水素電池の放電終止電圧は1.0 Vですが，1 V以下まで放電してしまうと電池寿命を縮めてしまうので，安全と部品のばらつきを考慮して1.08〜1.12 Vに設定しています．

● 弛張発振の動作

　IC_2はオープン・コレクタ・タイプの汎用コンパレータですが，単電源で動作するOPアンプでも動作します．このICの6番ピンにパルス状の電池電圧を整流して供給しています．この電圧が基準電圧

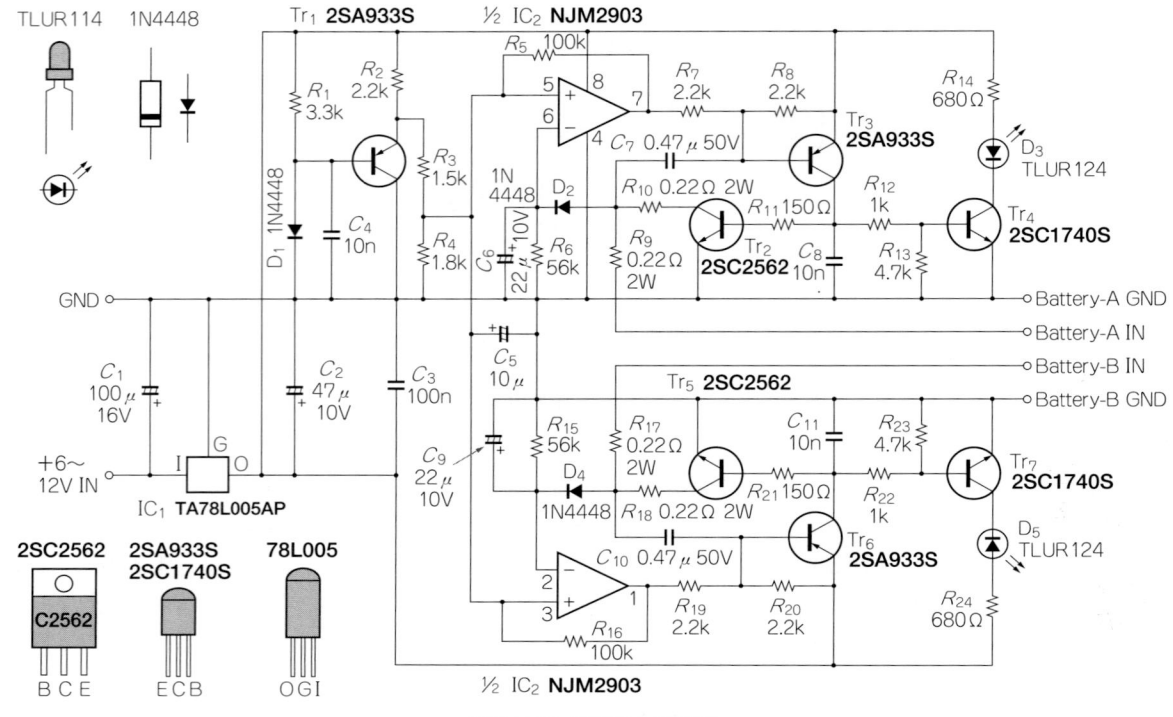

〈図3-7-2〉本器の全回路図

よりも高い場合は7番ピンのOPアンプ出力がLowレベルになり，Tr_2とTr_3の電流スイッチがONになります．R_9とR_{10}で放電電流を制限しています．

電池電圧はD_2を通してC_6に充電されますが，電流スイッチがONになると，R_9と電池で電圧降下が起こるので，D_2がOFFになってC_6に蓄えられた電圧がR_6を通して放電されます．6番ピンの電圧が基準電圧より低くなった時点で電流スイッチがOFFになるので，再びC_6が充電されます．これが，低い周波数で弛張発振する原理です．したがって，C_6の容量やR_6の抵抗値で基本発振周波数を変えることができます．ただし，電池がR_9-D_2-R_6を通してグラウンドに接続されているので，R_6をこれ以上小さくすると，電池を放電器に入れ忘れた場合，100μA以上の電流が流れて好ましくありません．

Tr_3がONになるとTr_4がONになるので，LEDが点灯します．放電中はLEDが点滅しているのですが，電池の残量が多いときにはOFFしている期間が10 ms以下なので，点滅が見えません．電池の電圧が約1.15 V位からLEDの点滅が見えるようになります．

C_7は発振周波数のふらつきを防止しており，サイズの都合上，バイポーラ（無極性）電解コンデンサを使用します．

● R_9と電池ケース

R_9は重要な役目をしています．R_9は0.22Ωと低い抵抗値ですが，省略することはできません．安定な弛張発振には必ず必要です．

また，接触抵抗の低い電池ホルダ（米国Keystone Electronics製など）を使用することも重要で，ホー

ム・センタなどで入手できる単3電池2本用の電池ホルダ(マイナス電極側にコイルばねが付いたもの)を改造して使用すると，発振と放電はしますが，電池との接触抵抗が大きいため，十分な放電電流を流せません．

この電池ホルダは秋葉原の秋月電子通商で購入できます．

急速放電器の特性

図3-7-3に急速放電器の特性グラフを示します．すべてのデータを一つのグラフにまとめたので，少し見にくくなっています．実際の電池を使用してこのデータを取るのは不可能に近いので，直流電源(0〜2.0 V, 2.5 A)を使用し，電池端子に220 μFのコンデンサを接続して測定しました．

尖頭電流値は電流プローブ，平均電流はアナログ電流計，周波数はカウンタ，放電OFFの期間はオシロスコープを使用して測定しました．実際の電池の値と大きな隔たりはありません．

電池の残量が少なくなっても大きな電流を流せるのが理想ですが，放電停止前には平均放電電流が約1.05 Aに落ちてしまっているのがわかります．ただし，ピーク電流は約1.9 A流れていますから，休み休み放電する「電池に優しい放電方法」といえるかもしれません．ちなみに，リチウム・イオン2次電池の場合は最大放電電流に制限がありますが，ニカド電池やニッケル水素電池には特別な制限がありません…とはいえ，電池が高温になったり部品で火傷をするほどの大電流放電は避けています．

発振周波数は，満充電時の11 Hzから放電が進むにしたがって上昇し，ニッケル水素電池の電圧が一番安定して長く続く電圧近辺で最大となり，これ以降は周波数が下がってきます．この放電器の場合，発振周波数よりも，電流スイッチがOFFしている期間が重要になります．

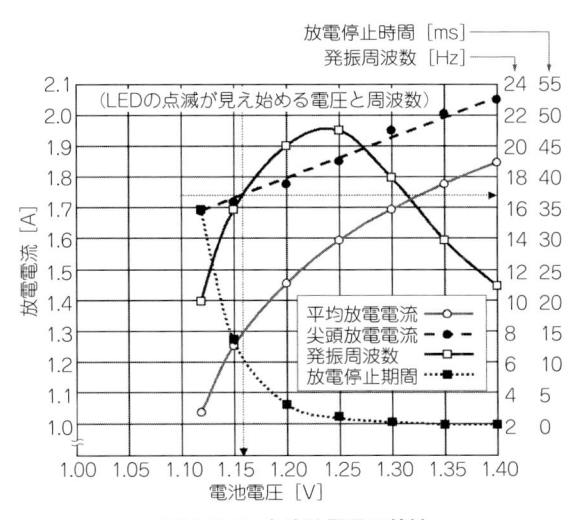

〈図3-7-3〉急速放電器の特性

第3-7章 コンパクトな急速放電器の製作

〈表3-7-1〉部品リスト

品 名	型 名	メーカ	数量	参照番号	備 考
3端子レギュレータ	TA78L005AP	東芝	1	IC_1	5 V, 150 mA；注(1)
コンパレータ	NJM2903	新日本無線	1	IC_2	単電源動作用, オープン・コレクタ出力
トランジスタ	2SA933S	ローム	3	Tr_1, Tr_3, Tr_6	100 mA, 50 V
	2SC1740S	ローム	2	Tr_4, Tr_7	100 mA, 50 V
パワー・トランジスタ	2SC2562	東芝	2	Tr_2, Tr_5	5 A, 60 V, 25 W；代替品は2SC3253や2SC4881；ダーリントン・タイプは使用不可；$V_{CE(sat)} \leq 0.4\,V$ 以下
シリコン・ダイオード	1N4448	各社	3	D_1, D_2, D_4	
LED	TLUR124	東芝	2	D_3, D_5	1.75 V, 20 mA, 直径3.5 mm, 赤色
電解コンデンサ	10 μF, 6.3 V		1	C_5	基板に実装できる直径のものを使う
	100 μF, 16 V		1	C_1	基板に実装できる直径のものを使う
	47 μF, 10 V		1	C_2	基板に実装できる直径のものを使う
	22 μF, 6.3 V		2	C_6, C_9	基板に実装できる直径のものを使う
バイポーラ電解コンデンサ	0.47 μF, 16 V		2	C_7, C_{10}	電解コンデンサは使用不可
積層セラミック・コンデンサ	0.01 μF, 16 V (表示は103)		4	C_4, C_8, C_{11}	
	0.1 μF, 16 V (表示は104)		1	C_3	
酸化金属皮膜抵抗(2 W, ±5%)	0.22 Ω (赤赤銀金)		4	$R_9, R_{10}, R_{17}, R_{18}$	2.2 Ωと間違えないように注意
カーボン皮膜抵抗(1/4 W, ±5%)	150 Ω (茶緑茶金)		2	R_{11}, R_{21}	
	680 Ω (青灰茶金)		2	R_{14}, R_{24}	
	1 kΩ (茶黒赤金)		2	R_{12}, R_{22}	
	1.5 kΩ (茶緑赤金)		1	R_3	
	1.8 kΩ (茶灰赤金)		1	R_4	
	2.2 kΩ (赤赤赤金)		5	$R_2, R_7, R_8, R_{19}, R_{20}$	
	3.3 kΩ (橙橙赤金)		1	R_1	
	4.7 kΩ (黄紫赤金)		2	R_{13}, R_{23}	
	56 kΩ (緑青橙金)		2	R_6, R_{15}	
	100 kΩ (茶黒黄金)		2	R_5, R_{16}	
ユニバーサル基板	ICB-88G	サンハヤト	1		ガラス・エポキシ
電池ホルダ(単3×2本用)	No.140	Keystone Electronics	1		金属製を使うこと．本文参照．
DCジャック			1		使用するACアダプタのプラグに合うもの

注▶(1) 電池2個を放電したときに約90 mA流れる．

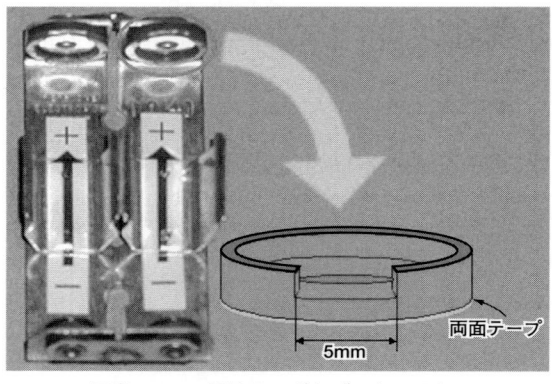

〈写真3-7-2〉電池ホルダとブッシュの加工

使用部品について

部品リストを表3-7-1に示します．部品の実買総額は1,200円以下でした．
指定した単3用の電池ホルダには，＋極用のプラスチック製ブッシュと極性表示シールが付属しています．電池の向きを間違えて入れても回路が破損することはありませんが，写真3-7-2のようにブッシュの一部を切り欠き，裏面に両面テープを貼って取り付けることをお勧めします．

基板のパターン図と部品マウント図

ユニバーサル基板を使用したパターン図を図3-7-4に，部品マウント図を図3-7-5に示します．
部品をはんだ付けするときには，部品のリード線を折り曲げて配線代わりにしないことをお勧めします．取り付け違いが見つかったときに取り外しが面倒だったり，ランドをはがしてしまいかねないからです．
マウント時には電解コンデンサ，ダイオード，LEDの極性，ICの向き，トランジスタの向きなどに

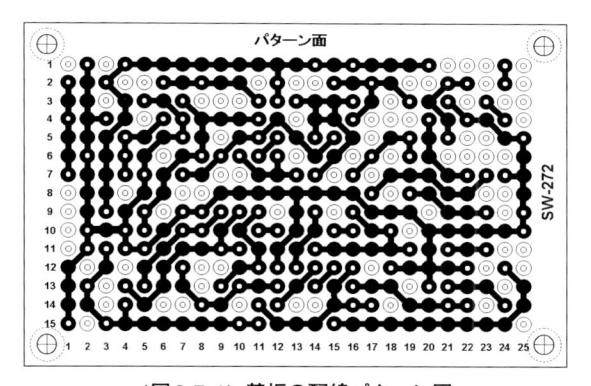

〈図3-7-4〉基板の配線パターン図

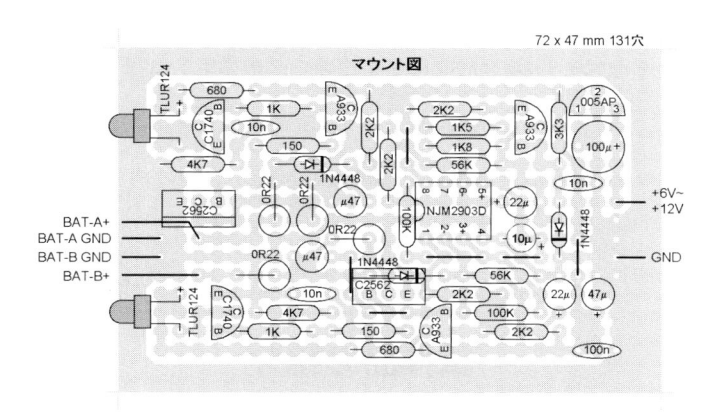

〈図3-7-5〉基板の部品マウント図

気を付けてください．

マウント図では，数値の小数点を見落とさないようにするため抵抗値やコンデンサの値を1K5(1.5 kΩ)，10n(0.01 μF)，μ47(0.47 μF)，0R22(0.22 Ω)のように表示しています．

通電前の点検事項と試運転など

● 通電前と電池をセットする前の点検

まず，もう一度部品の向き，値，パターンの配線をチェックしてください．OKであれば，6～12 Vの電源を極性を間違えないように接続して電源をONします．LEDが一瞬光りますが，電池を挿入していない状態では消えています．このときの回路の消費電流は約7 mAです．

次にIC_2の5番ピンの電圧を測ってください．0.69～0.76 Vの間に入っていればOKです．

● 電池をセットする

どんな状態のニカド電池またはニッケル水素電池でもかまいませんので，電池ホルダに入れてください．入れた電池に残量があれば，電池を入れたほうのLEDが点灯します．もしメモリ効果を起こしている電池であれば，10分以内にLEDの点滅が始まり，放電が終了すると消えてしまいます．

電池の容量のほとんどはR_9とR_{10}で熱となって消費されるので，これらの抵抗やTr_2が熱くなりますが，火傷をするほどの温度ではないので放熱板を付けていません．取り扱いには十分ご注意ください．

● ご注意（その1）

この放電器は公称電圧1.2 Vのニカド電池やニッケル水素電池専用です．これらの電池を直列にしたり，ほかの種類の電池を放電させないでください．

● ご注意（その2）

電池の並列接続はしないでください．一方の電池が完全放電に近くて，もう一方が満充電に近いような電池を並列に接続した場合，後者の電池から前者の電池に非常に大きな電流が流れてしまって危険だからです．

● ご注意（その3）

いったん放電が終了した電池をホルダから取り出して放置しておくと，電池内部の化学反応が進んで電圧が徐々に上昇してきます．このような電池を再び放電器に入れると，短時間ですがもう一度放電が始まります．

また，放電が終わった電池はその場で充電してください．放電したまま長期間放置すると，電池の自己放電のため1.0 Vより下がってしまいます．

● ご注意（その4）

ニカド電池内部の化学反応は，電池内部の隅々まで放電反応が完全に終わるまでじわじわと続きます．このため，この急速放電器でニカド電池を放電させた場合，完全にLEDの点滅が消えるまでに数時間以上かかります．

2秒間に1回くらいの点滅になった時点で放電を停止しても，目的の放電は達成されています．

試作品の紹介

試作した急速充電器の基板を**写真3-7-3**に示します．

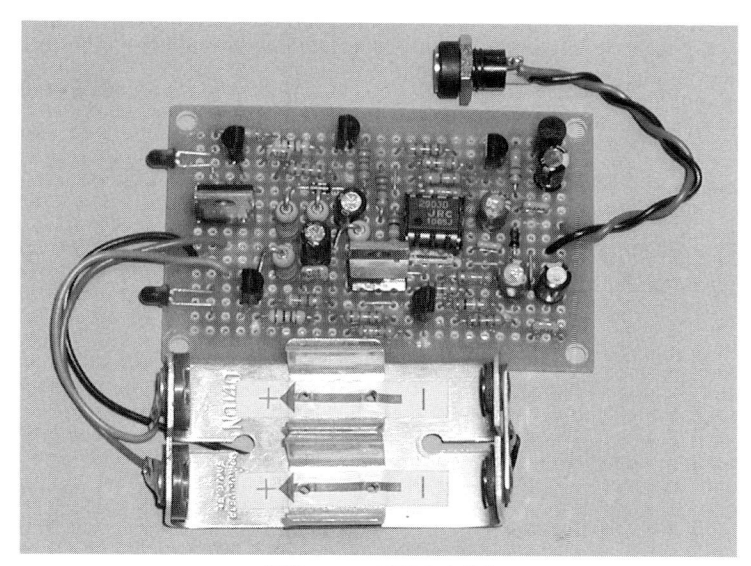

〈写真3-7-3〉試作した基板

　なお，**写真3-7-1**のケースは秋葉原の千石電商で購入したタカチ電機工業のPR‒105G（105×65×40 mm，490円）を使用しました．ACアダプタはデジカメ用の出力DC6.5 V，2 Aのものを使いましたが，出力は150 mAで十分です．

　ACアダプタは家の中にごろごろしていても，それぞれのプラグの形状が異なり，外形と内径に合ったものを選ぶ必要があります．1990年以降に発売された製品の多くには形状が電圧別に国内で標準化（RC‒5320A）されたプラグとソケットが使用されています．新旧ソケットとも千石電商で購入できます．

　試作基板はケースの上面裏側に取り付け，2個のLEDはパターン側にはんだ付けしました．ケースの両側面には，通気用の直径5 mmの穴を18個ずつ開けました．

■ おわりに

　以前もっていたデジカメのトラブルから始まった2次電池に対する技術的興味が高じて，放電器の設計・製作まで進んでしまいましたが，結構有用でおもしろい回路ができたと思っています．

　放電電流を減らして平均放電電流を計測する回路を追加すると，2次電池の簡易チェッカにも使えます．また，放電器以外の応用展開もあると思います．

◆参考文献◆

(1) 社団法人電子情報技術産業協会（JEITA）；RC‒5320A，外部電源プラグ・ジャック（直流低電圧用・極性統一形）．

■**関連データの入手方法**　筆者のご厚意により，この記事の関連やデータを当社ホーム・ページからダウンロードして入手できます．
http://www.cqpub.co.jp/toragi/download/2002/TR0205D/TR0205D.htm

★本章はトランジスタ技術2002年5月号の記事を加筆・再編集したものです．〈編集部〉

第3-8章

1.5 V，1400〜1600 mAh で繰り返し使える

充電式アルカリ乾電池の評価実験

染谷 克明／村田 晴夫／天早 隆志
Katsuaki Someya/Haruo Murata/Takashi Amahaya

■ はじめに

最近，外国製の充電式アルカリ乾電池が輸入販売されています．この新しい充電式アルカリ乾電池（写真3-8-1）を試験する機会が与えられたので，その測定結果について報告します．また，ついでに最近普及してきた1.5 Vリチウム乾電池（写真3-8-2）も測定したので，その結果についてもふれます．

充電式アルカリ乾電池の特徴

実験に使用した充電式アルカリ乾電池は，カナダのPure Energy社の単3形乾電池です．
▶ http://www.pureenergybattery.com/

● 電気的特性

単3形の各種電池と比較した電気的特性を表3-8-1に，定格を表3-8-2にそれぞれ示します．アルカリ・マンガン乾電池（以下，アルカリ乾電池）と同じように，開封後すぐに使用できます．

● メモリ効果がない

ニカド蓄電池（以下，ニカド電池）やニッケル金属水素化物蓄電池（以下，ニッケル水素電池）のように，メモリ効果がないので，浅い充放電を繰り返しても大丈夫です．

〈写真3-8-1〉評価した充電式アルカリ乾電池

〈写真3-8-2〉1.5 Vリチウム乾電池

〈表3-8-1〉単3形の充電式アルカリ乾電池と単3形の各種電池の比較

	充電式アルカリ乾電池	アルカリ乾電池	マンガン乾電池	ニカド蓄電池	ニッケル水素蓄電池	備考
公称電圧 [V]	1.5	1.5	1.5	1.2	1.2	
電池容量 [mAh]	800〜1800	1800〜2200	300〜500	700〜1850	1100〜2100	負荷によって変化する
10サイクルの累積容量	10	(1.8)	(0.75)	6	11	( )内は1サイクルの容量
サイクル寿命	25〜250	1	1	50〜500	500	負荷によって変化する
保存寿命(20℃)	4〜5年	5年	4〜5年	3〜6か月	—	負荷によって変化する
メモリ変化	なし	—	—	あり	あり	
購入後にすぐ使えるか	yes	yes	yes	no	no	
有害物質(水銀やカドミウム)	なし	なし	なし	あり	なし	
コスト比較	1.25	1.0	0.5	3.0	4.0	

〈表3-8-2〉充電式アルカリ乾電池(単3形)の定格

項目		値など	単位
公称電圧		1.5	V
内部抵抗(新しい電池)		約0.2	Ω
電池容量 (室温22℃で新しい電池を連続放電)	30 mA出力にて0.9 Vまで放電	1800	mAh
	125 mA出力にて0.9 Vまで放電	1500	mAh
	300 mA出力にて0.9 Vまで放電	1200	mAh
	500 mA出力にて0.9 Vまで放電	800	mAh
充電方法 (パルス/テーパ充電)	充電電圧	1.65±0.03	V
	最大充電電流	1	A
外形寸法	長さ	約49.9	mm
	直径	約14.0	mm
重量		約21	g
動作温度		−20〜+60	℃
保存温度	推奨温度	+15〜+35	℃
	試験温度	最大+70	℃
保存寿命期間		4〜5	年
サイクル寿命		25〜250	回
ガス排気量		70〜87	kgf/cm^2

● 起電力は1.5 V

電池電圧は1.5 Vであり,マンガン乾電池やアルカリ乾電池と互換性があります.

● 有害な金属を使用しておらず繰り返し使用可能

2次電池のため,繰り返し使用することができますが,サイクル寿命(繰り返し回数)は25〜250回以上となっています.開封前なら5年以上の保存が可能です.

また,カドミウムや水銀は使用していません.このように,環境にやさしい電池といえます.

● 容量

単3形充電式アルカリ乾電池の容量はアルカリ乾電池にはおよびませんが,ニカド電池やニッケル水素電池なみに大きく,800〜1800 mAhです.

● 電池の構成

陽極活物質に二酸化マンガン(MnO_2),陰極活物質に金属亜鉛(Zn),電解液に水酸化カリウム

（KOH）を使っています．電池容器は鋼製です．

● 充電式アルカリ乾電池のリバイバル

電池の詳細は不明です．充電式アルカリ乾電池は，かつて「充電式アルカリマンガン電池」の名称で市販されていたことがあります．

1959年に開発されて，日立マクセル㈱やナショナルマロリー電池㈱（当時）が製造していました．保存劣化が少なく，安価でしたが，過放電，過充電に弱く，充電サイクルが20〜40回程度と記されています[2]．

充電式アルカリ乾電池の放電特性の測定

■ 測定方法

電池の性能試験は，JISによって規定されており，その結果はカタログや技術資料に掲載されています．

ただし今回の試験は，独自の方法で測定しています．

測定は，恒温槽内に充電式アルカリ乾電池を放置し，電池が恒温槽内の温度になるまで十分に時間を経過させたのちに行っています．

放電パターンは，ノート・パソコンに使うことを想定して，通常時 $0.1C$ = 140 mA，ピーク時 $0.5C$ = 700 mAに決め，繰り返し周期5分，そのうちピーク時間を0.5分にしています．

C は電池容量によって決まる値で，容量1400 mAhなら，C = 1400 mAです．

■ 測定結果

結果を図3-8-1〜図3-8-3に示します．

● ＋20℃

図3-8-1は＋20℃における4本の充電式アルカリ乾電池とF社のアルカリ乾電池の放電特性です．

ニカド電池と同じく放電終止電圧を1.0Vとすると，4本のうち1本は，ほかの3本と特性は大きく異なり，No.13の持続時間は1.5時間，ほかの3本は8〜9時間となっています．

アルカリ乾電池は11.5時間となり，良好な特性を示しています．

参考データとして，1.5Vリチウム乾電池の特性をあわせて示しておきます．

● ＋45℃

図3-8-2は＋45℃における放電特性です．充電式アルカリ乾電池は＋20℃で実験したものとは別のものを使っています．このグループ4本については，あまりばらつきは認められません．＋20℃と同様，放電終止電圧を1.0Vとすると，持続時間は9.5〜10.25時間以内におさまっています．

F社のアルカリ乾電池は11時間でした．

充電式アルカリ乾電池は，温度が上昇したこともあり，＋20℃と比較すると約1.5時間ほど長くなっています．F社のアルカリ乾電池は，ほとんど変化を認められません．

● －20℃

－20℃における特性試験は，＋20℃の実験に使用したものを電池メーカ指定の専用充電器（写真3-8-3）を使って，16時間充電したものを再度使っています．

〈図3-8-1〉充電式アルカリ乾電池の放電特性(＋20℃)

〈図3-8-2〉充電式アルカリ乾電池の放電特性(＋45℃)

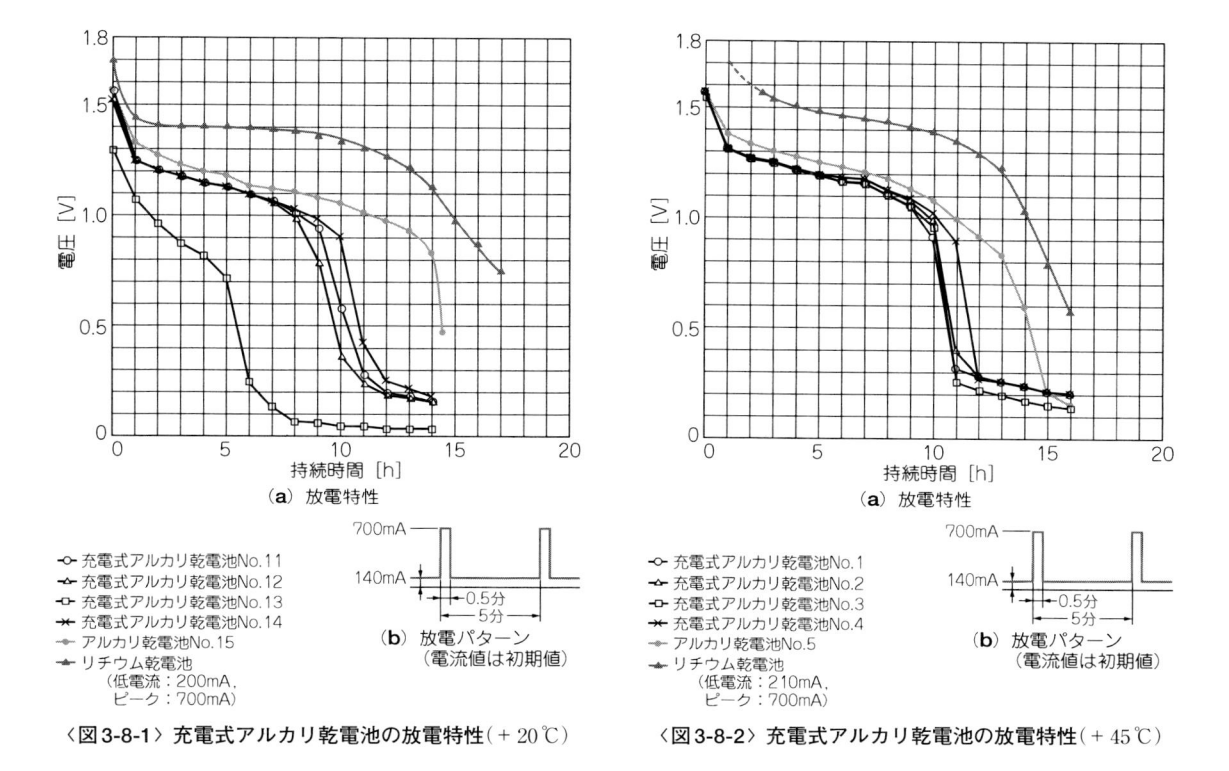

－20℃の環境はさすがに厳しく，充電式アルカリ乾電池4本とも，図3-8-3に示すように，約1時間で放電終止電圧1.0Vに至ってしまいます．

F社のアルカリ乾電池も約1.5時間程度です．参考データとして示した1.5Vリチウム乾電池の低温特性の良さが再確認されます．

■ 各種電池との比較

この測定値を文献(3)の各種電池の測定結果を表したグラフに重ねて書き加えたものを図3-8-4～図3-8-6に示します．

● ＋20℃

図3-8-4は＋20℃における特性です．前回と同じように，ニカド電池の放電終止電圧に至るまでの時間を基準にして比較すると，充電式アルカリ乾電池はアルカリ乾電池の300％におよびませんが，約185％と健闘しています．

充電式アルカリ乾電池の特性は，4本の電池のうち，特性のばらつきの少ない3本の平均値です．

● ＋45℃

図3-8-5は＋45℃における特性です．充電式アルカリ乾電池の放電特性は，アルカリ乾電池のそれと似ていますが，持続時間はアルカリ乾電池にはおよびません．

ニカド電池の温度特性は良好なので，＋20℃と同じように，ニカド電池の持続時間を100として，充電式アルカリ乾電池は約230％となり，45％ほど長くなっています．

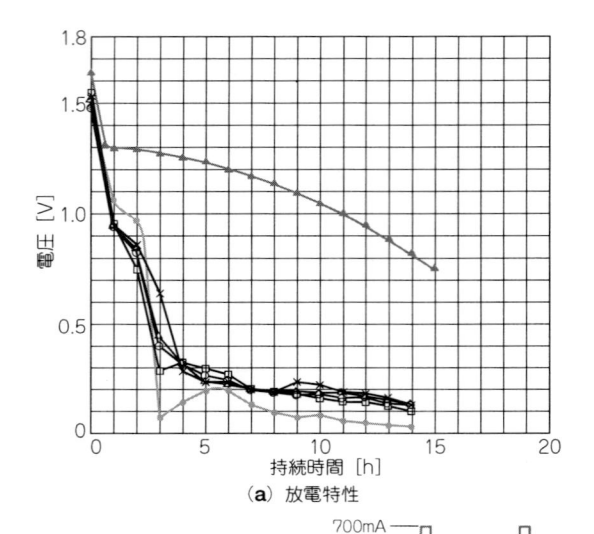

310　第3-8章　充電式アルカリ乾電池の評価実験

〈図3-8-3〉充電式アルカリ乾電池の放電特性（-20℃）

(a) 放電特性

- 充電式アルカリ乾電池No.11
- 充電式アルカリ乾電池No.12
- 充電式アルカリ乾電池No.13
- 充電式アルカリ乾電池No.14
- アルカリ乾電池No.15
- リチウム乾電池

(b) 放電パターン（電流値は初期値）

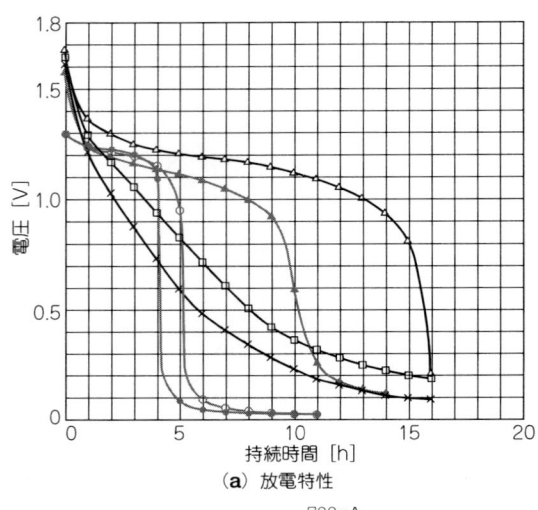

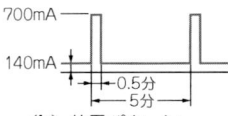

〈図3-8-4〉単3形の各種1次電池と各種2次電池の放電特性（+20℃）

(a) 放電特性

- ニッケル・カドミウム蓄電池
- ニッケル水素蓄電池
- アルカリ乾電池
- マンガン乾電池（高性能）
- マンガン乾電池（一般用）
- 充電式アルカリ乾電池

(b) 放電パターン（電流値は初期値）

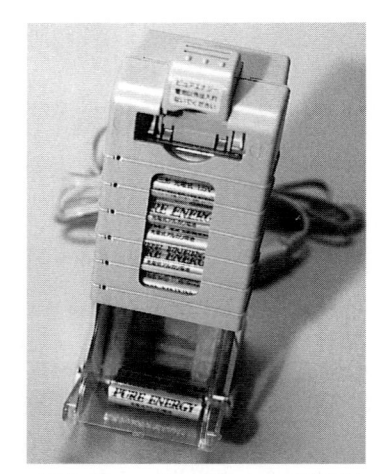

〈写真3-8-3〉充電式アルカリ乾電池の専用充電器

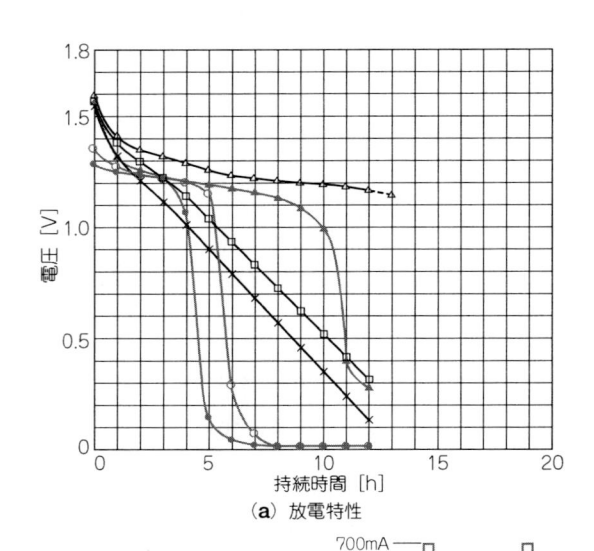

〈図3-8-5〉▶
単3形の各種1次電池と各種2次電池の放電特性（+45℃）

(a) 放電特性

- ニッケル・カドミウム蓄電池
- ニッケル水素蓄電池
- アルカリ乾電池
- マンガン乾電池（高性能）
- マンガン乾電池（一般用）
- 充電式アルカリ乾電池

(b) 放電パターン（電流値は初期値）

〈図3-8-6〉 単3形の各種1次電池と各種2次電池の放電特性(－20℃)

(a) 放電特性

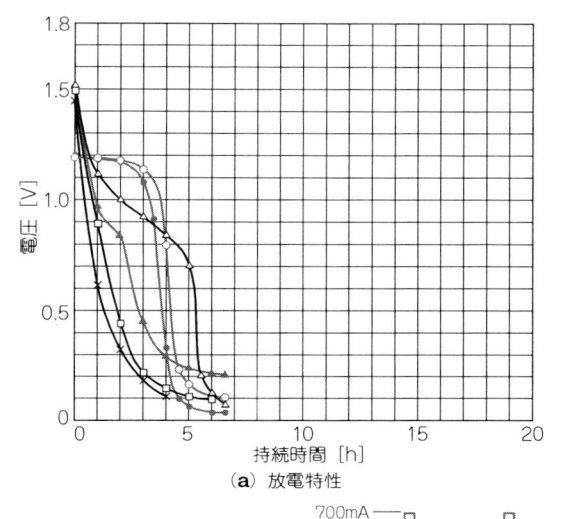

凡例:
- ニッケル・カドミウム蓄電池
- ニッケル水素蓄電池
- アルカリ乾電池
- マンガン乾電池(高性能)
- マンガン乾電池(一般用)
- 充電式アルカリ乾電池

(b) 放電パターン (電流値は初期値)
700mA / 140mA / 0.5分 / 5分

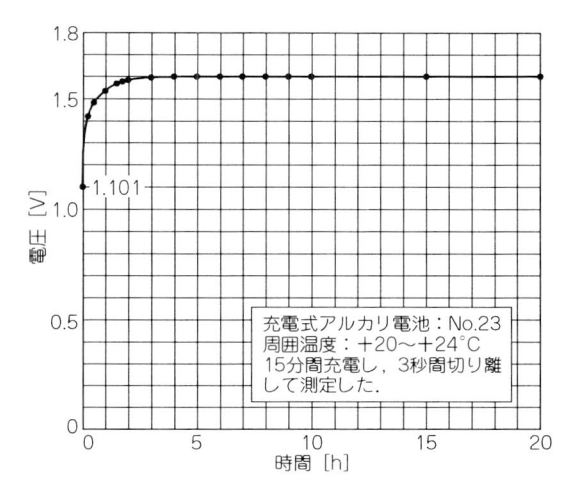

〈図3-8-7〉 充電式アルカリ乾電池の充電特性
充電式アルカリ電池:No.23
周囲温度:＋20～＋24℃
15分間充電し,3秒間切り離して測定した.

● －20℃

特性を図3-8-6に示します．どの電池にとっても－20℃は厳しい環境です．その中でもニカド電池，ニッケル水素電池の特性が優れています．

＋20℃と同様，ニカド電池と比較すると約26％で，高性能マンガン乾電池より少し良い結果が得られています．特性はアルカリ乾電池とよく似ています．

充電式アルカリ乾電池の充電特性の測定

■ 充電方法

前述したように，充電式アルカリ乾電池専用の充電器として4本用，6本用の2種類が用意されています．

今回の測定における電池の充電には，**写真3-8-3**に示した6本用を使っています．この充電器の定格と特性を**表3-8-3**に示します．充電はパルス方式です．一度に6本の電池を充電電圧4.2 V(最大)，充電電流100 mA(平均)で充電します．充電終了電圧(1.68±0.02 V)まで6時間で充電できることになっています．

〈図3-8-8〉充電器の特性

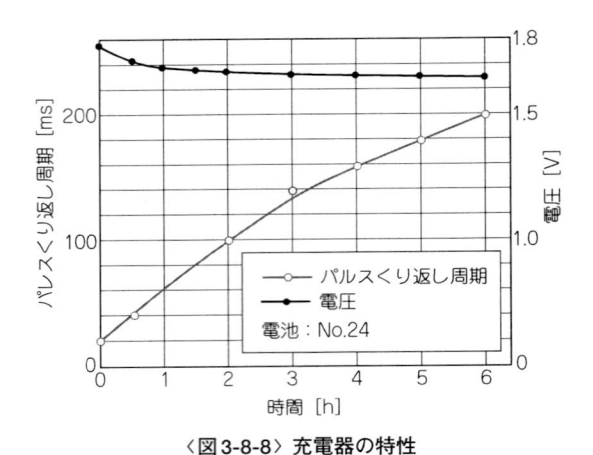

〈表3-8-3〉充電式アルカリ乾電池の専用充電器（BB6-95）定格と特性

項　目	定格・特性
定格入力	AC100 V±15 VA，50/60 Hz
適合電池	充電式アルカリ乾電池
充電方式	パルス方式
充電電圧	最大DC4.2 V
充電電流	平均100 mA×6
充電終止電圧	DC1.68±0.02
下限電圧	DC0.5 V
漏れ電流	50 μA
充電時間	90％まで約2時間　充電完了まで約6時間
充電本数	6本
電池ポケット	最大8本収納
使用温度	0～＋40℃
本体外形寸法	幅86×奥行78×高さ197 mm
本体重量	約580 g

■ 充電特性

　図3-8-7は充電時の時間と電池電圧の測定結果です．15分ごとに電池電圧をディジタル・ボルト・メータで測定しました．なお，測定時には電池を充電器から切り離しています．

　電池電圧は1時間以内で定格電圧の90％以上になり，2時間ぐらいまでは徐々に上昇し，それ以後の電圧上昇はわずかです．

　この充電器の充電時のパルス繰り返し周期および電池電圧の変化のようすを図3-8-8に示します．充電初期には，パルス繰り返し周期を20 msと短くして，充電量を大きくし，充電末期では200 msと長くして過充電にならないように配慮しているようです．

　また，そのときの電池電圧をディジタル・オシロスコープで観測した結果を図3-8-9に示しておきます．充電初期における電圧のピーク値は2.4 V，充電末期では2.7 V近くになっています．

■ 充放電特性

　図3-8-10は，前述の充電器を使って充電し，10 Ωの固定抵抗器を接続して放電させたときの充電時間と持続時間の測定結果です．放電終止電圧は0.9 Vです．

　充電は2時間で30％，6時間で充電を完了することになっていますが，過充電にならない範囲で，充電に時間をかけたほうが，持続時間が長くなっています．

■ 25サイクル充放電後の放電特性

　図3-8-11は，25サイクルの充放電を実施したあとの特定電流パターンにおける放電特性を示しています．

　25サイクルの充放電は，タイマ付き切り替え回路と専用の充電器などを使って，6時間の充電と固定抵抗器10 Ωによる6時間の放電を繰り返し25回行っています．充放電の間に休止時間は設けてはいな

〈図3-8-9〉充電時の波形

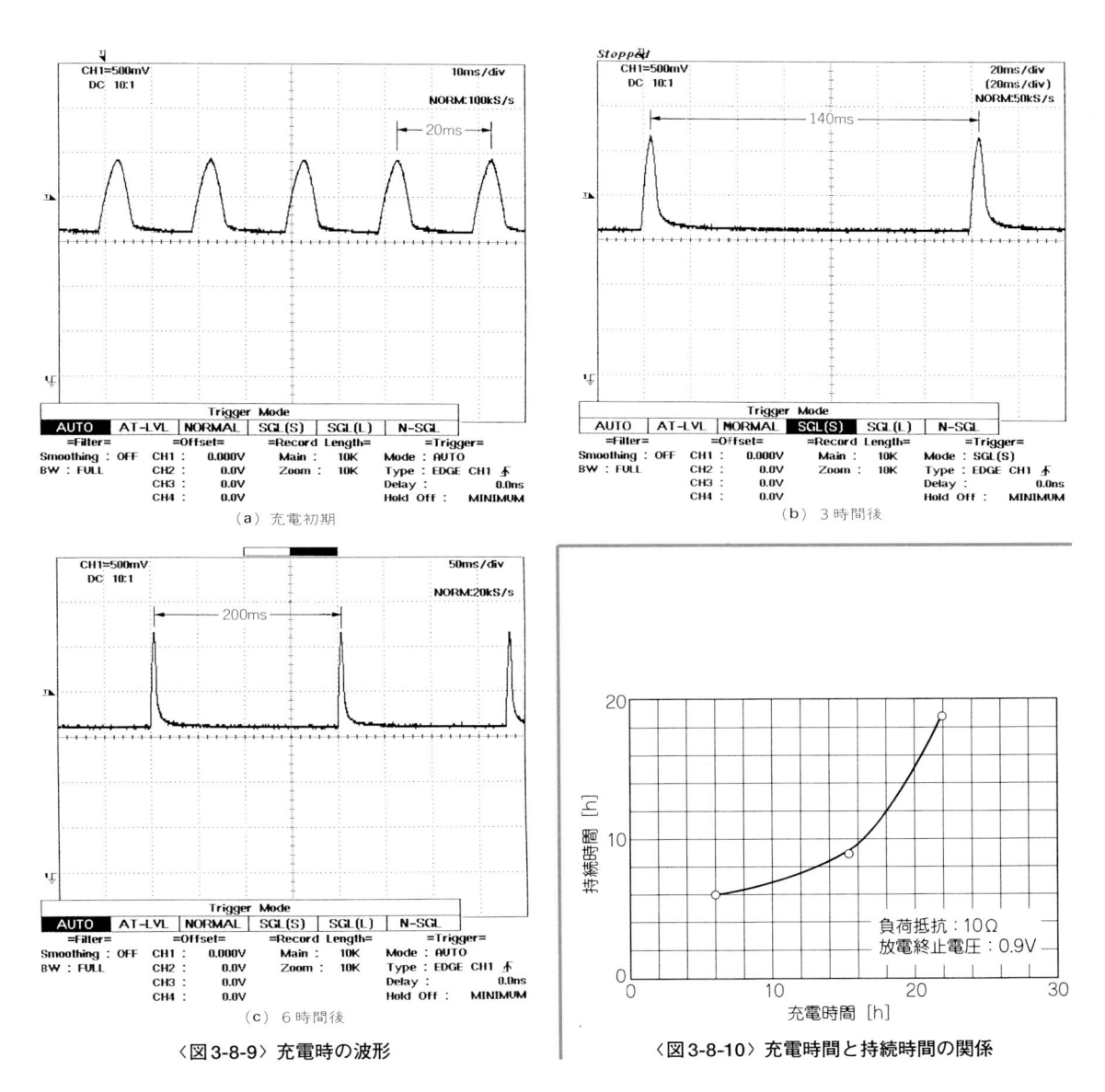

(a) 充電初期

(b) 3時間後

(c) 6時間後

〈図3-8-10〉充電時間と持続時間の関係

いので，少し厳しい条件かもしれません．

　この25サイクルの充放電サイクルの後に，これらの電池を再び充電器を使って16時間以上充電したのち，＋20℃に設定した恒温槽内に放置した測定セットに取り付けて，図中に示した電流パターンで負荷抵抗に流し，それぞれの電池の端子電圧をレコーダで同時に記録したものが**図3-8-11**です．

　ここで，放電終止電圧を1.0Vとすると，持続時間は1.5～3時間になります．これを**図3-8-1**に示す初期の特性と比較してみます．特性の良好な3本の充電式アルカリ乾電池の持続時間は8～9時間です．この比較は，測定に使用した電池が異なるので少し無理がありますが，傾向はそれほど違わないものと推測されます．

〈図3-8-11〉充電式アルカリ電池の25回充放電後の放電特性（＋20℃）

(a) 放電特性

→ 充電式アルカリ乾電池No.2
→ 充電式アルカリ乾電池No.3
→ 充電式アルカリ乾電池No.4

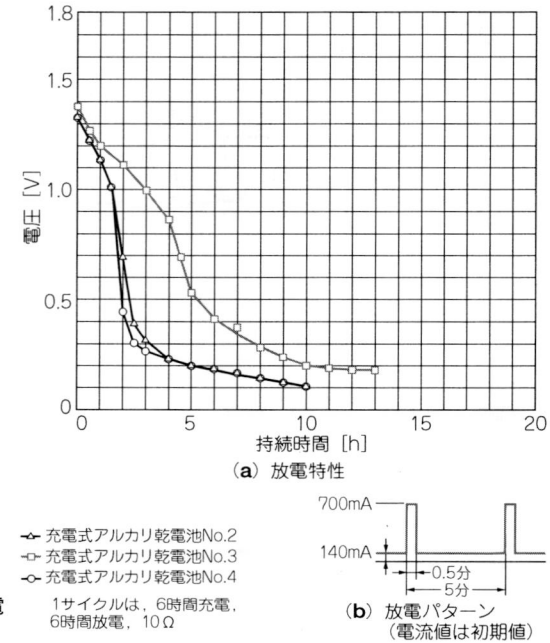

1サイクルは，6時間充電，6時間放電，10Ω

(b) 放電パターン（電流値は初期値）

■ おわりに

　電子機器をどこでも自由に使うためには，電池が不可欠です．電池に対しては，これからも小型，軽量，高性能が求め続けられるでしょう．

　今日においては高性能化の追求だけでなく，環境への負荷が少なく，地球に対するやさしさ，資源の有効活用がより強く求められます．

　このような状況においては，とくにクリーンな2次電池，ニッケル水素電池，リチウム・イオン電池や今回測定した充電式アルカリ乾電池への期待がより大きくなります．さらに，将来的には電池の性能は飛躍的に向上し，新しい電池が開発されることと思われます．

◆参考・引用＊文献◆

(1)＊ ピュアエナジー電池製品紹介，㈱オリイ．（編注：同社は取り扱いを終了した．2004年7月の時点ではリーベックス㈱が販売している．）
(2)＊ 吉沢四郎監修：電池ハンドブック，1978，p.3-153，電気書院．
(3) 染谷克明/村田晴夫：各種電池の放電特性を探る，トランジスタ技術，1995年7月号，pp.267～274，CQ出版㈱．
(4) e電池の基礎知識，リーベックス㈱．http://www.revex.jp/

★本章はトランジスタ技術1997年5月号の記事を加筆・再編集したものです．〈編集部〉

第4部　電池活用資料集

4-1　マンガン乾電池とアルカリ乾電池

〈表4-1-1〉[11] 超高性能タイプのマンガン乾電池の定格と特性　[松下電池工業㈱]

型　名	JIS形式	公称電圧 [V]	試験条件 負荷抵抗 [Ω]	試験条件 1日当たりの放電時間	終止電圧 [V]	平均持続時間 持続時間（初度）	寸　法 直径 [mm]	寸　法 高さ [mm]	備　考
R20(NW)	R20PU	1.5	2.2	4分間×8回	0.9	440分	34.2	61.5	単1形
			2.2	1時間	0.8	8.4時間			
			3.9	1時間		17.5時間			
			10	4時間	0.9	49時間			
R14(NW)	R14PU	1.5	3.9	4分間×8回		410分	26.2	50	単2形
			3.9	1時間	0.8	6.6時間			
			6.8	1時間		12.5時間			
			20	4時間	0.9	42時間			
R6(NW)	R6PU	1.5	1.8	15/60秒間連続		90サイクル	14.5	50.5	単3形
			3.9	1時間	0.8	1.2時間			
			10	1時間		4.8時間			
			43	4時間		32時間			
R03(NW)	R03	1.5	3.6	15/60秒間連続		120サイクル	10.5	44.5	単4形
			5.1	4分間×8回	0.9	45分			
			10	1時間		1.4時間			
			75	4時間		20時間			
R1(NW)	R1	1.5	5.1	5分間		30分	12	30.2	単5形
			300	12時間		76時間			
6F22Y(NW)	6F22Y	9	180	30分間	4.8	340分	長さ 26.5	48.5	9V積層形
			270	1時間		7.0時間	幅 17.5		
			620	2時間	5.4	24時間			

〈表4-1-2〉[12] その他のマンガン乾電池

名　称	型　名	公称電圧 [V]	公称容量 試験条件	終止電圧 [V]	持続時間 [h]	寸　法 長さ [mm]	寸　法 幅 [mm]	寸　法 高さ [mm]	平均重量 [g]
写真用乾電池	0160W	240V×2	12kΩ，4h/day	320	34	130.0	33.5	111.0	740
	0210	315	78.75kΩ，4h/day	210	34	67.5	36.0	132.0	480
	015	22.5	22.5kΩ，8h/day	15	145	26.0	16.0	51.0	37
	MV15	22.5	22.5kΩ，8h/day	15	80	15.0	14.0	50.0	15
	W10	15	15kΩ，8h/day	10	75	16.0	15.0	35.0	15
通信用乾電池	FM3(H)	1.5	2.67Ω，1h×2回/day	0.85	75	89.0	47.0	135.0以下（肩高さ120.0）	570
	FM5(H)	3.0	10Ω，1h×2回/day	1.7	70	89.0	47.0	135.0以下（肩高さ120.0）	570
トランジスタ用乾電池	4D-D	6.0	160Ω，4h/day	5.4	207	139.0	38.0	70.0	420
	6D-D	9.0	240Ω，4h/day	5.4	207	201.0	38.0	70.0	625
電池ライタ用積層乾電池	RV08	12.0	12kΩ，8h/day	7.2	35	φ10.3		26.9	4.5

注▶現在は製造されていない電池も参考データとして記載した．

〈表4-1-3〉(11) アルカリ乾電池の定格と特性 ［松下電池工業㈱］

型名	JIS形式	公称電圧[V]	試験条件 負荷抵抗[Ω]	試験条件 1日当たりの放電時間	終止電圧[V]	平均持続時間 持続時間（初度）	寸法 直径[mm]	寸法 高さ[mm]	備考
LR20(GW)	LR20	1.5	2.2	4分間×8回	0.9	786分	34.2	61.5	単1形
			2.2	1時間	0.8	15時間			
			3.9	1時間		25時間			
			10	4時間	0.9	80時間			
LR14(GW)	LR14	1.5	3.9	4分間×8回		750分	26.2	50	単2形
			3.9	1時間	0.8	12時間			
			6.8	1時間		23時間			
			20	4時間	0.9	75時間			
LR6(GW)	LR6	1.5	1.8	15/60秒間連続		320サイクル	14.5	50.5	単3形
			3.9	1時間	0.8	4.0時間			
			10	1時間		11時間			
			43	4時間		60時間			
LR03(GW)	LR03	1.5	3.6	15/60秒間連続		350サイクル	10.5	44.5	単4形
			5.1	4分間×8回	0.9	130分			
			10	1時間		5.0時間			
			75	4時間		44時間			
LR1(GW)	LR1	1.5	5.1	5分間		94分	12	30.2	単5形
			300	12時間		130時間			
6LR61(GW)	6LR61	9	180	30分間	4.8	576分	長さ 26.5	48.5	9V構成型電池．JISで定める6LR61とは端子形状が異なる．
			270	1時間	5.4	—	幅 17.5		
			620	2時間		33時間			

〈表4-1-4〉(12) その他のアルカリ乾電池

型名	JIS	IEC	電気特性(20℃) 公称電圧[V]	電気特性(20℃) 公称容量[mAh]	電気特性(20℃) 放電終止電圧[V]	推奨負荷範囲 重負荷パルス[mA]	推奨負荷範囲 標準負荷[mA]	推奨負荷範囲 軽負荷[μA]	寸法 直径[mm]	寸法 高さ[mm]	重量[g]	各社相当品	備考
LR61	—	LR61	1.5	625	0.8	—	25	—	8.3	42.5	6.5	AAAA, ANSI/NEDA：25A	—
PX30	—	2LR53	3.0	300	1.8	50	5	15	24.5	12.8	15	EPX30	構成電池
PX24	—	2LR50	3.0	580	1.8	100	10	25	16.9	43.5	26	532	構成電池
7K31	—	—	4.5	105	2.4	50	5	5	11.5×17.5×41.0		13.5	538	構成電池
PX19	—	3LR50	4.5	580	2.7	100	10	25	16.9	60.0	35	531	構成電池
PX21	—	3LR50	4.5	580	2.7	100	10	25	16.9	50.5	35	523	構成電池
4LR44	—	4LR44	6.0	105	3.0	50	3	5	13.0	25.1	10	A544	構成電池
23A	—	L1028	12.0	60	6.0	—	20kΩ	—	10	28	8.1	LRV08	構成電池
27A	—	L828	12.0	30	6.0	—	20kΩ	—	7.7	28	4.6	—	構成電池

注▶現在は製造されていないものも参考データとして記載した．

4-2　リチウム電池

〈表4-2-1〉[11] BR系コイン形リチウム電池の定格と特性　[松下電池工業㈱]

型名	電気的特性 [20℃]			寸法 [mm]		質量 [g]	JIS	IEC	備考
	公称電圧 [V]	公称容量 [mAh]*	連続標準負荷 [mA]	直径	高さ				
BR1216	3	25	0.03	12.5	1.60	0.6	—	—	一般用タイプ；使用温度範囲は －30～＋80℃
BR1220		35			2.00	0.7	—	—	
BR1225		48			2.50	0.8	—	BR1225	
BR1616		48		16.0	1.60	1.0	—	—	
BR1632		120			3.20	1.5	—	—	
BR2016		75		20.0	1.60	1.5	—	BR2016	
BR2020		100			2.00	2.0	—	BR2020	
BR2032		190			3.20	2.5	—	—	
BR2320		110		23.0	2.00	2.5	—	BR2320	
BR2325		165			2.50	3.2	—	BR2325	
BR2330		255			3.00	3.2	—	—	
BR3032		500		30.0	3.20	5.5	—	BR3032	
BR1225A	3	48	0.03	12.5	2.5	0.8	—	—	高耐温タイプ；使用温度範囲は －40～＋125℃
BR1632A		120		16.0	3.2	1.5	—	—	
BR2330A		255		23.0	3.0	3.2	—	—	
BR2450A▲		600		24.5	5.0	5.9	—	—	
BR2477A		1000		24.5	7.7	8.0	—	—	
BR2777A		1000		27.5	7.7	8.0	—	—	

注▶ ＊：＋20℃，標準放電電流での放電容量(終止電圧2.0 V)，▲：開発中

〈表4-2-2〉[12] CR系コイン形リチウム電池の定格と特性　[松下電池工業㈱]

型名	電気的特性 [20℃]			寸法 [mm]		質量 [g]	JIS	IEC	備考
	公称電圧 [V]	公称容量 [mAh]*	連続標準負荷 [mA]	直径	高さ				
CR1025	3	30	0.1	10.0	2.50	0.7	CR1025	CR1025	使用温度範囲は －30～＋60℃
CR1216		25		12.5	1.60	0.7	CR1216	CR1216	
CR1220		35			2.00	1.2	CR1220	CR1220	
CR1612		40		16.0	1.20	0.8	—	—	
CR1616		55			1.60	1.2	CR1616	CR1616	
CR1620		75			2.00	1.3	—	CR1620	
CR1632		125			3.20	1.8	—	—	
CR2004▲		12	0.03	20.0	0.4	0.6	—	—	
CR2005▲		18			0.5	0.7	—	—	
CR2012		55	0.1		1.20	1.4	CR2012	CR2012	
CR2016		90			1.60	1.6	CR2016	CR2016	
CR2025		165			2.50	2.5	CR2025	CR2025	
CR2032		220			3.20	3.1	CR2032	CR2032	
CR2320		130	0.2	23.0	2.00	3.0	CR2320	CR2320	
CR2330		265			3.00	4.0	CR2330	CR2330	
CR2354		560			5.40	5.9	—	CR2354	
CR2404▲		18	0.03	24.5	0.4	0.8	—	—	
CR2405▲		28			0.5	1.1	—	—	
CR2412		100			1.20	2.0	—	—	
CR2450		620	0.2		5.0	6.3	CR2450	CR2450	
CR2477		1000			7.70	10.5	—	—	
CR3032		500		30.0	3.20	7.1	—	CR3032	

注▶ ＊：＋20℃，標準放電電流での放電容量(終止電圧2.0 V)，▲：開発中

〈表4-2-3〉(12) BR系円筒形リチウム電池の定格と特性　[松下電池工業㈱]

型　名	電気的特性 [20℃]			寸法 [mm]		質量 [g]	JIS	IEC	備　考
	公称電圧 [V]	公称容量 [mAh]*	連続標準負荷 [mA]	直径	高さ				
BR-2/3A	3	1200	2.5	17.0	33.5	13.5	—	—	使用温度範囲は −40〜+85℃
BR-2/3AH	3	1350	2.5	17.0	33.5	13.5	—	—	
BR-2/3AG	3	1450	2.5	17.0	33.5	13.5	—	—	
BR-A	3	1800	2.5	17.0	45.5	18.0	—	—	
BR-AH	3	2000	2.5	17.0	45.5	18.0	—	—	
BR-AG	3	2200	2.5	17.0	45.5	18.0	—	—	
BR-C	3	5000	5.0	26.0	50.5	42.0	—	—	

*▶+20℃，標準放電電流での放電容量（終止電圧2.0 V）

〈表4-2-4〉(12) CR系円筒形リチウム電池の定格と特性　[松下電池工業㈱]

型　名	電気的特性 [20℃]			寸法 [mm]		質量 [g]	JIS	IEC	備　考
	公称電圧 [V]	公称容量 [mAh]	連続標準負荷 [mA]	直径	高さ				
CR2	3	750(1)	20	15.6	27.0	11.0	—	—	使用温度範囲は −40〜+70℃
CR123A	3	1400(1)	20	17.0	34.5	17.0	—	CR17345	
2CR5	6	1400(2)	20	17.0×34.5×45.0		38.0	—	2CR5	
CR-P2	6	1400(2)	20	19.0×35.0×36.0		37.0	—	CR-P2	

注▶(1) +20℃，標準放電電流での放電容量（終止電圧2.0 V）
　　(2) +20℃，標準放電電流での放電容量（終止電圧4.0 V）

〈表4-2-5〉(12) BR系ピン形リチウム電池の定格と特性　[松下電池工業㈱]

メーカ 型名	松下電池 Panasonic	コダック Kodak	エナジャイザー Energizer	デュラセル Duracell	レオバック Ray-O-Vac	ファルタ Varta
	CR2	KCR2	EL1CR2	DLCR2	CR2R	CR2
	CR123A	K123LA	EL123AP	DL123A	CR123R	CR123A
	2CR5	KL2CR5	EL2CR5	DL245	2CR5R	2CR5
	CR-P2	K223LA	EL223AP	DL223A	CR-P2R	CR-P2

〈表4-2-6〉(13) CR系円筒形リチウム電池の互換表

型　名	電気的特性 [20℃]			寸法 [mm]		質量 [g]	JIS	IEC	備　考
	公称電圧 [V]	公称容量 [mAh]*	連続標準負荷 [mA]	直径	長さ				
BR425	3	25	0.5	4.2	25.9	0.55	—	—	使用温度範囲は −30〜+80℃
BR435	3	50	1	4.2	35.9	0.85	—	—	

*▶+20℃，標準放電電流での放電容量（終止電圧2.0 V）

〈表4-2-7〉(2)(7)(14) 塩化チオニル系リチウム電池の定格と特性①（次頁につづく）

型 名	公称開放電圧 [V]	定格放電電流 [mA]	定格負荷時の平均電圧 [V]	公称容量 [Ah]	最大連続放電電流 [mA]	重量 [g]	概略寸法 [mm]	サイズ	使用温度範囲 [℃]	備 考
●東芝										
ER3VP	3.6	—	—	1.0	—	8.5	φ14.5×24.5	—	−55〜+85	
ER4VP		—	—	1.2	—	10	φ14.5×29.5	—		
ER6VP		—	—	2.0	—	16	φ14.5×47	—		
ER6LVP		—	—	1.8	—	16	φ14.5×47	—		
ER17330VP		—	—	1.7	—	13	φ17.0×29.5	—		
ER17550VP		—	—	2.7	—	19	φ17.0×47	—		
●日立マクセル										
ER17/50H	3.6	125	—	3.3	—	20	φ17×52.6	—		公称容量は20℃で終止電圧3V時の値
ER17/50		125	—	2.75	—	20	φ17×52.6	—		
ER6		100	—	2.0	—	15	φ14.5×53.5	—		
ER6C		100	—	1.8	—	15	φ14.5×51	—		
ER17/33		75	—	1.6	—	13	φ17×35	—		
ER3		40	—	0.91	—	8	φ14.5×26	—		
ER3S		35	—	0.79	—	8	φ10×24.8	—		
●ElectroChem（Wilson Greatbatch, Ltd.）										
3B50	3.9	1	3.6	1.0	10	13	φ25.4×7.5	PC	−55〜+72	BCXシリーズ（-N：Non Magnetic, -LMS：Low Magnetic Signature）連続大電流放電用
3B27		10	3.5	1.6	50	16	φ13.7×49.3	AA		
3B64		20	3.4	2.0	100	16	φ13.7×49.3	AA		
3B70		50	3.4	7.0	500	55	φ25.7×48.3	C		
3B1600		50	3.4	7.0	500	55	φ25.7×48.3	C-N		
3B3800		175	3.4	6.8	750	55	φ25.7×48.3	C-LMS		
3B75		175	3.4	15.0	1000	115	φ33.5×59.2	D		
3B4000		175	3.4	15.0	1000	116	φ33.5×59.2	D-LMS		
3B76		350	3.4	30.0	3000	216	φ33.5×111.3	DD		
3B24	3.9	50	3.3	2.0	150	17	φ13.7×49.2	AA	−32〜+93	CSCシリーズ 間欠大電流放電やパルス放電用
3B665		50	3.3	2.5	250	26	φ25.7×23.4	2/5C		
3B29		75	3.3	3.4	350	32	φ25.7×28.7	1/2C		
3B30		175	3.3	7.0	1000	52	φ25.7×48.3	C		
3B35		500	3.3	14.0	2000	116	φ33.5×59.2	D		
3B36		1000	3.3	30.0	4000	213	φ33.5×111.3	DD		
3B880	3.65	0.10	3.6	1.0	1	10	φ25.4×7.6	PC	−40〜+85	QTCシリーズ 微少電流放電用
3B960		0.04	3.6	0.75	4	8	φ14.5×23.9	1/2AA		
3B950		0.08	3.6	1.5	8	13	φ17.8×30.0	2/3A		
3B940		0.10	3.6	1.9	10	15	φ14.5×44.4	AA		
3B1065	3.9	20	3.8	1.6	150	15	φ13.6×53.1	AA	−40〜+150	PMXシリーズ 高温環境用 左記の定格負荷時の平均電圧は150℃での値
3B3700		50	3.8	6.2	500	50	φ24.9×51.8	C		
3B3000		50	3.8	13.0	500	101	φ24.9×102.6	CC		
3B2800		350	3.8	25.0	2000	215	φ33.0×127.5	DD		
3B4300	3.6	50	3.0	5.0	150	51	φ24.9×51.8	C	0〜+175	CFXシリーズ 高温環境用

〈表4-2-7〉[2][7][14] 塩化チオニル系リチウム電池の定格と特性②

型名	公称開放電圧 [V]	定格放電電流 [mA]	定格負荷時の平均電圧 [V]	公称容量 [Ah]	最大連続放電電流 [mA]	重量 [g]	概略寸法 [mm]	サイズ	使用温度範囲 [℃]	備考
●Tadiran										
TL5902	3.6	1.0	—	1.20	—	—	φ14.5×25.2	1/2AA	−55〜+85	高容量, 主電源用
TL5955		1.3	—	1.65	—	—	φ14.5×33.5	2/3AA		
TL5903		2.0	—	2.40	—	—	φ14.5×50.5	AA		
TL5920	3.6	4.0	—	8.50	—	—	φ26.2×50	C	−55〜+85	高容量, 主電源用
TL5930		5.0	—	19.00	—	—	φ32.9×61.5	D		
TL2150	3.6	1.0	—	0.95	—	—	φ14.5×25.2	1/2AA	−55〜+85	主電源用
TL2155		1.3	—	1.45	—	—	φ14.5×33.5	2/3AA		
TL2100		2.0	—	2.10	—	—	φ14.5×50.5	AA		
TL2200		4.0	—	7.20	—	—	φ26.2×50	C		
TL2300		5.0	—	16.50	—	—	φ32.9×61.5	D		
TL5137		10.0	—	35.00	—	—	φ32.9×124.5	DD		
TL2186	3.6	0.5	—	0.40	—	—	φ22.8×7.5	BEL	−55〜+85	主電源用
TL2134		1.0	—	1.00	—	—	φ32.9×6.5	1/10D		
TL2135		2.0	—	1.70	—	—	φ32.9×10.2	1/6D		
TL5101	3.6	0.5	—	0.95	—	—	φ14.5×25.2	1/2AA	−55〜+85	メモリ・バックアップ用
TL5151		0.5	—	0.70	—	—	φ14.5×25.2	1/2AA		
TL5155		1.3	—	1.45	—	—	φ14.5×33.5	2/3AA		
TL5104		2.0	—	2.10	—	—	φ14.5×50.5	AA		
TL5186	3.6	0.3	—	0.40	—	—	φ22.8×7.5	BEL	−55〜+85	メモリ・バックアップ用
TL5134		0.5	—	1.00	—	—	φ32.9×6.5	1/10D		
TL5135		0.5	—	1.70	—	—	φ32.9×10.2	1/6D		
TL5242/W	3.6	2.0	—	2.10	—	—	16.7×18.1×62	—		メモリ・バックアップ用
TL5315/F	7.2	2.0	—	2.10	—	—	20.0×38.4×58.4	—		主電源用
TL5276/W	3.6	1.0	—	0.95	—	—	φ16.8×28.6	—	−55〜+85	メモリ・バックアップ用
TL5920/B	3.6	4.0	—	8.50	—	—	φ28.0×51.0	—		主電源用
TL5930/F	3.6	5.0	—	19.00	—	—	φ35.0×62.5	—		主電源用

4-3 リチウム蓄電池

〈表4-3-1〉[5][6][11] 主電源用リチウム・イオン蓄電池の定格と特性

	型 名	公称電圧 [V]	公称容量 [mAh]	標準充電条件	寸法 [mm] 外径	厚さ	幅	高さ	質量 [g]	備 考
●三洋電機										
円筒形	UR18650F	3.7	2300	$1I_t$-4.2Vの定電流-定電圧方式で2.5時間	18.1	—	—	64.8	45	—
	UR18650H		1900		18.1	—	—	64.8	46	高負荷用途向け
	UR18650V		1900		18.1	—	—	64.8	46	動力用途向け
	UR18500F		1500		18.1	—	—	49.3	35	—
	UR14650P		940		13.9	—	—	64.7	26	—
	UR14500P		800		13.9	—	—	49.2	20	容量アップ開発中
	UR14430P		660		13.9	—	—	42.8	17	開発中
角形	UF103450F	3.7	1800	$1I_t$-4.2Vの定電流-定電圧方式で2.5時間	—	10.0	34.0	50.0	39	オーバル形状
	UF653450R		1100		—	6.4	33.9	49.6	25	—
	UF553450F		1000		—	5.4	33.9	49.8	21	—
	UF553450R		920		—	5.4	33.9	49.6	20	オーバル形状
	UF553450L		820		—	5.4	33.9	49.6	21	保護回路軽減仕様
	UF463450P		780		—	4.4	33.9	49.8	17	—
	UF383450F		680		—	3.7	33.9	49.6	15	容量アップ開発中
	UF653048P		830		—	6.3	29.7	47.8	20	—
	UF553048F		820		—	5.4	29.7	47.8	17	—
	UF463048P		680		—	4.4	29.7	47.8	15	—
	UF102248P		900		—	10.3	22.2	47.8	24	—
	UF812248P		700		—	7.7	22.2	47.8	18	—
	UF612248P		480		—	6.0	22.2	47.8	13	—
	UF611948P		420		—	6.0	19.2	47.8	12	—
	UF553443F		850		—	5.4	33.9	42.8	17	開発中
	UF553443R		800		—	5.4	33.9	42.8	17	オーバル形状
	UF463443F		730		—	4.4	33.9	42.8	15	容量アップ開発中
	UF553040P		650		—	5.4	29.7	39.8	14	—
	UF553436F		720		—	5.4	33.9	35.8	16	—
	UF652436F		600		—	6.2	24.0	35.6	13	—
●松下電池工業										
円筒形	CGR17500	3.6	830	—	16.9	—	—	49.6	25	—
	CGR18500		1500		18.6	—	—	50.0	33	—
	CGR18650A		2000		18.5	—	—	65.0	43	—
	CGR18650C		2150		18.6	—	—	65.2	44.5	—
角形	CGA103450A	3.6	1950		—	10.6	34.0	50.0	40	—
	CGA523436		710		—	5.25	34.0	36.0	14.5	—
	CGA523450A		940		—	5.25	34.0	50.0	19.5	—
	CGA533048A		810		—	5.35	30.0	48.1	17.5	—
	CGA633450A		1035		—	6.35	34.0	50.0	24	—

〈表4-3-2〉 主電源用リチウム・ポリマ蓄電池の定格と特性（三洋電機）

型　名	公称電圧 [V]	公称容量 [mAh]	標準充電条件	寸法 [mm] 厚み	幅	高さ	質量 [g]	備　考
UPF323450L	3.7	490	—	3.3	34	49.5	11.5	公称容量の放電条件：$0.2I_tA$(終止電圧2.75V)
UPF323456L		500		3.25	34	56	13.3	
UPF383456L		640		3.9	34	56	14.5	
UPF383562		800		3.9	35	62	17	
UPF385269		1150		3.8	52	68.5	27	
UPF386369		1500		3.85	63	68.5	34	
UPF574199		2150		5.7	41	99	46	

〈表4-3-3〉[5][11] 公称電圧3Vのコイン形リチウム蓄電池の定格と特性① （次頁につづく）

型　名	公称電圧 [V]	公称容量 [mAh]	連続標準負荷電流 [mA]	標準充放電電流 [mA]	最大放電電流 [mA] 連続	パルス	充放電サイクル特性	充電電圧（定電圧充電）	寸法 [mm] 直径	厚さ	重量 [g]	備　考
●三洋電機												
ML2430	3	100	—	0.5	10	20	3000サイクル（放電深度5%），500サイクル（放電深度20%）	$3.10 \pm 0.15V$（連続または高温充電の場合は $2.95 \pm 0.15V$）	24.5	3.0	4.1	二酸化マンガン・リチウム系
ML2020		45	—	0.3	8	20			20.0	2.0	2.2	
ML2016		30	—	0.3	8	20				1.6	1.8	
ML1220		15	—	0.1	2	5			12.5	2	0.8	
ML621		5.5	—	0.015	0.5	1.5	3000サイクル（放電深度5%），300サイクル（放電深度20%）		6.8	2.1	0.22	
ML614		3.4	—	0.015	0.5	1.5				1.4	0.16	
ML421		2.3	—	0.005	0.2	0.6			4.8	2.1	0.1	
ML414		1.0	—	0.005	0.2	0.6				1.4	0.07	
ML414R	3	0.1	—	0.005	0.02	0.05	100サイクル（放電深度100%）	$2.8 \sim 3.1V$	4.8	1.4	0.07	二酸化マンガン・リチウム系 リフロー対応
ML414RU		1.0	—	0.005	0.02	—	300サイクル（放電深度10%）		4.8		0.08	
ML614R		2.5	—	0.005	0.03	—			6.8		0.23	
●松下電池工業												
ML1220	3	17	0.03	—	—	—	—	—	12.5	2.0	0.8	二酸化マンガン・リチウム系
ML2020		45	0.12	—	—	—	—	—	20	2.0	2.2	
ML414R		0.8	0.005	—	—	—	—	—	4.8	1.4	0.07	リフロー対応；二酸化マンガン・リチウム系
ML414S		1.2	0.005	—	—	—	—	—		1.4	0.08	二酸化マンガン・リチウム系
ML421S		2.3	0.005	—	—	—	—	—		2.1	0.11	
ML612S		2.6	0.01	—	—	—	—	—	6.8	1.2	0.15	
ML614R		2.5	0.01	—	—	—	—	—		1.4	0.16	リフロー対応；二酸化マンガン・リチウム系
ML614S		3.4	0.01	—	—	—	—	—		1.4	0.16	二酸化マンガン・リチウム系
ML621S		5	0.01	—	—	—	—	—		2.1	0.3	
ML920S		11	0.03	—	—	—	—	—	9.5	2.0	0.5	
VL1216	3	5 [1]	0.03	—	—	—	—	—	12.5	1.6	0.7	バナジウム・リチウム系
VL1220		7 [1]	0.02	—	—	—	—	—	12.5	2.0	0.8	
VL2020		20 [1]	0.07	—	—	—	—	—	20	2.0	2.2	
VL2320		30 [1]	0.1	—	—	—	—	—	23	2.0	2.8	
VL2330		50 [1]	0.1	—	—	—	—	—	23	3.0	3.7	
VL3032		100 [1]	0.2	—	—	—	—	—	30	3.2	6.3	
VL621		1.5 [1]	0.01	—	—	—	—	—	6.8	2.1	0.3	

注▶ (1)＋20℃，標準放電電流での放電容量(終止電圧2.5V)

〈表4-3-3〉(10) 公称電圧3Vのコイン形リチウム蓄電池の定格と特性②

型 名	公称電圧[V]	公称容量[mAh]	標準充放電電流[mA]	最大放電電流[mA]	充放電サイクル特性 放電深度100%	充放電サイクル特性 放電深度20%	標準充電電圧[V]	内部抵抗[Ω]	直径[mm]	厚さ[mm]	質量[g]	備 考
●エスエスアイ・マイクロパーツ(セイコーインスツル・グループ)												
MS412F	3	1.0	0.010	0.10	200	1000	3.1	100	4.8	1.2	0.07	マンガン・シリコン系；最大放電流は公称容量の約50%の要領が得られる電流値である．
MS414		0.25	0.010	0.10			3.3	100	4.8	1.4	0.07	
MS518S		3.4	0.010	0.15	100	1000	3.1	60	5.8	1.8	0.13	
MS614		2.3	0.025	0.25			3.3	50	6.8	1.4	0.17	
MS614F		3.0	0.025	0.25			3.1	80	6.8	1.4	0.16	
MS614S		3.4	0.025	0.25	200	1000	3.1	80	6.8	1.4	0.17	
MS621		4.0	0.025	0.25			3.3	50	6.8	2.1	0.23	
MS621F		5.5	0.025	0.25			3.1	80	6.8	2.1	0.23	
MS920S		11	0.050	0.80	100	1000	3.1	35	9.5	2.1	0.47	
HB414	3	0.3@3.0→1.2V 0.2@2.5→1.2V 0.14@3.0→2.0V	0.005	—	1000サイクル(放電深度100%) 100サイクル(放電深度10%)			280	4.8	1.4	0.07	鉛フリー対応

〈表4-3-4〉(5)(11) 公称電圧2Vのコイン形リチウム蓄電池の定格と特性

型 名	公称電圧[V]	公称容量[mAh]	連続標準負荷電流[mA]	標準充放電電流[mA]	最大放電電流[mA] 連続	最大放電電流[mA] パルス	充放電サイクル特性	充電電圧(定電圧充電)	寸法[mm] 直径	寸法[mm] 厚さ	重量[g]	備 考
●三洋電機												
NBL414	2	1.0	—	0.005	0.15	0.5	3000サイクル(放電深度5%) 300サイクル(放電深度20%)	2.2±0.4V(連続または高温充電の場合は2.1±0.3V)	4.8	1.4	0.07	ニオブ・リチウム系
NBL621		4.0	—	0.015	0.3	1			6.8	2.1	0.23	
NBL414R		0.5	—	—	—	—	—	—	4.8	1.4	0.08	リフロー対応；ニオブ・リチウム系
●松下電池工業												
NBL414	2	1.1 (1)	0.005	—	—	—	—	—	4.8	1.4	0.08	ニオブ・リチウム系
NBL621		4 (1)	0.01	—	—	—	—	—	6.8	2.1	0.25	

注▶ (1)＋20℃，標準放電電流での放電容量(終止電圧1.0V)

〈表4-3-5〉(11) 公称電圧3.7Vのコイン形リチウム・イオン蓄電池の定格と特性

型 名	公称電圧[V]	公称容量[mAh]	標準充放電電流[mA]	最大放電電流[mA]	充放電サイクル特性 放電深度100%	充放電サイクル特性 放電深度20%	標準充電電圧[V]	内部抵抗[Ω]	直径[mm]	厚さ[mm]	質量[g]	備 考
●松下電池工業												
CGL3032	3.7	130	—	—	—	—	—	—	30	3.2	7	

〈表4-3-6〉(10) 公称電圧1.5Vのコイン形リチウム蓄電池の定格と特性

型名	公称電圧[V]	公称容量[mAh]	連続標準負荷電流[mA]	標準充放電電流[mA]	最大連続放電電流[mA]	サイクル寿命 放電深度100%	サイクル寿命 放電深度20%	充電電圧[V]	内部抵抗[Ω]	直径[mm]	厚さ[mm]	質量[g]	備考
●エスエスアイ・マイクロパーツ(セイコーインスツル・グループ)													
TS621F	1.5	4.2 @2.3→1.0V	—	0.015	—	50	1000	—	80	6.8	2.1	0.22	チタン・シリコン系

〈表4-3-7〉(11) 公称電圧1.5Vのコイン形リチウム・イオン蓄電池の定格と特性

型名	公称電圧[V]	公称容量[mAh]	連続標準負荷電流[mA]	標準充放電電流[mA]	最大連続放電電流[mA]	サイクル寿命 放電深度100%	サイクル寿命 放電深度20%	充電電圧[V]	内部抵抗[Ω]	直径[mm]	厚さ[mm]	質量[g]	備考
●松下電池工業													
MT516	1.5	0.9 (1)	0.05	—	—	—	—	—	—	5.8	1.6	0.15	チタン・リチウム系
MT616	1.5	1.05 (1)	0.05	—	—	—	—	—	—	6.8	1.6	0.20	
MT621	1.5	1.5 (1)	0.05	—	—	—	—	—	—	6.8	2.1	0.30	
MT920	1.5	4.0 (1)	0.1	—	—	—	—	—	—	9.5	2.0	0.50	
MT1620	1.5	14 (1)	0.5	—	—	—	—	—	—	16.0	2.0	1.30	

注▶ (1) +20℃における標準放電電流での放電容量(終止電圧1.0V)

4-4 ボタン形電池(アルカリ，酸化銀，空気)

〈表4-4-1〉[11][12] ボタン形酸化銀電池の定格と特性

型名	JIS	IEC	公称電圧 [V]	公称容量[1] [mAh]	連続負荷標準 [mA]	直径 [mm]	高さ [mm]	質量 [g]	各社相当品
●汎用									
SR48	—	SR48	1.55	75	0.10	7.9	5.40	1.1	G5, S13E
SR1120	SR55	SR55	1.55	45	0.10	11.6	2.05	0.9	G8
SR1130	SR54	SR54	1.55	80	0.20	11.6	3.05	1.4	G10
SR43	SR43	SR43	1.55	120	0.20	11.6	4.20	1.9	G12, S41E
SR44	SR44	SR44	1.55	160	0.20	11.6	5.40	2.3	G13, S76E
4SR44[2]	—	4SR44	6.20	160	0.20	13.0	25.10	11.5	4G13, 544
●ハイ・レート放電用									
SR626W	—	SR66	1.55	30	0.05	6.8	2.60	0.4	376, 43
SR721W	—	SR58	1.55	25	0.05	7.9	2.15[3] 2.10	0.5	361, 46
SR726W	—	SR59	1.55	30	0.10	7.9	2.60	0.6	396, 29
SR41W	—	SR41	1.55	45	0.10	7.9	3.60	0.7	392, 2
SR48W	—	SR48	1.55	75	0.10	7.9	5.40	1.1	393, 15
SR916W	—	SR68	1.55	26	0.05	9.5	1.65	0.5	372
SR920W	—	SR69	1.55	40	0.10	9.5	2.05	0.7	370, 36
SR927W	—	SR57	1.55	55	0.10	9.5	2.70	0.8	399, 35
SR1120W	—	SR55	1.55	45	0.10	11.6	2.05	0.9	391, 23
SR1130W	—	SR54	1.55	80	0.20	11.6	3.05	1.4	389, 17
SR43W	—	SR43	1.55	120	0.20	11.6	4.20	1.9	386, 6
SR44W	—	SR44	1.55	180	0.20	11.6	5.40	2.4	357, 7
●ロー・レート放電用									
SR512SW	—	—	1.55	5.5	0.01	5.8	1.25[3] 1.29	0.15	335
SR516SW	—	SR62	1.55	10	0.02	5.8	1.65	0.2	317
SR521SW	—	SR63	1.55	16	0.05	5.8	2.15	0.2	379
SR527SW	—	—	1.55	20	0.05	5.8	2.70	0.3	319
SR616SW	—	SR65	1.55	16	0.05	6.8	1.65	0.3	321, 38
SR621SW	—	SR60	1.55	23	0.05	6.8	2.15	0.4	364, 31
SR626SW	—	SR66	1.55	30	0.05	6.8	2.60	0.4	377, 37
SR712SW	—	—	1.55	10	0.02	7.9	1.29	0.3	346
SR716SW	—	SR67	1.55	21	0.05	7.9	1.65	0.4	315, 40
SR721SW	—	SR58	1.55	24	0.05	7.9	2.10	0.5	362, 19
SR726SW	—	SR59	1.55	30	0.05	7.9	2.60	0.6	397, 26
SR41SW	—	SR41	1.55	45	0.05	7.9	3.60	0.7	384, 10
SR916SW	—	SR68	1.55	26	0.05	9.5	1.65	0.5	373, 41
SR920SW	—	SR69	1.55	40	0.05	9.5	2.05	0.7	371, 30
SR927SW	—	SR57	1.55	55	0.05	9.5	2.70	0.8	395, 25
SR936SW	—	—	1.55	70	0.1	9.5	3.6	1.1	394
SR43SW	—	SR43	1.55	110	0.10	11.6	4.20	1.9	301, 1
SR47SW	—	SR47	1.55	170	0.20	11.6	5.60	2.4	303, 9

注▶(1)＋20℃,標準放電電流での放電容量(終止電圧1.2 V) (2)＋20℃,標準放電電流での放電容量(終止電圧4.8 V) (3)要望により選択可能．

4-4 ボタン形電池(アルカリ，酸化銀，空気)

〈表4-4-2〉[11][12] ボタン形アルカリ電池の定格と特性

型　名	JIS	IEC	公称電圧[V]	公称容量[mAh]	放電終止電圧[V]	重負荷パルス[mA]	標準負荷[mA]	軽負荷[μA]	直径[mm]	高さ[mm]	質量[g]	各社相当品
LR41	LR41	LR41	1.5	24	1.2	5	0.1	1	7.9	3.6	0.6	192
LR1120	LR1120	LR55	1.5	23	1.2	5	0.1	1	11.6	2.05	0.8	191
LR1130	LR1130	LR54	1.5	44	1.2	10	0.1	1	11.6	3.05	1.2	189
LR43	LR43	LR43	1.5	70	1.2	15	0.1	3	11.6	4.2	1.6	186
LR44	LR44	LR44	1.5	105	1.2	50	0.1	5	11.6	5.4	2.0	A76
PX825	―	LR53	1.5	300	0.9	50	5	15	23.1	6.1	7	EPX825
LR44H	―	―	1.5	120	―	―	15	―	11.6	5.4	1.8	―
LR936	―	―	1.5	44	―	―	8	―	9.5	3.6	0.8	―
LR927	―	―	1.5	30	―	―	8	―	9.5	2.73	0.7	―
LR726	―	―	1.5	21	―	―	8	―	7.9	2.6	0.5	―
LR626	―	―	1.5	17	―	―	0.8	―	6.8	2.6	0.3	―

〈表4-4-3〉[11][12] ボタン形空気電池の定格と特性

型　名	JIS	IEC	公称電圧[V]	公称容量[2][mAh]	標準放電電流[mA]	直径[mm]	高さ[mm]	質量[g]	各社相当品
PR44	PR44	PR44	1.4	605	2.0	11.6	5.4	1.8	675
PR48	PR48	PR48	1.4	250	0.85	7.9	5.4	0.8	13
PR41	PR41	PR41	1.4	130	0.43	7.9	3.6	0.5	312
PR536	PR536	PR70	1.4	75	0.43	5.8	3.6	0.3	230, 10
PR521	―	―	1.4	33	0.20	5.8	2.15	0.2	5
★PR44P	PR44	PR44	1.4	450	2.0	11.6	5.4	1.6	675
★PR48P	PR48	PR48	1.4	200	0.85	7.9	5.4	0.8	13
PR2330	―	―	1.4	1050	2.0	23.2	3.0	4.4	
PR1662	―	―	1.4	1100	4.0	16.0	6.2	3.7	630

注▶ (1) ★印は高出力補聴器用である．
　　(2) +20℃，標準放電電流での放電容量(終止電圧0.9V)

〈表4-4-4〉(11)(12) ボタン形アルカリ電池の互換表

寸法 直径 [mm]	高さ [mm]	松下電池 パナソニック Panasonic	ナショナル(1)	旧型名(1)	準拠規格 JIS	IEC	エバレディ Eveready	デュラセル Duracell	レオバック Ray-O-Vac	バルタ Varta	ベレック Berec	東芝 Toshiba	マクセル Maxcell	その他 Others
●公称電圧 1.5 V															
6.8	2.6	―	―	―	―	―	―	―	―	―	―	―	LR626	―
7.9	2.6	―	―	―	―	―	―	―	―	―	―	―	LR726	―
	3.6	LR41	LR41	―	LR41	LR41	192	―	―	V36A	―	LR41	LR41	―
9.5	2.05	―	LR920	―	―	―	―	―	―	―	―	―	―	―
	2.7	―	LR927	―	―	LR57	―	―	―	―	―	―	LR927	―
	3.6	―	―	―	―	―	―	―	―	―	―	―	LR936	―
11.6	2.05	LR1120	LR1120	―	LR1120	LR55	191	―	―	V8GA	―	LR1120	LR1120	91A
	3.05	LR1130	LR1130	―	LR1130	LR54	189	LR54	RW89	V10GA	BLR54	LR1130	LR1130	89A
	4.2	LR43	LR43	―	LR43	LR43	186	LR43	RW84	V12GA	BLR43	LR43	LR43	86A
	5.4	LR44	LR44	―	LR44	LR44	A76	LR44	RW82	V13GA	BLR44	LR44	LR44	76A
	5.4	LR44	LR44H	―	―	LR44	―	―	―	―	―	―	LR44H	―
15.7	6.1	―	LR9	AM-D	―	LR9	―	―	―	V625U	―	―	―	―
16.4	16.8	―	LR50	AM-P	―	LR50	―	―	―	―	―	―	―	―
23.1	6.1	―	PX825	―	―	LR53	EPX825	PX825	RPX825	V825PX	―	PX825	―	―
●公称電圧 3.0 V															
16.9	43.5	―	PX24	―	―	2LR50	532	PX24	RPX24	7253	PX24	―	―	―
24.0	12.5	―	PX30	―	―	2LR53	EPX30	PX30	RPX30	―	PX30	―	―	―
●公称電圧 4.5 V															
16.9	60.0	―	PX19	―	―	3LR50	531	PX19	RPX19	7252	PX19	―	―	―
	50.5	―	PX21	―	―	3LR50	523	PX21	RPX21	7251	PX21	―	―	―
11.5×17.2×41.0		―	7K31	―	―	3LR44	538	(7R31)	RPX31	4021	(7R31)	―	―	―
●公称電圧 6.0 V															
13.0	25.1	4LR44	4LR44	―	―	4LR44	A544	―	―	V4034PX	B4LR44	4LR44	4LR44	―
●公称電圧 8.4 V															
12.8×16.7×44.2		NP146X	―	―	―	―	E146X	TR146X	―	―	―	―	―	J146X

注▶(1)パナソニックの欄に型名がないものは生産終了品.

〈表4-4-5〉[11][12] ボタン形酸化銀電池の互換表①(次頁につづく)

公称電圧 [V]	寸法		松下電池			準拠規格		エバレディ Eveready	デュラセル Duracell	レオバック Ray-O-Vac	バルタ Varta
	直径 [mm]	高さ [mm]	パナソニック Panasonic	ナショナル	旧型名	JIS	IEC				
●酸化銀電池(ハイ・レート用カリ・タイプ)											
1.55	7.9	3.6	SP312	SR41	G3	SR41	SR41	S312E	MS312	RS312G	—
		5.4	SP13	SR48	G5	SR48	SR48	S13E	MS13H	RS13G	—
	11.6	2.05	—	SR1120	G8	SR1120	SR55	—	—	—	V8GS
		3.05	—	SR1130	G10	SR1130	SR54	(291)	—	—	V10GS
		4.2	SP41	SR43	G12	SR43	SR43	S41E	MS41H	RS41G	V12GS
		5.4	SP76	SR44	G13	SR44	SR44	S76E	MS76	RS76	V76PX
	6.8	2.15	—	—	—	—	—	—	—	—	—
		2.6	SP376	SR626W	—	—	(SR66)	376	—	—	—
	7.9	1.65	—	—	—	—	—	—	—	—	—
		2.1	SP361	SR721W	—	—	SR58	361	D361	361	—
		2.6	SP396	SR726W	—	—	SR59	396	D396	396	V396
		3.6	SP392	SR41W	WL41	—	SR41	392	D392	392	V392
		5.4	SP393	SR48W	WL6	—	SR48	393	D393	393	V393
	9.5	1.65	SP372	SR916W	—	—	(SR68)	372	D372	372	—
		2.05	SP370	SR920W	—	—	(SR69)	370	—	370	—
		2.7	SP399	SR927W	SR926W	—	SR57	399	D399	399	V399
	11.6	2.05	SP391	SR1120W	—	—	SR55	391	D391	391	V391
		3.05	SP389	SR1130W	VL10	—	SR54	389	D389	389	V389
		4.2	SP386	SR43W	VL11	—	SR43	386	D386	386	V386
		5.4	SP357	SR44W	WL14	—	SR44	357	D357	357	V357
6.20	13.0	25.1	—	4SR44	4G13	—	4SR44	544	PX28	RPX28	V28PX
●酸化銀電池(ロー・レート用ソーダ・タイプ)											
1.55	4.8	1.25	—	—	—	—	—	—	—	—	—
		1.65	—	—	—	—	—	—	—	—	—
		2.15	—	—	—	—	—	—	—	—	—
	5.8	1.08	—	—	—	—	—	—	—	—	—
		1.25	SP335	SR512SW	—	—	—	335	—	—	—
		1.65	SP317	SR516SW	—	—	(SR62)	317	—	—	—
		2.15	SP379	SR521SW	—	—	(SR63)	379	—	379	V379
		2.7	SP319	SR527SW	—	—	—	319	—	319	—
	6.8	1.65	SP321	SR616SW	—	—	(SR65)	321	D321	321	V321
		2.15	SP364	SR621SW	—	—	SR60	364	D364	364	V364
		2.6	SP377	SR626SW	—	—	(SR66)	377	D377	377	V377
	7.9	1.25	SP346	SR712SW	—	—	—	346	—	—	—
		1.65	SP315	SR716SW	—	—	(SR67)	315	—	315	V315
		2.1	SP362	SR721SW	—	—	SR58	362	D362	362	V362
		2.6	SP397	SR726SW	—	—	SR59	397	D397	397	V397
		3.1	—	—	—	—	—	329	—	—	V329
		3.6	SP384	SR41SW	WS1	—	SR41	384	D384	384	V384
		3.6	—	—	—	—	—	—	—	—	—

＊：この表には旧型名を掲載している．レナタの新型名はエバレディと同一である．

ベレック Berec	レナタ* Renata	服部セイコー SEIKO	シチズン Citizen	タイメックス Timex	マクセル Maxcell	東芝 Toshiba	その他 Others
BSR41H	—	—	280-65	—	SR41	—	—
BSR48H	—	—	—	—	—	—	—
—	—	—	—	—	SR1120	—	—
—	—	—	—	—	SR1130	—	—
BSR43H	—	—	—	—	SR43	—	—
BSR44H	—	—	—	—	SR44	—	EPX76
—	—	SB-BW	280-70	—	SR621W	—	—
—	43	—	—	—	SR626W	—	—
—	—	SB-BT	—	—	SR716W	—	—
BSR58H	46	SB-BK	280-53	X	SR721W	SR721W	—
BSR59H	29	SB-BL	280-52	V	SR726W	SR726W	—
BSR41H	2	SB-B1	280-13	K	SR41W	—	—
BSR48H	15	SB-B3	—	F	SR754W	SR48W	—
—	—	—	—	—	—	—	—
B370H	36	SB-BN	280-51	Z	SR920W	SR920W	—
BSR57H	35	SB-BP	280-44	W	SR927W	SR927W	—
BSR55H	23	SB-BS	280-30	L	SR1120W	—	—
BSR54H	17	SB-BU	280-15	M	SR1130W	SR1130W	—
BSR43H	6	SB-B8	280-41	H	SR43W	SR43W	—
BSR44H	7	SB-B9	—	J	SR44W	—	—
—	—	—	—	—	4SR44	—	—
—	—	—	—	—	SR412SW	—	—
—	—	SB-A5	—	—	SR416SW	—	—
—	—	SB-A6	—	—	SR412SW	—	—
—	—	—	280-69	—	SR510SW	—	—
—	—	SB-AB	280-68	—	SR512SW	SR512SW	—
—	—	SB-AR	280-58	CA	SR516SW	SR516SW	—
B379L	—	SB-AC	280-59	JA	SR521SW	SR521SW	—
—	—	SB-AE	280-60	—	SR527SW	SR527SW	—
B321L	38	SB-AF	280-73	DA	SR616SW	SR616SW	—
BSR60L	31	SB-AG	280-34	T	SR621SW	SR621SW	—
B377L	37	SB-AW	280-39	BA	SR626SW	SR626SW	—
—	—	SB-AH	280-66	—	SR712SW	—	—
B315L	40	SB-AT	280-56	HA	SR716SW	SR716SW	—
BSR58L	19	SB-AK	280-29	S	SR721SW	SR721SW	—
BSR59L	26	SB-AL	280-28	N	SR726SW	SR726SW	—
—	—	—	—	—	SR731SW	—	—
BSR41L	10	SB-A1	280-18	—	SR41SW	SR41SW	—
—	—	—	—	—	SR41S	—	—

〈表4-4-5〉(11)(12) ボタン形酸化銀電池の互換表②

公称電圧[V]	寸法 直径[mm]	寸法 高さ[mm]	松下電池 パナソニック Panasonic	松下電池 ナショナル	松下電池 旧型名	準拠規格 JIS	準拠規格 IEC	エバレディ Eveready	デュラセル Duracell	レオバック Ray-O-Vac	バルタ Varta
1.55	9.5	0.98	—	—	—	—	—	—	—	—	—
		1.65	SP373	SR916SW	—	—	(SR68)	373	—	373	V373
		2.05	SP371	SR920SW	—	—	(SR69)	371	D371	371	B371L
		2.7	SP395	SR927SW	SR926SW	—	SR57	395	D395	395	V395
		3.6	—	SR936SW	—	—	—	394	D394	—	V394
	11.6	1.65	—	—	—	—	—	366	D366	—	—
		2.05	—	—	—	—	—	381	D381	—	V381
		3.05	—	—	—	—	—	390	D390	—	V390
		3.6	—	—	—	—	—	344	D344	—	V344
		4.2	SP301	SR43SW	WS11	—	SR43	301	D301	301	V301
		5.4	—	—	—	—	—	303	D303	—	V303
		5.6	SP303	SR47SW	WS14	—	SR47	303	D303	303	V303
●2次電池											
1.55	9.5	2.05	—	—	—	—	—	—	—	—	—
		2.73	—	—	—	—	—	—	—	—	—
	11.6	3.05	—	—	—	—	—	—	—	—	—

＊：この表には旧型名を掲載している．レナタの新型名はエバレディと同一である．

〈表4-4-6〉(11)(12) ボタン形空気電池の互換表

公称電圧[V]	寸法 直径[mm]	寸法 高さ[mm]	松下電池 パナソニック Panasonic	松下電池 ナショナル(1)	松下電池 旧型名(1)	準拠規格 JIS	準拠規格 IEC	エバレディ Eveready	デュラセル Duracell	レオバック Ray-O-Vac	バルタ Varta	ベレック Berec	東芝 Toshiba	マクセル Maxcell	その他 Others
1.4	5.8	2.15	PR521	PR521	—	—	PR63	DA5	—	5A	V5	—	—	—	5
		3.6	PR536	PR536	PZA230	—	—	AC230	230HPX	10A	—	—	PR536	—	—
	7.9	3.6	PR41	PR41	PZA312	—	PR41	AC312E	312HPX	312A	—	A312	PR41	—	DA312
		5.4	PR48	PR48	PZA13	—	PR48	AC13E	13HPX	13A	—	A13	PR48	—	DA13
	11.6	5.4	PR44	PR44	PZA675	—	PR44	AC675E	675HPX	675A	V675A	A675	PR44	—	DA675
	16.0	6.2	PR1162	—	—	—	—	—	—	—	—	—	—	—	—
	23.2	3.0	PR2330	—	—	—	—	—	—	—	—	—	—	—	DA630

注▶(1)パナソニックの欄に型名がないものは生産終了品．

ベレック Berec	レナタ* Renata	服部セイコー SEIKO	シチズン Citizen	タイメックス Timex	マクセル Maxcell	東芝 Toshiba	その他 Others
—	—	—	—	—	SR909SW	—	—
B373L	41	SB-AJ	280-45	—	SR916SW	SR916SW	—
B371L	30	SB-AN	280-31	—	SR920SW	SR920SW	—
BSR57L	25	SB-AP	280-48	—	SR927SW	SR927SW	—
—	—	SB-A4	280-17	—	SR936SW	SR936SW	—
—	—	—	280-46	—	SR1116SW	SR1116SW	—
—	—	SB-AS	280-27	—	SR1120SW	SR1120SW	—
—	—	SB-AU	280-24	—	SR1130SW	SR1130SW	—
—	—	—	—	—	SR1136SW	—	—
BSR43L	1	SB-A8	280-01	D	SR43SW	SR43SW	—
—	—	SB-A9	280-08	A	SR44SW	—	—
BSR44L	9	—	—	—	—	—	—
—	—	—	—	—	XR9520SW	—	—
—	—	—	—	—	XR9527W	—	—
—	—	—	—	—	XR11630W	—	—

4-5 ニッケル水素蓄電池

〈表 4-5-1〉[4][11] 一般用ニッケル水素蓄電池の定格と特性

	型 名	公称電圧 [V]	公称容量 [mAh]	定格容量 [mAh]	標準充電		短時間充電		内部抵抗[1] [mΩ]	寸法 [mm]				質量 [g]	サイズ	JISおよび IEC形式	備 考
					電流 [mA]	時間 [h]	電流 [mA]	時間 [h]		直径	厚さ	幅	高さ				
●三洋電機																	
円筒形	HR-4U	1.2	800	740	0.1I_t	16	750	1.1	—	10.5	—	—	44	13	—	—	乾電池互換タイプ
	HR-3U		1700	1600			1700		—	14.2	—	—	50	27	—	—	
			2100	2000			2100		—	14.35	—	—	50.4	29	—	—	
			2300	2100			2300		—	14.35	—	—	50.4	30	—	—	
●松下電池工業																	
円筒形	HHR100AAK	1.2	1080	1000	—	—	—	—	—	14.5	—	—	43.0	10	4/5AA	—	Nタイプ (標準タイプ)
	HHR110AAO		1180	1100	110	16	1100	1.2	16	14.5	—	—	50.0	26	AA	HR15/51	
	HHR60AAAOB		550	600	—		—	—	—	10.5	—	—	44.5	12	AAA	—	Bタイプ (乾電池互換タイプ)
	HHR75AAAB		730	700	70		450	1.7	35	10.5	—	—	44.5	12	AAA	HR11/45	
	HHR70AAB	1.2	780	700	70	16	700	1.2	18	14.5	—	—	50.5	18	AA	HR15/51	
	HHR210AAB		2080	2000	200		1200	2.0	20	14.5	—	—	50.5	29	AA	HR15/51	
	HHR240AAB		2300	2230	—		—	—	—	14.5	—	—	50.5	29	AA	—	

注▶(1)内部抵抗は，充電状態で1000Hzにおける値．

〈表4-5-2〉[4][11] 高容量タイプのニッケル水素蓄電池の定格と特性

	型　名	公称電圧[V]	公称容量[mAh]	定格容量[mAh]	標準充電 電流[mA]	標準充電 時間[h]	短時間充電 電流[mA]	短時間充電 時間[h]	内部抵抗[1][mΩ]	寸法[mm] 直径	寸法[mm] 厚さ	寸法[mm] 幅	寸法[mm] 高さ	質量[g]	サイズ	JISおよびIEC形式	備考
●三洋電機																	
円筒形	HR-AAAU	1.2	730	650	0.1I_t	16	730	1.1	—	10.5	—	—	44.5	13	—	—	高容量タイプ
円筒形	HR-5/4AAAU	1.2	850	760	0.1I_t	16	850	1.1	—	10.5	—	—	50	15	—	—	高容量タイプ
円筒形	HR-5/3AAAU	1.2	1000	920	0.1I_t	16	1000	1.1	—	10.5	—	—	67.5	19	—	—	高容量タイプ
円筒形	HR-4/5AAU	1.2	1350	1300	0.1I_t	16	1350	1.1	—	14.5	—	—	43	24	—	—	高容量タイプ
円筒形	HR-AA	1.2	1100	1000	0.1I_t	16	—	—	—	14.2	—	—	50	27	—	—	高容量タイプ
円筒形	HR-AAUL	1.2	1450	1300	0.1I_t	16	1300	1.1	—	14.2	—	—	49	27	—	—	高容量タイプ
円筒形	HR-AAU	1.2	1650	1500	0.1I_t	16	1500	1.1	—	14.2	—	—	50	28	—	—	高容量タイプ
円筒形	HR-4/5AU	1.2	2150	1950	0.1I_t	16	2150	1.1	—	17	—	—	43	35	—	—	高容量タイプ
円筒形	HR-AU	1.2	2700	2450	0.1I_t	16	2700	1.1	—	17	—	—	50	40	—	—	高容量タイプ
円筒形	HR-4/3AU	1.2	4000	3600	0.1I_t	16	3000	1.1	—	17	—	—	67.5	55	—	—	高容量タイプ
円筒形	HR-4/3FAU	1.2	4000	3600	0.1I_t	16	3000	1.5	—	18	—	—	67.5	62	—	—	高容量タイプ
円筒形	HR-4/3FAU	1.2	4500	4100	0.1I_t	16	3000	1.5	—	18	—	—	67.5	62	—	—	高容量タイプ
角形	HF-C1U	1.2	650	580	0.1I_t	16	650	1.1	—	—	6.2	17	35.5	13	—	—	高容量タイプ
角形	HF-C1U	1.2	700	670	0.1I_t	16	700	1.1	—	—	6.2	17	35.5	14	—	—	高容量タイプ
角形	HF-C2U	1.2	900	830	0.1I_t	16	900	1.1	—	—	8.4	17	35.5	18	—	—	高容量タイプ
角形	HF-B1U	1.2	860	785	0.1I_t	16	860	1.1	—	—	6.2	17	48	18	—	—	高容量タイプ
角形	HF-A1U	1.2	1350	1250	0.1I_t	16	1350	1.1	—	—	6.2	17	67	26	—	—	高容量タイプ
角形	HF-A1U	1.2	1350	1300	0.1I_t	16	1350	1.1	—	—	6.2	17	67	26	—	—	高容量タイプ
角形	HF-D4U	1.2	640	600	0.1I_t	16	640	1.1	—	—	6.6	16	34	13	—	—	高容量タイプ
角形	HF-E5U	1.2	900	830	0.1I_t	16	900	1.1	—	—	7.4	14.5	48.2	18	—	—	高容量タイプ
●松下電池工業																	
円筒形	HHR70AAAJ	1.2	730	700	70	16	700	30	10.5	—	—	44.5	12	AAA	HR11/45	Sタイプ（高容量タイプ）
円筒形	HHR120AA	1.2	1220	1150	120	16	1200	1.2	19	14.5	—	—	43.0	23	4/5AA	HR15/43	Sタイプ（高容量タイプ）
円筒形	HHR150AA	1.2	1580	1500	150	16	1500		23	14.5	—	—	50.0	26	AA	HR15/51	Sタイプ（高容量タイプ）
円筒形	HHR200A	1.2	2040	2000	200	16	1200	1.4	20	17.0	—	—	43.0	32	4/5A	HR17/43	Sタイプ（高容量タイプ）
円筒形	HHR210A	1.2	2200	2100	210	16	2100	1.2	20	17.0	—	—	50.0	38	A	HR17/50	Sタイプ（高容量タイプ）
円筒形	HHR380A	1.2	3800	3700	370	16	2000 mA (dT/dt)		25	17.0	—	—	67.0	53	LA	HR17/67	Sタイプ（高容量タイプ）
円筒形	HHR850D	1.2	8500	7500	—	—	—		33.0	—	—	—	61.0	170	D	—	Sタイプ（高容量タイプ）
角形	HHF90T	1.2	950	900	90	16	900	1.2	30	—	6.1	17.3	67.3	23	—	HR18/07/68	Sタイプ（高容量タイプ）
角形	HHF140T	1.2	1430	1400	140	16	1400 mA (−ΔV)		30	—	6.1	17.3	67.3	27	—	HR18/07/68	Sタイプ（高容量タイプ）

注▶(1)内部抵抗は，充電状態で1000Hzにおける値．(2)dT/dt：一定時間あたりの電池温度の上昇勾配を検出して制御する方式．
(3)−ΔV：充電末期のわずかな電圧降下現象を検出して制御する方式．

4-5 ニッケル水素蓄電池

〈表4-5-3〉(4)(11) 大電流用/動力用/高出力タイプのニッケル水素蓄電池の定格と特性

型 名		公称電圧[V]	公称容量[mAh]	定格容量[mAh]	標準充電 電流[mA]	標準充電 時間[h]	短時間充電 電流[mA]	短時間充電 時間[h]	内部抵抗(1)[mΩ]	寸法[mm] 直径	寸法[mm] 厚さ	寸法[mm] 幅	寸法[mm] 高さ	質量[g]	サイズ	JISおよびIEC形式	備 考
●三洋電機																	
円筒形	HR-4/3AAUP	1.2	2000	1800	0.1I_t	16	—	—	—	14.2	—	—	67	36			大電流放電用
	HR-4/5FAUP		1950	1800			1950	1.1	—	18.1	—	—	43.2	39			
	HR-4/3FAUP		3200	3050			3200		—	18.1	—	—	67	60			
			3600	3400			3600		—		—	—		58			
	HR-4/5SCU		2100	1900			2100		—	23	—	—	33.5	47			
	HR-SC		2600	2300			2600		—	23	—	—	43.5	62			
	HR-SCU		3000	2700			3000		—	23	—	—	43.5	59			
	HR-D		7300	6500			5000	1.7	—	34	—	—	59.3	175			
	HR-DU		9000	8450			—	—	—	34	—	—	59.3	178			
●松下電池工業																	
円筒形	HHR200SCP	1.2	2100	1900	200	16	2000	1.2	5	23.0	—	—	34.0	42	4/5SC	HR23/34	Pタイプ(高出力タイプ)
	HHR260SCP		2600	2450	260		2600		5	23.0	—	—	43.0	55	SC	HR23/43	
	HHR300SCP		3050	2800	300		3000		4	23.0	—	—	43.0	57	SC	HR23/43	
	HHR650D	1.2	6800	6500	650		6500		2	33.0	—	—	60.8	170	D	HR33/62	Xタイプ(動力用タイプ)

注▶(1)内部抵抗は，充電状態で1000Hzにおける値．

〈表4-5-4〉(4)(11) 高耐久タイプおよびバックアップ用ニッケル水素蓄電池の定格と特性

型 名		公称電圧[V]	公称容量[mAh]	定格容量[mAh]	標準充電 電流[mA]	標準充電 時間[h]	短時間充電 電流[mA]	短時間充電 時間[h]	内部抵抗(1)[mΩ]	寸法[mm] 直径	寸法[mm] 厚さ	寸法[mm] 幅	寸法[mm] 高さ	質量[g]	サイズ	JISおよびIEC形式	備 考
●三洋電機																	
円筒形	HR-2/3AAAUC	1.2	400	350	0.1I_t	16	400	1.1	—	10.5	—	—	30	9	—	—	高耐久タイプ
	HR-4UC		650	600			650		—	10.5	—	—	44.5	13	—	—	
	HR-4/5AAUC		1100	1000			1100		—	14.2	—	—	43	23			
	HR-AAC		1000	950			1100		—	14.2	—	—	50	27			
	HR-4/5AUC		1700	1550			1700		—	17	—	—	43	35			
	HR-AUC		2100	1900			2100		—	17	—	—	50	40			
	HR-4/3FAUC		3700	3300			3000	1.5	—	18	—	—	67.5	62			
	HR-SCC		2100	1900			2100	1.1	—	23	—	—	43	59			
●松下電池工業																	
円筒形	HHR60AAAH	1.2	550	500	60	16	300	2.4	35	10.5	—	—	44.5	13	AAA	HR11/45	バックアップ専用；Hタイプ(高温耐久性タイプ)
	HHR210AH		2050	1900	210		1050	2.4	20	17.0	—	—	50.0	36	A	HR17/50	
	HHR330APH		3300	3200	330		1650	5.5	18.2	—	—	67.5	60	Fat/A			
	HHR370AH		3700	3500	370		3000	1.4	20	18.2	—	—	67.5	60	Fat/A		
	HHR250SCH	1.2	2650	2500	250		1250	2.4	5	23.0	—	—	43.0	55	SC	HR23/43	バックアップ専用；PHタイプ(高耐久タイプ)
	HHR300CH		3300	3100	300		1500		5	25.8	—	—	50.0	80	C	HR26/50	

注▶(1)内部抵抗は，充電状態で1000Hzにおける値．

4-6 ニッケル・カドミウム蓄電池

〈表4-6-1〉[3][11] 一般用ニカド蓄電池の定格と特性 ［三洋電機㈱］

	型　名	公称電圧 [V]	公称容量 [mAh]	定格容量 [mAh]	標準充電 電流 [mA]	標準充電 時間 [h]	短時間充電 電流 [mA]	短時間充電 時間 [h]	内部抵抗 [mΩ]	寸法 [mm] 直径	寸法 [mm] 厚さ	寸法 [mm] 幅	寸法 [mm] 高さ	質量 [g]	サイズ	JISおよびIEC形式	備　考
円筒形	N-1CV	1.2	2200	—	0.1I_t	14〜16	—	—	—	33	—	—	61	95	単1形	—	市販用
円筒形	N-2UV	1.2	1400	—	0.1I_t	14〜16	—	—	—	26	—	—	50	58	単2形	—	市販用
円筒形	N-3US	1.2	1000	—	0.1I_t	14〜16	—	—	—	14.2	—	—	50.5	23	単3形	—	市販用
円筒形	N-3UV	1.2	700	—	0.1I_t	14〜16	—	—	—	14.2	—	—	50	23	単4形	—	市販用
円筒形	N-4UV	1.2	250	—	0.1I_t	14〜16	—	—	—	10.5	—	—	44	11	単5形	—	市販用
角形	N-6PT	7.2	110	—	0.1I_t	14〜16	—	—	—	—	17.5	26.2	48.8	40	006P形	—	市販用
円筒形	N-50AAA	1.2	50	—	5	14〜16	15	4〜6	55	10.5	—	—	15.8	4	—	—	一般用(標準タイプ)
円筒形	N-110AA	1.2	110	—	11	14〜16	33	4〜6	30	14.5	—	—	17.5	8	—	—	一般用(標準タイプ)
円筒形	N-120TA	1.2	110	—	11	14〜16	33	4〜6	34	8.0	—	—	42.5	6	—	—	一般用(標準タイプ)
円筒形	N-190N	1.2	190	—	19	14〜16	57	4〜6	32	12.0	—	—	29.3	9	—	—	一般用(標準タイプ)
円筒形	N-250AAA	1.2	250	—	25	14〜16	75	4〜6	24	10.5	—	—	44.4	11	—	—	一般用(標準タイプ)
円筒形	N-270AA	1.2	270	—	27	14〜16	81	4〜6	15	14.5	—	—	30.3	13	—	—	一般用(標準タイプ)
円筒形	N-500A	1.2	500	—	50	14〜16	150	4〜6	9.0	17.0	—	—	28.5	19	—	—	一般用(標準タイプ)
円筒形	N-600AA	1.2	600	—	60	14〜16	180	4〜6	12	14.3	—	—	50.2	22	—	—	一般用(標準タイプ)
円筒形	N-650SCL	1.2	650	—	65	14〜16	—	—	—	22.9	—	—	24.5	28	—	—	一般用(標準タイプ)
円筒形	N-1200SCL	1.2	1200	—	120	14〜16	—	—	6.2	22.9	—	—	34.0	42	—	—	一般用(標準タイプ)
円筒形	N-4000DL	1.2	4000	—	400	14〜16	—	—	3.3	33.2	—	—	59.5	160	—	—	一般用(標準タイプ)
角形	N-6PT	7.2	110	—	11	14〜16	22	7〜8	210	—	17.0	26.0	48.5	42	—	—
円筒形	KR-600AAL	1.2	600	—	60	14〜16	—	—	24	14.3	—	—	48.9	19	—	—	一般用(KRタイプ)
円筒形	KR-1000SCL	1.2	1000	—	100	14〜16	—	—	7.7	22.9	—	—	34.0	37	—	—	一般用(KRタイプ)
円筒形	KR-1200SCL	1.2	1200	—	120	14〜16	—	—	9.7	22.9	—	—	34.0	38	—	—	一般用(KRタイプ)
円筒形	KR-1300SC	1.2	1300	—	130	14〜16	—	—	6.0	22.9	—	—	43.0	46	—	—	一般用(KRタイプ)
円筒形	KR-1500SC	1.2	1500	—	150	14〜16	—	—	6.0	22.9	—	—	43.0	48	—	—	一般用(KRタイプ)
円筒形	KR-1500SCT	1.2	1500	—	150	14〜16	—	—	—	22.9	—	—	43.0	47	—	—	一般用(KRタイプ)
円筒形	KR-4400D	1.2	4400	—	440	14〜16	—	—	3.8	33.2	—	—	61.1	146	—	—	一般用(KRタイプ)
円筒形	KR-7000F	1.2	7000	—	700	14〜16	—	—	3.4	33.2	—	—	91.0	224	—	—	一般用(KRタイプ)
円筒形	KR-10000M	1.2	10000	—	1000	14〜16	—	—	2.6	43.1	—	—	91.0	395	—	—	一般用(KRタイプ)

注▶(1) 公称容量は5時間率.　(2) 定格容量は最小値.

〈表4-6-2〉[3][11] 高容量タイプのニカド蓄電池の定格と特性

	型 名	公称電圧 [V]	公称容量 [mAh]	定格容量 [mAh]	標準充電 電流 [mA]	標準充電 時間 [h]	短時間充電 電流 [mA]	短時間充電 時間 [h]	内部抵抗 [mΩ]	寸法 [mm] 直径	寸法 [mm] 高さ	質量 [g]	サイズ	JISおよびIEC形式	備 考
●三洋電機															
円筒形	KR-600AE	1.2	600	—	60	14〜16	—	—	9.5	17.0	28.5	19	—	—	高容量 (Eタイプ)
	KR-800AAE		800	—	80		—	—	12	14.3	50.3	23	—	—	
	KR-1100AAU		1100	—	110		—	—	19	14.3	50.3	24	—	—	
	KR-1200AAE		1200	—	120		—	—	12	14.3	65.3	32	—	—	
	KR-1100AEL		1100	—	110		—	—	9.0	17.0	43.0	29	—	—	
	KR-1200AUL		1200	—	120		—	—	12	17.0	43.0	27	—	—	
	KR-1500AUL		1500	—	150		—	—	16	17.0	43.0	30	—	—	
	KR-1400AE		1400	—	140		—	—	10	17.0	49.5	34	—	—	
	KR-1700AU		1700	—	170		—	—	17	17.0	49.5	35	—	—	
	KR-1800SCE		1800	—	180		—	—	6.5	22.9	43.0	49	—	—	
	KR-2300SCE		2300	—	230		—	—	5.5	22.9	50.0	60	—	—	
	KR-5000DEL		5000	—	500		—	—	3.5	33.2	59.5	152	—	—	
●松下電池工業															
円筒形	P-100AASJ/FT	1.2	1080	1000	100	16	1000	1.5	20[(1)]	14.5	50.0	23	AA	KR15/51	高容量 (Sタイプ)
	P-100AASJ/B		1080	1000	100		1000		20[(1)]	14.5	50.0	23	AA	KR15/51	
	P-120AS		1280	1200	120		1200		16[(1)]	17.0	43.0	26	4/5A	KR17/43	
	P-140AS		1530	1400	140		1400		14[(1)]	17.0	50.0	32	A	KR17/50	

注▶(1)内部抵抗は,充電状態で1000 Hzにおける値. (2)公称容量は5時間率. (3)定格容量は最小値.

〈表4-6-3〉[3][11] 急速充電用ニカド蓄電池の定格と特性

	型 名	公称電圧 [V]	公称容量 [mAh]	定格容量 [mAh]	標準充電 電流 [mA]	標準充電 時間 [h]	短時間充電 電流 [mA]	短時間充電 時間 [h]	内部抵抗 [mΩ]	寸法 [mm] 直径	寸法 [mm] 高さ	質量 [g]	サイズ	JISおよびIEC形式	備 考
●三洋電機															
円筒形	CP-1300SCR	1.2	1300	—	130	14〜16	1950	1.0	6.5	22.9	26.7	35	—	—	急速充電用 (CPタイプ)
	CP-1700SCR		1700	—	170		2550		5.5	22.9	34.0	45	—	—	
	CP-2400SCR		2400	—	240		3600		4.5	22.9	43.5	62	—	—	
	CP-3600CR		3600	—	360		5400		3.9	26.0	50.0	89	—	—	
	N-500AR		500	—	50		150	4〜6	9.0	17.0	28.5	19	—	—	急速充電用 (Rタイプ)
	N-1000SCR		1000	—	100		300		4.5	22.9	34.0	42	—	—	
	N-1250SCRL		1200	—	125		380		5.0	22.9	34.0	43	—	—	
	N-1300SCR		1300	—	130		390		4.0	22.9	43.0	51	—	—	
	N-1700SCR		1700	—	170		—		4.0	22.9	43.0	55	—	—	
	N-1900SCR		1900	—	190		—		4.0	22.9	42.9	58	—	—	
	N-3000CR		3000	—	300		—		3.4	26.0	50.0	86	—	—	
	N-4000DRL		4000	—	400		—		2.8	33.2	59.5	160	—	—	
●松下電池工業															
円筒形	P-120SCJS	1.2	1300	1200	120	16	1200	1.5	6[(1)]	23.0	34.0	37	4/5SC	KR23/34	急速充電用 (Rタイプ)
	P-130SCS		1450	1300	130		1300		6[(1)]	23.0	43.0	44	SC	KR23/43	
	P-150SCS		1600	1500	150		1500		6[(1)]	23.0	43.0	44	SC	KR23/43	
	P-170SCS		1800	1700	170		1700		5[(1)]	23.0	43.0	48	SC	KR23/43	急速充電・大電流放電用(Pタイプ)
	P-200SCS		2100	2000	190		1900		5[(1)]	23.0	43.0	51	SC	KR23/43	

注▶(1)内部抵抗は,充電状態で1000 Hzにおける値. (2)公称容量は5時間率. (3)定格容量は最小値.

4-6 ニッケル・カドミウム蓄電池

〈表4-6-4〉(3) 高温用/耐熱用ニカド蓄電池の定格と特性 ［三洋電機㈱］

	型 名	公称電圧[V]	公称容量[mAh]	定格容量[mAh]	標準充電 電流[mA]	標準充電 時間[h]	トリクル充電 電流[mA]	トリクル充電 時間[h]	短時間充電 電流[mA]	短時間充電 時間[h]	内部抵抗[mΩ]	寸法[mm] 直径	寸法[mm] 厚さ	寸法[mm] 幅	寸法[mm] 高さ	質量[g]	備 考
円筒形	KR-AAH	1.2	600	—	60	14〜16	20	48〜	—	—	15	14.3	—	—	48.9	23	高温用(Hタイプ)
	KR-SCH(1.2)		1200	—	120		40		—	—	8.5	22.9	—	—	43.0	47	
	KR-SCH(1.6)		1600	—	160		53		—	—	6.8	22.9	—	—	43.0	49	
	KR-CH(2.0)		2000	—	200		67		—	—	6.5	26.0	—	—	50.0	72	
	KR-CH(2.5)		2500	—	250		83		—	—	6.5	26.0	—	—	50.0	75	
	KR-CH(3.0)		3000	—	300		100		—	—	5.9	26.0	—	—	50.0	78	
	KR-DHL		4000	—	400		133		—	—	4.2	33.2	—	—	59.5	146	
	KR-FH		7000	—	700		233		—	—	3.5	33.2	—	—	91.0	224	
	KR-MH		10000	—	1000		200	80〜	—	—	2.6	43.1	—	—	91.0	395	
	KR-5/3MH		20000	—	2000		400		—	—	2.6	43.1	—	—	146.1	648	
	N-270AAK	1.2	270	—	27	14〜16	—	—	81	4〜6	15	14.5	—	—	30.3	13	耐熱用(Kタイプ)
	N-600AAK		600	—	60		—	—	180		12	14.3	—	—	50.2	22	
	N-1200SCK		1200	—	120		—	—	360		4.2	22.9	—	—	43.0	52	
	N-1700SCK		1700	—	170		—	—	—	—	4.1	22.9	—	—	42.9	57	
	N-2000CK		2000	—	200		—	—	—	—	4.1	26.0	—	—	50.0	81	

注▶(1)公称容量は5時間率．(2)定格容量は最小値．

〈表4-6-5〉(3) メモリ・バックアップ用ニカド蓄電池の定格と特性 ［三洋電機㈱］

	型 名	公称電圧[V]	公称容量[mAh]	定格容量[mAh]	標準充電 電流[mA]	標準充電 時間[h]	トリクル充電 電流[mA]	トリクル充電 時間[h]	内部抵抗[mΩ]	寸法[mm] 直径	寸法[mm] 高さ	質量[g]	サイズ	JISおよびIEC形式	備 考
円筒形	N-50AAAS	1.2	45	—	—	—	1.5	48〜	—	10.5	15.8	4	—	—	メモリ・バックアップ用(Sタイプ)
	N-100AAS		90	—	—	—	3.0		—	14.5	17.5	8	—	—	
	N-220AAAS		200	—	—	—	6.7		—	10.5	44.4	11	—	—	
	N-270AAS		250	—	—	—	8.3		—	14.5	30.3	13	—	—	
	N-550AAS		500	—	—	—	17		—	14.3	50.2	22	—	—	
	N-50SB1		45	—	—	—	1.5		—	11	19.5	5	—	—	
	N-50SB2		45	—	—	—	1.5		—	11	35	9	—	—	
	N-50SB3		45	—	—	—	1.5		—	11	50.5	12	—	—	
	N-SB1		90	—	—	—	3.0		—	15.5	21.5	9	—	—	
	N-SB2		90	—	—	—	3.0		—	15.5	38.5	16	—	—	
	N-SB3		90	—	—	—	3.0		—	15.5	55.5	24	—	—	
	N-SB4		90	—	—	—	3.0		—	15.5	72.5	31	—	—	

注▶(1)公称容量は5時間率．(2)定格容量は最小値．

〈表4-6-6〉長寿命タイプのニカド蓄電池の定格と特性　[三洋電機㈱]

	型　名	公称電圧[V]	公称容量[mAh]	定格容量[mAh]	標準充電 電流[mA]	標準充電 時間[h]	短時間充電 電流[mA]	短時間充電 時間[h]	内部抵抗[mΩ]	寸法[mm] 直径	寸法[mm] 高さ	質量[g]	サイズ	JISおよびIEC形式	備　考
円筒形	N-250AAAC	1.2	250	―	25	14〜16	75	4〜6	24	10.5	44.4	11	―	―	長寿命(Cタイプ)
	N-270AAC		270	―	27		81		18	14.5	30.3	13	―	―	
	N-500AC		500	―	50		150		9.0	17.0	28.5	19	―	―	
	N-600AAC		600	―	60		180		12	14.3	50.2	22	―	―	
	N-700AAC		700	―	70		210		16	14.3	50.2	23	―	―	
	N-600AACL		600	―	60		180		14	14.3	48.9	22	―	―	
	N-700AACL		700	―	70		210		16	14.3	48.9	23	―	―	
	KR-900AAEC		900	―	90		―	―	19	14.3	50.3	23	―	―	
	N-1200SCC		1200	―	120		360	4〜6	4.2	22.9	43.0	52	―	―	
	N-1700SCC		1700	―	170		―	―	4.1	22.9	42.9	57	―	―	
	N-20000MC		20000	―	2000		―	―	2.5	43.1	146.1	717	―	―	

注▶(1)公称容量は5時間率．(2)定格容量は最小値．

4-7 小型シール鉛蓄電池

〈表4-7-1〉(11) 小型シール鉛蓄電池の定格と特性 ［松下電池工業㈱］

型名	公称電圧[V]	定格容量 [Ah]				内部抵抗[mΩ]	1ltの放電時間[h]	充電条件				トリクル期待寿命[年]
								サイクル使用		トリクル使用		
		20時間率	10時間率	5時間率	1時間率			制御電圧[V]	初期電流[A]	制御電圧[V]	初期電流[A]	
LC-P0612J	6	12	11.3	10.4	8.1	15	—	7.25〜7.45	4.80以下	6.80〜6.90	1.80以下	6
LC-P0612J1												
LC-P067R2J		7.2	6.8	6.3	4.9	20			2.88以下		1.08以下	
LC-P067R2J1												
LC-P127R2J	12	7.2	6.8	6.3	4.9	40	—	14.5〜14.9	2.88以下	13.6〜13.8	1.08以下	
LC-P127R2J1												
LC-P1212J		12	11.3	10.4	8.1	30	—	—	—		1.80以下	
LC-P122R2J		2.2	2.0	1.8	1.3	70	—	—	—		0.33以下	
LC-P123R4J		3.4	3.0	2.0	2.1	60	—	—	—		0.51以下	
LC-PD1217J		17	15	13	10	12	—	—	—		2.55以下	
LC-R063R4J	6	3.4	3.0	2.7	2.1	30	—	7.25〜7.45	1.36以下	6.80〜6.90	0.51以下	3〜5
LC-R122R2J	12	2.2	2.0	1.8	1.3	70			0.88以下		0.33以下	
LC-R1233J		33	30	27	20	7.0			13.2以下		4.95以下	
LC-R123R4J		3.4	3.0	2.7	2.1	60			1.36以下		0.51以下	
LC-RA1212J1		12	11.3	10.4	8.1	30		14.5〜14.9	4.80以下	13.6〜13.8	1.80以下	
LC-RD1217J		17	15	13	10	12			6.8以下		2.55以下	
LC-X1220J	12	20	18	16	12	11	—		8.00以下		3.00以下	6
LC-P1220J												
LC-X1228ACJ		28	26.5	25	21	8.0	—		4.2以下			
LC-X1228CJ												
LC-X1242ACJ		42	40	37	26	8.0				13.6〜13.8	6.30以下	
LC-X1242CJ												
LC-P1242ACJ												
LC-X1265CJ		65	59	53	40	7.0					9.75以下	
LC-XA12100CJ		100	98	90	55	4.5					15.0以下	
UP-RW1220J1	12	20 W/2 V(10分間率)(2)				44	—	—	—	13.6〜13.8	0.54以下	3〜5
UP-RW1245J1		45 W/2 V(10分間率)(2)				21					1.10以下	
UP-RWA1232J1		32 W/2 V(10分間率)(2)				33					0.81以下	

注▶(1)端子欄の記号の意味は次のとおり．F187：ファストン187，F250：ファストン250穴あき，M5：メートルねじ5 mm，M6：メートルねじ6 mm，BN：ボルト・ナット，BE：ボルト埋め込み，LWSP：リード線引き出しソケット＆プラグ
(2)2 Vあたりの電力容量
(3)端子部の高さを含まない．

寸法 [mm]			重量 [kg]	端子	用途		備考
長さ	幅	本体高さ(3)			サイクル	トリクル	
151	50.0	94.0	2.0	F187	○	○	主電源・バックアップ共用
				F250	○	○	
151	34.0	94.0	1.3	F187	○	○	
				F250	○	○	
151	64.5	94.0	2.5	F187	○	○	
				F250	○	○	
151	101	94.0	4.0	F187	—	○	バックアップ専用
177	34.0	60.0	0.80	F187	—	○	
134	67.0	60.0	1.2	F187	—	○	
181	76	167	6.5	M5BN	—	○	
134	34.0	60.0	0.62	F187	○	○	主電源・バックアップ共用（LCPシリーズは難燃電槽品：UL94V-0）
177	34.0	60.0	0.80	F187	○	○	
196	130	155	12.0	M6BN	○	○	
134	67.0	60.0	1.2	F187	○	○	
151	98.0	94.0	3.8	F250	○	○	
181	76.0	167	6.5	M5BN	○	○	
181	76.0	167	6.6	M5BN	○	○	
				M5BN	○	○	
165	125	175	11.0	M5BE	—	○	バックアップ専用（LCPシリーズは難燃電槽品：UL94V-0）
				M5BN	—	○	
197	165	175	16.0	M5BE	—	○	
				M6BN	—	○	
				M5BE	—	○	
350	166	175	20.0	M6BN	—	○	
407	173	210	236	M8BN	—	○	
140	38.5	94	1.35	F250	—	○	バックアップ専用（UPS用ハイパワー）
151	64.5	94	2.6	F250	—	○	
151	51	94	2.0	F250	—	○	

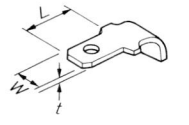

タイプ	L	W	t
187	6.35	4.75	0.8
250	8.0	6.35	0.8

単位：mm

〈図4-7-1〉ファストン・タブの形状

〈表4-7-2〉小型シール鉛蓄電池の定格と特性 ［日本電池㈱］

型名	公称電圧 [V]	定格容量 [Ah] 20時間率	10時間率	5時間率	1時間率	電気的特性(25℃) 内部抵抗 [mΩ]	$1It$の放電時間 [h]	充電条件	トリクル期待寿命 [年]
PX12026	12	2.6	—	—	—	—	37		—
PX12050SHR		5.0	—	—	—	—	48		—
PE6V4.5	6	4.5	—	—	—	—	32	▶サイクル使用(普通充電) 設定電圧：2.425±0.025 V 温度係数：−5 mV/(℃・セル) 初期最大電流：0.25 I_t A ▶サイクル使用(急速充電) 設定電圧：2.45±0.025 V 温度係数：−5 mV/(℃・セル) 初期最大電流：1.5 I_t A ▶トリクル使用 設定電圧：2.275±0.025V 温度係数：−3 mV/(℃・セル) 初期最大電流：0.25 I_t A	3
PE6V7.2		7.2	—	—	—	—	35		
PE6V8		8.0	—	—	—	—	33		
PE6V12		12.0	—	—	—	—	32		
PE6V48		48.0	—	—	—	—	30		
PE12V0.8	12	0.8	—	—	—	—	30		
PE12V2		2.0	—	—	—	—	33		
PE12V2.2		2.2	—	—	—	—	33		
PE12V7.2		7.2	—	—	—	—	32		
PE12V12		12.0	—	—	—	—	32		
PE12V17		17.0	—	—	—	—	34		
PE12V24		24.0	—	—	—	—	27		
PE12V24A		24.0	—	—	—	—	32		
PE12V40		40.0	—	—	—	—	30		
PXL12023	12	2.3	—	—	—	—	41		6
PXL12050		5.0	—	—	—	—	41		
PXL12072		7.2	—	—	—	—	42		
PWL12V15	12	15	—	—	—	—	30	▶トリクル使用 設定電圧：2.23±0.23 V/セル 温度係数：−3 mV/(℃・セル) 初期最大電流：0.25 I_t A	13
PWL12V24		24	—	—	—	—	30		
PWL12V38		38	—	—	—	—	30		
PWL12V65		65	—	—	—	—	30		

注▶ (1)端子欄の記号の意味は次のとおり．F187：ファストン187，F250：ファストン250穴あき，M5：メートルねじ5 mm，M6：メートルねじ6 mm，BN：ボルト・ナット，BE：ボルト埋め込み，LWSP：リード線引き出しソケット＆プラグ
(2)2 Vあたりの電力容量
(3)端子部の高さを含まない．

寸法 [mm]			重量 [kg]	端子	用途		備考
長さ	幅	本体高さ(3)			サイクル	トリクル	
178	34	60	1.0	F187	○	○	高率放電タイプ
90	70	102	2.0	F250	○	○	
70	47	102	0.95	F187	○	○	スタンダード・タイプ
151	34	94	1.5	F187	○	○	
98	56	118	1.5	F187	○	○	
151	50.5	94	2.1	F187	○	○	
166	125	170	9.1	M6BN	○	○	
96	25	61.5	0.36	LWSP	○	○	
201	25	60.5	0.80	LWSP	○	○	
178	34	60	0.93	F187	○	○	
151	65	94	2.7	F187	○	○	
151	98	94	4.2	F250	○	○	
181	76	167	6.0	M5BN	○	○	
166	125	175	8.9	M5BN	○	○	
175	166	125	8.7	M5BN	○	○	
197	163	174	13.0	M6BN	○	○	
178	34	60	1.0	F187	○	○	高率放電・長寿命タイプ
90	70	102	2.0	F250	○	○	
151	65	94	2.7	F187 F250	○	○	
181	76	167	6.2	F250	—	○	超長寿命型
166	125	175	8.9	M5BN	—	○	
197	163	174	14.0	M6BN	—	○	
350	166	175	25.0	M6BN	—	○	

〈表4-7-3〉小型シール鉛蓄電池の定格と特性 ［新神戸電機㈱］

型 名	公称電圧 [V]	定格容量 [Ah]				電気的特性(25℃)				トリクル期待寿命 [年]
		20時間率	10時間率	5時間率	1時間率	内部抵抗 [mΩ]	1Itの放電時間 [h]	充電条件		
HC24-12	12	24	22	20	14	10	12	—	—	—
HC38-12		38	35	32	23	8	19	—	—	—
								充電電圧 [V]	最大充電電流 [A]	
HF7-12	12	7	—	6	4.9	22	4.7	13.65±0.15 (温度補正係数: −20 mV/℃)	2.1	5
HV7-12										
HF12-12		12	—	10	8.4	16	8		3.6	
HV12-12										
HF17-12W		17	—	14.5	12	15	11.5		5.1	
HV17-12W										
HF28-12W		28	—	24	19.5	10	18.5		8.4	
HV28-12W										
HF44-12		44	—	37.5	31	8	29.5		13	
HV44-12										
LHM-15-12	12	15	14	13	9	13	7.5	13.65±0.15 (温度補正係数: −20 mV/℃)	4.5	13〜15
LHM-24-12		24	22	20	14	10	12		7.2	
LHM-38-12		38	35	32	23	8	19		11	
LHM-65-12		65	60	55	39	6	32		19	
								サイクル使用	トリクル使用	
HP6.5-12 (12M6.5)	12	6.5	6	5.5	3.9	22	3.3	充電電圧 14.70±0.30 V (温度補正係数: −30 mV/℃)	充電電圧 13.65±0.15 V (温度補正係数: −20 mV/℃)	—
HP15-12W (12M15)		15	14	13	9	15	7.5			—
HP24-12 (12M24)		24	22	20	14	10	12			—
HP24-12W (12M24A)		24	22	20	14	10	12			—
HP38-12W		38	35	32	23	8	19			—
HP65-12		65	60	55	39	8	32			—
HP10-6 (6P100)	6	10	9.3	8.5	6	10	5	7.35±0.15 V (温度補正係数: −15 mV/℃)	6.825±0.075 V (温度補正係数: −10 mV/℃)	—
HP105-6		105	98	89	63	2	53			—

注▶端子部の高さを含まない．

寸法 [mm]			重量 [kg]	連続最大放電電流 [A] (5秒間)	用途		備考
長さ	幅	本体高さ[1]			サイクル	トリクル	
166	175	125	9	360	○	—	期待寿命約400サイクル
197	165	170	15	400	○	—	
151	65	94	2.7	105	○	○	高率放電用；HFシリーズは電槽が難燃仕様 (UL94V-0)
					○	○	
151	98	94	4.1	180	○	○	
					○	○	
181	76	167	6.1	255	○	○	
					○	○	
166	125	175	9.4	360	○	○	
					○	○	
197	165	170	15	400	○	○	
					○	○	
181	76	167	6.4	90	—	○	スタンバイ用途専用
166	175	125	11	144	—	○	
197	165	170	16	228	—	○	
350	166	175	25	390	—	○	
151	65	94	2.7	98	○	○	標準タイプ
181	76	167	6.1	255	○	○	
166	175	125	9	360	○	○	
166	125	175	9.4	360	○	○	
197	165	170	15	400	○	○	
350	166	174	22	500	○	○	
151	50	94	1.9	150	○	○	
281	128	190	19	630	○	○	

4-8　電池の名称や選択の目安

〈表4-8-1〉[(1)] 電流値による電池系選択の目安

種類		負荷電流値			
		1mA以下	1〜100mA	100mA〜1A	1A以上
1次電池	マンガン乾電池	○	○	○	—
	アルカリ乾電池	○	○	○	△
	アルカリ・ボタン電池	○	○	—	—
	空気ボタン電池	○	○	△	—
	酸化銀電池	○	○	—	—
	リチウム電池	○	○	△	△
2次電池	ニカド蓄電池	—	○	○	○
	ニッケル水素蓄電池	—	○	○	○
	小型シール鉛蓄電池	—	—	○	○
	コイン形リチウム2次電池	○	△	—	—

△：使用条件または電池サイズにより使用可能

〈表4-8-3〉[(1)] 各国の習慣的な呼称

直径	高さ	IEC	日本	アメリカ	ヨーロッパ
34.2	61.5	R20	単1形	D	Mono
26.2	50.0	R14	単2形	C	Baby
14.5	50.5	R6	単3形	AA	Mignon
10.5	44.5	R03	単4形	AAA	Micro
12.0	30.2	R1	単5形	N	Lady
26.5	17.5	6F22	006P	*	6F22
26.5	17.5	6LR61			6LR61

＊9Vなどと表記している

〈表4-8-2〉[(15)] 電池の記号

種別	記号	正極	電解液	負極	公称電圧[V]
1次電池	なし	二酸化マンガン	塩化アンモニウム，水塩化亜鉛，水	亜鉛	1.5
	A	酸素			1.4
	B	フッ化黒鉛	リチウム塩，非水有機溶媒	リチウム	3
	C	二酸化マンガン			3
	E	塩化チオニル			3.6
	G	酸化銅(II)			1.5
	L	二酸化マンガン	アルカリ金属水酸化物，水	亜鉛	1.5
	P	酸素			1.4
	S	酸化銀			1.55
	Z	オキシ水酸化ニッケル	水酸化カリウム水溶液	亜鉛	1.5
2次電池	H[(2)]	ニッケル酸化物	アルカリ金属水酸化物，水	水素吸蔵合金	1.2
	K	ニッケル酸化物		カドミウム	1.2
	IC[(2)]	リチウム複合酸化物	リチウム塩，非水有機溶媒	炭素，リチウム	3.6
	PB	二酸化鉛	硫酸，水	鉛	2

注▶(1)電池系は，英大文字の1文字または2文字の記号で表す．
　　(2)記号HはJISやIECに提案し審議中．記号ICは原案作成中．

(a) 電池系を表す記号

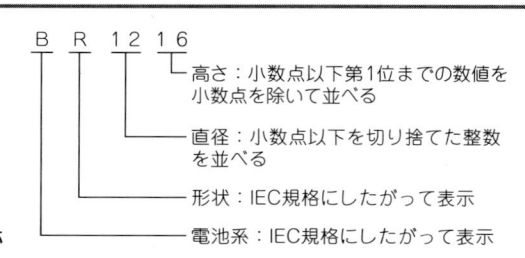

記号	電池形状
R	円形(シリンダ，ボタン，コイン)
F	非円形(単電池)
P	非円形(組電池)[(3)]
S	ペーパー[(3)]

注▶(1)非円形電池とは，角形，平形，特殊形状の電池をいう．
　　(2)ペーパー電池とは，高さが1mm未満の電池をいう．
　　(3)提案中．

(b) 形状を表す記号

記号	電池の種類
R	マンガン乾電池
LR	アルカリ乾電池
CR	二酸化マンガン・リチウム電池
SR	酸化銀電池
PR	空気亜鉛電池
KR	ニッケル・カドミウム蓄電池

(c) 電池を表す記号の使用例(円形)

```
B R 12 16
        └─ 高さ：小数点以下第1位までの数値を小数点を除いて並べる
     └──── 直径：小数点以下を切り捨てた整数を並べる
  └─────── 形状：IEC規格にしたがって表示
└────────── 電池系：IEC規格にしたがって表示
```

〈図4-8-1〉新しい電池サイズの呼称

4-9 小型電池のメーカ一覧

〈表4-9-1〉おもな小型電池のメーカ一覧①（次頁につづく）

メーカ名	ホーム・ページ	マンガン乾電池アルカリ乾電池	リチウム電池	リチウム・イオン蓄電池	ニッケル水素蓄電池	ニカド蓄電池	メモリ・バックアップ用電池	ボタン電池	小型シール鉛蓄電池
●国内メーカ									
FDK㈱	www.fdk.co.jp	○	○	—	—	—	—	○	—
NECトーキン㈱	www.nec-tokin.com	—	—	○	—	—	—	—	—
セイコーインスツル㈱（旧エスアイアイ・マイクロパーツ）	www.sii.co.jp	—	—	—	—	—	○	○	—
旧三洋電機㈱→パナソニック㈱	—	○	○	○	○	○	○	○	—
三洋ジーエスソフトエナジー㈱（旧ジーエス・メルコテック）	www.sygs.biz	—	—	○	○	○	—	—	—
新神戸電機㈱	www.shinkobe-denki.co.jp	—	—	—	—	—	—	—	○
ソニー㈱	www.sony.co.jp	○	○	○	○	○	—	—	—
ダイヤセルテック㈱（三菱電線工業，フェローテック）	www.mitsubishi-cable.co.jp	—	—	—	—	—	—	—	—
東芝電池㈱	www.toshiba-denchi.jp	○	○	—	—	—	—	—	—
㈱三菱電機ライフネットワーク（旧東洋高砂乾電池）	www.mitsubishiln.com	○	○	—	—	—	—	—	—
日本電池㈱	www.nippondenchi.co.jp	—	—	○	—	—	—	—	○
日立マクセルエナジー㈱	www.maxell.co.jp	○	○	○	○	○	○	○	—
シック・ジャパン㈱エナジャイザー電池事業部	www.schick-jp.com/energizer/	○	—	—	—	—	—	—	—
古河電池㈱	www.furukawadenchi.co.jp	—	—	—	○	—	—	—	○
パナソニック㈱エナジー社［旧松下電池工業㈱］	panasonic.co.jp/ec/	○	○	○	○	○	○	○	○
●海外メーカ									
BYD Company, Ltd.	www.byd.com.cn	—	—	○	○	○	—	—	—
Chung Pak Battery（Evergreen）	www.chungpak.com	○	—	—	—	—	—	—	—
Duracell（The Gillette Company）Li電池CP-1のみ ジレットジャパンインク扱い	www.duracell.com	○	○	—	—	—	—	○	—
E-One Moli Energy（Canada）Limited	www.molienergy.com	—	—	○	—	—	—	—	—
EaglePicher Incorporated	www.epcorp.com	—	○	—	—	—	—	—	—
Enersys	www.enersys.com	—	—	—	—	—	—	—	○
Eveready Battery Company, Inc.	www.energizer.com	○	○	—	—	—	—	○	—
GP Batteries International , Ltd.	www.gpbatteries.com.sg	○	○	○	○	○	—	○	—
Hawker Batteries（旧Gates）	www.enersys.com	—	—	—	—	—	—	—	○
Leclanché SA	www.leclanche.ch	○	○	○	○	○	—	○	○
（Tianjin）Lishen Battery Joint-Stock Co., Ltd.	www.lishen.com.cn	—	—	○	—	—	—	—	—
Lithium Technology Corporation	www.lithiumtech.com	—	—	○	—	—	—	—	—

4-9 小型電池のメーカー一覧

〈表4-9-1〉おもな小型電池のメーカー一覧②

メーカ名	ホーム・ページ	マンガン乾電池アルカリ乾電池	リチウム電池	リチウム・イオン蓄電池	ニッケル水素蓄電池	ニカド蓄電池	メモリ・バックアップ用電池	ボタン電池	小型シール鉛蓄電池
Nexcell battery Co., Ltd. ㈱ネクセルジャパン扱い	www.nexcell-battery.com www.nexcell.co.jp	—	—	—	○	—	—	—	—
Pure Energy Visions, Inc.	www.pureenergybattery.com	○ (蓄電池)	—	—	—	—	—	—	—
Rayovac Corp.	www.rayovac.com	○ (蓄電池)	○	—	○	—	—	○	—
Renata SA	www.renata.com	—	○	—	—	—	—	○	—
Rickbery Industrial, Ltd.	www.rickbery.com	—	—	○	○	○	—	—	—
Saft（Doughty Hanson & Co.） 住友商事㈱扱い	www.saftbatteries.com	—	○	○	○	○	—	○	○
Samsung SDI Co., Ltd.	www.samsungsdi.co.kr	—	—	○	—	—	—	—	—
Sonnenschein Lithium GmbH	www.sonnenschein-lithium.de	—	○	—	—	—	—	○	—
Tadiran Batteries㈱ ジェピコ扱い	www.tadiran.com www.jepico.co.jp	—	○	—	—	—	—	—	—
TCL Hyperpower Batteries, Inc.	www.tclbattery.com	—	—	○	—	—	—	—	—
Ultralife Batteries, Inc. インターニックス㈱扱い	www.ulbi.com www.internix.co.jp	—	○	○	—	—	—	—	—
Valence Technology, Inc.	www.valence.com	—	—	○	—	—	—	—	—
Wilson Greatbatch, Ltd. （旧 Electrochem Industry） インターニックス㈱扱い	www.greatbatch.com www.internix.co.jp	—	○	—	—	—	—	—	—
Vartaファルタバッテリー・ プライベート・リミテッド 日本支社	www.varta.com	—	○	○	○	—	○	○	—

■ 第4部「電池活用資料集」を作成するうえで参考にした資料

　下記の各社資料をもとにまとめました．一部の製品は，現在では製造されていないものも含まれていますが，参考までに収録してあります．
　　実際の設計にあたっては各社の最新資料で仕様をご確認ください．

(1) トランジスタ技術編集部編；電池活用ハンドブック，ＣＱ出版㈱，1992．
(2) インターニックス㈱；ウィルソングレートバッチ社　EIリチウム電池カタログ．
(3) 三洋電機㈱ソフトエナジーカンパニー；サンヨーカドニカ電池カタログ，2002年10月版および同社ホーム・ページ．
(4) 三洋電機㈱ソフトエナジーカンパニー；サンヨーニッケル水素電池Twicellカタログ，2002年10月版および同社ホーム・ページ．
(5) 三洋電機㈱ソフトエナジーカンパニー；サンヨーリチウムイオン電池カタログ，2002年10月版および同社ホーム・ページ．
(6) 三洋電機㈱ソフトエナジーカンパニー；サンヨーリチウムポリマー電池カタログ，2002年10月版および同社ホーム・ページ．
(7) ㈱ジェピコ；塩化チオニールリチウム電池カタログ，1998年版．
(8) 新神戸電機㈱；制御弁式据置鉛蓄電池MSJ/MU/UPシリーズ・カタログ，2001年10月版および同社ホーム・ページ．
(9) 新神戸電機㈱；制御弁式・触媒栓式シール形・ベント形　コウベ据え置き・可搬鉛蓄電池カタログ，2002年12月版および同社ホーム・ページ．
(10) ㈱エスアイアイ・マイクロパーツ；マイクロ電池製品カタログ2004-2005（2004年9月作成）．
(11) 松下電池工業㈱；Energy Solution Guide CD-ROM 2002年版および同社ホーム・ページ．
(12) 松下電池工業㈱；電池総合カタログ，1991．
(13) 松下電池工業㈱；リチウム電池総合カタログ，1998．
(14) Tadiran Battery, Ltd.；カタログ，2003年版．
(15) 社団法人電池工業会のホームページ

電池用語集

江田 信夫
Nobuo Eda

《凡例》
［同］同義語，［参］参考，［対］対語

■数字・アルファベット

●1次電池
（primary battery）

使い切りの電池の総称．乾電池やアルカリ・ボタン電池など．

●2次電池
（secondary battery）

充電すれば繰り返して使用できる電池．蓄電池とも呼ばれる．最近では，充電池とも呼ばれている．

●C
［同］→I_t

2次電池を充放電する際の電流の大きさを表すのに使われる慣用的な記号．Cはcapacity（容量）の頭文字である．電池の定格容量と同じ数値の倍数で表す．

例えば，定格容量600mAhの電池の場合「0.2Cで充電する」とは，600×0.2つまり120mAで充電することである．同様に「2Cで放電する」とは600×2＝1200mAで放電することである．これらの例では，充電時間は5時間（$C÷0.2C$），放電時間は0.5時間（$C÷2C$）となる．

［参］→時間率

●Cレート
［参］→C

●CCV
（Closed Circuit Voltage）
［同］→閉路電圧

●DOD
（Depth Of Discharge）
［同］→放電深度

●EV
［同］→終止電圧

●I_t

電流の大きさを表す記号．従来のCレート表示では次元にあいまいさが残るため，正確を期すべく，IEC61951規格で採用された．I_tとCの関係は次のとおりである．

$$I_t\ [A] = C\ [Ah] ÷ 1\ [h]$$

●OCV
（Open Circuit Voltage）
［同］→開路電圧

●SOC
（State Of Charge）

充電の程度，つまり公称容量に対して充電された容量の割合を百分率で表したもの．

［参］→放電深度（DOD）．

●UPS
（Uninterruptible Power Supply，Uninterruptible Power System）

無停電電源装置．または小型交流無停電電源装置とも呼ばれる．普段は装置内部の鉛蓄電池に電力を貯蔵しており，停電時にこれを常用の交流電源に変換して各種の機器に一定時間供給する装置である．

とくに情報通信機器やコンピュータなど，瞬時でも停電が許されない機器のバックアップ用として使われる．

■あ・ア

●アノード
（anode）

電池では通常は負極（マイナス極）を意味する．学問的には電子が外部に流れ出す（電流が流れ込む）極をい

う．このため電池では，放電時には負極がアノードになり，充電時には正極がアノードになる．混乱を招きやすいので「正極」，「負極」と呼ぶほうが望ましい．

● アルカリ電池
(alkaline battery)

アルカリ水溶液を電解液に使った電池の総称．例えば，アルカリ乾電池，ニッケル水素蓄電池などがある．

● イオン伝導度
(ionic conductivity)

伝導度は，断面積が$1cm^2$で長さ1cmの物質の抵抗の逆数である．ここでは電解液や電解質中をイオンが移動する際の抵抗値の逆数である．

伝導機構の違いから，水溶液の伝導度は有機電解液より100〜1000倍大きい．

● イオン導電率
(ionic conductivity)
［同］→イオン伝導度

● インサイドアウト型
(inside-out type)

電極構造の一つ．アルカリ乾電池のように，中心部に負極があり，その周囲に成形された正極がある構造．

● インターカレーション
(intercalation)

層状の結晶構造中に原子や分子が「挿入」（収納）されることをいう．リチウム・イオン蓄電池の正負極材であるコバルト酸リチウム（$LiCoO_2$）や黒鉛は層状構造をしており，それぞれ放電時と充電時にLiイオンが挿入され，2次元に配列する．

一方，二酸化マンガン（MnO_2）ではLiイオンの収納される「席」が結晶構造中に1次元に配列（トンネル状の空隙中に所定の席がある）し，マンガン酸リチウム（$LiMn_2O_4$）では，Liイオンの収納される席が結晶構造中で3次元に分布している．これら1次元から3次元までの収納形態を総称して，インサーション（insertion；侵入）と呼ばれる．

● エネルギ密度
(energy density)

電池のもつエネルギ量を電池の重量や体積で除した値．単位はWh/kgやWh/ℓである．つまり，重量1kgまたは体積1ℓ（リットル）の電池にどれくらいのエネルギが充填されているかを意味する．この値が大きいものほど，軽量で小型の電池となりうる．サイズが制約されるモバイル機器では重要な指標である．

● 温度特性
(temperature characteristics)

充放電を行う電池の環境温度を変えたときに，電圧や充放電容量がどう変化するかを表す特性．温度と同時に充放電電流の値を変えて評価することが多い．

■ か・カ

● 開路電圧
(open circuit voltage)

回路が開いている状態，つまり電池が外部回路から切り離された状態の電圧．
［対］→閉路電圧

● 活物質
(active material)

正負極において電池反応を行う材料．一般に微粉末であることが多い．電極には，活物質のほかに反応に伴う電子の伝達を円滑にするためにアセチレン・ブラックなどの導電助材や，粉末どうしの十分な接触と形状保持のために，フッ化ビニリデン・ポリマ（PVDF）などの結着剤（バインダ）を加えて成形している．

● カソード
(cathode)

電池では，通常は正極（プラス極）を意味する．
［参］→アノード

● 過充電
(overcharge)

完全充電した後に，さらに充電すること．過充電を続けると，電池電圧が上昇し，電解液の溶媒や電解質塩や活物質が破損してガス発生を起こしたり，電池材料を不安定な状態に誘導する．寿命や信頼性，安全性にとって好ましくない．

● 過電圧
(overvoltage)

電池を充放電すると図4-Aのように時間の経過とともに電圧が変化する．その電圧と電流が流れていな

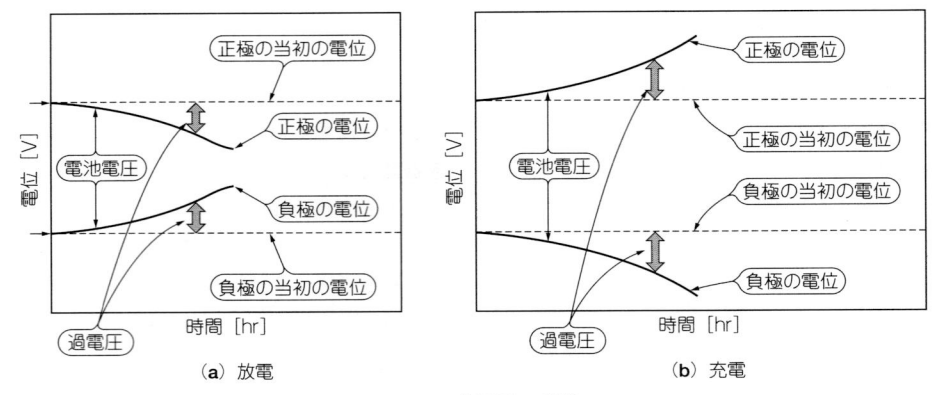

〈図4-A〉充電器の特性

(a) 放電　(b) 充電

状態の電池電圧との電圧差（ずれ）をいう．
[参] →分極

●過放電
(overdischarge)
　定められた終止電圧を下回るまで放電すること．電池は，あらかじめ所定の動作電圧範囲をもとに設計するため，過放電すると，電池特性や寿命，信頼性を損なう．

●カレンダ寿命
(calendar life)
　非常灯や無停電電源装置(UPS)などには，商用電源の停電に備えて，バックアップ用の電池が内蔵されています．電池は普段は負荷から切り離された状態でトリクル（細流）充電されるか，または負荷と並列に接続されて常時フロート（浮動）充電されます．継続して充電される電池は，電気化学的な要因により劣化を受けます．劣化により所定の割合までの容量低下がおこる期間をカレンダ寿命と言います．例えば，一定の条件下で，容量が70％に低下するまでの年数や月数です．
　一方で，実機に搭載して使用した場合の電池寿命を指す場合もあります．

●間欠放電
(intermittent discharge)
　連続的ではなく，無作為または規則的に放電を休止する期間を設けて放電すること．
[参] →連続放電

●急速充電
(quick charge)
　大電流を流して短時間で充電すること．とくにニッケル・カドミウム蓄電池やニッケル水素蓄電池など，電動工具に使用される電池でよく使われる．大電流での充電が効率的に行われるように，電池の内部構造や構成に工夫が施されている．

●逆充電
(reverse charge)
　極性を逆にして行う充電．電池は強制的に放電される．このまま続けると電解液などの分解につながる．

●軽負荷放電
(light load discharge)
　小電流で，または高抵抗を通して放電すること．1次電池で使われることが多く，小電流では内部抵抗損(IR損)が少ないため，終止電圧に到達するまで活物質を十分に利用できる．
[対] →重負荷放電

●結着剤
(binder)
　電極中で活物質と導電助剤を電子的に接続するため，および電極として成形するために加える材料で，フッ化ビニリデン・ポリマ(PVDF)や四フッ化エチレン・ポリマ(PTFE)など，化学的にも電気化学的にも安定な物質が使われる．

●捲回構造
[同] →スパイラル構造

● 公称電圧
(nominal voltage)
　電池電圧の表示に使う電圧をいう．
● 公称容量
(nominal capacity)
　電池容量の公称値をいう．定格容量に比較して概略値的な性格が強いようである．

■ さ・サ

● サイクル寿命
(cycle life)
　2次電池では充放電を繰り返すと内部抵抗が次第に増加し，このため容量は充放電サイクルとともに減少してくる．電池の種類や使用機器，メーカでの定義，充放電試験条件などによって異なるが，公称容量の50〜80％に達したときのサイクル数をいうことが多い．
● 残存容量
(residual capacity)
　部分放電または長期間保存した後に，2次電池内に蓄積されて残っている容量．
● 充電状態
［同］→SOC
● 重負荷放電
(heavy load discharge)
　大電流で，または低抵抗を通して放電すること．
［対］→軽負荷放電
● 時間率
(hour rate)
　2次電池の充放電電流の大きさ．「10時間率の充電」とか「5時間率の放電」と表現する．具体的には10時間なり5時間で充電や放電を終了することであり，たとえば容量が600mAhであれば，10時間率なら容量の1/10すなわち60mA（=600×1/10），5時間率なら同1/5すなわち120mA（=600×1/5）の電流で充放電することである．
　また，低率（ロー・レート）放電や高率（ハイ・レート）放電とは，容量に対して比較的小さな電流や大きな電流で放電を行うことをいう．$1I_tA$を基準に区分していることが多い．
［参］→I_t，C
● 自己放電
(self discharge)
　電池を使用せずに保存しておくと，放電以外の反応により電池容量が減少していくこと．公称容量に対する月当りまたは年当りでの減少率を自己放電率（self discharge rate）と呼び，小さい値が望ましい．
● 持続時間
(duration)
　電池を放電する際，所定の放電終止電圧に達するまでに要した時間をいう．
● ジェリー・ロール構造
(jelly roll structure)
［同］→スパイラル構造
● シャットダウン
(shutdown)
　リチウム系電池において，電池の内部温度が短絡や発熱などで上昇した際に，セパレータが一部溶融して目詰めを起こし，イオン透過機能を失って電流を遮断することをいう．電池の安全機構の一つである．
● 終止電圧
(end voltage)
　電池の充電や放電を終了する電圧．電池反応が十分に行われ，かつ電池にとって好ましくない副次的な反応が生じない電圧に設定されている．
● 集電体
(current collector)
　電池反応において，電極内で発生した電子を集めたり，逆に供給するための部品．一般に導電性の金属が使用され，形状は箔や孔あき板，格子などがある．この上に活物質からなる合剤が充填されている．
● 充電受け入れ性
(charge acceptance)
　放電した2次電池がうまく充電できるかどうかを指す．
● 充放電効率
(coulombic efficiency)
　充電に要した電気量に対する放電電気量の比率．

100％に近いほどサイクル寿命が大きい．

　例えば金属リチウムを負極に使ったリチウム2次電池では，最大でも99％程度であり，1サイクルごとに容量が1％ずつ消費されていく．一方，黒鉛材を使ったリチウム・イオン蓄電池では，最初の数サイクルを経過するとほぼ100％となり，可逆性にとくに優れている．

●出力密度
(power density)

　出力は単位W（ワット）で表し，放電電流に動作電圧を乗じて算出できる．パーソナル・コンピュータなど一定のワット数で動作する機器では，電池を評価するのに重要な出力特性である．

　電圧は正負極の材料で一義的に決まるが，放電電流は材料自身の反応性だけでなく，電極構成や電池構造などでも変化する．この出力値を電池の重量や体積で除したもの（W/kgやW/ℓ）が出力密度で，電気自動車用電池では重要な特性である．

●充電池
[同] →2次電池

●深放電
(deep discharge)

　所定の容量を越えて放電すること．メモリ・バックアップなどの微弱電流で長期間使用すること．鉛蓄電池では，放電したまま長期間放置された場合を指すのにも使われる．

●水素吸蔵合金
(hydrogen-absorbing alloy)

　水素を結晶格子内に充電で吸蔵し，放電で放出することのできる合金で，ニッケル水素蓄電池の負極材として使われる．一般にミッシュ・メタルと呼ばれる希土類金属の混合物が使用されており，自己体積の1000倍もの量の水素を吸蔵できる．ニッケル水素蓄電池はこの効果によって高容量を実現している．

●スタンバイ・ユース
(stand-by use)

　トリクル充電やフロート充電により，不時の使用に備えて電池を常に充電状態に保つ常時待機使用方式の総称．

●スパイラル構造
(spiral structure)

　電極構造の一つで，シート状にした正極とセパレータ，負極とを重ねて捲き込んだ構造をいう．捲回構造とかジェリー・ロール構造とも呼ばれる．

●セパレータ
(separator)

　正負極の接触短絡防止と間隔保持ならびに電解液保持の目的で，正負極間に挟持される微孔性または多孔性の膜や布状のもの．イオンや発生した酸素ガスを透過させる機能ももっている．

　さらにリチウム1次電池やリチウム・イオン蓄電池では，充放電中に何らかの原因で電池の温度が異常に上昇すると，一定温度で自身が溶融して孔の目詰まりを起こし（シャットダウンと呼ばれる）イオンの移動を妨害し，それ以上の通電と発熱を阻止する安全機能も備えている．

　なお，燃料電池のセパレータは，電池でいう集電体に相当する．

●素電池
(cell)

　単電池やセルとも呼ばれ，電池の最も小さな単位である．

●スタック型
(stack type)

　電極構造の一つ．ガム型電池や一部のポリマ電池に見られるが，短冊状の正負極とセパレータが垂直方向に積層されたものである．

■た・タ

●蓄電池
(storage battery)
[同] →2次電池

●定格容量
(rated capacity)

　規定の放電電流および温度，終止電圧条件のもとで取り出せる電気量．

●電圧特性
(Voltage profile)
電池を放電するとき電圧がどのように変化していくかを示したもので，電圧特性が優れているとは，使用中の電圧が一定に保たれていることを指す．
[参] →温度特性，レート特性

●電極電位
(electrode potential)
電極が電解液に対してもつ電位．簡便のために，通常は特定の基準電極と組み合わせて電池を構成し，その起電力で表す．単に電位とも呼ぶ．

●電解液
(electrolyte)
電池の反応に必要なイオンを移動させる媒体であり，通常は電子導電性がない．俗に液体のものを電解液，固体状のものを電解質と呼ぶ．
既存の電池には水溶液と有機電解液系が，開発中のものには固体電解質がある．
有機電解液系にはリチウム・イオン蓄電池に使われている有機電解液と，ポリマ電池に使われているゲル電解質がある．ゲル電解質は，ポリマ（高分子）に電解液を保持・固定させてゲル状にしたもので，フリー（遊離）の電解液をなくしている．電池はとくに保存性と安全性に優れる．

●電解質
(electrolyte)
[参] →電解液

●転極
(polarity reversal)
電池を強制的に放電したとき電池の正負極が逆転して入れ替わること．複数の電池を直列に連結して放電したときに生じやすい．新旧の電池を混用するととくに起こりやすく，電池内部でガスが発生することがある．

●電池構造
(battery structure)
スパイラル（捲回）型，インサイドアウト型（ボビン型），スタック型などがある．

●トリクル充電
(trickle charge)
電池の自己放電を補うために，負荷から切り離された状態で絶えず微少の電流（トリクル電流）で行う充電である．

●トリクル寿命
(trickle life)
2次電池をトリクル充電で使用したときの寿命．シール鉛蓄電池では，使用開始時の1/2の放電可能時間になるまでの年数をいう．

●内部短絡
(internal short-circuit)
電池の内部で正極と負極とが電気的に短絡すること．

●内部インピーダンス
(internal impedance)
[参] →内部抵抗

●内部抵抗
(internal resistance)
電池自身が内部にもつ抵抗である．①集終体や電解液による電気抵抗，②電流が流れる際に電極の表面で電子と電解液中の反応種の間で起こる電荷の授受による抵抗，③電解液中の反応種が電池反応を行うために電極に近づき（電荷授受後に）次いで離脱していく拡散の抵抗を合算したものである．
なお，電池に直流パルス電流を流して電圧降下から測定した値を直流内部抵抗（DCIR）または内部抵抗と呼び，微少の交流電圧を加えて流れた電流から測定した値を内部インピーダンスと呼ぶ．

■は・ハ

●バインダ
[同] →結着剤

●バッテリ
(battery)
複数の素電池を集合した電池．なお，燃料電池やポリマ電池では，素電池を積層したものをスタック（stack）と呼び，燃料電池のスタックやバッテリをさらに複数個集合して構成したものをモジュール

(module)と呼んでいる．

● ハード・カーボン
(hard carbon)
　リチウム・イオン蓄電池の負極に使われる炭素材の1種．この材料は放電の電圧形状が平たんでなく傾斜しているため，充電状態（SOC）を推量するのに便利で，ハイブリッド型電気自動車（HEV）用の電池に採用されている．
　炭素六角網面からなる結晶子が乱雑に積層した基本構造をしており，硬度が高いことからこう呼ばれる．このように高温で加熱しても黒鉛になりにくい炭素材料を難黒鉛性炭素材と総称する．
　電子機器向けのリチウム・イオン蓄電池には，電圧が平たんで容量が大きく取れる黒鉛系の材料が一般に使われる．

● PTC素子
(Positive Temperature Coefficient device)
　正の温度特性をもつ素子．PTCサーミスタ．
　通常は小さい抵抗値を保っているが，過大電流が流れるなどして素子自身の温度が上昇したり，環境温度が上昇した場合に，素子の抵抗値が増大して流れる電流を制限する機能を備えた素子である．温度が下がると元の抵抗値に復帰する．

● 不可逆容量
(irreversible capacity)
　リチウム・イオン蓄電池を組み立て，充放電していくと最初の数サイクルは充電容量に対して放電容量が少ない現象が見られる．この充電と放電の容量の差を積算したものをいう．
　この容量差は，おもに充電操作により負極に到達したLiイオンが充電に至らず，周囲の電解液溶媒と一緒に分解されて，表面に固体電解質界面（SEI）を形成するのに使われることに起因する．

● 浮動充電
［同］→フロート充電

● フロート充電
(float charge)
　整流装置に負荷と蓄電池を並列に接続し，常に蓄電池に一定電圧を加えて充電しておくことをいう．

● 分極
(polarization)
　充放電を行う際に，電流が流れていない場合の電池の端子間電圧から電圧がずれていくことをいう．またそのずれの大きさを過電圧と呼ぶ．
［参］→過電圧

● 閉路電圧
(closed circuit voltage)
　電池に電流が流れている状態での電池電圧．

● 放電終止電圧
(cut-off voltage of discharge)
　放電を終止すべき電池電圧．

● 放電深度
(depth of discharge)
　放電の深さ．一般に定格容量に対する放電容量の割合を百分率で表したもの．
［参］→SOC

● 放電容量
(discharge capacity)
　放電終了までに取り出された電気容量．規定放電電流値と放電終止電圧に達するまでの放電持続時間を乗じた値で示される．単位は通常mAh（ミリアンペア・アワー）またはAh（アンペア・アワー）である．

● 放電率特性
(discharge rate characteristics)
［参］→レート特性

● ボビン型
(bobbin type)
［同］→インサイドアウト型

■ ま・マ

● メモリ効果
(memory effect)
　ニッケル水素蓄電池やニッケル・カドミウム蓄電池などのアルカリ2次電池において，浅い放電と充電の繰り返しや長期間にわたるトリクル充電を行った後で，深い放電を行うと，放電電圧が低下し容量や持続時間が見かけ上少なくなる現象をいう．
　一度完全に放電を行うと初期の特性に戻る．主にニ

ッケル正極と一部カドミウム負極に起因するといわれている．

■や・ヤ

●容量
(capacity)

電気容量．充放電で反応した活物質の量である．電池に充填された活物質の量と電池反応式から理論的に計算できる．

マンガン乾電池とアルカリ乾電池を除き，標準的な放電条件での容量が，電池の外装やカタログに表示されている．ニッケル・カドミウム蓄電池やニッケル水素蓄電池，リチウム・イオン蓄電池は5時間率，シール鉛蓄電池は20時間率の容量がmAhやAhの単位で示されている．

■ら・ラ

●ラゴン・プロット
(Ragone plot)

エネルギ密度と出力密度の関係(Wh/kg対W/kg，またはWh/ℓ対W/ℓ)を図示したもので，電池系相互の比較や対象となる電池の性能を評価するのに便利である．電気自動車用電池ではよく使われる．

●連続放電
(continuous discharge)

休止期間を入れずに続けて放電すること．

●利用率
(utilization rate)

充填された理論容量に対する実際の放電容量の百分率である．大電流で放電するほど，また環境温度が低くなるほど電池の反応性が低下するため小さくなる．

●レート特性
(rate characteristics)

電池を充放電する際に電流の大きさを変えて電圧特性や充放電容量がどう変化するかを評価したもの．一般に公称容量を基準に電流値を変えて行う．環境温度を変えながら評価することも多い．放電率特性とも呼ばれる．

[参]→時間率

●漏液
(leakage)

電池の外表面に電解液が浸み出ること．

◆参考文献◆
(1) 劉興江，内田有治；エレクトロニクス，1998年4月号，pp.71～73，オーム社．
(2) 日本電池㈱編；最新実用2次電池，日刊工業新聞社，1995．
(3) 久保亮五，長倉三郎，井口洋夫，江沢洋編；岩波理化学辞典，第4版，岩波書店，1987．
(3) 特集「電池と低電圧動作回路の研究」，トランジスタ技術，1999年12月号，pp.183～232，CQ出版㈱．

索 引

【数字】

1次電池 ……………………………………… 9, 11
2次電池 ………………………………… 9, 11, 121
2段階定電圧制御充電方式 ……………………… 108
2段階電流充電方式 ……………………………… 109

【アルファベットなど】

ADS8324 ……………………………………… 270
Ah ………………………………………………… 14
bq2040 ………………………………………… 157
BR系リチウム電池 …………………………… 31, 41
C ……………………………… 14, 22, 66, 83, 123
CC-CV …………………………………………… 66
CGL系リチウム・イオン蓄電池 ………………… 99
CMRR …………………………………………… 259
CR系リチウム電池 …………………………… 33, 41
CVCC充電回路 …………………………… 136, 203
CVCC制御 ……………………………………… 211
CVCC電源 ……………………………………… 214
DC-DCコンバータ ………………… 210, 235, 240
DS2432 ………………………………………… 163
dT/dt …………………………………………… 80
dVカウント方式 ……………………………… 287
ER系リチウム電池 ……………………………… 41
ESR ……………………………………………… 227
GigaEnergy ………………………………… 18, 47
I^2Cバス ……………………………………… 169
I_t ……………………………………… 15, 66, 83
LR系アルカリ・ボタン電池 …………………… 53
M62253FP …………………………………… 179
MAX1645B …………………………………… 175
MAX1675 ……………………………………… 237
MAX1737 ……………………………………… 138
MAX1781 ……………………………………… 173
MAX1832 ……………………………………… 237
MAX1879 ……………………………………… 145
MB3759 ………………………………………… 210
MB3813A ……………………………………… 211
MM1491 ……………………………………… 191
MT系リチウム蓄電池 …………………………… 98
NBL系リチウム蓄電池 ………………………… 98
Ni-MH電池 ……………………………………… 75
NJM2340 ……………………………………… 214
NTC ……………………………………………… 142
OPA363A ……………………………………… 282
PR系空気亜鉛電池 ……………………………… 59
PTC素子 ………………………………………… 42
PWM方式 ……………………………………… 224
R1111, R1121 ………………………………… 230
R1221N, R1223N …………………………… 225
REF1004I-1.2 ………………………………… 270
REF3112 ……………………………………… 282
REG-710NA-5, REG711EA-5 ……………… 240
RN5RF ………………………………………… 232
RRIO型OPアンプ ……………………………… 259

SBS	171
SEI	72
SEPIC	243
SEPIC回路	219
SHA-1	164
SM6781BV	206
Smart Battery	148
SMバス	149, 169
SR系酸化銀電池	56
TCO方式	80
TLC272	262
TLV2452	262
TLV2781	270
TLV2782	262
UCC39421	244
UCC3954	219
UL1642	69
VFM	225
VL系リチウム蓄電池	97
Vテーパ充電制御方式	108
Wh/kg	12
Wh/ℓ	12

【ギリシア文字・記号】

$\Delta T/\Delta t$検出	130, 197, 204
$-\Delta V$	80
$-\Delta V$検出	130, 197, 203
$-\Delta V$制御方式	181

【あ・ア行】

アルカリ乾電池	19, 23
アルカリ・ボタン電池	52
安全性試験，リチウム電池	69
インサイド・アウト構造	23
ウェイク・アップ・チャージ	137
エネルギ密度	11
塩化チオニル・リチウム電池	41, 46
円筒形リチウム電池	31
オキシ水酸化ニッケル	25

オキシライド乾電池	18
オフセット・シフト	282
温度検出回路	204
温度検出制御方式	181
温度制御方式	80
温度微分検出	80

【か・カ行】

化学電池	11
過充電	132
過充電保護	73, 190
ガス放出弁	65
活物質	14
過電圧保護回路	204
過電流保護	190
過放電保護	190
カレンダ寿命	15
還元剤	13
乾電池の充電	26
乾電池の容量表示	28
起電力	13
逆充電	130
急速充電	84
急速充電方式，温度微分検出	80
銀電池	56
空気亜鉛電池	52, 59
空気電池	52, 59
組み電池	124
コイン形リチウム・イオン蓄電池	99
コイン形リチウム電池	36
公称電圧	123
公称容量	123
高率放電特性	15
小型シール鉛蓄電池	100
固体電解質界面	72

【さ・サ行】

サーミスタ	137, 142
サイクル寿命	15

最終放電電圧 …………………………………123
最大充電開始温度 ……………………………124
最大充電停止温度 ……………………………124
最大充電電圧 …………………………………124
最大充放電電流 ………………………………124
最大接続容量 …………………………………124
最低充電開始温度 ……………………………124
最低充電電流検出 ……………………………131
酸化銀電池 ………………………………52, 56
酸化剤 ……………………………………………13
残量予測 ………………………………………154
シール鉛蓄電池 ………………………………100
自己放電 …………………………………………15
システム・マネージメント・バス ……149, 169
シャトル機構 ……………………………………74
充電回路，リチウム・イオン ………………135
充電, 乾電池の …………………………………26
充電式アルカリ乾電池 ………………………306
充電池 ……………………………………………11
重量エネルギ密度 ………………………………12
寿命 ………………………………………………15
寿命, メモリ・バックアップ …………………37
準定電流充電方式 ………………………………80
昇降圧回路 ……………………………………219
昇降圧型DC-DCコンバータ …………………241
スイッチング速度 ……………………………264
スイッチング・レギュレータ・コントローラ
　　　　　　　　　　 …………210, 214, 219, 224
スマート・チャージャ ………………………175
スマート・バッテリ ……………148, 157, 171
スルー・レート ………………………………265
正極 ………………………………………………13
セキュア・ハッシュ・アルゴリズム ………164
セキュリティ・メモリ ………………………163
セパレータ …………………………………13, 46

【た・タ行】

体積エネルギ密度 ………………………………12
大電流放電特性 …………………………………15

ダイナミカリ・バランスド・フリー・ディファレン
シャル …………………………………………156
タイマ回路 ……………………………………204
単3形1.5Vリチウム電池 ………………………40
蓄電池 ………………………………………9, 11
チタン・リチウム・イオン蓄電池 ……………98
チャージ・インジェクション・ノイズ ……276
チャージ・ポンプ方式 …………………236, 240
中毒110番 ……………………………………161
直線性の改善 …………………………………275
定格容量 ………………………………………123
定抵抗放電 ………………………………………22
定電圧充電方式 ………………………………108
定電圧定電流充電方式 ………………………108
定電流充電方式 …………………………80, 109
定電流定電圧充電 ……………………………136
定電流定電圧制御方式 ………………………181
定電流・定電圧方式 ……………………………66
定電流放電 ………………………………………22
低ドロップ型レギュレータ …………………228
低リプル低飽和レギュレータ ………………230
電圧制御方式 …………………………………181
電解液 ……………………………………………13
電気容量 …………………………………………14
転極 ………………………………………………91
電池室 …………………………………………113
電池性能 …………………………………………13
電池パック ………………………………69, 124
電池パック，リチウム・イオン ………162, 182
電池容量 …………………………………………14
電流積分方式 …………………………………155
電流密度 …………………………………………14
等価直流抵抗 …………………………………227
同相信号除去比 ………………………………259
動的平衡完全差動方式 ………………………156
トップ・オフ・モード ………………………141
トリクル充電 ……………………………80, 84
トレラント機能 ………………………………254

【な・ナ行】

鉛蓄電池 …………………………………100
ニオブ・リチウム蓄電池 …………………98
ニカド蓄電池 ……………………………82
二酸化マンガン・リチウム蓄電池 ………92
二酸化マンガン・リチウム電池 ……33, 41
ニッケル・カドミウム蓄電池 ……………82
ニッケル乾電池 ……………………18, 47
ニッケル系乾電池 …………………18, 25
ニッケル水素蓄電池 ……………………75
ニッケル・マンガン乾電池 ………18, 26
入力オフセット電圧の変動 ……………260
燃料電池 ……………………………11, 111
ノイズ対策 ………………………………275
ノーマル充電 ……………………………84

【は・ハ行】

パーシャル・パワー・ダウン機能 ……247
ハイレート特性 …………………………23
バス・スイッチ …………………………247
バス・ホールド機能 ……………………247
バッテリ …………………………………101
バッテリ・ゲージ ………………………148
バッテリ・バックアップ ………………257
バナジウム・リチウム蓄電池 …………97
パルス充電回路 …………………………144
ピン形リチウム電池 ……………………39
ブースト型レギュレータ ………………232
不活性状態 ………………………………297
負極 ………………………………………13
フッ化黒鉛系リチウム電池 ………31, 41
物理電池 …………………………………11
フライバック方式 ………………………236
プリチャージ回路 ………………………137
ブレークスルー方式 ……………………286
フロート寿命 ……………………………107

分極 ………………………………………14
ペーパー形リチウム電池 ………………36
ベント ……………………………………65
放電容量の決め方 ………………………22
保護回路 …………………………………204
保護回路, リチウム電池 ………………69
保護回路, リチウム・イオン …………182
保護回路, リチウム・イオン電池パック …125
保護用IC, リチウム・イオン …………190
ポジション・フリー ……………………100
保存性 ……………………………………15
ボタン形電池 ……………………………52
ポリマ電池 ………………………………65

【ま・マ行】

マイナス・デルタV ……………………80
マンガン乾電池 …………………………19
メモリ効果 ………………………84, 127, 297
メモリ・バックアップ寿命 ……………37
メモリ・バックアップ用蓄電池 ………92
メンテナンス・フリー …………………100

【や・ヤ行】

ヨウ素リチウム電池 ……………………46
容量 ………………………………………14
容量回復性 ………………………………15
容量表示, 乾電池の ……………………28

【ら・ラ行】

リチウム・イオン蓄電池 ………………62
リチウム電池 ……………………………29
リチウム・ポリマ電池 …………………65
リフロー …………………………………92
レール・ツー・レール入出力 …………259
レベル・トランスレータ ………………257
レベル変換IC ……………………………254
漏液対策 …………………………………113

- ●**本書記載の社名，製品名について** ── 本書に記載されている社名および製品名は，一般に開発メーカーの登録商標です．なお，本文中では™，®，©の各表示を明記していません．
- ●**本書掲載記事の利用についてのご注意** ── 本書掲載記事は著作権法により保護され，また産業財産権が確立されている場合があります．したがって，記事として掲載された技術情報をもとに製品化をするには，著作権者および産業財産権者の許可が必要です．また，掲載された技術情報を利用することにより発生した損害などに関して，CQ出版社および著作権者ならびに産業財産権者は責任を負いかねますのでご了承ください．
- ●**本書に関するご質問について** ── 文章，数式などの記述上の不明点についてのご質問は，必ず往復はがきか返信用封筒を同封した封書でお願いいたします．ご質問は著者に回送し直接回答していただきますので，多少時間がかかります．また，本書の記載範囲を越えるご質問には応じられませんので，ご了承ください．
- ●**本書の複製等について** ── 本書のコピー，スキャン，デジタル化等の無断複製は著作権法上での例外を除き禁じられています．本書を代行業者等の第三者に依頼してスキャンやデジタル化することは，たとえ個人や家庭内の利用でも認められておりません．

R 〈日本複製権センター委託出版物〉
本書の全部または一部を無断で複写複製(コピー)することは，著作権法上での例外を除き，禁じられています．本書からの複製を希望される場合は，日本複製権センター(TEL：03-3401-2382)にご連絡ください．

電池応用ハンドブック

2005年1月1日 初版発行
2014年6月1日 第6版発行

©CQ出版社 2005

編 集　トランジスタ技術編集部
発行人　寺 前 裕 司
発行所　ＣＱ出版株式会社
　　　　（〒170-8461）東京都豊島区巣鴨1-14-2
　　　　電話　出版　03-5395-2123
　　　　　　　販売　03-5395-2141
　　　　振替　00100-7-10665

無断転載を禁じます

定価はカバーに表示してあります
ISBN978-4-7898-3446-9
Printed in Japan

編集担当　小串 伸一
DTP・印刷・製本　三晃印刷株式会社
本文イラスト　神崎真理子
乱丁，落丁本はお取り替えします